普通高等教育“十二五”规划教材

# 安全检测

董文庚　苏昭桂　刘庆洲　编著

中国石化出版社

## 内 容 提 要

本书根据职业健康安全和防范火灾爆炸事故对安全检测的要求，着重介绍了实验室型检测仪器及其原理、有毒有害的气体或液体蒸气样品的采集及其实验室测定、空气中呼吸性粉尘的浓度检测及其分散度与成分检测、作业场所有毒及可燃气体的快速与应急检测、固定式气体检测报警系统、各类气体检测传感器原理、工业过程参数的监测原理与应用、工作场所噪声检测等内容。

本书力求反映安全检测领域的新理论、新技术、新仪器，并兼顾有关国家标准的内容，具有较强的实用性。可作为高等院校安全工程专业教学用书，以及环境科学、预防医学等专业的教学参考书，同时也可作为从事安全检测、职业卫生管理、生产安全管理等人员的参阅资料。

**图书在版编目(CIP)数据**

安全检测/董文庚，苏昭桂，刘庆洲编著．—北京：中国石化出版社，2015.9
普通高等教育"十二五"规划教材
ISBN 978-7-5114-3558-3

Ⅰ.①安… Ⅱ.①董… ②苏… ③刘… Ⅲ.①安全技术-检测-高等学校-教材 Ⅳ.①X924.2

中国版本图书馆CIP数据核字(2015)第198985号



**中国石化出版社出版发行**
地址：北京市东城区安定门外大街58号
邮编：100011　电话：(010)84271850
读者服务部电话：(010)84289974
http://www.sinopec-press.com
E-mail:press@sinopec.com
北京柏力行彩印有限公司印刷
全国各地新华书店经销
*
787×1092毫米 16开本 16.75印张 416千字
2016年1月第1版　2016年1月第1次印刷
定价：40.00元

# 前　言

保护劳动者免受职业危害和预防生产安全事故的发生是安全生产管理工作的主要任务。作业场所空气中有毒有害气体浓度、粉尘的浓度及噪声强度是否超过国家标准规定的限值，需要依据检测数据进行判断；可燃气体或可燃液体是否泄漏、浓度是否接近燃爆危险浓度、受限作业空间气体中氧气浓度是否在安全范围内，也需要固定式或便携式的检测仪表或检测仪实时检测；设备在运行中其介质的温度、压力、流体流速等物理参数必须靠物理参数传感器感知响应；相关的安全联锁系统和自动控制系统也需要传感器提供实时的检测参数信号。因此，安全检测在保证人员安全和预防生产事故发生方面起到"眼睛"和"耳朵"的作用，能够提供安全管理和安全控制所需的基础信息。可以认为"测控"需要检测，"测"是"测控"的前提，制定实施安全管理对策本身也是广义的"控"。

作者2003年出版《安全检测原理与技术》，2007年出版《安全检测技术与仪表》(普通高等教育"十一五"国家级规划教材)，2011年出版《安全检测与监控》，侧重点各不相同。根据教育部安全工程教学指导委员会对培养安全工程技术与管理人才的要求、近些年的教学实践以及从事安全检测或相关设计的工程技术人员的要求，作者对教材选定的内容进行了增补和删减，使知识体系的系统性更强，更有利于教学活动的组织。有关安全检测的技术与仪表方面的知识属于安全技术领域的一部分，它是职业健康安全管理和过程安全控制的基础，也是安全工程专业学生应该掌握的知识和技能。本书内容仍侧重于安全检测的技术和相关的仪器仪表，同时也对相关的原理进行了适度的介绍。在原理介绍中放弃了繁杂的数学公式，力求通俗易懂，利于学生自学，但也满足安全管理人员对安全检测知识掌握深度的需要。

本书内容分为安全检测及其任务、安全检测常用实验室型分析仪器原理、气态有毒有害物质样品的采集、气态有毒有害物质的实验室测定、工作场所空气中粉尘的检测、空气中危险气体的快速检测、固定式气体检测报警系统、工业过程参数的测量、工业噪声检测共九章。第1章介绍了安全检测的内涵及报警和预警区别；第2章介绍了作业场所空气中有毒气体和粉尘中有毒金属元素测定常用的分析仪器、原理和使用方法；第3章介绍了气态有毒物质样品采集的方法、仪器和原理，并简要介绍了预浓缩与气相色谱联用的测定原理；第4

章根据现行的安全检测国家标准，介绍了一些典型的气体检测方法，包括常用实验室型检测仪器的应用、主要采样方法的应用、典型物质标准系列配制、样品处理方法和定量测定方法；第 5 章在详细介绍粉尘粒度与其对人体危害的关系基础上，介绍了总粉尘浓度、呼吸性粉尘浓度、粉尘分散度、游离二氧化硅含量和石棉纤维浓度的测定方法及其原理，包括便携式粉尘检测仪和在线式粉尘分散度检测仪；第 6 章详细介绍了各类手持式气体检测仪传感器的响应原理和选用、以及其在应急检测和特殊检测现场中的应用；第 7 章介绍了工业过程中常用的固定式可燃气体和有毒气体检(探)测器的现场设置和气体检测报警系统；第 8 章介绍了温度、压力、流速、物位等物理参数检测仪表的原理与应用，第 9 章介绍了工业噪声的特点、人耳的感觉规律和检测仪器与技术。

本书是作者在教学实践和实际工作经验的基础上，参阅了大量相关教材、专著、论文和标准，吸收了国内外安全检测的新技术、新仪器、新原理等知识，在作者已主编出版的相关教材的基础上，经补充、删减、修改完成。全书分为 9 章，第 1~7 章由董文庚执笔，第 8 章由苏昭桂执笔，第 9 章由刘庆洲执笔，全书由董文庚统稿。在此，对引用文献的作者们致以诚挚谢意，对编写、出版此书给予帮助、支持、鼓励的专家们致以谢意，对提供大量基础资料的石家庄职业病防治所任清亮致以特别的谢意。

安全检测领域所涉及的知识面广，加之作者水平有限，书中难免出现不妥或错误，恳请从事安全检测工作的同仁不吝指正，以便改正提高。

# 目　　录

# 1　安全检测及其任务

**本章学习目标**

1. 掌握安全检测的基本概念，了解安全检测的基本任务。
2. 了解安全监控的任务和特点。
3. 熟悉现代安全检测系统的基本知识。

安全是指人的身体与精神免受危险、危害因素伤害、威胁的存在状态、健康状况及其保障条件。没有伤害、没有损失、没有威胁、没有事故发生的内涵是：预知、预测、分析危险，限制、控制、消除危险源与危险因素，使人的生命、健康、精神状态均处于人们在当时社会发展条件下普遍可接受的安全状态。安全的本质是人、物和环境三大要素及其相互关系和谐并达到预定的安全目标。在生产领域，安全是指人们在生产活动中免遭不可接受的风险和伤害的存在状态。这种状态使可能导致人员伤亡、职业危害、设备及财产损失或危及环境的潜在因素被人为控制。不能预知、掌握、控制或消除危险的所谓平安无事，是虚假的安全，不可靠的安全。仅凭人们自我感觉的安全，是危险的安全。安全检测活动的作用就是让人们了解所处作业环境中是否存在危险因素、危险的水平，了解设备运行状态，其目的是尽量避免人员伤亡、职业危害、设备及财产损失，使风险控制在人们可以接受的水平。

## 1.1　安全检测与安全监测

确切地说，安全检测和安全监测没有本质上的区别，安全检测是一种习惯的叫法，起源于早期的尘毒检测工作；安全监测源于安全检测工作的监督性性质。

### 1.1.1　安全检测

安全检测(safety detection)是借助于仪器、仪表、探测设备等工具，准确地了解生产系统与作业环境中危险因素的类型、危害程度、危害范围及其动态变化的活动总称。有时也把尘毒检测称为狭义的安全检测。安全检测的对象是劳动者作业场所空气中可燃或有毒气体或蒸气、漂浮的粉尘、物理危害因素以及反映生产设备和设施安全状态的温度、压力、流速、壁厚等参数。其作用是获取有害气体、可燃气体、粉尘浓度及噪声分贝值等因素的安全状态信息，为安全管理决策提供数据，或者为控制系统提供基础参数。安全检测的工作是由场所或设施所属企业自己完成的，是企业安全生产工作的一部分。

根据安全检测的含义可以看出，安全检测由两部分组成，一是以保证人员不受职业伤害为目的的职业卫生检测，二是以保证生产设备、设施正常运行为目的的设备运行参数的检测。

根据被检测物质类别，安全检测中的气体检测又分为可燃气体检测和有毒气体检测。

可燃气体检测(combustible gas detection)是利用气体检测仪器对可燃气体或易燃液体的蒸气浓度进行的测定。最常用的可燃气体检测仪器是催化燃烧式检测仪、红外式检测仪、半导体式检测仪和热导型检测仪。检测地点是生产、使用、储存可燃气体或易燃液体的场所。其作用是指示可燃气体浓度，并在浓度达到报警值时发出报警信号，以便采取堵漏、通风等措施。其目的是避免形成爆炸性混合气体，防范气体爆炸事故的发生。

有毒气体检测(toxic gas detection)是利用气体检测仪器对有毒气态物质浓度进行的测定。包括对人体有毒的气体和液体的蒸气。检测地点是人员工作场所，也包括设备内部、地井、巷道等空间狭小的临时工作场所，即受限作业空间(也称为有限作业空间)。作用是确认人员出现场所空气中有毒气体浓度是否超过职业接触限值及氧气浓度是否低于缺氧危险作业的标准值，避免人体中毒或缺氧窒息。在有缺氧危险的作业场所，作业空间(主要是受限空间)氧气浓度是必须检测的，一旦缺氧(低于19.5%)，作业人员可能受到伤害，严重缺氧会导致窒息，其后果如同中毒。相反，当受限空间出现氧气浓度超过23.5%的富氧气氛时，易发生富氧火灾，而且对人体也有危害。

根据检测结果显示的地点和目的，安全检测又分为实时检测、实验室检测和应急检测。

实时检测(real time detection)又称实时监测，是指能够随时跟踪显示被检测物质浓度或物理参数数值的检测。其特点是：传感器或检(探)测器固定在被检测场所或设备的现场，检测输出信号或显示数值与被检测量的数值几乎同时变化。工厂采用的固定式气体检测报警系统就是其中一种，其作用是随时能了解被测量的数值。使用便携式或手持式气体检测仪也可实现实时检测。

实验室检测(detection in laboratory)是指在被检测的现场采集含有有毒气体、可燃气体的气体样品，带回到实验室应用实验室型检测仪器对被测物浓度进行测定的检测。因为不能实时显示检测结果，所以这种检测方式仅适合于例行的定期检测。

应急检测(emergency detection)，在发生泄漏、火灾、爆炸等生产安全事故时，为完成对某种特定危险物质在空气或水体中浓度的检测任务，采用快速检测技术手段而进行的检测。实施检测的地点是事故现场或受影响的区域，并能够实时给出检测结果。有毒有害或易燃易爆气体等危险物质在事故时释放进入空气中后，或者是液态、固态有毒物质进入水体后，需要检测人员检测危险气体或溶质的危害范围、浓度的变化趋势、气体扩散的主要方向，为制定疏散人员、确定戒严范围等应急决策提供依据。

进行安全检测所采用的设备或仪表称为安全检测仪器(safety detection instrument)，其种类繁多，很多情况下它是用于作业场所空气中有毒气体浓度、可燃气体浓度和粉尘浓度及组成测定的仪器总称。按照使用场所的不同可分为实验室型检测仪和便携式检测仪。实验室型检测仪只能对现场采集来的气体样品进行测定，如气相色谱仪、高效液相色谱仪、原子吸收光谱仪等；便携式检测仪能够被携带到现场，采样和测定两个过程同时进行，可实现实时检测，如手持式可燃气体检测仪、手持式有毒气体检测仪和粉尘测定仪等。根据可检测气体种类的多少，便携式检测仪有单一式气体检测仪和复合式气体检测仪。主要用于作业场所、受限作业空间、事故现场气体的检测和泄漏源追踪等。

对固定生产场所进行的长期的气态物质的检测一般应用安全检测报警系统(safety detection and alarm system)，又称气体检测报警系统。它是能够对场所空气中有毒气体或可燃气体浓度响应，将浓度信号转换成相应电信号，并在其浓度达到或超过预先设定的报警浓度值时发出报警信号的装置系统。其基本的构成包括：检(探)测器和报警器组成的可燃/有毒气体报警仪，或由检(探)测器和指示报警器组成的可燃/有毒气体报警仪，也可以是专用的数据采集系统与检(探)测器组成的检测报警系统。根据检测报警功能的不同，系统可分为两类：第一类由检(探)测器和报警器组成，当气体浓度达到报警浓度时，发出报警信号，但不能显示浓度的具体值；第二类由检(探)测器和指示报警器组成，不仅能发出报警信号，还能随时指示出气体的浓度值，目前被广泛应用的就是这一种。在可能泄漏有毒气体、可燃气体、易挥发性有毒及易燃液体场所，设置安全检测报警系统可起到防止有毒气态物质浓度超过职业卫生限值和形成爆炸性混合气体的作用。

对于职业有害因素的检测，其检测结果不能直接显示对人体是否有害，需要将检测结果与国家标准规定的职业接触限值(occupational exposure limits，OELs)相比较来确定。职业接触限值就是职业性有害因素的接触限制量值，即劳动者在职业活动过程中长期反复接触某种有害因素，绝大多数接触者的健康不引起有害作用的容许接触水平，其量值由国家标准规定，包括化学有害因素职业接触限值和物理因素职业接触限值两部分。化学有害因素的职业接触限值可分为时间加权平均容许浓度、最高容许浓度和短时间接触容许浓度三类。它是进行工作场所卫生状况、劳动条件、劳动者接触化学与物理因素的程度、生产装置泄漏、防护措施效果的监测、评价、管理、工业企业卫生设计及职业卫生监督的主要技术依据。对于可燃气体及易燃液体蒸气等爆炸性气态物质的检测，目的是防止接近形成爆炸性混合气体，检测结果需要与爆炸极限下限进行比较。对于工业过程参数，如温度、压力、流量等进行的检测，是否处于安全范围需要与设计的工艺参数波动允许范围相比较。

### 1.1.2　安全监测

监测可以理解为监视性的检测，一般认为包括两个方面的含义。

第一方面是指政府执法部门委托的从事作业场所作业环境监测的机构定期对企业某些指标所进行的检测，或者是对特种设备(如压力容器)及安全设施(如防雷装置接地电阻)，目的是监督企业作业场所工作环境的质量，检查职业卫生设施或措施的有效性，属于强制性质的第三方检测。监测结果作为评判是否满足国家行业要求的依据，所以检测所用的设备及检测方法都严格执行国家标准或者行业标准，检测结果具有法律效力。对于特大型企业，上级对所属企业的检测也属于安全监测。

第二方面是指本企业对内部场所或设备的监控性检测，比如气体检测报警系统、气体检测报警控制系统，由于也具有很强的监视性，也属于安全监测。

总而言之，除检测实施的部门有区别外，安全检测与安全监测使用的设备及方法没有本质区别。在环境保护领域，使用“环境监测”而不用“环境检测”，其原因是在早期检测工作中，大气质量和水体质量检测主要由政府部门检测完成的，检测者也是执法者，所以具有监督的职责，因此习惯上使用监测。

## 1.2　安全监控的主要内容与特点

安全监控是指监测与控制两功能的结合，监测功能提供被检测设备或场所的某一特征数据，由控制设备或者是人对检测数据进行分析，根据已设定的标准判断是否需要改变被控制设备的运行状态，需要时对被控制设备发出启动信号，被控制设备启动或者改变运行参数。

因此，安全监控也称为安全测控，它具有监测和控制的综合作用。在安全检测与控制技术学科中所称的控制可分为两种。

第一种是过程控制。在现代化工业过程中，一些重要的工艺参数大都由变送器、工业仪表或计算机来测量和调节，以保证生产过程及产品质量的稳定，这就是过程控制。在比较完善的过程控制设计中，有时也会考虑工艺参数的超限报警，外界危险因素(如可燃气体、有毒气体在环境中的浓度，烟雾、火焰信息等)的检测，甚至紧急停车等联锁系统。然而，这种设计思想仍然着眼于表层信息捕获的习惯模式。如车间内可燃气体或有毒气体达到报警浓度时，通风设备根据变送器发出的指令性信号自动启动；再如用空气氧化某种气态物料的合成工艺过程中，检测系统的监测数据发现氧气浓度达到或超过设定的临界浓度时，控制系统调整空气输送速度，就可以将氧气浓度调整到安全的浓度范围。

第二种是应急控制。在对危险源的可控制性进行分析之后，选出一个或几个能将危险源从事故临界状态调整到相对安全状态，以避免事故发生或将事故的伤害、损失降至最小程度。这种具有安全防范性质的控制技术称为应急控制。监测与控制功能合二为一称为监控，将安全监测与应急控制结合为一体的仪器仪表或系统，称为安全监控仪器或安全监控系统。

从安全科学的整体观点出发，现代生产工艺的过程控制和安全监控功能应融为一体，综合成一个包括过程控制、安全状态信息监测、实时仿真、应急控制、自诊断以及专家决策等各项功能在内的综合系统。这种系统既能够对生产工艺进行比较理想的控制，从而使企业受益，又能够在出现异常情况时及时给出预警信息，紧急情况下恰到好处地自动采取措施，把安全技术措施渗透到生产工艺中去，避免事故的发生或将事故危害和损失降到最低程度。

监控技术的发展主要表现在：①监控网络集成化，它是将被监控对象按功能划分为若干系统，每个系统由相应的监控系统实行监控，所有监控系统都与中心控制计算机连接，形成监控网络，从而实现对生产系统实行全方位的安全监控(或监视)；②预测型监控，这种监控即控制计算机根据检测结果，按照一定的预测模型进行预测计算，根据计算结果发出控制指令。这种监控技术对安全具有重要的意义。

预警(Early-warning，Pre-warning)一词用于工业危险源时，可理解为系统实时检测危险源的“安全状态信息”并自动输入数据处理单元，根据其变化趋势和描述安全状态的数学模型或决策模式得到危险态势的动态数据，不断给出危险源向事故临界状态转化的瞬态过程。由此可见，预警的实现应该有预测模型或决策模式，亦即描述危险源从相对安全的状态向事故临界状态转化的条件及其相互之间关系的表达式，由数据处理单元给出预测结果，必要时还可直接操作应急控制系统。

报警(Alarm)和预警区别甚大，前者指危险源安全状态信息中的某个或几个观测值，分别达到各自的阈值时而发出声、光等信号而引人注意的功能。阈值是事先设定的，例如在可燃气体检测报警系统中，使用前设定浓度为≤25%LEL 和≤50%LEL 作为低和高两个报警阈限值。有些袖珍型气体检测报警仪只具备报警功能，但现在多数固定式和便携式检测报警仪同时具备指示检测数据和报警两个功能，并能够存储和输出大量的检测数据。

报警是指某参数达到了预设的阈值，预警是在一定程度上是对危险源状态的转化过程实现在线仿真，根据状态数据的变化趋势判断是否向危险状态转变。二者的本质区别在于有无预测模型或模式。

## 1.3 安全检测技术与安全监控系统

### 1.3.1 安全检测技术

安全检测属于应用学科范畴，将各学科已有的科学知识应用到检测技术中。安全检测的对象包括：作业场所空气中的粉尘、可燃气体、有毒气体、噪声、电离辐射，带静电物料或物体的静电电位、静电电荷量、对地电容，设备内的压力、温度、流速、物位，可能发生火灾场所的火灾信息，设备的缺陷、裂纹、厚度，防雷设施的接地电阻等许多方面。所用检测仪器种类多、型号多，原理也各不相同，检测地点也分室内室外，检测过程涉及许多领域的知识。为了得到准确可靠、可比性强的检测结果，最好采用标准的检测方法，没有标准检测方法的检测项目，可采用权威部门推荐的方法，或能被广泛认可的检测方法。

在露天布置或室内安装的工业装置现场使用的固定式气体检测报警系统，不仅要求检测的准确度高，而且还要求能快速探知泄漏，所以传感器的安装位置设计也要规范。我国颁布了许多作业场所空气中粉尘、有毒物质、噪声和辐射的职业卫生检测标准；对于有害气体，包括最高容许浓度、时间加权平均容许浓度、短时间接触容许浓度和相应的检测方法，这些是进行安全检测的依据。

对物质，包括气态物质的定性定量测定属于分析化学学科的研究范畴，有基于定量化学反应的容量分析方法和使用分析仪器的相对分析方法，在本书有关物质检测部分内容中，“分析”的含义可以理解为“测定”或“检测”。在作业场所空气的尘毒检测中，常常需要进行定量分析，几乎所有的化学分析和现代仪器分析方法都可以用于空气理化检测，但是每种分析方法都有其各自的优缺点，至今尚没有能适用于各种污染物的万能分析方法。目前，空气尘毒检验常用的分析方法有紫外-可见分光光度法、气相色谱法、高效液相色谱法、原子吸收光度法、电化学分析法、荧光光度法以及滴定分析等实验室分析方法，还有很多采用便携式检测仪的方法。对于待测的空气中危险物质，选择分析方法的原则是尽量采用灵敏度高、选择性好、准确可靠、分析时间短、经济实用、适用范围广的分析方法。

除固定场所的常规检测外，安全检测的另一个重要任务是突发事故时的应急检测，主要是对泄漏气体和挥发性液体蒸气的检测，有时也需要对火灾时的燃烧热解产物，如一氧化碳、氰化氢、二氧化硫等进行应急检测，有时也需要对临时性的有限作业空间(如设备内维修)进行检测。应急检测的目的是确定危险区域或判断人员是否有危险，但检测过程没有标准方法。

与检测有关的国家标准包括采样标准、检测方法标准、浓度阈限值标准、仪器安装设计标准及标准气体配置标准等。

对于本书讲到的其他检测内容，同样需要一定的检测方法。这些检测不仅是对现有科学知识的应用，也有本学科特有的理论和相应的检验设备、仪器和检测方法。

安全检测技术是为保证从业人员职业安全和生产过程安全所进行的检测过程所需原理知识和技能的总称。检测人员不一定对所用检测设备或仪器的原理完全精通，但需要掌握其基本原理和特性，否则不能很正确地使用，甚至得到误差较大的检测结果。同其他技能一样，安全检测操作技能需要在实践中熟练，不是仅懂理论就能做好的。

### 1.3.2 安全监测系统

安全监测系统就是测试系统在安全检测领域的应用，现代测试系统以计算机为中心，采用数据采集与传感器相结合的方式，既能实现对信号的检测，又能对所获信号进行分析处理求得有用信息，能最大限度地完成测试工作的全过程。

现在企业中应用的安全监测系统分两种类型，一种是监测报警系统，另一种是除了监测报警功能外，还具有控制功能，称为安全测控系统。

以气体监测(检测)为代表的气体检测报警系统，主要功能是多点气体检测和超标报警，一般由一台气体检测控制器携带多个气体探测器，气体探测器输入到控制器的信号包括浓度信号和位号，位号是指示探测器所在位置的信号，浓度信息主要在控制器显示屏上显示并记录。目前，此类安全监测系统应用最广泛，也是本教材介绍的重点之一。

安全测控系统多数以 DCS 系统(集散控制系统 Distributed Control System)为依托，通过总线方法将各类传感器探头、计算机、变送器及执行设备联系在一起，接受诸如浓度、温度、压力、流速、物位等监测信息，根据事先设定的标准或计算模型，对信息数据进行分析处理，之后自动或由控制人向执行设备发出指令，执行设备可以是报警器、通风设备、流量控制设备、电动阀门、输送泵、风机等。如氯碱工业中的重大危险源监控系统，如果液氯罐装车间发生氯气泄漏，氯气探测器将浓度信号输出，计算机根据浓度数据分析，如果认为达到高报浓度，则发出启动指令，喷淋、抽风、阀门、氯气处理装置、封闭门电机等执行设备开始工作。

## 1.4 职业卫生检测与监控技术现状

在职业有害因素中，包括有害气体、粉尘、噪声、高温、低温等因素，其中有害气体和粉尘对人体危害最严重。有害气体检测分为实验室检测、便携式仪检测和检测报警系统检测三类。

### 1.4.1 化学危害因素的实验室检测法

《工作场所有害因素接触限值——第 1 部分：化学危害因素》(GBZ 2.1—2007)中，规定了 339 种化学物质的职业接触限值浓度，其中对人体具有明显刺激、窒息或中枢神经系统抑制作用，可导致严重急性损害的 54 种化学物质规定了最高容许浓度(MAC)，其余的 285 种规定了时间加权平均容许浓度(PC-TWA)，在这 285 种中有 118 种还规定了短时间接触容许浓度(PC-STEL)。PC-TWA 是评价工作场所环境卫生状况和劳动者接触水平的主要指标，在建设项目竣工验收、定期危害评价、系统接触评估等职业病危害控制效果评价时，以及因生产工艺、原材料、设备等发生改变需要对工作环境影响重新进行评价时，尤其应着重进行 PC-TWA 的检测和评估。PC-STEL 是与 PC-TWA 配套使用的短时间接触限值，只用于短时间接触较高浓度可导致刺激、窒息、中枢神经抑制等急性作用及其，慢性不可逆组织损伤的化学物质。PC-TWA 是 8h 时间段内的平均浓度，即使 PC-TWA 满足标准要求，在期间的某一短时间(15min)内也可能会浓度较高，因此需要用 PC-STEL 加以限制。对于规定了 PC-TWA 但未规定 PC-STEL 的 167 种化学物质，不仅要求满足 PC-TWA，还应控制其浓度漂移上限，国家标准是根据 PC-TWA 数值的大小，规定了 TWA 1.5~3 倍的可超标倍数，以限制短时间浓度波动的上限。MAC是针对毒性比较大的化学物质制定的，检测时应在了解生产工艺过程的基础上，根据不同工种和操作地点采集能够代表最高瞬间浓度的空气样品来进行检测。

化学危害因素的另一类有害物质是粉尘，包括总粉尘和呼吸性粉尘。总粉尘(简称总尘)是指可进入整个呼吸道(鼻、咽和喉、胸腔支气管、细支气管和肺泡)的粉尘。呼吸性粉尘(简称呼尘)是指按呼吸性粉尘标准测定方法所采集的可进入肺泡的粉尘粒子，其空气动力学直径均在7.07 μm以下，空气动力学直径5 μm粉尘粒子的采集效率为50%。限值标准规定了47种粉尘的总粉尘PC-TWA，其中的18种还规定了呼吸性粉尘的PC-TWA，所有粉尘的短时间浓度波动上限不能超过PC-TWA的2倍。

规定了浓度限值标准，还需要有相应的浓度检测方法。我国2007年颁布的工作场所空气中气态有害物质检测标准方法中，采用的样品采集方法有吸附剂吸附采样管、气泡吸收管、气溶胶采集器等，测定方法采用最多的是气相色谱法，其次是高效液相色谱法、分光光度法、原子吸收法、等离子体发射光谱法和电化学分析法等。

粉尘的检测项目包括总粉尘、呼吸性粉尘、粉尘分散度、游离二氧化硅浓度、石棉纤维浓度等。总粉尘用测尘滤膜采集，重量法测定。呼吸性粉尘用配有预分离器(即粉尘切割器)和粉尘滤膜的采集器采集，同样也还是用重量法测定。粉尘分散度的测定还是采用滤膜溶解涂片法和自然沉降法，滤膜溶解涂片法是用乙酸丁酯溶解已采集了粉尘的过氯乙烯(即聚氯乙烯)测尘滤膜，之后均匀涂布在载玻片上，在显微镜下按一定规则测量粉尘的直径。游离二氧化硅浓度的测定采用焦磷酸法、红外分光光度法、X射线衍射法。石棉纤维浓度采用滤膜/相差显微镜法。以上介绍的测定方法都是采用实验室型检测仪器进行检测的，即在现场用个体采样法或固定点采样法采集样品，将样品带回实验室，用实验室型检测仪进行测定。

### 1.4.2 便携式气体检测仪检测法

现在，检测有毒气体的便携式检测仪都是手持式检测仪器，体积小、重量轻，便于携带，甚至可以挎在腰袋上或放入工装的上衣兜里，其防爆性能等级高(多为$IICT_6$)，可以在大多数场所使用。其采样方式分为扩散式和吸气式两种，后者响应时间较短，对浓度变化的跟踪性好于前者。手持式检测仪有配置一个传感器的单一式检测仪，也有配置2~5个传感器的复合式检测仪，后者能对多种气体进行检测。便携式检测仪与实验室型检测仪器最大的区别是它能够在现场采样，现场显示检测结果，所以可以用于事故现场的应急检测、受限作业空间的临时检测、动火前的气体检测、泄漏源的追踪检测等不能用实验室型检测仪器检测的检测场所和任务。由于便携式检测仪使用场所几乎不受限制，所以有很多场所的检测离不开便携式检测仪器的使用，所以近些年便携式检测仪的性能提高得很快，价格也越来越低，有利于普及使用。

### 1.4.3 固定式气体检测报警系统

在有可能泄漏有毒气体、可燃气体的生产装置处，需要设置固定式气体检测报警装置，系统中的传感器(包括变送器)部分设置在现场，信号处理与报警装置设置在控制室(有些报警器也设在现场)，完成监测数据显示、记录和超限报警。由于系统采用现场总线技术，现在的监测控制系统已经能够携带多数量、多品种的检测传感器和输出控制的设备，使监测与控制合为一体。

### 1.4.4 粉尘浓度检测仪

粉尘的现场检测仪器也发展得很快，主要的有石英晶体差频粉尘测定仪、β射线粉尘测定仪、光散射法测尘仪等，它们都能够在有粉尘危害的现场实时显示出粉尘浓度的检测结果，有效提高粉尘检测的效率。

### 1.4.5 物理危害因素的检测法

《工作场所有害因素接触限值——第2部分：物理因素》(GBZ 2.2—2007)中，规定了超高频辐射、高频电磁场、工频电场、激光辐射、微波辐射、紫外辐射、高温作业、噪声、手传振动共9类因素的职业接触限值，并就煤矿井下采掘工作场所气象条件、体力劳动强度分级、体力工作时心率和能量消耗的生理限值等做出了规定，职业接触有害因素的检测方法也制定了相关标准，本书只对噪声的检测方法进行介绍。

## 本章小结

本章介绍了安全检测在安全生产工作中的作用，解释安全检测、可燃气体检测、有毒气体检测、实时检测、实验室检测、应急检测等概念的含义，阐述了安全检测与安全监测的区别，目的是让读者对安全检测有初步的了解。

介绍了安全检测与安全监控的区别与联系，明确了安全检测是安全监控的一部分，即获取信息的部分。解释了“预警”与“报警”的区别。

概括了安全检测技术与安全监控系统的主要内容，简要介绍了现有的主要监测控制系统的组成与功能，目的是初步了解监测系统。

## 复习思考题

1. 解释安全检测、可燃气体检测、有毒气体检测、实时检测、实验室检测、应急检测等概念的含义。

2. 安全监控与安全检测有什么区别？

3. 在安全检测报警系统中，预警与报警有何区别？

# 2 安全检测常用实验室型分析仪器原理

## 本章学习目标

1. 了解工作场所中有毒有害气态物质和粉尘中有毒成分检测所需的实验室型检测仪器的类型、特点和适用范围，能够根据样品的特性和检测目的来选择检测仪器。

2. 掌握原子吸收光谱仪、分光光度计、原子荧光光谱仪、分子荧光光度法、气相色谱仪、高效液相色谱仪、离子色谱仪等职业危害安全检测中常用实验室型检测仪器的基本构成、工作原理、可检测的物质类别和操作要点。

3. 掌握使用分析仪器测定时，常用定量分析方法，如标准曲线法的原理、基本操作步骤。在色谱分析法部分，重点掌握外标法和归一化法的原理和对操作的要求，熟悉校正系数的分类和应用。

对混合物样品中的某一种物质(可以是分子、离子、聚合物、金属元素原子等)进行定量测定是分析化学领域的重要内容，“测定”操作在分析化学中称为“分析”。定量测定是指测定被测物组分在样品中的含量(或浓度)。定量测定所采用的方法有容量分析法和仪器分析法两大类。容量分析法是基于被测组分与标准溶液中标准物之间发生的定量化学反应而进行定量的分析方法；而仪器分析法是基于被测组分含量与测量电信号之间的定量关系建立起来的分析方法，测量所得电信号的产生与被测物的某种物理化学特性有关，电信号大小与被测物浓度之间呈正比关系。容量分析法是根据被测物与标准物之间的确定的化学反应方程式和标准物的消耗量计算出被测物的含量，因而属于绝对测定法；在仪器分析法中，被测物的含量与其在分析仪器上所产生的电信号虽然成正比关系，但二者之间的比例关系受许多因素影响，很难保持不变，所以测定时需要用含量确定的标准物(标准气体、标准溶液、标准固体等)对信号大小进行校正，并确定准确的定量关系，所以仪器分析法属于相对测定法。在安全检测中，检测工作场所空气中气态有毒物质或气态可燃爆物质的含量(浓度)都属于物质含量测定，且主要采用仪器分析法。根据分析仪器适用的场所不同，可分为实验室型分析仪器和现场检测仪器两类。实验室型分析仪器适用于在实验室检测，其过程是用采样器在作业现场采集气体样品，将被采集的气体样品带到实验室，用实验室型分析仪器(又称为检测仪器)对样品进行定量检测。实验室型检测仪器只能在实验室使用，但适用范围广，可检测的物质种类多，其用于安全检测时，主要用于气态有毒物质和粉尘中有毒物质的测定。现场检测仪器分为便携式检测仪和固定式气体检测系统，其中便携式检测仪体积小，便于携带，可方便地用于现场(包括受限作业空间)有毒气体、易燃气体、氧气的检测，而固定式气体检测系统的有毒气体和/或其燃气体的传感器部分设置在被监测的现场，其他部分一般设置在控制室。现场检测仪器在后续章节中介绍，本章主要介绍安全检测中较常用的实验室型分析仪器的原理和定量测定方法。

## 2.1 分光光度法

### 2.1.1 物质分子对光的选择性吸收

光线是人通过眼睛了解外部世界的媒介，光线可呈现出赤、橙、黄、绿、青、蓝、紫和白等多种颜色，这些光是人的眼睛可以感受到的光，统称为可见光。如果用色散元件对太阳光进行色散，将在屏幕上显现出由红到紫、色彩连续变化的绚丽图谱，光谱的概念由此而来。由物理光学可知，光线是一种横波，可由波长、频率、光速等波动的基本参数来描述，光线由红(赤)光到紫光，其波长从大到小变化。一般的情况下，人眼睛能感受到的波长最长的红光的波长约为800nm，而能感受到的波长最短的紫光的波长约为400nm，即可见光的波长范围是400~800nm，超出此范围的光线，人的眼睛是无法感受的。在比紫光的波长更短的光区中，波长在10~400nm范围称为紫外光区，其中10~200nm光区的光线能被空气成分强烈吸收，在非真空条件下很难使用，称为远紫外光区或真空紫外区；而200~400nm光区的光线在穿过短距离的空气介质后，被吸收减弱的程度可以忽略，通常被利用的紫外光就是该光区的光，该光区称为近紫外光区，近紫外光区的紫外光可顺利穿过石英玻璃，但穿过普通光学玻璃时被强烈吸收。可见光区与近紫外光区合称为光学光谱区。比紫外光的波长更短的光依次为X射线和$\gamma$射线。波长比红光更长的包括红外光(800nm~1mm)和微波。

光线的波长$\lambda$、频率$\nu$、光速$c$三参数之间的关系为$c=\lambda\nu$，它们反映了光的波动性。光是一种能量形式，光波由具有一定能量的光量子(简称光子)构成，它反映的是光波的微粒性。一个光子的能量用$E=h\nu$表示，$h$是普朗克常数($h=6.6262\times10^{-34}\mathrm{J\cdot s}$)，由此可知光子的能量与光波的频率成正比，频率越大，光子的能量越大，由于频率与波长成反比，所以波长越短的光子能量越大。可以认为，微粒性是光波的本质，波动性是光波微粒(光子)统计性规律的表现。

根据结构化学，分子中有许多具有不同能量的电子轨道，通常条件下价电子处于已经填充了电子的电子轨道的最外层，处于分子能量最低的能量状态，该轨道外还有其他能量更高的轨道，只是通常没有电子充入(应该是在该轨道出现的概率低)，属于空轨道。根据量子物理学理论和光谱学理论，分子所处的能量状态称为能级，由于分子中电子之间、电子与原子核之间及轨道之间的相互作用，每一个电子轨道还可能分裂成一个至几个能级，通常条件下，分子中电子按照一定的排布规则，处于能量最低的那些能级，此时分子的能量最低，这种能量最低的状态称为基态。当分子接受外界的能量，如被其他分子碰撞、吸收光子等，就可以从基态进入能量更高的状态，这种状态称为激发态，激发态不是一种状态，而是很多高能量状态或高能级状态的统称。根据量子物理学理论，分子的能级能量不是可以连续变化的，而是量子化的，各个能级都有其特有的能级能量，换句话说，分子只能处于某些特有的能量状态，就如同一个一个台阶，相邻两个能级之间没有中间状态。将分子激发态从低能量到高能量排列，激发态可以分为第一激发态、第二激发态……分子获得能量后可以从低能级进入高能级，但分子所获取的能量必须是某些固定的能量，因为不能处于中间状态。此处所说获取的能量是指分子转变成其内能部分，平动动能能量不在考虑范围。气体温度的实质是分子平均动能的体现，温度高则平均运动速度快，分子受到其他分子碰撞时，也可以将获得的能量转变成自己的内能，从基态转变成激发态，由于分子具有的动能呈正态分布，从总体看其能量是非量子化的，或者说是热能是非量子化的，因此热能可以将电子激发到能量可以达到的任意能级，但概率不同，进入高能级的概率低，因为总有一些分子的动能满足跃迁能量差的要求，而具有很高动能的分子比例很低。分子从低能级上升到高能级称为跃迁，反过来从高能级下降到低能级也是跃迁，即分子从一个能级进入到另一个能级的能量状态的变化就称为跃迁。相邻能级之间的能量差是不均等的。

分子也可以通过吸收光子能量来实现跃迁。在基于吸收过程的吸收光谱类分析方法中，都有向被测物质分子照射的一个光束，分子可以吸收一些特定波长的光子获得能量。假设基态的能量为 $E_0$，激发态的能量为 $E_i$，能级间能量差为$\Delta E = E_i - E_0$。只有光子能量 $E = \Delta E$ 时，光子才能被分子吸收，即分子只能吸收某些特定波长的光子。由于一个分子有许多激发态，所以分子能够吸收那些能满足 $E = \Delta E$ 吸收条件，且波长$\lambda$不同的光子。但发生吸收光子能量而跃迁还需要满足另一个条件，即跃迁几率足够高，有许多跃迁属于量子力学中的禁戒跃迁，禁戒跃迁也是可以发生的跃迁，但出现的概率很低，甚至检测不到，所以对检测有价值的吸收跃迁只是那些既满足能量条件，又非禁戒的跃迁过程。因此分子能否对某光子产生吸收是由分子结构决定的，而跃迁吸收的强度是由跃迁几率决定的。一种分子一般只对几个波长的光子吸收最强，对产生强吸收光子波长的两侧，吸收强度逐渐减弱，形成类似山峰状，这就是形成吸收光谱的原因(后面再介绍光谱的概念)。

分子的能级分布结构是由分子的结构决定的，一种分子对应一种分子结构，不同种分子具有不同的分子结构，其吸收的光子波长也不同，即使一部分相同或相近，其他部分也不可能完全相同，因此分子对光子的吸收有一定的选择性。

### 2.1.2 朗伯-比耳定律

分光光度法(SP spectrophotometry)是利用被测定的(溶)液态或气态物质对一定波长紫外光或可见光的选择性吸收建立起来的一种物质定量分析方法(即测定方法)。

吸光物质对一定频率光子的吸收遵从朗伯-比耳定律(Lambert-Beer 定律)，该定律描述了吸光度与溶液浓度、吸收层厚度之间的关系。设想在一特定条件下，当一束单色平行光束照射均匀的溶液，液层的厚度为 $L$(也称为吸收光程)，浓度为 $c$，入射光强度为 $I_0$。透射光强度为 $I_t$，假设光束穿过无限薄的液层，厚度为 $dL$，穿过该层后光强减弱$-dI$，如图 2-1 所示。则$-dI$ 和照射在该层的光强 $I$、浓度 $c$ 及液层厚度 $dL$ 成正比，即

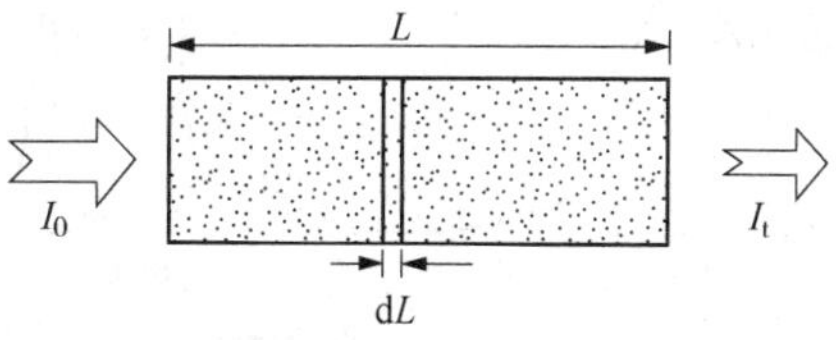

图 2-1 溶液对光的吸收示意图

$$-dI = kIc\,dL \tag{2-1}$$

式中 $k$ 为比例系数。将式(2-1)变化后得

$$-\frac{dI}{I} = kc\,dL \tag{2-2}$$

将式(2-2)积分得

$$\int_{I_0}^{I_t} -\frac{dI}{I} = \int_0^L kc\,dL \tag{2-3}$$

$$\ln\frac{I_0}{I_t} = kcL \quad (\text{或 } I_t = I_0 e^{-kcL}) \tag{2-4}$$

式(2-4)就是朗伯-比耳定律的数学表达式。把自然对数换成常用对数，则

$$\lg \frac{I_0}{I_t} = \frac{k}{2.303}Lc = kLc \qquad (2-5)$$

式中 $k=L/2.303$，称为吸收系数，在条件一定的情况下为常数。

定义 $T=I_t/I_0$，$T$ 称为透光率，定义 $A=-\lg T$ 为吸光度，则

$$A = \lg \frac{I_0}{I_t} = kLc \qquad (2-6)$$

如果浓度 $c$ 用 mol/L 单位表示，液层厚度 $L$ 以 cm 表示时，则吸收系数 $k$ 改用 $\varepsilon$ 表示，称为摩尔吸收系数。$\varepsilon$ 的物理意义是吸光物质浓度为 1mol/L，液层厚度为 1cm 时，溶液在一定波长下的吸光度。摩尔吸收系数是反映一定形态的吸光物质对某波长光波吸收能力的参数，摩尔吸收系数越大，则灵敏度越高，能够测定的物质的最低浓度越低。在有机物分子中，具有大的共轭体系的分子、具有偶氮结构的分子等一般都具有较高的吸收系数。

用 $\varepsilon$ 代替 $k$，式(2-6)改为

$$A = \varepsilon Lc \qquad (2-7)$$

此式即为分光光度法的定量关系式。由此可见，在吸收光程固定、吸光物质形态不变、入射光波长不变的情况下，吸光度 $A$ 与溶液浓度成正比。分光光度计可显示吸光度或百分透光率($T\%$)。在实际工作中，如果采用其他浓度单位，仍可用 $\varepsilon$ 表示吸收系数，采用标准工作曲线法定量时，可以抵消单位不一致带来得误差。需要强调的是，上述推导过程是基于入射光是单色光的前提下，如果入射光不是单色光，即含有两种及以上波长的混合光，则吸收系数在各波长处大小不一，不能再是常数，式(2-7)的线性关系不再成立。当入射光虽然不是单色光，但在入射光的波长范围内，物质对各波长光的吸收系数变化很小，近似相等，此时 $\varepsilon$ 也可以看成常数，朗伯-比耳定律仍然成立。

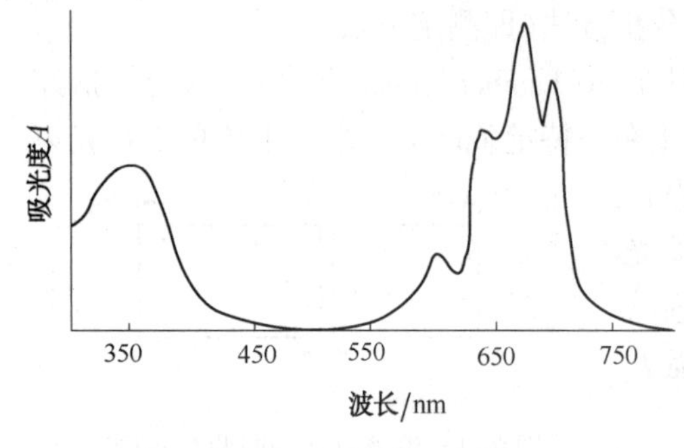


图 2-2　吸收曲线示意图

一种溶液(或气体)的吸光度 $A$(或吸收系数 $\varepsilon$)随入射光波长变化的变化曲线称为吸收曲线(也称为吸收光谱)，如图 2-2 所示。气态物质的分子间相互影响小，能级有确定的能量值，其吸收曲线中的吸收峰比较尖锐，而在溶液中，吸光分子受溶剂的极化作用，能级能量有较小的变化范围，使能级的精细结构消失，导致吸收峰细节消失，变得相对“平滑”，但大趋势不会改变。在吸收曲线中，吸光度较高处所对应的波长为检测灵敏度较高的波长，因此，可以根据吸收曲线选择测定所用的测量波长。

### 2.1.3　分光光度计原理与使用

分光光度法所采用的测量光波长处在近紫外区至可见光区，所以此类测定方法也统称为紫外-可见分光光度法，能够实现紫外-可见分光光度法测定的分析仪器就是紫外-可见分光光度计，一般简称为分光光度计。分光光度计主要由光源、色散系统、吸收池(比色皿)、检测系统(光电转换元件、电信号放大器、显示记录)等几个主要部分组成。单光束分光光度计的结构原理图如图 2-3 所示。

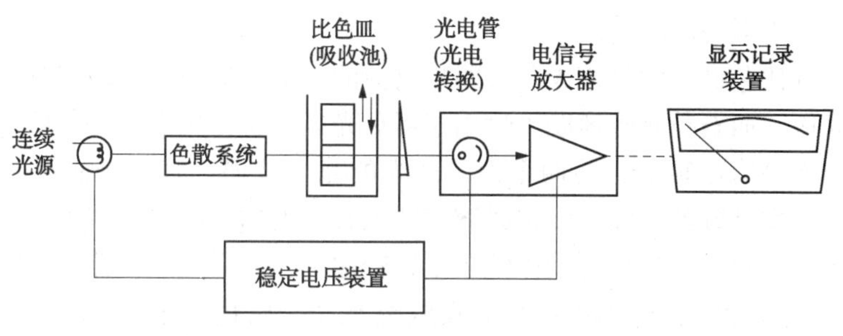


图 2-3　单光束分光光度计的结构原理图

**光源**　在分光光度计中使用的光源应能提供足够强度且波长连续的光辐射，便于后续检测器能检出和测量，并能够在整个光学光谱区使用，另外光源发光强度必须稳定。常用的光源为钨丝灯和氢(或氘)灯。钨丝灯适用于可见光谱区，其辐射的光波波长范围 320～2500nm。氢灯和氘灯为气体发光光源，可提供连续的紫外光(180～375nm)，在相同工作条件下，氘灯的辐射强度大于普通氢灯。由于普通光学玻璃对紫外线有吸收，所以应用紫外光的仪器中的光学元件必须是石英材料。

**单色器**　光源发出的光是连续光，而测定需要入射单色光，单色器系统的作用是将辐射按照波长分解并输出波长范围很窄的近似单色光束。单色器系统主要包括色散元件、狭缝、反射镜及透镜系列。因光束的单色性直接关系到光度分析中物质对光的选择性吸收、所用方法的灵敏度以及测定结果的准确度，所以反映单色器分光能力的参数——色散率是表征仪器性能的重要参数。

光栅和棱镜是单色器中广泛应用的色散元件。棱镜分光元件有玻璃和石英两种，玻璃棱镜常用于可见光区域，性能好，使用方便。石英棱镜可应用于更宽的波长范围，从紫外光区到近红外光区。在紫外区域，石英棱镜的色散率甚至比光栅还要好，但其色散率会随波长的改变而改变。光栅是目前应用最广泛的色散元件，它可适用于从紫外、可见到近红外光区的整个区域，而且其在整个区域的色散率是近似均匀一致的。光栅是基于单缝衍射和多缝干涉的原理进行色散的，分析仪器中所用的光栅都属于反射式闪耀光栅，闪耀的含义是光栅出射光强度最大的位置已从 0 级光谱位置改变到 1 级或 2 级光谱的位置，而且闪耀波长强度的 90%集中到了最强的光谱级。普通透射光栅和反射光栅的衍射花样中光强最强的是没有色散作用的 0 级光谱。

为了获得理想宽度的光谱通带和准平行的单色光束，单色器中还包含了入射狭缝和出射狭缝、透镜和准直镜等光学元件。狭缝宽度直接决定光谱通带的宽度(也称为通带宽度，是指狭缝出射光中最长波长与最短波长的波长差)，透镜和抛物面反射镜的作用是将光束聚焦，而准光镜则是使光束变成平行光束照射在吸收池截面上。多数分光光度计的狭缝宽度不可调，所以其通带宽度不可由分析使用人员改变。仪器使用人员在选择波长时，调节必须准确，否则可能导致出射的光谱通带处于吸收峰的侧面(肩部)，不仅使测定的灵敏度降低，而且吸光度与浓度之间的线性关系范围也变窄，甚至不呈线性，其原因是不能满足朗伯-比尔定律成立的前提，即不仅吸收系数减小，而且其还随着吸光物质浓度的增大而减小。

反映光学分析仪器中色散系统性能的主要参数有色散率和分辨率。色散率是指单色器出射狭缝处单位宽度内包括的波长范围(nm)，数值越小，色散能力越强。在图像学中分辨率用于反映图像的清晰程度，分析仪器中分辨率是指每一条谱线在出射狭缝处成像质量，谱线的“像”线条越细则分辨率越高。

**吸收池** 亦称比色皿，它是用无色透明耐腐蚀的光学玻璃或石英玻璃制成。玻璃吸收池只能用于可见光区，而石英吸收池既可适用于可见光区，也可用于紫外光区。多数吸收池为长方形，有两个面是磨砂玻璃，另两个面是透光的光学玻璃。其透光面不能用手指直接接触，使用时要用手拿磨砂的一面，测定时溶液装入其高度的四分之三就可以了，外壁上有液滴时，要用滤纸轻轻吸干，然后再用擦镜头纸轻轻擦干，之后放入仪器吸收室内的比色皿架上。比色皿两个透光面之间的距离就是吸收光程 $L$，比色皿有 0.5cm、1.0cm、2.0cm、5.0cm 等规格，每种比色皿的吸收光程不同，一次测定只能用一种规格的比色皿，中途不能更换。普通光学玻璃比色皿不能透过紫外光，所以使用紫外光测定时必须使用石英玻璃比色皿，如果测定时发现透过的光强度太低，首先要确认是否使用的是石英玻璃比色皿。

比色皿用后可用稀盐酸冲洗一下，再用蒸馏水冲净晾干。注意不能用强氧化剂如 $K_2Cr_2O_7$洗液或 NaOH 碱液洗涤或浸泡比色皿，以免腐蚀、脱胶或着色。

朗伯-比尔定律只适用于稀溶液，当浓度高时，溶质分子之间相互作用增强，存在形态可能发生改变，吸收系数也会变化，所以浓度高时吸光度与浓度之间不再呈现线性关系。

**检测系统** 检测系统的核心部件是光电转换元件，常用的光电转换元件有光电管和光电倍增管，其作用是将透过吸收池的光辐射信号变成可测量的电信号。与检测器相连接的是放大、记录、数据显示或信息处理装置，可将测量结果直接显示出来。放大线路具有对数转换功能，避免了光强度信号转化成吸光度时的对数计算。与计算机处理系统相连接时，不仅可以自动记录吸收曲线、自动计算显示标准工作曲线及其回归方程，还可以直接显示浓度数值。

在光电转换元件中，无论是光电管还是光电倍增管，都是由入射光窗接受透过比色皿并经聚焦的光线，光线照射到光敏材料表面，光敏材料的电子逸出功都很低，在光子的激发作用下就能产生自由的光电子。在光电管中，电子在光电阴极-阳极之间的直流电场作用下，向阳极定向移动，被阳极收集后形成微电流，微电流流过阻值固定的标准电阻时产生电压降，电压降就是放大器的输入信号。在一定的条件下，电压降与入射光强 $I_t$ 成线性正比关系。在光电倍增管(Photomultiplier Tube，PM)中，当光照射到光电阴极(即光敏阴极)时，光电阴极向管内真空中激发出光电子，这些光电子受聚焦极电场作用进入倍增系统，并通过进一步的二次发射，在倍增极(也称为打拿极)之间得到倍增放大。然后把放大后的电子束用阳极收集作为信号输出。在阴极、各倍增极及阳极之间施加均匀的等值电压，等值电压由等值的倍增电阻链产生，有序的电场提供电子有序倍增所需的能量。因为采用了二次发射倍增系统，所以光电倍增管在探测紫外、可见和近红外区的辐射能量的光电探测器中，具有极高的灵敏度和极低的噪声。光电管和光电倍增管的结构原理如图 2-4 所示。在原子吸收光谱仪、原子荧光光谱仪、分子荧光光谱仪等光学分析仪器中，进行光-电信号转换部分都采用光电倍增管。

在使用分光光度计前，要开机预热，使光度计进入稳定状态。开始测定前要先调整光度计，基本步骤是：打开吸收室盖，此时光路被截断，相当于光线被全部吸收掉(即 $I_t=0$，$T=0, A=\infty$)，调解透光率显示值至 $T=0$；之后把装有空白溶液的比色皿放入比色皿架上，盖上吸收室盖，此时光路打通，透过空白溶液的光强度相当于入射光强($I_t=I_0$，$T=100\%$，$A=0$)，调节到 $T=100\%$，可反复调节一次。至此，光度计调整完毕，可以进行各份溶液吸光度的测定。

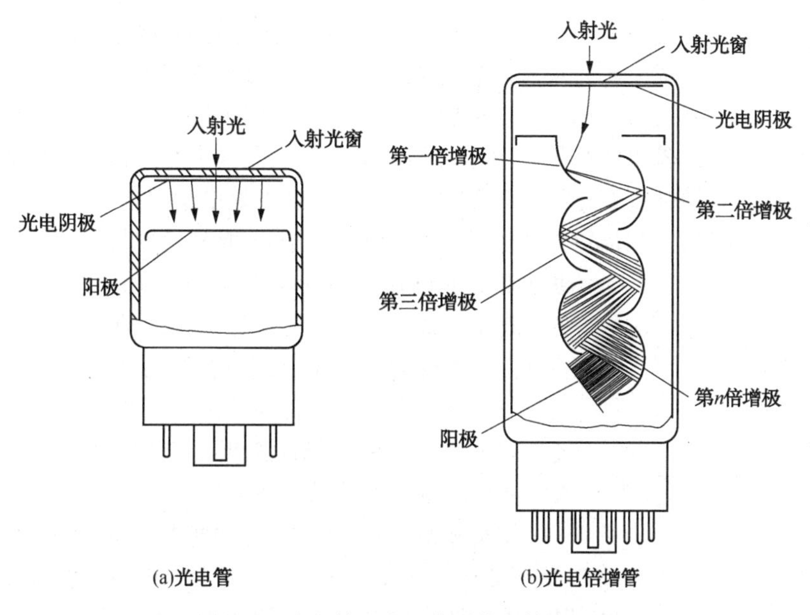


图 2-4 光电管和光电倍增管的结构原理

单光束分光光度计测量吸光度的原理是：在入射光穿过空白溶液(也称为参比溶液)时，透过光强等于入射光强($I_t = I_0$)，$I_0$光强产生的电信号数值在放大电路中被进行对数转换处理，其输出电信号的值正比于 $\lg I_0$，此时显示的吸光度值为 $A=0$；当入射光穿过有吸光物质的溶液时，透过光强为 $I_t$，其转化成的电信号被对数处理后，其数值正比于 $\lg I_t$；两个对数电信号数值之差为：

$$\lg I_0 - \lg I_t = \lg(I_0/I_t)$$

根据式(2-6)，该差值等于吸光度，即 $\lg I_0 - \lg I_t = \lg(I_0/I_t) = A$。

单光束分光光度计能进行吸光度测量，但不能获得被测溶液的吸收曲线。对于一种未知溶液，首先需要获得其吸收曲线，再从吸收曲线上确定测定波长。双光束分光光度计能够自动测绘出被测溶液的吸收曲线，其光路原理图如图 2-5 所示。

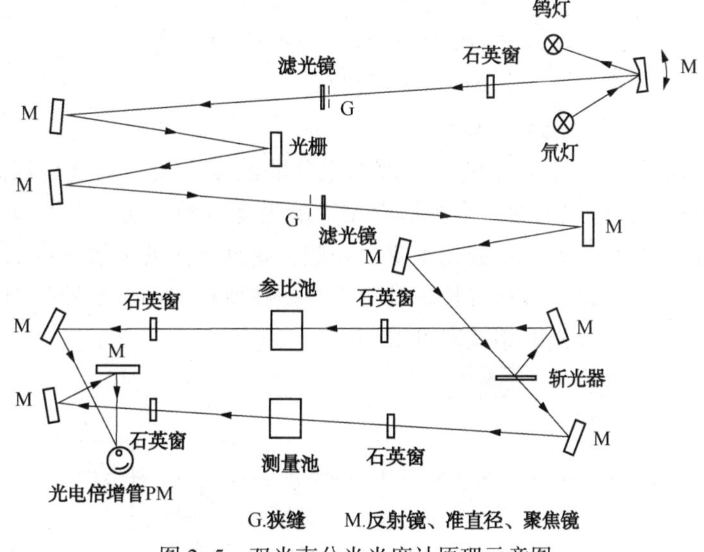


图 2-5 双光束分光光度计原理示意图

双光束分光光度计与单光束分光光度计的主要区别为：同一光源辐射出来的光束通过分光系统后，被分束器分成参比光束和测量光束，前者不通过被测溶液，只通过参比溶液，光强不被吸收减弱；后者通过被测溶液，光强被吸收减弱。用半透半反射镜将两束光交替送入检测系统转换、放大，输出的结果是两信号的差值，可大大减小光源强度变化的影响，克服了单光束型仪器因光源强度变化导致的基线漂移( $T=100\%$ 处电信号漂移)现象。除此之外，双光束仪器可以通过波长扫描得到溶液的吸收曲线，便于选取测量波长。波长扫描的含义是通过驱动单色器的某个元件匀速转动，使入射波长匀速改变。波长扫描时，一束光穿过空白溶液，另一束光穿过被测溶液，前者称为参比光束，后者称为测量光束，两光束所产生的电信号分别进行对称地放大和对数处理，两路电信号经过差减器进行减法处理后输出其差值(即吸光度)，吸光度随入射波长的变化曲线就是吸收曲线。

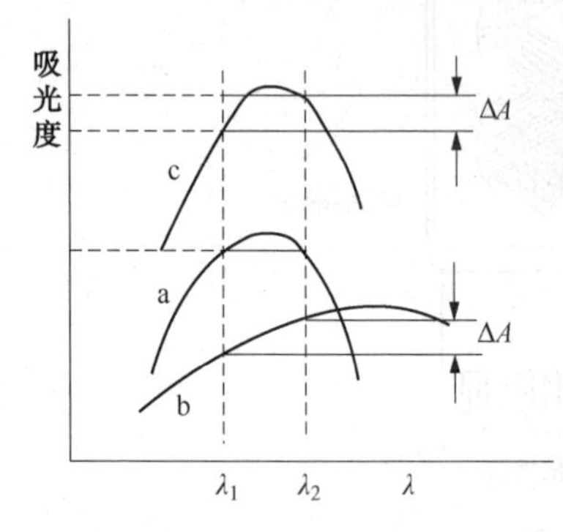


图 2-6　共吸收干扰及波长选择示意图

在实际测定时，经常有两种物质的吸收曲线部分重叠(如图 2-6 所示)或溶液有一定混浊度以及背景吸收，这时可以使用双波长仪器，方便地扣除共存干扰组分、造成浑浊的物质及背景的吸收。

双波长分光光度计(如图 2-7 所示)的定量关系式推导如下：a 曲线为干扰组分的吸收曲线，b 为被测组分的吸收曲线，c 是 a 和 b 的混合吸收曲线。在 a 曲线选取吸光度 A 相等的两个波长分别作为两单色器的波长 $\lambda_1$ 和 $\lambda_2$，分别在 $\lambda_1$ 和 $\lambda_2$ 测得吸光度为：

$$A_{\lambda 1} = -\lg \frac{I_{t0}^1}{I_0^1} = \varepsilon_{\lambda 1} Lc + A_a \qquad (2-8)$$

$$A_{\lambda 2} = -\lg \frac{I_{t0}^2}{I_0^2} = \varepsilon_{\lambda 2} Lc + A_a \qquad (2-9)$$

式中 $A_a$ 为 A 组分在 $\lambda_1$ 和 $\lambda_2$ 的吸光度。这两波长处的总吸光度之差为：

$$\begin{aligned} \Delta A &= A_{\lambda 2} - A_{\lambda 1} \\ &= (\varepsilon_{\lambda 2} Lc + A_a) - (\varepsilon_{\lambda 1} Lc + A_a) \\ &= \Delta(\varepsilon_{\lambda 2} - \varepsilon_{\lambda 1}) Lc \end{aligned}$$

$$\Delta A = \Delta \varepsilon Lc \qquad (2-10)$$

上式表明被测组分的吸光度差值只与被测组分的浓度有关。这就是双波长法测定的原理。在选择 $\lambda_1$ 和 $\lambda_2$ 时，原则上除了干扰物有相等的吸光度外，还要求两波长比较接近，但被测组分在两波长处的摩尔吸收系数相差要大一些，这样方法的灵敏度会更高。需要说明的是：用单波长的仪器也可以进行双波长法测定，只是在所选的两波长处分别测定，之后再将两个波长处所得到的两个吸光度相减即可得到 ΔA。

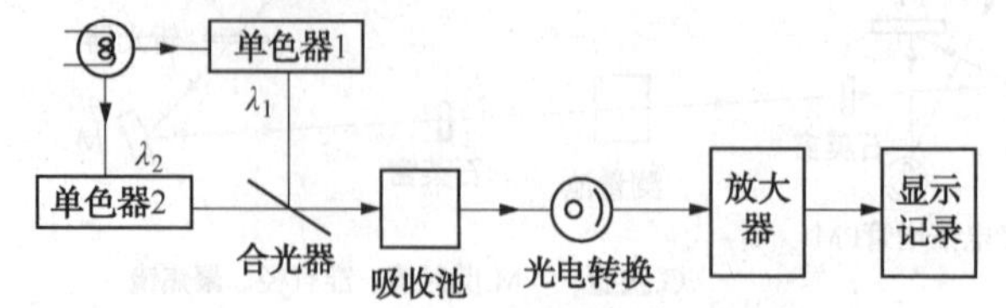


图 2-7　双波长分光光度计原理示意图

## 2.1.4 定量测定方法

### 2.1.4.1 显色

采用分光光度法测定的前提是被测物质能够对光产生选择性吸收，但有许多物质在可见光区不能产生吸收或者是吸收系数太小，这些物质一般是无色的物质或颜色很浅。虽然大部分物质在近紫外光区有吸收，但该光区的吸收选择性很差，共存物质的对测量波长的共吸收干扰测定，所以对混合物测定较少采用紫外光，除非确定无共吸收干扰。

将被测的无色物质或浅色物质与某种化合物发生定量的化学反应，其产物颜色较深(即在可见光区有较强的吸收)，就可以通过测量产物的吸光度来间接测定出被测物质的浓度。这种将被测物质转变成颜色较深形态的化学反应操作就称为显色。显色的作用就是增大吸收系数，提高灵敏度，或者是将分光光度法不能测定的物质变成可测定的物质。显色可以利用的化学反应很多，一般需要满足反应定量进行、反应速度快、条件容易达到、产物性质稳定等条件要求。

测定空气中的二氯丙醇时，将采集到的二氯丙醇用高碘酸氧化生成甲醛，之后甲醛与变色酸反应生成对570nm波长的光有强吸收的紫色的化合物。测定有机化学品中铁含量时，可用维生素C将三价铁离子还原成二价铁离子，之后二价铁离子与邻菲罗啉反应生成紫色络合物。三价铁离子可以与硫氰根($SCN^-$)反应也生成特征的紫色络合物，但其组成不固定，配位体数随浓度的变化而变化，吸收系数也变化，所以不能作为显色反应。

测定空气中氯气浓度时，可以在采样吸收液中加入碘化钾和酚酞，在酸性介质中氯气分子氧化碘离子为碘分子，碘分子又可使酚酞溶液褪色，颜色变浅，通过测量剩余酚酞的吸光度也可以间接测定氯气浓度，这种使颜色定量变浅的反应过程也称为显色。

测定含有活泼氢的胺(含有—$NH_2$、═NH基团)时，可以使胺在酸性介质中与亚硝酸根反应，其产物虽然无色，但对某波长的紫外光有强烈的吸收，这也是显色。

### 2.1.4.2 定量分析方法——标准曲线法

由于吸光度$A$与浓度$c$之间的吸收系数受许多条件的影响，所以不能通过测定溶液的吸光度直接计算出浓度，而需要用浓度已知的标准溶液对系数进行校正，获得某一测定条件下实际的定量关系才能获得准确的浓度值。标准曲线法是最基本、最重要的定量方法，不仅对分光光度法，对其他分析方法也是一样。标准曲线法定量测定的基本步骤是：

首先配制一系列浓度不同但浓度已知的标准溶液(一般是5~6份)，如需要显色，则显色过程在定容之前完成；然后在选定的波长下，分别测量它们的吸光度；绘制以吸光度为纵坐标，以浓度为横坐标的$A$-$c$关系曲线，如图2-8所示。同时测量被测试样溶液的吸光度，在图中查出被测溶液的浓度，再根据定量关系计算出气体样品中被测物质的浓度或含量。

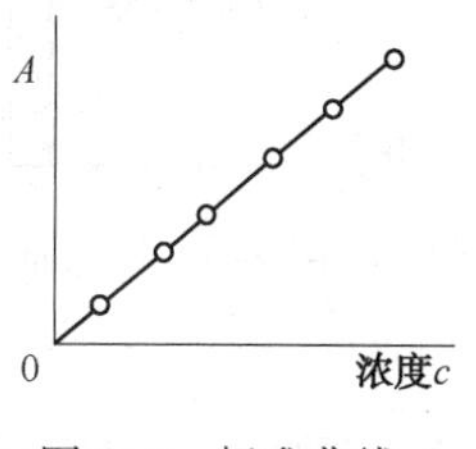

图2-8 标准曲线

在实际工作中，可以根据绘制标准曲线用的若干组($A$，$c$)数据，计算得到回归方程，根据回归方程确定的$A$-$c$定量关系可以计算出被测样品的浓度，这样就不必绘图了。

## 2.2 原子吸收光谱法

原子吸收光谱法(atomic absorption spectroscopy，AAS)也称原子吸收分光光度法(atomic absorption spectrophotometry)，简称原子吸收法。该方法具有测定快速、干扰少、应用范围广、可在同一试样中分别测定多种金属元素等特点。在安全检测中，主要用于生产场所空气中粉尘内铅、汞、铬、镉、锰、锑、钡、铍、铋、钙、钴、铜、锂、镁、锰、钼、镍、钾、钠、锶、钽、铊、锡、钨、钒、锌、锆等金属元素含量的测定，测定时需要将粉尘或烟尘样品溶解转化成液态样品。

### 2.2.1 自由原子吸收的原理

原子吸收光谱法与分光光度法一样，都是基于被测物质对某光线的选择性吸收，测量溶液的吸光度，依据朗伯-比尔定律的定量关系建立起来的分析方法，但二者又有很大区别。在分光光度法中，直接对光进行吸收的物质是分子、溶液中的离子，分子可以是溶解在溶液中，也可以是气态分子；而在原子吸收光谱法中，直接对光进行吸收的物质是处于气态的自由原子，溶液中的金属元素在测定过程中必须转化成气态原子。溶液中的分子或大离子的特征吸收峰半宽度(即峰高一半时的波长范围)大多在5nm~几十nm，现在分析仪器中单色器系统出射狭缝的光谱通带宽度多在0.1~2nm，能够保证在入射光光谱通带范围内吸收系数近似相等；自由原子吸收峰的半宽度大约是0.01nm左右，单色器的光谱通带是其10~100倍，因此靠单色器的色散作用已不能满足朗伯-比尔定律成立的要求。因此，原子吸收光谱法及原子吸收光谱仪还有其特有的特点。

自由原子是指处于气态的原子，原子吸收测定是建立在自由原子对其特征辐射选择性吸收的基础上。原子由原子核和核外电子构成，核外电子是在一定的轨道上运动，可以认为每一个原子的原子核外都有许多电子的运动轨道，靠近原子核的最内层轨道能量最低，距离原子核稍远的轨道能量高，且越靠外层的轨道其能量越高。通常条件下，电子在原子核外的运动状态要满足能量状态最低的原则，按照洪特规则的规律排布，首先填入能量最低的那些轨道，最外层没有充填满的时候，该层中有一个电子为价电子，价电子受外界能量激发时可进入能量更高的空轨道。价电子处于没有被激发前的轨道时，是原子能量最低的状态，称为基态，其能量用$E_0$表示，价电子接受外界能量被激发进入能量更高的状态时，原子处于激发态，其能量用$E_i$表示。在原子光谱学原理中，原子所能存在的每一种能量状态都是一个能级，从量子物理学可知，原子的能级能量也是量子化的，由于元素的原子被测量时处于气态，原子与其他分子之间的相互作用可忽略，因此原子能级的精细结构仍然存在。简化后的原子能级结构图可由图2-9所示。

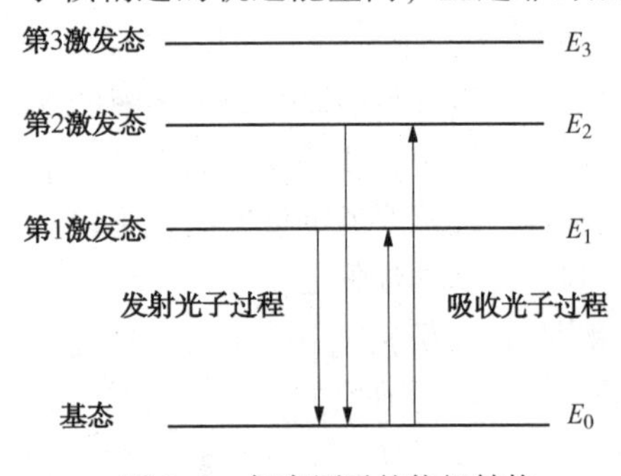


图2-9　气态原子的能级结构

同分子一样，如果有某一波长的单色光照射气态原子，而该光子的能量等于基态与某激发态能差(如$h\nu = E_1-E_0$)，则该光子被吸收，光子能量变成原子的能量，原子就由基态跃迁到对应的激发态，原子吸收过程完成。原子也不是可以从基态直接跃迁到任意激发态，有些跃迁属于禁戒跃迁，发生概率极低。一般从基态跃迁到第一激发态的几率最大，吸收强度也最大，此跃迁称为共振跃迁，在此跃迁过程中吸收的谱线称为第一共振线。在原子吸收光谱法测定中，主要采用第一共振线。吸收发生时，新生成的气态原子处于高温的原子化器中，原子进行无序的自由运动，导致其能够吸收的光子的能量有一定的弥散性，即被吸收的光子的波长有弥散性，此次现象为多普勒效应；另外，吸光原子处于大气压力下，吸光原子与共存的分子粒子碰撞，也导致其吸收线波长有弥散性，此现象为罗伦兹效应。由于这两个效应的存在，使得可被原子吸收的谱线波长不仅仅是中心波长（与公式 $h\nu = E_1 - E_0$ 中的频率相对应的波长），而是以中心波长为中心，对长短两侧有微弱的吸收，此现象即为吸收线的加宽，但加宽效应导致的吸收线轮廓半宽度也不超过 0.01nm，仍然属于线状光谱，与分子吸收相比较，自由原子吸收的波长范围仍极窄。

不同元素原子的结构不同，能级结构也有很大差别，即使是同一族的元素，其能级结构图虽然相似，但激发态能级能量值差别很大，吸收线波长也有显著的区别，如钾、钠的原子结构和能级图结构都很接近，但钾原子的第一共振线为 776nm，而钠原子的第一共振线为 589nm，还有同为第Ⅱ主族钙和镁，分别为 423nm 和 285nm。可以说，不同种原子有不同的能级结构，其吸收线也各不相同，各种原子都有其独有的特征吸收线，一般称为特征谱线。因此，使用不同波长的单色入射光，就可以实现对某一元素的选择性测定。

原子不仅可以吸收光能被激发，也可以被高速运动的其他原子、分子、离子等微粒碰撞而获得能量被激发。温度高则微粒的运动速度快，动能大。动能是非量子化的能量，如果原子所处的环境温度（即原子化器温度）足够高，可以把被测元素的原子激发到任意高能级。处于激发态的原子是不稳定的，一般寿命只有 $10^{-8} \sim 10^{-6}$s，自发地从高能级跃迁到低能级，其多余的能量以光子的形式释放时，就能发射其特征辐射（即特征谱线），此过程称为自发发射（见图 2-9）。如铜原子的最强吸收线的波长是 324.7nm，其自发发射的最强发射线也是 324.7nm，该谱线就是铜的特征谱线。

根据上述介绍，只有处于基态的原子才能吸收其特征辐射。在高温的原子化器中，原子不仅能被激发至激发态，而且还有极少量原子被高温热电离成离子。根据波尔兹曼定律的计算结果，在原子化温度（2000～3000℃）下，绝大部分（>99%）原子仍处于基态，即使是电离电位较低的钾、钠等碱金属原子，电离度也不超过 85%，且有有效的方法抑制其电离，因此测定时不需要考虑高温导致原子存在状态。

测定粉尘中的金属元素时，需要用酸或碱将粉尘样品溶解为溶液。测定时将含有待测元素的溶液通过原子化系统喷成细雾，随载气进入火焰，并在火焰中解离成基态原子。气态的基态原子对入射的其特征辐射产生选择性吸收，吸收光能后由基态跃迁到激发态。只要入射光是波长范围足够窄（一般<0.001nm），吸收过程就遵从朗伯-比尔定律。在一定实验条件下，当光强在被吸收前后的变化与火焰中待测元素基态原子的浓度有定量关系。如果忽略激发态原子所占的比例（引起的误差很小），则吸光度 $A$ 与火焰中该种原子总浓度符合吸收定律，在条件稳定时，吸光度 $A$ 与试样溶液中待测元素的浓度（$c$）有下列定量关系，即

$$A = Kc \qquad (2-11)$$

式中：$K$ 为常数，其数值大小与吸收光程、原子吸收系数、测量波长、溶液提升速率、溶液雾化效率、原子化效率、火焰状态等影响测定灵敏度的各种因素有关，在仪器稳定工作时其值是比较稳定的；$A$ 为待测元素的吸光度。根据测量获得的吸光度就可以求出待测元素的浓度，这就是原子吸收光谱法定量分析的理论依据。

## 2.2.2 原子吸收光谱仪的构成

图 2-10 为火焰原子吸收光谱仪的基本构成示意图。原子吸收光谱仪，又称为原子吸收分光光度计，它主要由锐线光源、原子化系统、分光系统及检测系统四个主要部分组成。

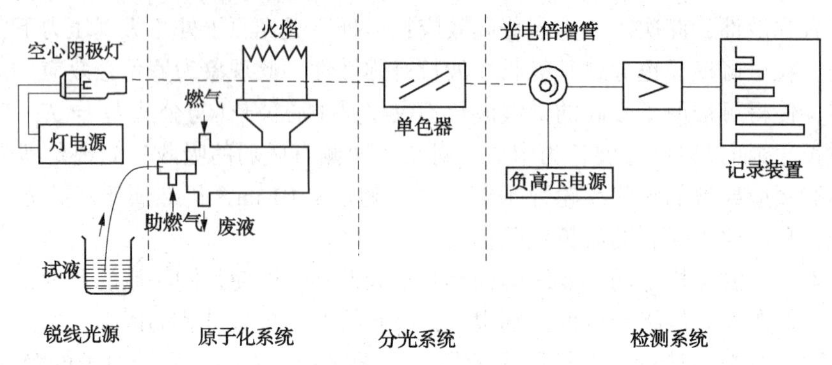


图 2-10 火焰原子吸收分光光度计原理示意图

### 2.2.2.1 空心阴极灯

所谓锐线光源是指光源发出的光线在波长上是不连续的，每一条谱线的波长轮廓范围极窄，如果绘制其发射光谱图，则每一条发射谱线峰都是尖锐的。要使入射光在原子吸收时吸收系数近似不变，光源的发射谱线轮廓半宽度需不大于原子吸收线轮廓半宽度的 1/10，即 < 0.001nm。现在解决这一问题的办法就是使用空心阴极灯，而不能靠单色器对连续入射光的色散来实现。因为发明了空心阴极灯，使入射光近似于单色光，入射波长只在原子吸收线轮廓的最大处，吸收系数近似相等，这种效果就称为峰值吸收。能够实现峰值吸收是原子吸收光谱分析法成为实用检测技术的关键突破。

空心阴极灯是一种低压辉光放电管，包括一个空心圆筒形阴极和一个阳极，阴极由待测元素材料或其合金制成，形状为中空，且口小肚大，灯内没有空气（至关重要，去除必需彻底），只充入压力极低的惰性气体（氩气或氦气，压力 133.3～666.5Pa）。如图 2-11 所示。当阴阳两极间加上一定直流电压（200～500V）时，阴极发射的电子在电场中被加速移向阳极，移动过程中撞击惰性气体并使其电离，电离产生的阳离子被加速后撞击阴极表面，从阴极表面溅射出来的金属元素原子被带电粒子碰撞激发至激发态，经自发发射辐射出其特征辐射。因阴极材料的元素与被测元素是同一种元素，所以空心阴极灯发射出的谱线就是被测元素的特征谱线。

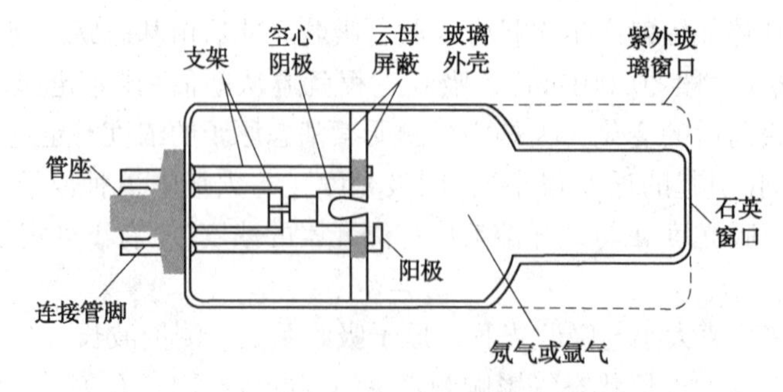


图 2-11 空心阴极灯结构示意图

灯电源供给空心阴极灯的电压是短脉冲或方波，占空比小，即灯通电的时间远短于零电压的时间，冷却时间长且电流小(不大于10mA)，所以空心阴极灯工作时温度很低，比原子化温度低2200℃以上，其结果是空心阴极灯发射谱线时的热变宽效应很小(多普勒效应小)。灯内所充入惰性气体的压力极低，只有大气压力的几百分之一，所以与原子化过程相比，空心阴极灯的压变宽(罗伦兹变宽)效应也极弱。因而空心阴极灯发射的元素特征谱线轮廓极窄，能够满足要求。

空心阴极灯阴极的特殊结构和工作条件，决定了其发射的谱线数目少，一般只有几条共振线，波长差别较大，其他背景谱线极弱。惰性气体原子也发射其谱线，但与工作谱线的波长差别也较大。这些共存的谱线都能通过单色器排除掉，与被测元素共存物质的共吸收干扰较少出现。

**2.2.2.2 原子化器系统**

用原子吸收法测定时，被测元素必须处于气态自由原子状态。原子化系统就是将待测元素转变成气态原子的装置，分为火焰原子化系统和电热原子化系统(主要是石墨炉原子化器)两类。火焰原子化系统包括雾化器、雾化室(又称为预混室)、燃烧器和燃气与助燃气供给调解部分(见图2-10原子化系统部分)。雾化器的作用是把待测溶液转变成细雾，最常用的雾化器是气动式喷雾器，靠压缩空气在特殊结构的喷嘴处喷出形成的负压，经毛细管把溶液从溶液瓶中提升上来，在其流出毛细管时被高速喷出的空气吹散成细小雾滴，雾滴在雾化室内与空气、乙炔充分混合，直径稍大的雾滴在雾化室内壁凝结放掉，细小雾滴被送入火焰。燃烧器上有长度约10cm的窄缝，混合气体从窄缝喷出，点燃后形成条形火焰，被聚焦后的光束从条形火焰中心穿过。火焰使试样雾滴中的水分蒸发，剩余的溶质微粒在火焰中被热解离而产生大量基态原子。常用的火焰是空气-乙炔火焰，其火焰温度约2600K。对于用空气-乙炔火焰难以解离的元素，如Al、Be、V、Ti等，可用氧化亚氮-乙炔火焰(最高温度可达3300K)。燃气与氧化性气体(如空气中的氧气)充分反应后两者都无剩余时的火焰称为化学计量焰(属于中性火焰)，氧化性气体(助燃气体)过剩的火焰称为贫燃焰(氧化性火焰)，燃气过剩的火焰称为富燃焰(还原性火焰)。有些元素在火焰中易形成氧化物，如氧化钙、氧化镁等，其热解原子化较难，使用还原性火焰可有效抑制氧化物的形成。

不同种类分子热解的速率不同，在火焰中不同高度处的自由原子密度也不同，当光路穿过自由原子密度高的区域时，测量的灵敏度高。光轴(光路中心)与燃烧器上沿的距离称为观测高度。系统中雾化器、雾化室、燃烧器可以整体上下移动，通过调解其上下位置可以选择观测高度。

雾化器提升溶液的流速一般是4~6mL/min，流速受毛细管两端的压差、毛细管内径与长度及溶液的黏度、密度影响。粉尘溶解后制备成的样品溶液往往含有较多的盐类，导致其黏度明显高于标准溶液，因此吸喷样品溶液和标准溶液时，提升流速可能存在差异，导致测定误差，这种影响称为物理干扰。如果在标准溶液中加入大体相当量的盐类即可消除物理干扰。

测定钾、钠、钡等金属时，热解产生的原子还有一部分被电离成不能产生吸收的离子，且电离度随浓度的变化而变化，因此电离不仅降低灵敏度，还造成测定误差，此干扰称为电离干扰。在样品溶液和标准溶液中加入较高浓度的非被测碱金属盐，其在火焰中电离产生大量的自由电子，可以抑制被测元素的电离。

如果粉尘中含有大量的铝、硅元素的化合物时，在火焰中可与许多金属元素形成难热解的硅酸盐、铝酸盐、硅铝酸盐等，显著降低吸光度值，导致测定误差，此类干扰称为化学干扰。消除这类化学干扰的方法有两种：①加入 EDTA(乙二胺四乙酸二钠)等络合剂，使其与金属离子在测定前的溶液中转化成稳定的金属络合物，络合物在火焰中很容易被热解原子化，所加入的络合剂称为保护剂；②向样品溶液中加入更容易与硅酸根、铝酸根形成更稳定化合物的金属离子(如氯化镧)，将被测元素的离子释放出来，此处所加入的盐类称为释放剂。测定时要根据粉尘化学成分的组成来具体选择。形成难分解化合物这种化学干扰在空气-乙炔火焰中存在时，也可以使用高温火焰(如氧化亚氮-乙炔火焰)来解决，有许多难分解化合物在高温时可有效被分解。但这种高温火焰燃烧速度快，危险性大，所以较少使用。

常用的电热原子化系统是电热高温石墨管原子化器(简称为石墨炉)，其基本结构如图 2-12 所示。石墨炉的中心部分是石墨管，石墨管中间侧面的小孔为进样孔，试液最多进 100 μL，通过微量注射器从可卸窗及进样孔加入。固体试样用特殊装置从两端加入，但一般都要转化成液体形态的试样液体。石墨管两端与电源接通，电压 10~15V，电流 400~600A，加热使试样原子化，试样利用率几乎可达 100%。一次进样测定结束后，炉体用水冷却，使石墨管在 30s 内降至室温，炉体内通入惰性气体，如高纯氮气或氩气，以防止石墨管在高温下燃烧和防止待测元素被氧化，同时排除灰化阶段产生的烟雾，降低噪声。石墨炉的整个工作程序包括：干燥、灰化(或分解)、原子化及高温除残四个步骤，仪器按设定的程序自动完成。其原子化效率比火焰原子化器高得多，因此可大大提高测定灵敏度，适用于火焰原子化法难于测定的痕量元素的分析。石墨炉原子化法的测定精密度比火焰原子化法差。

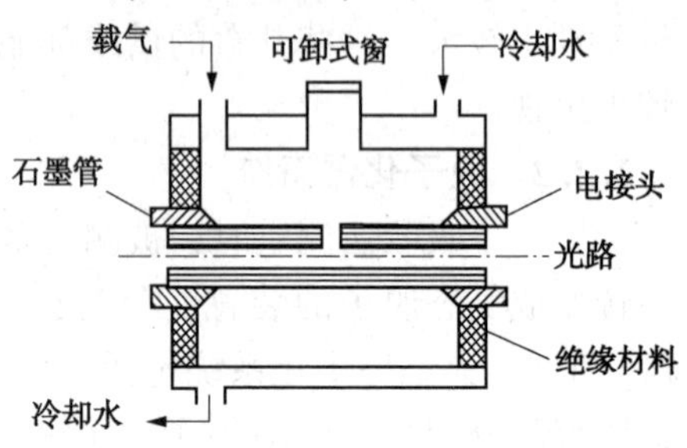


图 2-12　石墨炉装置示意图

此外，原子化法还有氢化物发生法和冷原子化法等。

氢化物发生法是一种低温原子化法。它是利用一些元素容易在强还原剂硼氢化钠($NaBH_4$)或硼氢化钾($KBH_4$)作用下生成低熔点、低沸点的共价分子型氢化物的特点，从而有效地用气体提取方式从样品基体中将被测元素分离出来。由于氢化物热稳定性差，容易用电热的方式转变为自由原子蒸气。基本装置见图 2-13。能够用氢化物发生法原子化的元素有砷、锑、铋、锗、锡、硒、碲、铅和汞。例如砷的氢化反应：

$$AsCl_3+4KBH_4+HCl+8H_2O \xlongequal{} AsH_3\uparrow+4KCl+4HBO_2+13H_2\uparrow$$

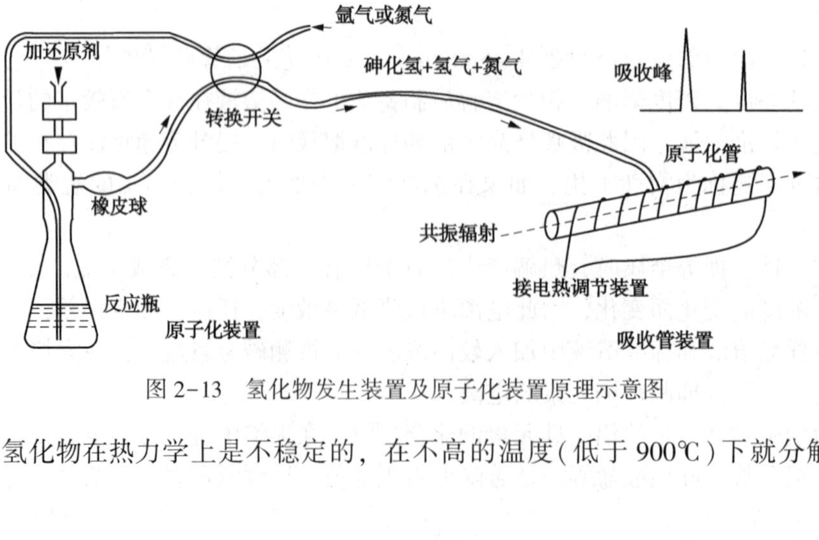

图 2-13　氢化物发生装置及原子化装置原理示意图

生成的氢化物在热力学上是不稳定的，在不高的温度(低于 900℃)下就分解出自由原子，达到瞬间原子化。氢化物原子化法本身的气提过程又是一个分离过程，这样可以克服试样中其他组分对被测元素的干扰。测量灵敏度比火焰原子化法高约3个数量级。

本法的应用具有局限性，能够形成氢化物的元素数量少，应用范围窄。另外，本方法的精度不如火焰法，校正曲线的线性范围也较窄。而且，这些氢化物毒性很大，本身又是一种较强的还原剂，容易被氧化，所形成的氧化物毒性更大，例如$As_2O_3$本身就是剧毒剂，这样要求反应系统有良好的密封，操作必须在良好的通风条件下进行，保证操作者个人不受伤害。目前氢化物发生-原子吸收法仍是测定痕量砷的最好方法之一。在安全检测中，已经倾向于用原子荧光光谱法测定砷、汞等毒性大的元素。

冷原子吸收法是测汞专用的方法，原子化方法称为冷原子化法。该方法适用于各种水体及固体样品溶解后的液体中汞的测定，其最低检测浓度为0.1～0.5 μg/L 汞(因仪器灵敏度和采气体积不同而异)。

汞原子蒸气对253.7nm的紫外光有选择性吸收。在一定浓度范围内，吸光度与汞浓度成正比。液体样品经消解后，将各种形态汞转变成二价汞离子，再用氯化亚锡将二价汞还原为原子态汞，即$Hg^{2+}+Sn^{2+} \longrightarrow Hg^0+Sn^{4+}$，用载气将产生的汞蒸气带入测汞仪的吸收池(管)测定吸光度，与汞标准溶液吸光度进行比较定量。图2-14为冷原子吸收测汞仪的结构示意图。低压汞灯辐射253.7nm紫外光，经紫外光滤光片射入吸收池，则部分被试样中还原释放出的汞蒸气吸收，剩余紫外光经石英透镜聚焦于光电倍增管上，产生的光电流经放大系统放大，送入指示表指示或记录仪记录。当指示表刻度用标准样校准后，可直接读出汞浓度。汞蒸气发生气路包括：抽气泵将载气(空气或氮气)抽入盛有经预处理的水样和氯化亚锡的还原瓶，汞离子被还原成汞原子，载气吹出的汞蒸气随载气流出，经分子筛瓶除水蒸气后进入吸收管测其吸光度，然后经流量计、脱汞阱(吸收废气中的汞)排出。冷原子装置也可以作为原子吸收光谱仪的原子化装置，将吸收管固定在光路中即可。

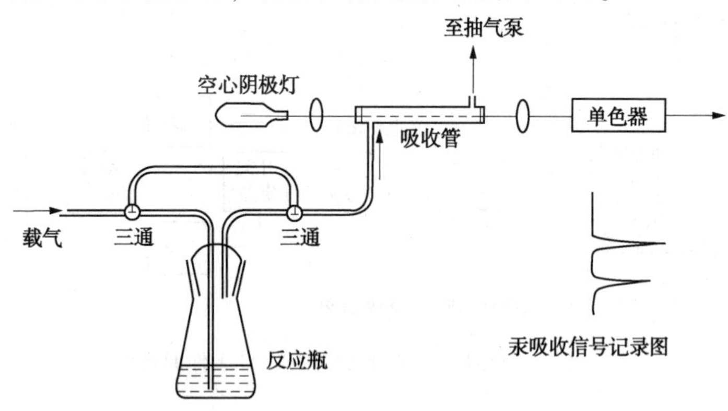


图2-14　冷原子吸收测汞仪的结构示意图

采用冷原子化法要注意如下测定要点：

① 水样预处理　在硫酸-硝酸介质中，加入高锰酸钾和过硫酸钾溶液消解水样，也可以用溴酸钾—溴化钾混合试剂在酸性介质中于20℃以上室温消解水样。过剩的氧化剂在临测定前用盐酸羟胺溶液还原。

② 绘制标准曲线　依照水样介质条件，配制系列汞标准溶液。分别吸取适量汞标准溶液于还原瓶内，加入氯化亚锡溶液，迅速通入载气，记录表头的最高指示值或记录仪上的峰值。以经过空白校正的各测量值(吸光度)为纵坐标，相应标准溶液的汞浓度为横坐标，绘

制出标准曲线。

③ 水样的测定　取适量处理好的样品溶液加入到反应瓶中，测得吸光度，经空白校正后，从标准曲线上查得汞浓度。在冷原子吸收测汞仪的工作流程中，将水样置于还原瓶中，按照标准溶液测定方法测其吸光度，再乘以样品的稀释倍数，即得水样中汞浓度。

#### 2.2.2.3　分光系统

分光系统又称为色散系统、单色器系统。空心阴极灯发出的复合光穿过火焰吸收层，吸收后透过的光以及火焰发出的光经聚焦后，通过入射狭缝进入分光系统色散，测量波长的光通过出射狭缝照射到光电倍增管，其他波长的光不能出射，透过的测量波长的光经光电转换后，信号转变成吸光度。

分光系统主要由色散元件、反射镜、准直镜、狭缝、调节部件等组成。在原子吸收分光光度计中，分光系统地主要作用就是将待测元素的特征谱线与邻近谱线分开。

当样品溶液中含有高浓度的氯化钠，或者火焰中含有微小粒子时，氯化钠在火焰中对光产生连续吸收，微粒对光有散射作用，都导致假吸收而使结果偏高，此干扰称为背景吸收，需要扣除。目前扣除背景吸收的方法有氘灯扣背景法、自吸收扣背景法和塞曼效应扣背景法，应用最多的是氘灯扣背景法，原子吸收光谱仪中一般都带有这种扣背景装置。

图 2-10 示意的是单光束原子吸收分光光度计，还有双光束或多光束原子吸收分光光度计。图 2-15 为双光束型的示意图。它与单光束型仪器的主要区别为光源辐射的特征光被旋转斩光器分成参比光束 $I_R$ 和测量光束 $I_s$，前者不通过火焰，光强不变；后者通过火焰，光强减弱。用半透半反射镜将两束光交替通过分光系统并送入检测系统测量，测定结果是两路电信号的对数差值，即相当于两束光强的比值，可大大减小光源强度变化的影响，克服了单光束型仪器因光源强度变化导致的基线漂移现象。但是，这种仪器结构复杂，外光路能量损失大，灵敏度稍低于单光束仪器。具有氘灯扣背景装置的原子吸收光谱仪，其光路与双光束仪器相似，只是有两个光源。

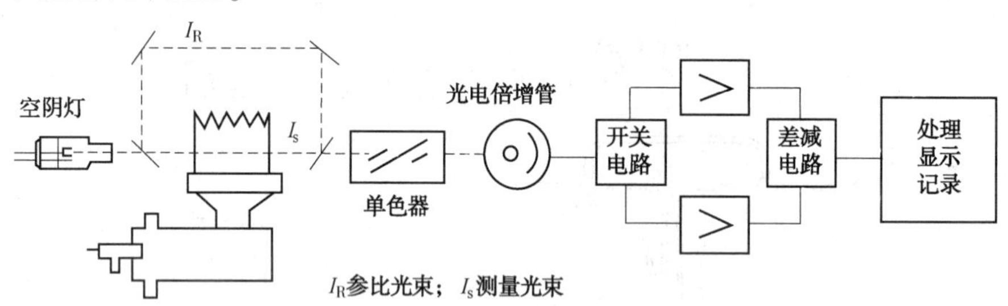


图 2-15　双光束原子吸收分光光度计工作原理图

#### 2.2.2.4　检测系统

检测系统由光电倍增管、放大器、对数转换器、指示器(表头、数显器、记录仪、打印机、数据处理显示系统等)和自动调节、自动校准等部分组成，是将光信号转变成电信号并进行测量的装置。

现在许多原子吸收光谱仪采用专用的软件，主机与计算机联用，能够实现键盘操作，工作参数调整、测量数据采集与处理自动完成。

### 2.2.3　定量分析方法

同分光光度法一样，先配制与样品溶液基体相同的含有不同浓度待测元素的系列标准溶液，分别测其吸光度，以扣除空白值之后的吸光度为纵坐标，对应的标准溶液浓度为横坐标绘制标准曲线。在同样操作条件下测定试样溶液的吸光度，从标准曲线查得试样溶液的浓度。使用该方法时应注意：配制的标准溶液浓度应在吸光度与浓度呈线性的范围内；整个分析过程中操作条件应保持不变。在定量方法中，除标准曲线法外，还有标准加入法，除样品基体特别复杂的情况外，一般很少采用。

**2.2.3.1　标准加入法**

如果试样的基体组成复杂且对测定有明显物理干扰时，则在标准曲线成线性关系的浓度范围内，可使用这种方法测定。注意，这里说的干扰主要是指由溶液物理性质变化引起的物理干扰，不包括化学干扰和电离干扰。

取4~6份相同体积的试样溶液，从第二份起按比例加入不同量的待测元素的标准溶液，稀释定容至相同体积。设稀释后的试样中待测元素的浓度为 $c_x$，加入的该元素的浓度分别为0、$c_0$、$2c_0$、$4c_0$，则加入标准溶液后混合溶液的浓度分别为 $c_x+0$、$c_x+c_0$、$c_x+2c_0$、$c_x+4c_0$，分别测得各份溶液的吸光度为 $A_x$、$A_1$、$A_2$、$A_4$。以吸光度 $A$ 对标准溶液的浓度 $c$ 作图，得到一条不通过原点的直线，外延此直线与横坐标交于 $c_x$，即为试样溶液中待测元素的浓度，见图2-16。

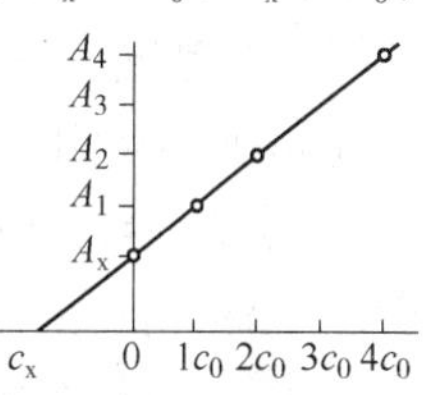


图2-16　标准加入法校正曲线

为得到较为准确的外推结果，应最少用四个点来作外推曲线；该方法只能消除基体效应引起的物理干扰，而不能消除背景吸收的影响，故应扣除背景值。另外，应尽量避免斜率过大或过小，减小作图的误差，所以应使 $c_x \approx c_0$。该方法的定量依据是 $A=Kc$，但此方法的浓度由加入的标准物浓度 $nc_0$ 和样品原有浓度 $c_x$ 两部分构成，真实的关系式应为 $A=K(nc_0+c_x)$，图2-16中的 $c_x$ 点是实际的原点。

**2.2.3.2　标准曲线法**

原子吸收光谱法进行定量测定时，采用最多的定量方法还是标准曲线法，其操作方法和基本步骤与分光光度法中基本相同。配置标准系列溶液时，不需要显色操作，一般由标准贮备溶液直接稀释即可。

测定粉尘样品中金属元素的含量，就必须将其溶解成液体样品溶液。多数粉尘不能溶解于水，多数需要溶解于稀酸中，为了加快速度，常常需要加热，如果样品中含有有机物，还需要加入氧化性强酸，如硝酸、王水（硝酸与盐酸按照1：3比例混合而成）、高氯酸。用酸溶解固体粉末样品的操作称为“消解”或“消化”，现在消解操作多在专用的微波消解炉中进行。由于有些金属元素的硫酸盐、磷酸盐溶解性差，在火焰中热解性也稍差，所以溶解样品基本不用硫酸和磷酸。分光光度法也是测定金属元素的常用方法，硫酸和磷酸一般不会对测定产生干扰。

**2.2.3.3　原子吸收光谱法的灵敏度与检出限**

分析化学领域普遍采用的灵敏度 $S$ 的定义是：分析标准函数 $X=f(c)$ 的一次导数，即 $S=dX/dc$（相当于标准曲线的斜率）。但在原子吸收光度法中，对于火焰原子化器习惯于用1%吸收灵敏度，称为特征浓度来表示灵敏度。特征浓度的定义为：能产生1%吸收（即吸光度值 $A=0.0044$）信号时所对应的被测元素的浓度。

$$c_0 = 0.0044c_x/A \quad (\mu g/cm^3) \qquad (2-12)$$

式中：$c_0$ 表示特征浓度；$c_x$ 表示测定灵敏度时所用待测元素溶液的浓度；$A$ 为多次测量所得吸光度的平均值。

石墨炉原子吸收法常用绝对量表示，称为特征质量。特征质量的定义为：即能产生1%吸收(即吸光度值 $A=0.0044$)信号时所对应的被测元素的质量。特征质量的计算公式为

$$m_0 = 0.0044m_x/A \text{ (pg 或 ng)} \tag{2-13}$$

式中：$m_0$表示特征质量；$m_x$表示测定灵敏度时一次进样量中待测元素的质量，单位为pg或ng，$A$为多次测量所得吸光度的平均值。

特征浓度或特征质量越小，表示灵敏度越高。

检出限(DL)的定义为：以特定的分析方法，以适当的置信水平被检出的最低浓度或最小量。

在IUPAC(国际纯粹与应用化学委员会)的规定中，对各种光学分析法，可测量的最小分析信号($X_{min}$)以下式确定：

$$X_{min} = X_{平均} + KS_0 \tag{2-14}$$

式中：$X_{平均}$是用空白溶液按同样分析方法多次测量的平均值；$S_0$是空白溶液多次测量的标准偏差；$K$是置信水平决定的系数；$X_{min}$是可测量的最小分析信号，也就是在规定的置信水平下能够确认某测量信号是被测物质产生的信号，而不是信号噪声。

式(2-14)的含义是比空白溶液所产生的信号高出$KS_0$时的信号就能认定为被测物的存在所产生的，信号再小则不能认定为是被测物产生的。

可测量的最小分析信号$X_{min}$为空白溶液多次测量平均值$X_{平均}$与3倍(即$K=3$)空白溶液测量的标准偏差之和，它所对应的被测元素的浓度即为检出限DL，由式(2-15)表示。

$$\mathrm{DL} = \frac{X_{min} - X_{平均}}{S} = \frac{KS_0}{S} \tag{2-15}$$

式中$S$为灵敏度。

在实际工作中，通过实验测定一种检测方法的通常做法是：配制一份浓度比空白溶液浓度稍高的溶液(浓度为$c$)，在选定的条件下，平行测量多次，得到多个测量值，计算这多个测量值的平均值和标准偏差，按照式(2-16)计算检出限。

$$\mathrm{DL} = \frac{3S_0}{\bar{A}}c \tag{2-16}$$

式中：$\bar{A}$为吸光度的平均值，如果应用于其他分析方法，就应该用其相应的测量信号，例如色谱法就应是峰面积的平均值，原子荧光光谱法就应是荧光强度平均值；取$K=3$表示计算结果的置信水平是99.8%(理论值)。

## 2.3 原子荧光光谱法

原子荧光光谱法(atomic fluorescence spectroscopy，AFS)是利用自由原子在其特征辐射的激发下发射荧光的原理建立起来的一种元素分析方法。

### 2.3.1 原子荧光的产生

在原子吸收光谱法中，自由原子可以吸收其特征谱线的光子而被激发至激发态，处于激发态的原子不稳定，瞬间就发生自发发射返回基态，释放出多余的能量，如果是以光子的能量形式释放，其发射的光辐射就是荧光。原子荧光就是气态自由原子吸收光源的特征辐射

后，原子的外层电子跃迁到较高能级，然后又跃迁返回基态或较低能级，同时发射出与原激发辐射波长相同或不同的辐射。原子荧光属光致发光，也是二次发光。当激发光源停止照射后，荧光发射过程立即停止。原子发射荧光的过程如图 2-17、图 2-18、图 2-19 所示。

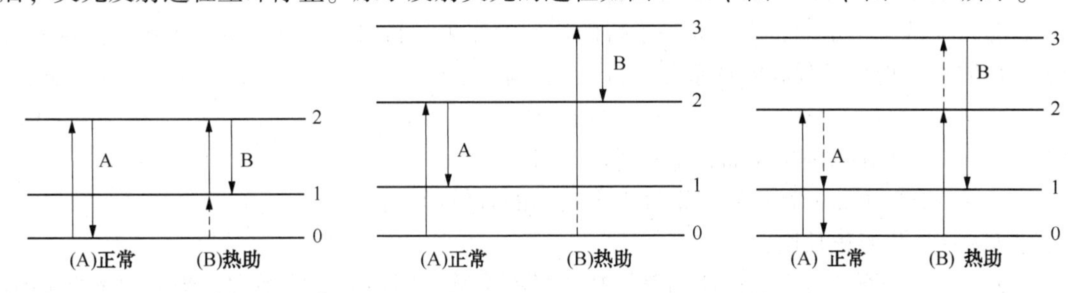


图 2-17　原子共振荧光的产生　　图 2-18　原子直跃线荧光的产生　　图 2-19　原子阶跃线荧光的产生

气态自由原子吸收共振线被激发后，再发射出与原激发辐射波长相同的辐射即为共振荧光，它的特点是激发线与荧光线的高低能级相同，其产生过程如图 2-17(A)所示；若原子受热激发处于亚稳态，再吸收辐射被进一步激发，然后再发射相同波长的共振荧光，此种原子荧光称为热助共振荧光，如图 2-17(B)所示。图 2-17 中能级 1 不是原子吸收部分所讲的第一激发态，而是一种存在寿命比激发态长的多，而又比基态寿命短的多的能量状态，所以称为亚稳态。

当荧光与激发光的波长不相同时，所发射的荧光称为非共振荧光。非共振荧光分为直跃线荧光、阶跃线荧光和反斯托克斯(anti-Stokes)荧光。

原子被光致激发至高能级激发态后，直接向下跃迁回至高于基态的亚稳态时所发射的荧光称为直跃线荧光，如图 2-18(A)所示。如果原子被热能激发至亚稳态，再吸收光被激发至较高的能级，从该能级向下跃迁至稍低的激发态能级，所发射的荧光也是直跃线荧光，如图 2-18(B)所示。由于荧光过程所涉及的两个能级的间隔小于激发线的能级间隔，所以荧光的波长大于激发线的波长。如果荧光谱线激发能大于荧光能，即荧光谱线的波长大于激发谱线的波长称为斯托克斯(Stokes)荧光。反之，荧光波长短于激发光波长则称为反斯托克斯荧光，此种情况较少见。直跃线荧光属于斯托克斯荧光。在直跃线荧光的发射或激发过程中，都有一个状态为亚稳态，从光谱学讲，原子在亚稳态与其他状态之间跃迁时属于禁戒跃迁，跃迁机率较低，所以直跃线荧光的发射强度通常低于共振荧光的发射强度。

被光照激发的原子以非辐射形式向下跃迁到较低能级，再以辐射形式返回基态而发射的荧光[图 2-19(A)]称为正常阶跃线荧光，其荧光波长大于激发谱线波长。如果首先被光致激发而跃迁至中间能级，又发生热激发而跃迁至高能级，然后返回至低能级发射的荧光[图 2-19(B)]称为热助阶跃线荧光。

因为原子共振荧光过程跃迁几率大，发光强度大，在原子荧光光谱分析中灵敏度高，检测限低，所以共振荧光过程被应用的最多。

### 2.3.2　原子荧光强度与浓度的定量关系

共振荧光的荧光强度 $I_f$ 正比于基态原子对某一频率激发光的吸收强度 $I_a$。

$$I_f = \phi I_a \qquad (2-17)$$

式中 $\phi$ 为荧光量子效率，它表示发射的荧光光量子数与吸收的激发光量子数之比。受光激发的原子，可能发射共振荧光，也可能发射非共振荧光，还可能无辐射跃迁至低能级，所以量子效率一般小于1。受光激发而处于激发态的原子和其他粒子碰撞，把一部分能量变成热运动与其他形式的能量，因而发生无辐射的去激发过程，这种现象称为荧光猝灭。荧光猝灭会使荧光的量子效率降低，荧光强度减弱。

若激发光源是稳定的，入射光是平行而均匀的光束，自吸可忽略不计(原子发射的荧光光子又被同种其他原子吸收的现象称为自吸)，则基态原子对光吸收强度$I_a$用吸收定律表示

$$I_a = \phi A I_0 (1 - e^{-\varepsilon LN}) \tag{2-18}$$

式中 $I_0$——原子化器内单位面积上接受的光源强度；

$A$——受光源照射在检测器系统中观察到的有效面积；

$L$——吸收光程长度；

$\varepsilon$——荧光原子对入射特征辐射的峰值吸收系数，即最大吸收系数，当入射光能够满足原子吸收光谱法中锐线光源的要求时，原子对光的吸收系数都处于最大值附近；

$N$——为原子化区域内单位体积内的基态原子数。

将式(2-18)中的$(1-e^{-\varepsilon LN})$项展开，略掉数值小的项可得$1-e^{-\varepsilon LN} \approx \varepsilon LN$，因此式(2-18)可转化成

$$I_f = \phi A I_0 \varepsilon LN \tag{2-19}$$

当仪器与操作条件一定时，除$N$外，其他项为常数(用$K$代替)，在原子化过程稳定的情况下，$N$与试样中被测元素浓度$c$成正比，式(2-19)可以简化为式(2-20)。

$$I_f = Kc \tag{2-20}$$

式(2-20)为原子荧光定量分析的基础。

公式简化过程中可以有$1-e^{-\varepsilon LN} \approx \varepsilon LN$的前提条件是自由原子的吸光度(即$\varepsilon LN$)数值很小，$\varepsilon$是原子的特性，$L$是仪器的结构决定的，无法改变，只有$N$值足够小才能满足要求。换句话说，只有溶液的浓度较低时，荧光强度才能与浓度成线性关系。所以原子荧光光谱法适用的浓度值比原子吸收光谱法低。

公式的常数项中包括$I_0$，其与荧光强度成正比，所以原子荧光光谱仪中使用的激发光源，要有足够高的发射光强度，且必须发光稳定。

### 2.3.3 原子荧光光谱仪

原子荧光光谱仪也称为原子荧光光度计，分为非色散型和色散型。这两类仪器的结构基本相似，只是单色器不同。图2-20为色散型原子荧光光谱仪的基本构成，如果把图中的单色器改换成滤光镜，就成为非色散型原子荧光光度计。

原子荧光光度计与原子吸收光度计在很多组件上是相同的。如火焰原子化器和石墨炉原

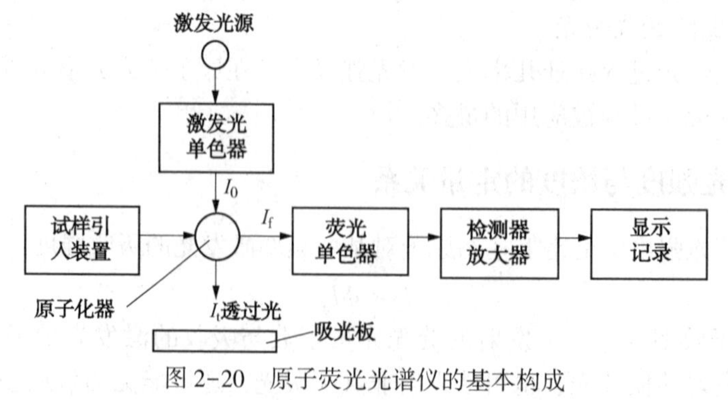


图2-20 原子荧光光谱仪的基本构成

子化器；用调制方法(如使用切光器)及交流放大器来消除原子化器中直流发射信号的干扰；光电转换检测器为光电倍增管等。但原子荧光光度计与原子吸收光度计仍有如下主要区别：

首先是光源不同，在原子荧光光度计中，需要采用发光强度高的激发光源，目前多采用高强度空心阴极灯和无极放电灯两种。

高强度空心阴极灯的特点是在普通空心阴极灯中加上一对辅助电极。辅助电极的作用是产生第二次放电，从而大大提高金属元素的共振线强度(对其他谱线的强度增加不大)。

无极放电灯比高强度空心阴极灯的亮度高，自吸小，寿命长。特别适用于在短波区内有共振线的易挥发元素的测定。

第二个主要区别是光路不同。在原子荧光光谱仪中，为了检测荧光信号，避免光源发射的待测元素的共振线进入荧光光路，要求光源、原子化器和光电转换检测器三者处于直角状态。而原子吸收光度计中，这三者是处于一条直线上。

### 2.3.4 定量分析方法及干扰消除

原子荧光光谱法的定量分析方法主要采用标准曲线法，基本操作步骤与原子吸收法相同，用荧光强度代替吸光度即可。

原子荧光的主要干扰是猝灭效应，尤其是在分析基体成分复杂的样品时更明显。这种干扰可采用减少溶液中其他干扰离子浓度的方法来避免，采用氢化物发生法是实现被测元素与样品基体成分分离的常用方法。其他干扰因素如光谱干扰、化学干扰、物理干扰等与原子吸收光谱法相似。

在原子荧光法中，由于激发光源发出的光强度比荧光强度高几个数量级，因此散射光可产生较大的正干扰，导致结果偏高。原子化器内微小粒子对入射光有散射作用，因此减少散射干扰的方法主要是减少散射微粒。采用预混火焰、增高火焰观测高度和火焰温度，或使用高挥发性的溶剂等，均可以减少散射微粒。也可采用扣除散射光背景的方法消除其干扰。

与原子吸收光谱法相比，原子荧光光谱法具有如下特点：

① 高灵敏度、低检出限。特别对 Cd、Zn 等元素有相当低的检出限，Cd 可达 0.001ng/mL，Zn 为 0.04ng/mL，As、Se、Pb、Sn、Bi、Sb$<$0.05ng/mL，Ge$<$0.5ng/mL。由于原子荧光的辐射强度与激发光源成比例，采用新的高强度光源可进一步降低其检出限。

② 谱线简单、光谱干扰少。

③ 标准曲线的线性范围宽，可达 3~5 个数量级。

④ 多元素同时测定。

## 2.4 紫外荧光分析法

除原子外，许多分子也具有荧光性质。荧光通常是指某些物质受到紫外光照射时，其吸收了一定波长的光之后，发射出比照射光波长长的光，而当紫外光停止照射后，这种光也随之很快消失。原子荧光分析法多采用共振荧光，激发光与发射光波长相同，而分子荧光的波长一般要比激发光波长长。当然，荧光现象不限于紫外光区，还有 X 荧光、红外荧光等。利用测荧光波长和荧光强度建立起来的定性、定量方法称为荧光分析法。根据所用仪器是否具有色散元件，又可分为荧光分光光度法(flourescence spectrophotometry)和荧光光度法(fluorescence photometry)。

### 2.4.1 原理

荧光通常发生于具有π-π电子共轭体系的刚性分子中，如果将激发光源发出的光用单色器分光后，让某一波长的光照射这种物质，记录每一种荧光波长发射的强度，得到荧光强度随荧光波长的变化曲线，即荧光发射光谱(简称荧光光谱)。而固定荧光波长，改变激发光波长，得到的荧光强度随激发光强度变化的曲线图，则为激发光谱。不同物质的分子结构不同，其激发光谱和发射光谱不同，这是进行定性分析的依据。最直接的荧光定性分析方法是将待分析物质的荧光发射光谱与预期化合物的荧光发射光谱相比较，方法简便并能取得较好的效果。在一定的条件下，物质发射的荧光强度与其浓度之间有一定的关系，这是进行定量分析的依据。

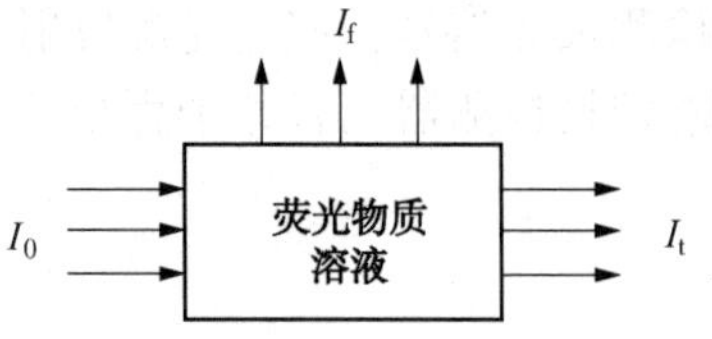

图 2-21 观测荧光方向示意图

含被测物质的溶液被入射光($I_0$)激发后，可以在溶液的各个方向观测到荧光强度($I_f$)。但由于激发光源能量的一部分透过溶液，故在透射方向观测荧光是不适宜的。一般在与激发光源发射光垂直的方向观测，如图 2-21 所示。

根据比耳定律，透过光的比例为：

$$\frac{I_t}{I_0} = 10^{-\varepsilon Lc} \tag{2-21}$$

式中 $I_0$——入射光(激发光)强度；

$I_t$——透过光强度；

$c$——被测物质的浓度；

$\varepsilon$——被测物质摩尔吸光系数；

$L$——透过液层厚度。

被吸收光的比例为：

$$1 - \frac{I_t}{I_0} = 1 - 10^{-\varepsilon Lc}$$

即

$$I_0 - I_t = I_0(1 - 10^{-\varepsilon Lc}) \tag{2-22}$$

荧光物质发射的光子数占其吸收的光子数之比称为荧光(量子)效率($\varphi_f$)。总发射荧光强度($I_f$)为其吸收的光强与荧光效率之乘积，即：

$$I_f = \varphi_f(I_0 - I_t) = I_0\varphi_f(1 - 10^{-\varepsilon Lc}) \tag{2-23}$$

将上式括号内的指数项展开可得：

$$I_f = I_0\varphi_f\left[2.3\varepsilon Lc - \frac{(-2.3\varepsilon Lc)^2}{2!} + \frac{(-2.3\varepsilon Lc)^3}{3!} - \cdots\cdots\right] \tag{2-24}$$

对于很稀的溶液，被吸收的激发光不到 2%，$\varepsilon Lc$ 很小，上式中括号内第二项及以后各项可忽略不计，则简化为：

$$I_f = 2.3\varphi_f I_0 \varepsilon Lc \tag{2-25}$$

对于一定的荧光物质，当测定条件确定后，上式中的 $\varphi_f$、$I_0$、$\varepsilon$、$L$ 均为常数，故可简化为：

$$I_f = Kc \tag{2-26}$$

即荧光强度与荧光物质浓度呈线性关系。荧光强度和浓度的线性关系仅限于很稀的溶液。

### 2.4.2 荧光光度计和荧光分光光度计

用于荧光分析的仪器有荧光光度计和荧光分光光度计。它们由光源、滤光片或单色器、样品池及检测系统等部分组成。荧光光度计以高压汞灯为激发光源、滤光片为色散元件，光电管为检测器，将荧光强度转换成光电流，用微电流表测定。结构比较简单，用于测定微量荧光物质可得到满意的结果。

如果对荧光物质进行定性研究或选择定量分析的适宜波长，则需要使用荧光分光光度计，其结构示于图 2-22。荧光分光光度计以氙灯作光源(在 250~600nm 有很强的连续发射，峰值约在 470nm 处)，棱镜或光栅为色散元件，光电倍增管为检测器。荧光信号通过光电倍增管转换为电信号，经放大后进行显示和记录；也可以送入数据处理系统经处理后进行数显、打印等。双光束自动扫描荧光分光光度计可以自动扫描记录荧光激发光谱和发射光谱。

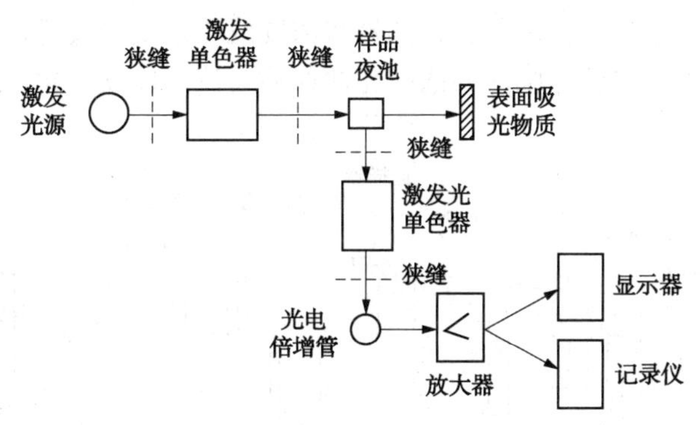


图 2-22　荧光分光光度计结构示意图

荧光物质发射荧光的前提是对光的吸收，所以吸收系数大是发射较强荧光的条件。但不是能吸收光的物质都能发射荧光。具有π-π电子共轭体系的刚性分子一般具有较高的荧光效率。在刚性分子结构中，共轭基团之间有两个键相连(不是指双键)，基团受到能量激发时不能发生转动。

## 2.5 气相色谱法

在气态物质，尤其是在有毒有害物质气态物质的安全检测中，目前使用最多的检测仪器是气相色谱仪，其次是高效液相色谱仪，分光光度计、原子吸收光谱仪，而原子荧光光谱仪、分子荧光光谱仪、等离子体发射光谱仪等其他检测仪器的使用相对少些。色谱类分析仪器的共同特点是首先对样品中的混合组分进行分离，然后再进行定量测定。1906 年俄国植物生理学家和化学家米哈伊尔·茨维特(Tswett)用碳酸钙填充竖立的玻璃管，以石油醚洗脱倒在管上端的植物色素的提取液，经过一段时间洗脱之后，植物色素在碳酸钙柱中实现分离，由一条色带分散为数条平行的色带，每一种色带就是一种叶绿素，色谱一词就由此而来。后来根据此现象而发明的分析方法就被命名为色谱法(chromatography)，这个词是由颜色(chrom)和图谱(graph)这两个词根组合而成。

### 2.5.1 气相色谱仪的基本构成

气相色谱分析法(GC gas chromatography)是一种对分离测定多组分混合物极其有效的分

析方法。它由分离和检测两部分构成，理化性质(如沸点、极性、分子量等)只有微小差异的各组分在分离过程中得到有效地分离后，依次送入检测器测定，达到分离、定量分析各个组分的目的。

色谱法是一大类分析方法，分离过程是在固定相(stationary phase)和流动相(mobile phase)两相之间进行的。用气体作为流动相时，称为气相色谱法；用液体作为流动相时，称为液相色谱法。只有在分离柱工作温度下能处于气态的物质才能用气相色谱法测定，这类物质包括气态物质和易挥发的液态物质。

气相色谱法是通过气相色谱仪来实现对多组分混合物分离和分析的，其基本流程见图2-23。流动相气体(又称载气)由高压气体钢瓶或气体发生器供给，经减压、干燥、净化并测量流量后进入气化室，载气携带由气化室进样口注入并迅速气化为蒸气的试样进入色谱柱(内装固定相)，性质有差异的各组分在色谱柱中前进的速度各不相同，因而被分离，各组分先后离开色谱柱并依次进入检测器，检测器将浓度或质量信号转换成电信号，经放大后送入数据处理与记录装置。电信号随时间的变化曲线称为流出曲线，每一个山峰状信号曲线都称为色谱峰。

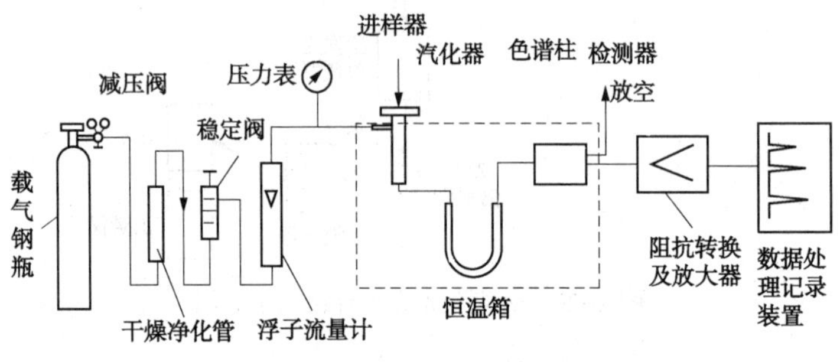


图2-23　气相色谱仪流程示意图

色谱柱内充填的固定相不同，分离机理也各不相同。因共存组分性质各异，其与固定相的亲合力也有差异，随载气移动的速度也各不同，流出色谱柱的时间也有先后顺序，各组分的色谱峰被彼此分开。

气化器的作用是迅速加热气化从进样器注入的微量样品，并不发生热解。

色谱柱的作用是将从气化器导入的气态混合物彼此分离开，并送入检测器。

检测器的作用是将进入检测器各组分的浓度或质量信号转变成对应的电信号，并传送到放大器。

## 2.5.2　色谱分离机理及色谱流出曲线

色谱柱是色谱仪的核心，色谱柱中充填了细小颗粒物，称为固定相。固定相由颗粒状载体和涂敷在其表面的固定液构成，也可以是单纯的颗粒状吸附剂。气态的待分离混合组分进入色谱柱后，组分与固定相之间产生分子间力，包括偶极力(取向力)、诱导力和色散力，分子间力的作用倾向于把气态组分滞留在固定相表面。流过色谱柱的流动相与气态组分也产生作用力，包括分子间力和流动的携带作用，在此作用力的作用下，气态组分将随着流动相沿着色谱柱向前移动。固定相和流动相的作用力方向相反，二者作用的结果是各组分“缓慢”地向前移动，移动速度由两个方向相反作用力的差值决定，其中最主要的是由组分与固定相间的作用力大小决定。气态组分中各种组分的极性、结构、相对分子质量等多种物理化学性质存在差异，各自与固定相的作用力大小也不同，移动的速度也有差异，即使差异较小，在色谱柱内经过较长距离的移动后，不同组分在色谱柱中的前后位置也会有明显的区别，各自流出色谱柱及进入检测器的时刻也不同，先进入检测器的组分先产生响应信号，移动最慢的组分进入检测器并产生信号的时间也最晚，这样不同组分的分离也就完成了。分离过程如图 2-24 所示。

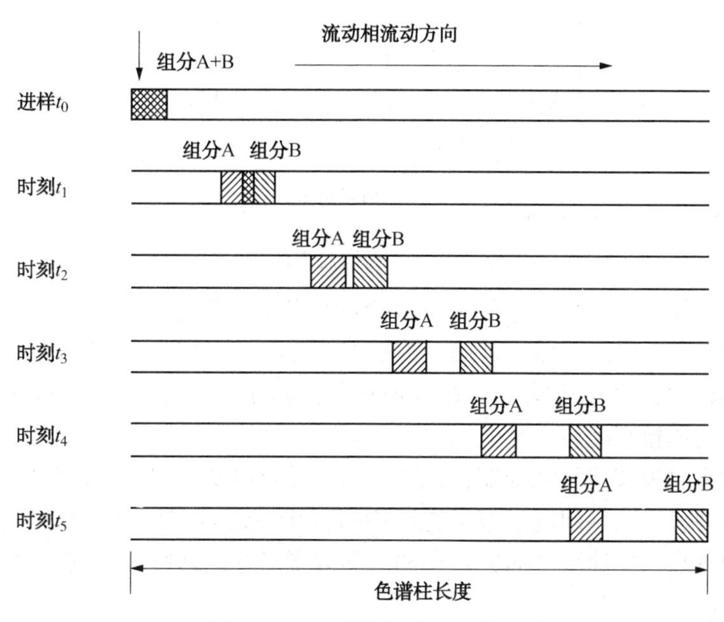


图 2-24　色谱分离过程示意图

各组分由载气携带着依次通过检测器时，则检测器依次对各组分产生响应，即将组分的浓度信息转变成电信号信息，检测器响应信号随时间的变化曲线称为色谱流出曲线，常称为色谱图，如图 2-25 所示。当各组分完全分离时，每个色谱峰代表一种组分。各组分在柱内移动过程中由于浓度梯度的作用，不仅仅是随着载气的流动而“平动”，而且会同时沿着色谱柱的轴向方向向前后两个方向扩散，组分所在位置(类似于前面所说的色带)的中央浓度最大，两边的浓度逐渐减小，在进入色谱柱时，浓度越大的时刻则在检测器中产生的信号越大，因此能出现峰状曲线。每一个组分从进样开始到其出峰至最高点所用时间称为保留时间($t_R$)。当分离条件固定时，各组分的保留时间基本不变。根据色谱峰保留时间可进行定性分析，即根据标准物的保留时间，来确认样品色谱图中产生哪一个色谱峰的组分和标准物是同一种物质；根据色谱峰面积或峰高可进行定量分析。

由于色谱柱内固定相颗粒的表面涂覆了一层固定液，各组分将在固定液和流动相气体之间发生溶解-逸出，再溶解-再逸出等无数次热力学过程。色谱学的两个重要理论之一是塔板理论——热力学理论，该理论把色谱柱看成一个精馏塔，又想像其中有无数个小的塔板，分离过程就是在塔板上一次次的溶解平衡、气相移动、再溶解平衡、再气相移动完成的。塔板理论能够很好地解释色谱峰的山峰状形状、不同组分为什么能够被分离、同一种物质的保留时间为什么在条件不变时近似相同。前面的论述都是基于塔板理论进行的。

从图 2-25 可以想象，如果每一个色谱峰的宽度再增加，高度下降，峰与峰之间的距离缩短，甚至重叠，当重叠的较多时，可能就不能分离了。如果组分数量增加，可能将其分离所需要的时间更长，所用色谱柱也更长。换句话说，如果色谱峰的形状较“尖瘦”，分离开

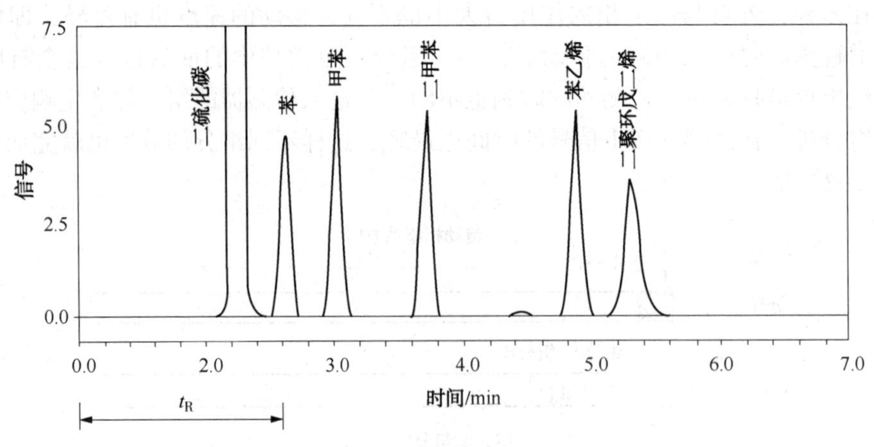


图 2-25　色谱流出曲线

某几个组分所需时间较短；相反，如果色谱峰的形状较“扁宽”，分离开这几个组分所需时间较长，分离的效率下降。所以，就用“柱效率”(简称“柱效”)参数来描述分离效率。根据塔板理论，色谱柱由许多塔板构成，在色谱柱长度($L$)一定时，塔板数($N$)越多，柱效越高，每一个塔板的塔板高度($H$)越小。

柱效降低的主要表现就是峰变宽，是哪些因素导致峰变宽呢？色谱学的另一个理论——速率理论很好地解释了这一问题。范·迪姆特(Van Deemeter)是速率理论的主要创立人，该理论从动力学的观点，即速率来研究各种动力学因素对柱效的影响，其理论的核心可以由公式(2-27)来表达。

$$H = A + B/u + C/u \tag{2-27}$$

式中　$H$——塔板高度；

$u$——载气线性流速；

$A$——多径扩散因子，又称为涡流扩散(eddy diffusion)因子；

$B$——纵向扩散因子，又称为分子扩散(molecular diffusion)因子；

$C$——传质阻力因子。

$A$ 项：色谱柱内固定相颗粒间有许多缝隙，流动相就在这些孔道中流过，分子在孔道中可以走过的路线很多，由于孔道是弯弯曲曲的，使每条通道的距离长度不一，随机分布。由于分子扩散的随机性，使分子流过时走哪一条通道也是随机的，其结果是有的分子走的路长，有的短，流出色谱柱所需时间也就有长有短，其差别主要是由于颗粒填充的不规则性和粒度大造成的。式中 $A$ 项正比于这两个因素。颗粒直径小有利于提高通道长度均匀性，但越小越不利于填充的均匀性。总的说来，应采用细而均匀的载体，这样有助于提高柱效。

$B$ 项：由于进样后样品溶质分子在柱内存在浓度梯度，导致纵向(轴向)扩散而引起的峰展宽。流动相线速度越小($u$ 小)，分子在柱内的滞留时间越长，展宽越严重。在低流速时，它对峰形的影响较大。

$C$ 项：在分离过程中，由于溶质分子在流动相、静态流动相和固定相中的传质过程而导致的峰展宽。溶质分子在流动相和固定相中的扩散、分配、转移的过程并不是瞬间达到平衡，实际传质速度是有限的，有的分子随着流动相前进了的时候，另有一部分分子还溶解在固定液中，有的溶解在固定液中时扩散进入的深，有的浅，这一时间上的滞后使色谱柱总是在非平衡状态下工作，从而产生峰展宽。如果固定液的液膜薄，在液相中的传质阻力减弱。

由于载气在孔道中流动时存在阻力，孔道中心阻力小，流速快，而靠近颗粒表面则阻力大，流动慢，其中溶质分子的前进速度也就有快有慢。有些固定相颗粒表面有许多微孔，进入其中的载气近似静止，进入微孔次数多的组分分子前进的慢，进入的越深，再迁移扩散出来所需时间越长。这两种情况都属于流动相传质阻力。

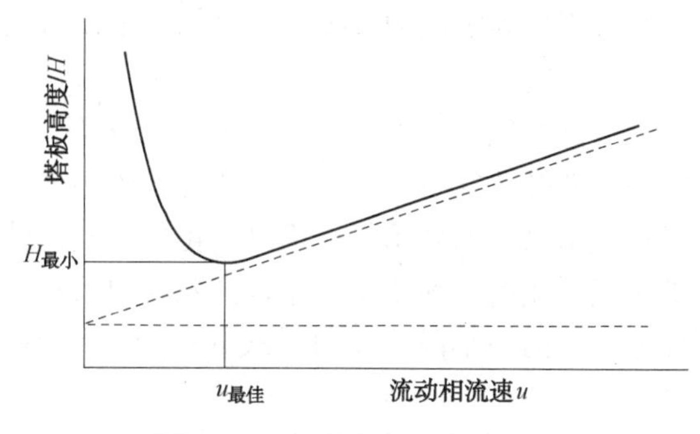

图 2-26　色谱速率理论图示

将式(2-26)用图来表达时的变化趋势见图 2-26。多径扩散只与颗粒特性有关。纵向扩散 $B/u$ 在流速较低时起主要作用，塔板高度随着流速的增加迅速降低，提高流速有利于提高柱效；传质阻力 $Cu$ 在高流速时起主要作用，随着流速的增加，塔板高度增加，柱效降低，但变化率稍小。存在一个柱效最高的最佳流速($u_{最佳}$)，实际工作时的流速比其稍快，可有效提高测定速度，柱效率也无明显降低。

### 2.5.3　色谱柱及分离条件的选择

色谱柱分为填充柱(packed column)和毛细管柱(capillary column)。前者由内径 2~4mm、长 1~3m 的不锈钢或玻璃管和颗粒状固定相组成；后者由内径 0.1~0.5mm、长几十 m(最长 300m)的不锈钢、玻璃或石英毛细管和其内壁涂敷的固定相组成。

固定相可分为气固色谱固定相和气液色谱固定相。前者为活性吸附剂，如高分子微球、硅胶、分子筛、活性炭等，主要用于分离 $CH_4$、$CO_2$、CO、$SO_2$、$H_2S$、$N_2$、$O_2$、$H_2$，及四个碳以下的气态烃。气液固定相是在比表面积大、惰性的担体(或称载体)的表面均匀涂布一层极薄的高沸点固定液制成。担体是一种化学稳定性和热稳定性很高的多孔固体颗粒，常用的有硅藻土担体(如 6201、101 担体)、非硅藻土担体(如玻璃微球)及高分子微球三大类。一般依据被测组分的性质，按照相似相溶规律选择与被测组分化学结构及极性相似的固定液。非极性组分一般选用非极性固定液，二者之间的作用力主要是色散力，各组分按照沸点由低到高的顺序流出，如极性与非极性组分共存，则具有相同沸点的极性组分先流出。强极性组分则常选用强极性固定液，两种分子间以定向力为主，各组分按极性由小到大顺序流出。能形成氢键的物质选用氢键型固定液，各组分按照与固定液分子形成氢键能力大小顺序流出，形成氢键力小的组分先流出。对于复杂混合物，可选用混合型固定液。担体的粒度要均匀，一般为 60~80 目或 80~100 目，使担体的粒度小且均匀是提高色谱柱分离效率的主要途径。

毛细管色谱柱内涂的固定液选择与上述相同。毛细管柱内没有载体，固定液经溶剂稀释后在柱内流过，柱内壁粘附的薄薄的一层即为固定相，毛细管柱的分离效率比较高。毛细管内没有颗粒填充物，所以多径扩散因素不存在。因管长度大，由于气体流动相流动时显示出来的黏滞作用更加明显，管内流速分布不均匀性带来的气相传质阻力项($B/u$)的作用更明显，因此更不能忽视。毛细管色谱柱是目前使用最多的色谱柱。

填充柱一般自己制备，而毛细管柱制备复杂，一般选用商品柱。

色谱柱分离条件的选择包括色谱柱内径及柱长、固定相、气化温度及柱温、载气种类及其流速、进样时间和进样量等条件的选择。

提高色谱柱温度，可使组分在气相和液相之间的传质速率加快，同时也使组分在柱的纵向扩散系数加大，前者有利于提高分离效率，缩短分离时间，后者又降低分离效率，温度过高将会降低固定液的选择性，增加其挥发流失，一般选择近似等于试样中各组分的平均沸点或稍低温度。

样品在气化温度下，应能迅速气化而无热分解，气化室温度一般高于色谱柱温度 30~70℃。选择载气不仅要考虑柱效能，还必须考虑检测器的需要，例如使用热导检测器，应选氢气或氩气；如使用氢火焰离子化检测器，就不能选择氢气，一般选氮气。色谱柱分离效率随载气流速增加的变化规律是：先增加后减小，中间有最佳流速(图 2-26 中 $u_{最佳}$)，但在最佳流速后的一小段范围内受载气流速影响小，故一般选择稍大于最佳流速，以便缩短分离时间。

色谱进样最好是“柱塞式”，在 1s 内完成，否则，先进入气化室的部分已经气化随载气流入色谱柱，后推进部分还没有气化，这样就人为造成色谱峰扩张，导致柱效降低，甚至改变峰形。由于进样操作不当导致分离效果下降称为柱外效应。进样量应控制在峰高或峰面积与进样量成正比的范围内。液体试样一般为 0.5~5μL；气样一般为 0.1~10mL。进样量大则可能超过柱容量，降低分离效果。毛细管柱的柱容量很小，仪器中都有分流装置，使实际进柱的样品量很小。

### 2.5.4 检测器的响应原理

经色谱柱分离后的各组分直接进入检测器，检测器把反映物质量的浓度或质量信号转变成电信号。气相色谱分析常用的检测器有：热导池检测器、氢火焰离子化检测器、电子捕获检测器和光离子化检测器，另外还有检测含硫、磷专用的火焰光度检测器。安全检测中主要应用的是前三种

#### 2.5.4.1 热导检测器

热导池检测器(TCD，thermal conductivity detector)是一种应用广泛、非选择性的检测器，对无机、有机气体都有响应。热导池检测器是依据惠斯顿平衡电桥的原理设计的，其中的四个桥臂均为热敏电阻，其电阻值随着温度的增加而增加，并具有较高的温度系数。工作时先通入载气，再通入电流，电流流过电阻时因电阻生热而升温，同时通过载气传导给壳体散热，当生热速率等于散热速率时，温度达到动态平衡，电阻的阻值也不再变化。当从色谱柱流出的组分随着载气进入检测器时，如果组分与载气导热系数不同，混合气体的导热系数就不同于纯载气，原来的生热-散热平衡被打破，散热速率改变，电阻温度变化，继而改变电阻值，使电桥的电阻平衡也被打破，电桥偏离平衡而输出电流，输出电流的大小与进入检测器组分的浓度呈正比。

热导池是在不锈钢块上钻四个对称的孔，各孔中均装入一根长短和阻值相等的热敏丝(与池体绝缘)。让一对通孔流过纯载气，即载气在进柱之前先流过此通孔，从通孔流出后进入气化器，携带着被气化的样品进入色谱柱；另一对通孔流过从色谱柱流出的携带试样蒸气的载气。将四根电阻丝连接成桥路，通纯载气的一对热敏电阻称为参比臂，另一对热敏电阻称为测量臂，如图 2-27 所示。电桥置于恒温室中并通过恒定电流。当四臂都通入纯载气并保持桥路电流、池体温度、载气流速等操作条件恒定时，则电流流经四个桥臂电阻丝所产生的热量恒定，由热传导方式从热丝上带走热量的速率也恒定，四臂中热丝温度和电阻相等，电桥处于平衡状态($R_1 \cdot R_4 = R_2 \cdot R_3$)，两个输出端电位相等，无信号输出。当进样后，

试样组分进入测量臂通孔，由于组分和载气组成的二元气体的热导系数和纯载气的热导系数不同，引起通过测量臂气体导热能力改变，致使热敏电阻丝温度发生变化。从而引起 $R_1$ 和 $R_4$ 变化，电桥失去平衡（$R_1 \cdot R_4 \neq R_2 \cdot R_3$），有信号输出，输出信号的大小与组分浓度成正比。

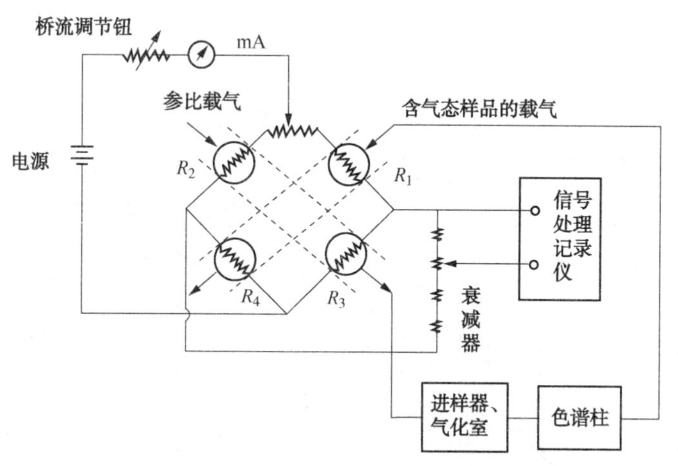


图 2-27　热导池检测器测量原理

氢气的导热系数远远高于其他气体，使用热导池检测器时常常采用氢气作为载气，组分气体进入检测器时，使导热系数明显降低，所以检测灵敏度高。由于 TCD 检测器输出的电信号比较强，所以信号不经放大就能直接显示。氩气（Ar）的导热系数也较高，也是使用 TCD 检测器较好的载气，但价格高，导致检测成本提高。如果使用导热系数小的氮气作载气，则会有一些组分的导热系数大于氮气，这时输出的信号方向相反，出现倒峰。

通过惠斯顿电桥的电流称为桥电流，如果桥电流大，热平衡时的温度较高，传热速率受组分传热系数影响大，传热系数的较小变化将导致温度的明显变化，因此桥电流的变化对检测灵敏度的变化影响比较大。虽然桥流大有利于灵敏度的增加，但桥电流过大可能烧毁热敏电阻丝。响应灵敏度正比于组分与载气导热系数的差值，各组分的导热系数不同，所以各组分灵敏度也不同。

由于采用惠斯顿电桥原理设计的检测器或者传感器使用的较多，所以掌握其响应原理对相似检测仪响应原理的学习有很大帮助。

**2.5.4.2　氢火焰离子化检测器**

在 1958 年，Mewillan 和 Harley 等分别研制成功氢火焰离子化检测器（FID，flame ionization detector）。被测的有机化合物组分进入氢-氧火焰中时，部分化合物在高温下化学电离，离解成正、负离子，在收集极和极化极间电场的定向作用下，被分别收集汇成离子流（电流），微弱的离子流（$10^{-12} \sim 10^{-8}$A）经过高阻（$10^{6} \sim 10^{11}\Omega$）转换成电压后被放大，成为与进入火焰的有机化合物量成正比的电信号，因此可以根据信号的大小对有机物进行定量分析。FID 的结构及测量原理如图 2-28 所示。该检测器由氢氧火焰和置于火焰上、下方的圆筒状收集极及圆环发射极、测量电路等组成。两电极间加 200～300V 电压（极化电压，可调）。未进样时，氢氧火焰中生成 H·、O·、OH·、$O_2$H·等电中性的自由基或碎片及一些被激发的变体，但它们在电场中不被收集，故不产生电信号。当试样组分随载气进入火焰时，就被离子化形成正离子和电子，在直流电场的作用下，各自向极性相反的电极移动形成电流，该电流强度为$10^{-13}\sim10^{-8}$A，需经高组($R$)产生电压降，再经微电流放大器放大后送入数据处理系统处理并记录。FID主要用于有机物的检测(甲烷、乙烷气体信号微弱)。由于各组分产生带电粒子的能力不同，所以各组分的响应灵敏度也有较大差异。燃烧火焰所需的空气由空压机供给，氢气来自氢气发生器(通常是电解水获得)或氢气钢瓶，钢瓶放置在实验室内是一个危险源，尤其是氢气与氧气钢瓶同室存放更危险。

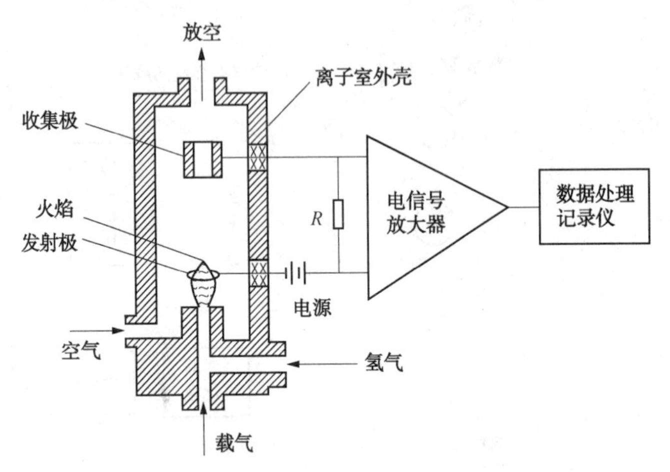


图2-28　氢火焰离子化检测器及测量原理

#### 2.5.4.3　电子捕获检测器

电子捕获检测器(ECD，electron capture detector)适于分析痕量电负性有机化合物，对含有卤素、硫、氧、硝基、羰基、氰基、共轭双键体系的化合物及有机金属化合物等较高的响应值，对烷烃、烯烃、炔烃等的响应值很小，主要用于有机卤素化合物和有机硫化合物的检测。检测器的结构及测量原理如图2-29所示。检测器内一端为β放射源($^{3}$H或$^{63}$Ni)作为阴极，另一端的不锈钢棒作为阳极，在两极间施加直流或脉冲电压。当载气(高纯的氩或氮)进入内腔时，受放射源发射的β粒子轰击被电离，可表示为

$$Ar+\beta\rightarrow Ar^{+}+e^{-}$$

在电场作用下，正离子和电子分别向阴极和阳极移动而被收集形成基流(背景电流)，当工作条件稳定后，背景电流输出稳定。当从色谱柱流出组分中的电负性物质(AB)进入检测器时，立即捕获形成基流的自由电子，使基流下降，输出电信号减小，组分流出检测器后，背景电流恢复到原值，在记录仪器上得到电信号值减小的倒峰。在一定浓度范围内，峰面积$A$或峰高$H$与电负性物质浓度成比例。

### 2.5.5　定量分析方法

进入检测器的某一物质的质量$W$与其峰面积$A$成正比，由式(2-28)表示

$$W = kA \tag{2-28}$$

式中$k$是系数，受多种因素影响，在仪器稳定工作时是常数。

每次进样的样品中被测物的质量$W$与所进样品的浓度成正比，如保持进样量(体积量)不变，浓度也与峰面积成正比，即

$$c = kA \tag{2-29}$$

这简单的定量关系是所有定量方法的基础。

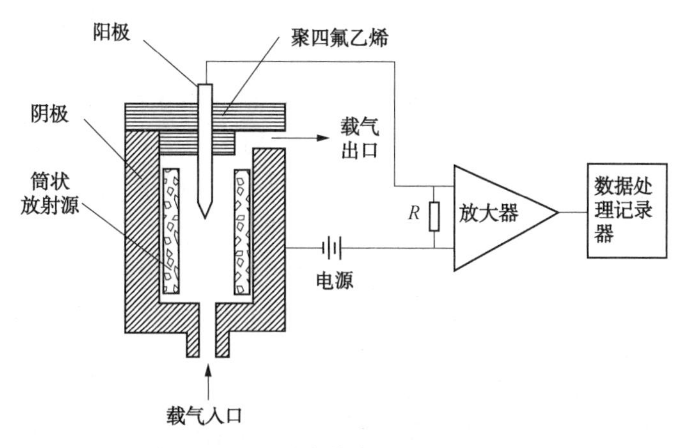


图 2-29　电子捕获检测器及测量原理

#### 2.5.5.1　标准曲线法

标准曲线法又称为外标法，用被测组分纯物质(标准物)配制一系列不同浓度的标准溶液或标准气体，用微量注射器(气体样品也可用六通阀)分别定量进样，要求每次进样量相同且准确，记录不同浓度时的峰面积，用峰面积对相应的浓度作图，得到一条直线标准曲线。有时也可用峰高代替峰面积，作峰高-浓度标准曲线。在同样条件下，进同样量的被测试样，测出峰面积或峰高，从标准曲线上查知试样中待测组分的含量。外标法操作简单、计算方便，不需校正因子，所有影响响应信号的因素都能得到校正，但要求进样量必须准确。现在的气相色谱仪大多都配置色谱工作站(有专用软件的电脑)，气相色谱仪能够按照指令自动完成数据采集和计算工作，包括记录色谱图、绘制标准曲线、计算出回归方程和计算显示所进样品的测定结果(包括平行进样的平均值计算)。

#### 2.5.5.2　内标法

选择一种在试样中不存在，其色谱峰位于被测组分色谱峰附近的纯物质作为内标物。将接近被测组分含量的内标物分别准确地加入到标准溶液和试样溶液中，内标物在标准溶液和试样溶液中浓度都相等。分别进样，测量色谱峰面积，以被测组分峰面积与内标物峰面积的比值对相应被测物浓度作图，得到标准曲线。根据试样中被测与内标两种物质峰面积的比值，从标准曲线上查知被测组分浓度。

因该方法以两物质峰面积的比值来作图，所以可抵消因实验条件和进样量变化带来的误差。该法也可引入校正因子直接计算出结果。由于选择内标物比较复杂，所以该法应用较少。

#### 2.5.5.3　归一化法

如果试样中各组分都能出峰，则使用归一化法比较简单，其一次进样可测定出所有组分的百分含量。设试样中各组分的重量分别为 $W_1$、$W_2$、…、$W_n$，则各组分的百分含量($P_i$)按照下式计算：

$$p_i(\%) = \frac{W_i}{W_1 + W_2 + \cdots + W_n} \tag{2-30}$$

各组分的重量($W_i$)等于由重量校正因子($f_w$)和峰面积($A_i$)的乘积，即

$$p_i(\%) = \frac{A_i f_{w(i)}}{A_1 f_{w(1)} + A_2 f_{w(2)} + \cdots + A_n f_{w(n)}} \tag{2-31}$$

$f_w$可由文献查知，也可通过实验测定。校正因子分为绝对校正因子和相对校正因子。绝对校正因子是单位峰面积代表某组分的量，即 $W_i=f'_iA_i$，但其受测定条件影响，无法直接准确应用，因此实际工作中主要使用相对校正因子，它是被测组分与某种基准物质在相同测量条件下所得绝对校正因子的比值。常用的基准物质是苯(用于 TCD)和正庚烷(用于 FID)。当物质以重量作单位时，称为相对重量校正因子($f_w$)，即：

$$f_w=\frac{f'_{w(i)}}{f'_{w(s)}}=\frac{A_sW_i}{A_iW_s} \tag{2-32}$$

式中 $f'_{w(i)}$、$f'_{w(s)}$——被测物质和标准物质的绝对校正因子；

$W_s$、$A_s$——标准物质的重量和峰面积；

$W_i$、$A_i$——组分的重量和峰面积。

自测校正因子时，也可用峰高代替峰面积计算，但计算含量时也应用峰高。从色谱手册中查到的校正因子都是相对重量校正因子。注意：不同种类检测器的校正因子不能互用。

## 2.6 高效液相色谱法

以液体作为流动相的色谱法称为液相色谱法，按分离机理也可分为多种类型色谱。自20世纪60年代以来，在色谱理论，尤其是速率理论的指导下，填料(固定相)制备技术、柱填充技术、高压输液泵制造、以及化学键合型固定相制备等方面得到高速发展，使液相色谱分离实现了高速度、高效率。现在，这种分离效率高、分析速度快的液相色谱就被称作高效液相色谱(high performance liquid chromatography，HPLC)。按分离机理归类，离子对色谱和离子抑制色谱属于分配色谱，因它们的分析对象都是离子性化合物，所以又常常将它们与离子交换色谱、离子排斥色谱一起统称离子色谱。在安全检测中，使用化学键合型固定相的分配色谱应用最多，其次是离子色谱。

### 2.6.1 分配色谱的分离原理

将固定相液体包覆于惰性载体(基质)上，基于样品分子在固定相液体和流动相液体之间的分配平衡的色谱方法，称为分配色谱(partion chromatography)。由于固定相的液体往往容易溶解到流动相中去，所以重现性较差，已很少被人们所采用。现在 HPLC 的固定相是把大的有机物分子通过化学键合的方法结合到惰性载体上，制成化学键合型固定相，不仅解决了流失问题，而且分离效率显著提高。ODS(octa decyltrichloro silane，十八烷基三氯硅烷)柱就是最典型的代表，它是将十八烷基三氯硅烷通过化学反应与硅胶表面的硅羟基结合，在硅胶表面形成化学键合态的十八碳烷基，其极性很小，而常用的流动相，如甲醇、乙腈以及它们与水的混合溶液，极性比固定相大，被称作反相 HPLC。“反相”来源于与茨维特分离叶绿素的体系相比较。在茨维特分离叶绿素的装置中，固定相是极性的固体碳酸钙，流动相是极性很弱的石油醚液体，固定相为极性的，而流动相是非极性的。在键合相色谱中，固定相是非极性的，流动相是极性的，与分离叶绿素体系的极性关系正好相反，因此称为“反相”。目前应用广泛的就是这种反相键合相色谱(reverse bonded phase chromatography)，通过改变流动相的极性强弱，能够实现很多类样品的分离。需要说明的是化学键合固定相上键合上的特性基团并非都是非极性的。

目前，化学键合相广泛采用微粒多孔硅胶为基体，用烷烃二甲基氯硅烷或烷氧基硅烷与硅胶表面的游离硅醇基反应，形成—Si—O—Si—C 键形的单分子膜而制得。硅胶表面的硅醇基密度约为 5 个/$nm^2$，由于空间位阻效应(不可能将较大的有机官能团键合到全部硅醇基上)和其他因素的影响，使得大约有 40% ~50%的硅醇基未反应。残余的硅醇基对键合相的性能有很大影响，特别是对非极性键合相，它可以减小键合相表面的疏水性，对极性溶质(特别是碱性化合物)产生次级化学吸附，从而使保留机制复杂化，使溶质在两相间的平衡速度减慢，降低了键合相填料的稳定性，结果使碱性组分的峰形拖尾。为尽量减少残余硅醇基，一般在键合反应后，要用三甲基氯硅烷等进行钝化处理(称为封端)，以提高键合相的稳定性。另一方面，也有些 ODS 填料是不封尾的，以使其与水系流动相有更好的“湿润”性能。pH 值对以硅胶为基质的键合相的稳定性有很大的影响，一般来说，硅胶键合相应在 pH=2~8 的介质中使用。

常用的极性键合相主要有氰基(—CN)、氨基(—$NH_2$)和二醇基键合相。极性键合相常用作正相色谱，混合物在极性键合相上的分离主要是基于极性键合基团与溶质分子间的氢键作用，极性强的组分保留值较大。极性键合相有时也可作反相色谱的固定相。可根据极性的相对强弱来对色谱过程的性质分类。

常用的非极性键合相主要有各种烷基($C_1$~$C_{18}$)和苯基、苯甲基等，以 $C_{18}$应用最广。非极性键合相的烷基链长对样品容量、溶质的保留值(液相色谱的保留值一般用保留体积 $t_v$)和分离选择性都有影响，一般来说，样品容量随烷基链长增加而增大，且长链烷基可使溶质的保留值增大，并常常可改善分离的选择性；但短链烷基键合相具有较高的覆盖度，分离极性化合物时可得到对称性较好的色谱峰。苯基键合相与短链烷基键合相的性质相似。另外 $C_{18}$柱稳定性较高，这是由于长的烷基链保护了硅胶基质的缘故，但 $C_{18}$基团空间体积较大，使有效孔径变小，分离大分子化合物时的柱效较低。

## 2.6.2 高效液相色谱仪的构成

高效液相色谱仪现在多做成一个个单元组件，然后根据分析要求将各所需单元组合起来，最基本的组件是输液泵、进样器、色谱柱、检测器和工作站(数据系统)。此外，根据需要配置自动进样系统、流动相在线脱气装置和自动控制系统等。图 2-30 是普通的高效液相色谱仪的示意图。输液泵将流动相以稳定的流速(或压力)输送至分离体系，在色谱柱之前通过进样器将样品导入，流动相将样品带入色谱柱，在色谱柱中各组分被分离，并依次随流动相流至检测器，检测器输出的信号送至工作站记录、处理和保存。

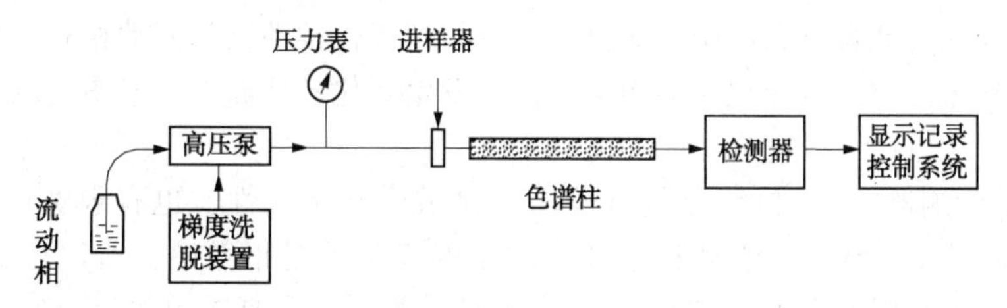


图 2-30　高效液相色谱仪的构造示意图

### 2.6.2.1 高压(输液)泵

高压泵的作用是将流动相以稳定的流速(或压力)输送到色谱分离系统。其稳定性直接影响到分析结果的重现性、精度和准确性，因此其流量变化通常要求小于 0.5%。流动相流过色谱柱时会产生很大的压力，高压泵通常要求能耐 40~60MPa 的高压。由于色谱速率理论的发展，现代高效液相色谱柱的填充颗粒粒径很小，所以色谱柱阻力很大，高压泵能够满足高压稳定输出的要求是现代色谱得以发展的基础。

**2.6.2.2 进样器**

气相色谱仪可直接用手动微量注射器直接进样，而高压液相色谱不行，因为液压太高。现在的液相色谱仪几乎都采用耐高压、重复性好、操作方便的阀进样器。六通阀是最常用的阀式进样器，进样体积由定量管确定，通常使用的是 10μL、20μL 和 50μL 体积的定量管。六通阀进样器的结构如图 2-31 所示。操作时先将阀柄旋转置于采样位置[图 2-31(a)]，这时进样口只与定量管接通，处于常压状态，用微量注射器(体积应大于定量管体积)注入样品溶液，样品停留在定量管中。将进样器阀柄转动 60°至进样位置[图 2-31(b)]时，流动相与定量管接通，样品被流动相带到色谱柱中。

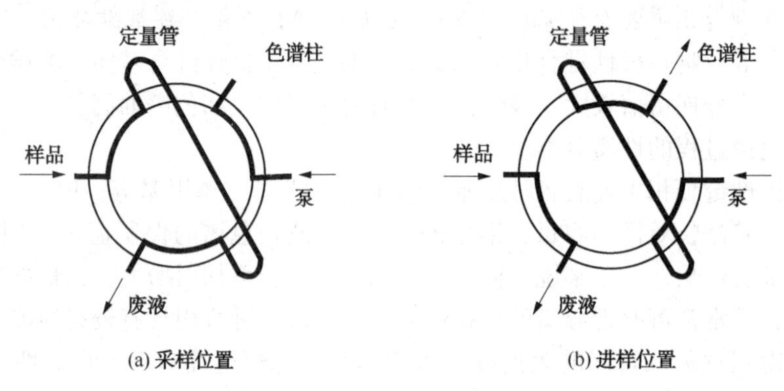


图 2-31 六通阀进样器工作原理

**2.6.2.3 色谱柱**

色谱柱是实现高效分离的核心部件，要求柱效高、柱容量适当大和性能稳定。最常用的分析型色谱柱是内径 4.6mm，长 100~300mm 的内部抛光的不锈钢管柱，内部填充 5~10μm 粒的球形颗粒填料。不同的物质在色谱柱中的保留时间不同，依次流出色谱柱进入检测器。因在液相中分子扩散速度很慢，所以被测组分在流动相液体中纵向分子扩散项($B/u$)可以忽略，所以在流动相流速不是特别小的情况下，增大流速将使柱效率近似线性增大。因此，只要能够承受，可以采用稍大的柱前压，提高分离速度。

**2.6.2.4 检测器**

同气相色谱检测器一样，高效液相色谱检测器也是用来连续检测经色谱柱分离后流出物的组成和含量变化的装置。它利用被测物的某一物理或化学性质与流动相有差异的原理，当被测物从色谱柱流出时，会导致流动相某一性质发生变化，从而在色谱图上以色谱峰的形式表现出来。

紫外(UV)检测器　UV 检测器既有较高的灵敏度和选择性，也有很宽广的适用范围。由于 UV 对环境温度、流速、流动相组成等因素的变化不是很敏感，所以还能用于梯度洗脱。UV 检测器的工作原理相当于紫外分光光度计，为了得到高的灵敏度，常选择被测物质能产生最大吸收的波长作检测波长，但为了选择性或其他目的，也可选择吸收稍弱的波长，但检测灵敏度会降低，应尽可能选择在检测波长下没有背景吸收的流动相。

比较先进的紫外检测器是二极管阵列检测器(diode-array detector，DAD)，其基本结构原理见图 2-32。光源发出的光，通过透镜把光聚焦在检测器的流动吸收池上，从吸收池出来的复合透射光，通过透镜、狭缝到全息光栅上，经光栅分光后再入射到阵列式接受器上，由一排光电二极管接收并转换为全部波长的电信号，然后，由计算机控制对二极管阵列快速扫描，采集阵列中各个微型光电二极管产生的数据，得到的数据群处理成吸光度数据群，储存于计算机中，按照波长的变化顺序，将各波长对应的吸光度以图线的形式绘制(显示)出来。由色谱柱流出进入吸收池的浓度及组分不断变化，各波长透过的光强也不停的变化，各二极管所产生的电信号也不停的变化，计算机每隔一极短的时间间隔就重复采集一次二极管阵列数据，直至检测结束。计算机将所有采集到的数据群的数据绘制(显示)完毕后，得到的是时间 $t$、吸光度 $A$ 和波长 $\lambda$ 的三维谱图，如图 2-33 所示。

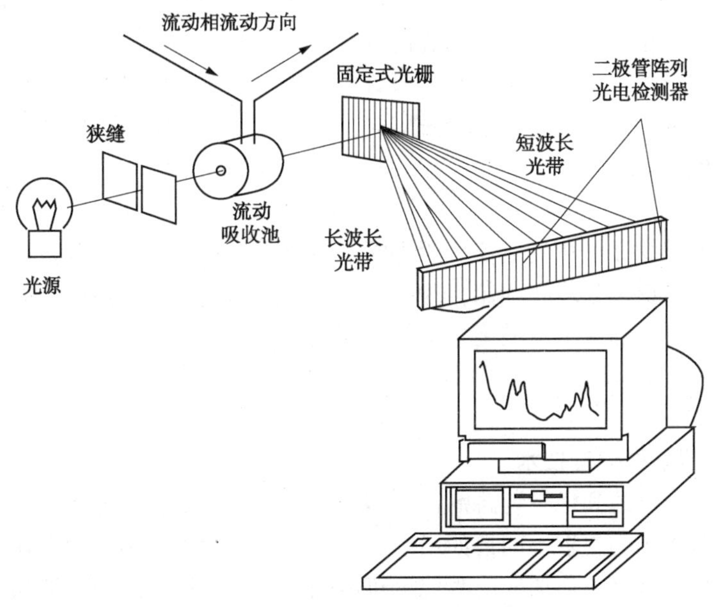


图 2-32　二极管阵列检测器工作原理示意图

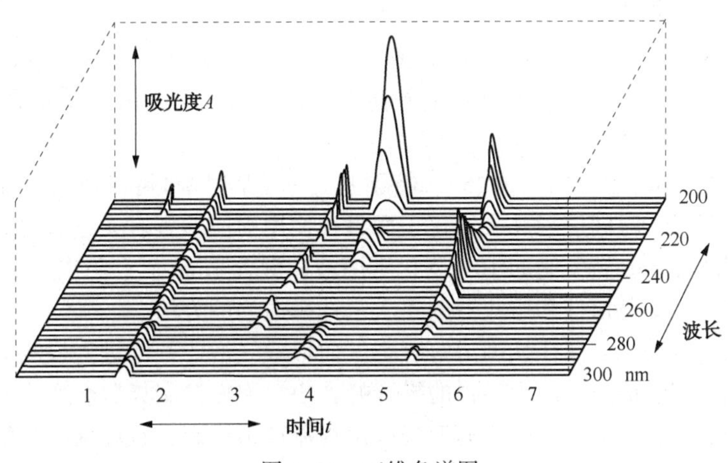


图 2-33　三维色谱图

在单色器分光过程和数据扫描采集过程中，光学元件和二极管阵列都不发生机械位移、旋转等变化，所以波长的准确性和稳定性得到，光谱分辨率可达每阵列单元 1.2nm。为了使得到的吸收曲线更接近真实，阵列中二极管的密度很大，适用波长在 190~618 nm 范围时，二极管为 512 个，适用波长在 190~1024nm 范围时，二极管为 1024 个，阵列分辨率可达每阵列单元 0.8nm。光电检测元件也可以采用 CCD 阵列(光电耦合器阵列)和硅靶摄像管。与普通 UV(紫外光)-VIS(可见光)检测器不同的是，普通 UV-VIS 检测器是先用单色器分光，只让特定波长的光进入流动池，而二极管阵列 UV-VIS 检测器是先让所有波长的光都通过流动池，然后通过一系列分光技术，使所有波长的光在接受器上被检测。二极管阵列检测器适用的波长范围不仅限于紫外光区，已经扩展到可见光区和近红外光区。

DAD 的最大优点在于利用 UV 光谱识别并进行化学品的纯度分析，还可以画出保留时间、波长和吸光度的三维立体空间谱图等，这是目前较先进的紫外检测器。

电化学检测器　电化学检测法利用物质的电活性，通过电极上的氧化或还原反应进行检测。电化学检测有很多种，如电导、安培、库仑、极谱、电位等，应用较多的是安培检测。电化学检测器对流动相的限制较严，电极污染常造成重现性差等缺点，所以，一般只用于检测那些既没有紫外吸收，又不产生荧光，但有电活性的物质。电导检测器是通过测定溶液的电导率(电阻率的倒数)来测定物质浓度的，电流频率较高时不发生电化学反应。电导检测器主要用于离子色谱法。

#### 2.6.2.5　色谱工作站

现在的液相色谱仪和气相色谱仪一般都配置色谱工作站，即所有分析过程都可以在线模拟显示、数据自动采集、处理和存储，并对整个分析过程实现自动控制。如果设置好有关分析条件和参数，可以自动显示出最终分析结果。

### 2.6.3　实验技术

#### 2.6.3.1　流动相溶剂的处理技术

溶剂的纯化　分析纯和优级纯溶剂在很多情况下可以满足色谱分析的要求，但不同的色谱柱和检测方法对溶剂的要求不同，如用紫外检测时，溶剂中就不能含有在检测波长下有吸收的杂质，此外为改善分离而加入的其他有机溶剂也不能在选定的测量波长下有吸收。目前专供色谱分析用的“色谱纯”溶剂除最常用的甲醇外，其余多为分析纯，有时要进行除去紫外杂质、脱水、重蒸等纯化操作。

乙腈也是常用的溶剂，分析纯乙腈中还含有少量的丙酮、丙烯腈、丙烯醇和恶唑化合物，产生较大的背景吸收。可以采用活性炭或酸性氧化铝吸附纯化，也可采用高锰酸钾/氢氧化钠氧化裂解与甲醇共沸方法纯化。

四氢呋喃中的抗氧化剂 BHT(3，5-二特丁基-4-羟基甲苯)可以通过蒸馏除去。四氢呋喃应在使用前蒸馏，长时间放置又会氧化，而且在使用前应检查有无过氧化物。检查方法是取 10mL 四氢呋喃和 1mL 新配制的 10%碘化钾溶液，混合 1min 后，不出现黄色即可使用。

溶剂的纯化要根据色谱柱和检测器的要求来选择适当的方法。

流动相脱气　流动相溶液往往因溶解有空气而形成气泡。气泡进入检测器后会引起检测信号的突然变化，在色谱图上出现尖锐的噪音峰。小气泡慢慢聚集后会变成大气泡，大气泡进入流路或色谱柱中会使流动相的流速变慢或出现流速不稳定，致使基线起伏。气泡一旦进入色谱柱，排出这些气泡很费时间。溶解氧常和一些溶剂结合生成有紫外吸收的化合物。在荧光检测中，溶解氧还会使荧光淬灭。溶解气体还可能引起某些样品的氧化降解或使溶液 pH 值变化。

目前，液相色谱流动相脱气使用得较多的是超声波振荡脱气、惰性气体鼓泡吹扫脱气和在线(真空)脱气装置 3 种。纯溶剂中的溶解气体比较容易脱去，而水溶液中的溶解气体就比较难脱去。超声波振荡脱气比较简便，基本上能满足日常分析的要求，是目前用得很多的脱气方法。惰性气体(通常用He)鼓泡吹扫脱气的效果好，可能是He气将其他气体顶替出去，而它本身在溶剂中的溶解度又很小，微量He气所形成的小气泡对检测无影响。在线(真空)脱气装置的原理是将流动相通过一段由多孔性合成树脂膜制造的输液管，该输液管外有真空容器，真空泵工作时，膜外侧被减压，分子量小的氧气、氮气、二氧化碳就会从膜内进入膜外，而被脱除。

过滤　过滤是为了防止不溶物堵塞流路和色谱柱入口处的微孔垫片。严格地讲，流动相都应该用0.45μm以下微孔滤膜过滤，这样可有效地保持色谱柱的分离效能，延长使用寿命。滤膜分有机溶剂专用和水溶液专用两种。

**2.6.3.2　反相色谱流动相的选择**

在气相色谱中，流动相气体种类少，流动相对分离过程的影响也较小，常通过改变固定相来改善分离。在液相色谱中，因色谱柱制备难度大、要求高，价格昂贵，而改变流动相组成很方便，因此一般是通过改变流动相来达到分离的目的。

反相分配色谱的流动相为极性或极性比固定相更大的溶剂，如水和与水互溶的有机溶剂。一般要求溶剂沸点适中，黏度小，性质稳定，紫外吸收背景小，样品溶解范围宽。

在反相分配色谱中，多以水和极性有机溶剂的混合液作流动相，使流动相具有适当的洗脱强度。溶剂的洗脱强度通常是指其洗脱能力，其强弱与被洗脱组分的极性大小有关。在反相色谱中，固定相为非极性或弱极性，如果组分为非极性，则极性最强的溶剂——水的洗脱能力差，为弱强度溶剂；反之，对极性组分，水可能是高强度溶剂。根据“相似相溶”的原理可初步判断溶剂的强度。洗脱强度合适时，不仅分离效果好，而且分离所需时间也可缩短。

通常的分离要求流动相的溶剂强度大于水而小于纯溶剂。将有机溶剂和水按适当比例配制成混合溶剂就可以适应不同类型的样品分析。有时为了获得最佳分离，还可以采用三元甚至四元混合溶剂作流动相。考虑到流动相的背景紫外吸收和黏度等多种因素，在反相色谱中最具代表性的流动相是甲醇/水、乙腈/水、四氢呋喃/水。有时为了控制组分在液相中的形态，常加入pH缓冲剂控制流动相的pH值，磷酸-磷酸盐体系和醋酸-醋酸盐体系化学性质稳定，使用最多。

## 2.7　离子色谱法

通常所说的离子色谱法(ion chromatography，IC)是利用离于交换原理，连续对共存多种阴离子或阳离子进行分离、定量和定性的方法，属于液相色谱法的一种。离子色谱仪分析系统由输液泵、进样阀、分离柱、抑制柱和电导检测装置等组成(见图2-34)。分析阳离子时，分离柱为低容量的阳离子交换树脂，用盐酸溶液作淋洗液(即流动相)。注入样品溶液后，被测离子随淋洗液进入分离柱，基于各种阳离子对低容量阳离子交换树脂的亲和力不同而彼此分开，在不同时间内随盐酸淋洗液进入抑制柱，在抑制柱中盐酸被强碱性树脂中和，变成低电导的去离子水，使待测阳离子得以依次进入电导池被测定。分析阴离子时，分离柱用低容量的阴离子交换树脂，抑制柱用强酸性阳离子交换树脂，淋洗液用氢氧化钠溶液或碳酸钠与碳酸氢钠的混合溶液。淋洗液载带着试样溶液在分离柱中将待测阴离子分离后，进入抑制柱被中和或抑制变成低电导的去离子水或碳酸，使待测阴离子得以依次进入电导池被测定。

用离子色谱法测定水样中$F^-$、$Cl^-$、$NO_2^-$、$PO_4^{3-}$、$Br^-$、$NO_3^-$、$SO_4^{2-}$的色谱图示于

图 2-35。在此，分离柱选用 $R-N^+HCO_3^-$ 型阴离子交换树脂，抑制柱选用 $RSO_3H$ 型阳离子交换树脂，以 0.0024mo1/L 碳酸钠与 0.0031mol/L 碳酸氢钠混合溶液为淋洗液。分离柱和抑制柱上的交换反应如下：

分离柱：

$$R-N^+HCO_3^- + Na^+X^- \rightleftharpoons R-N^+X^- + NaHCO_3$$

$$(X^- = F^-、Cl^-、NO_2^-、PO_4^{3-}、Br^-、NO_3^-、SO_4^{2-})$$

抑制柱：

$$RSO_3^-H^+ + NaHCO_3 \rightleftharpoons RSO_3^-Na^+ + H_2CO_3$$

$$2RSO_3^-H^+ + Na_2CO_3 \rightleftharpoons 2RSO_3Na^+ + H_2CO_3$$

$$Na^+ + X^- + RSO_3^-H^+ \rightleftharpoons RSO_3^-Na^+ + HX$$

由柱上的反应可见，淋洗液(背景溶液)转变成低电导的碳酸，而在抑制柱中待测离子(如 HX)以盐的形式转换为等当量的酸(如)，分别进入电导池中测定(由于 $H^+$ 的电导率很大，使得检测更敏度)。根据测得的各离子的峰高或峰面积与混合标准溶液的相应峰高或峰面积比较，即可得知水样中各种离子的浓度。

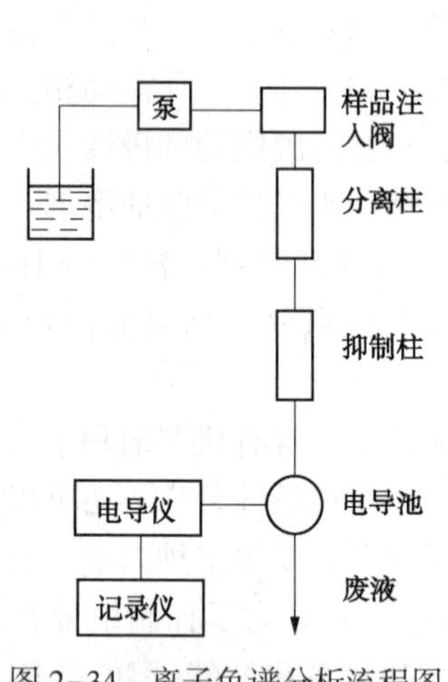


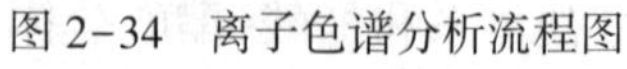
图 2-34　离子色谱分析流程图

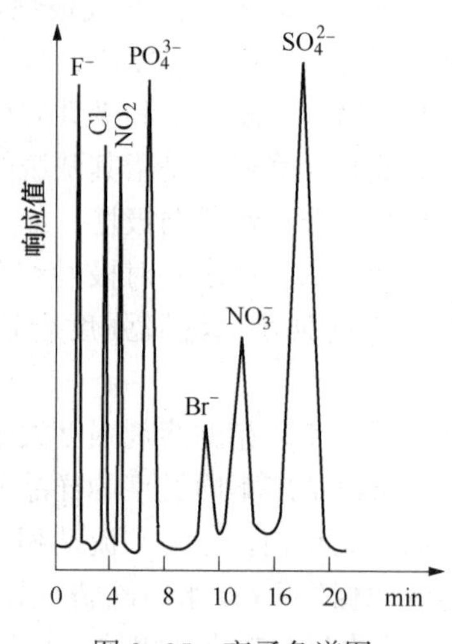

图 2-35　离子色谱图

高效离子色谱所用的硅质键合离子交换剂以硅胶为载体，将有离子交换基的有机硅烷与基表面的硅醇基反应，形成化学键合型离子交换剂，其特点是柱效高、交换平衡快、机械强度高，缺点是不耐酸碱、只宜在 pH2~8 范围内使用。

## 2.8　气相色谱-质谱联用技术简介

通常情况下，工作场所有毒有机气态物质种类，可以根据原料、中间产物、产品的物质名称及其特性等信息较容易地得知。如果不能获得，且已经证明存在有毒物质，这时就需要确定有毒物质的分子式、相对分子质量及化学结构等信息，即进行定性分析，有时还需要快速完成，为制定突发事故的应急策略提供技术支持，此时气相色谱(gas chromatography，GC)与质谱(mass spectrometry，MS)的联用设备——气质联用仪器(GC-MS)就成为非常有用的检测工具。

质谱法的原理与特点：使试样中各组分在近似真空的条件下，电离生成不同荷质比(电荷与质量的比值)的离子，经加速电场的作用，形成离子束，进入质量分析器，利用电场和磁场使发生相反的速度色散——离子束中速度较慢的离子通过电场后偏转大，速度快的偏转小；在磁场中离子发生角速度矢量相反的偏转，即速度慢的离子依然偏转大，速度快的偏转小；当两个场的偏转作用彼此补偿时，它们的轨道便相交于一点。与此同时，在磁场中还能发生质量的分离，这样就使具有同一质荷比而速度不同的离子聚焦在同一点上，不同质荷比的离子聚焦在不同的点上，将它们分别聚焦而得到质谱图，从而确定其质量。将得到的样品质谱图与标准质谱图相对照，就能获知被测物质的结构甚至化学名称。目前，质谱法是进行物质定性测定的主要方法之一，质谱仪与计算机内储存的标准质谱图自动比对，使定性过程变得很便捷，具有更强的定性鉴定功能。质谱法的缺点是只能对纯物质进行定性，对混合物无能为力。

气相色谱法的特点：根据前面的介绍可知，色谱分离系统是目前对混合物样品分离的最强有力的方法，能够把混合物样品分离成纯的物质。色谱法的缺点是方法本身无法对流出组分进行定性。

气质联用仪器的特点：将色谱的强大分离功能与质谱的强大定性鉴定功能集于一体，能够对混合气体或液体的混合蒸气进行定性鉴定。现在的色质联用都是联为一体。实际上，联用仪器就相当于把质谱仪作为色谱仪的检测器。

气质联用技术困难：质谱分离需要真空环境，色谱分离需要一定的压力，色谱柱出口如何与质谱仪的进样口对接是最大的技术难点，现在解决这一难题的技术已经比较成熟。

安全检测中使用的气质联用仪器：气质联用仪器也分为实验室型和便携型两种。将现场采集的气体样品送到实验室检测，就采用实验室型仪器。现在的便携型气质联用仪器也比较成熟，重量轻，使用充电电池作为电源，具有较高的防爆级别，可自动操作，具有远程控制、数据自动储存和结果无线传输等功能。

## 本章小结

1. 本章介绍了七种分析仪器，都是现用国家职业卫生检测标准中采用的实验室型检测仪器。由于安全检测中被测物质主要是气态有毒物质和粉尘中有毒元素，所以适合于气态物质直接检测的气相色谱法应用最多，其次是适合于金属元素检测的原子吸收光谱法，但有些物质使用高效液相色谱法、分光光度法、原子荧光光谱法、分子荧光分析法、离子色谱法更合适，只是采用的少一些。国家标准中还涉及到其他分析方法，如电位分析法、等离子体发射光谱法等，由于其在安全检测中适用的检测项目少，所以没有在本章介绍。

2. 在各种分析方法介绍中，都介绍了检测信号的产生原理和仪器的工作原理。仪器分析方法都是依据被测物的某种性质来进行的，比如吸光类分析法，都是依据被测物对某波长光线的选择性吸收而建立起来的分析方法，吸收过程符合吸收定律的规律，吸光度与浓度成正比关系。根据吸收规律的推导，能够掌握定律的适用条件。掌握这些知识，对正确使用检测仪器有极大的帮助，清楚某些操作的基本道理。所有分析仪器都是为了更好地实现某种分析原理而设计制造的，需要了解达到分析所需要的性能和实现的方法途径。

3. 在分光光度法部分，介绍了需要的光谱学的知识、分子结构与吸收的选择性、朗白-比尔定律、定律的适用条件、分光光度计基本构成、关键部件的原理、标准曲线定量方法等内容。

4. 在原子吸收光谱法部分，介绍了自由原子对其特征辐射选择性吸收的原理、对入射光的“锐线”要求、原子吸收光谱仪的基本构成、空心阴极灯发射“锐线”的原理、两种常用原子化器的工作原理、氢化物发生法与汞冷原子化方法、共存物干扰效应及其消除方法等内容。

5. 在原子荧光光谱法部分，介绍了原子荧光的产生过程机理、荧光的种类及跃迁过程、原子荧光光谱仪的基本构成及与原子吸收光谱仪的异同点、荧光强度与浓度的定量关系。

6. 在气相色谱法部分，介绍了气相色谱仪的基本组成部件、色谱分离柱(填充柱和毛细管柱)分离原理、塔板理论和速率理论简介、常用检测器(热导池检测器、氢火焰离子化检测器、电子捕获检测器)的响应原理、固定相及其选用、标准曲线法(内标法)和归一化法定量方法、校正因子的概念及使用。

7. 在高效液相色谱法部分，介绍了高效液相色谱仪的基本组成部件、固定相及其选用、化学键合色谱固定相、反相色谱法、流动相溶剂及其洗脱强度、基本操作技术、紫外检测器(重点是二极管阵列检测器)的基本原理。

8. 在离子色谱法部分，简要介绍了离子交换色谱柱分离离子的原理和离子色谱仪的基本构成，并介绍了抑制柱的原理和电导检测器。

9. 最后简要介绍了气质联用仪器的主要特点和用途。

## 复习思考题

1. 分光光度法定量测定所依据的朗白—比尔定律适用的条件有哪些?

2. 为什么分子吸收具有一定选择性?

3. 分子吸收曲线(分子吸收光谱)有哪些用途?

4. 分光光度计的基本组成有哪几部分? 各自的主要作用是什么?

5.“显色”的含义是指什么? 有什么作用?

6. 标准曲线法定量测定的定量依据是什么? 其基本操作有哪几个步骤? 为什么叫曲线法而又不希望 $A$-$c$ 是非线性关系?

7. 为什么说原子吸收属于特征吸收? 原子吸收法测定的选择性好，其原因是什么? 测定所用的测量波长主要为被测元素的共振谱线，其跃迁有何特点?

8. 用方框图示意说明原子吸收光谱仪的基本组成及各部分的作用。

9. 分别叙述火焰原子化器和石墨炉原子化器工作过程，以及各自的特点。

10. 何谓观测高度? 选择观测高度的作用是什么?

11. 在使用火焰原子化器测定时，被测试样溶液中加入“保护剂”或“释放剂”的作用是什么?

12. 简述氢化物发生法及汞冷原子化法这两种方法的基本原理和其能有效消除共存基体干扰的原因。

13. 何谓共振荧光? 与其他荧光相比，其有何特点?

14. 比较原子荧光光谱仪与原子吸收光谱仪的结构，说明不同点及其原因。

15. 原子荧光强度与浓度的简单正比定量关系成立的前提是什么?

16. 分子荧光谱线的波长一般大于激发波长，为什么不是共振荧光?

17. 在可测定的最低浓度方面，分子荧光分析法与分光光度法二者有何异同? 为什么?

18. 所有分析仪器的测量信号都受测量条件的影响，在定量分析时是如何消除其对测定结果准确度影响的?

19. 简单介绍气相色谱仪的基本组成，说明各组成部分的作用？

20. 说明热导池检测器、氢火焰离子化检测器、电子捕获检测器的工作原理、及各自对哪些物质能产生响应信号？

21. 色谱柱是如何实现对不同性质组分的分离的？

22. 提高柱温对色谱流出曲线(色谱图)有何影响？

23. 为什么要求色谱进样要采用“柱塞”式且要迅速？

24. 简述载气流速对色谱柱分离效率的影响规律？

25. 高效液相色谱仪由哪些部分组成？各部分的作用是什么？

26. 为什么改善分离效果时，GC 经常通过改变色谱柱的固定相实现，而 HPLC 一般是通过改变流动相完成？

27. “洗脱强度”的含义是什么？

28. 简要解释化学键合色谱固定相的含义和特点。

29. 二极管阵列检测器是如何获得三维色谱图的？

30. 离子色谱仪中抑制柱的作用是什么？如果没有抑制柱能否检测？

# 3 气态有毒有害物质样品的采集

**本章学习目标**

1. 掌握溶液吸收采样法、吸附管吸附采样法、无泵采样法、直接采样法的采样原理，熟悉装置的基本构成。

2. 了解空气采样的基本要求，清楚正确采集样品对保证检测结果准确度的重要性。

3. 掌握定点采样点的确定和个体采样对象选择的基本要求。

4. 掌握空气收集器、空气采样器、定点采样、个体采样、无泵采样等相关概念的含义及其关系。

5. 掌握职业卫生限值定义与采样时间的关系。

在使用实验室型分析仪器进行有毒有害气体检测的过程中，第一步就是采集工作场所的空气样品(air sample)，此过程简称为采样(sampling)。采样直接关系到检测结果的可靠性，如果采集方法不正确，即使对样品分析方法的灵敏度和准确度很高，分析工作者操作娴熟、工作细心、测定结果准确，检测也是毫无意义的，有时偏差较大的检测结果甚至会带来非常严重的后果。

检测工作开始之前，必须明确检测的目的，在对采样现场进行调查研究的基础上，选择好采样点、采样时机、采样频率、采样方法、采样仪器，并预先计算好大致的采样量，尽量减小采样误差。真正做到所采集的空气样品有代表性，能反映采样点的真实情况；所采样品稳定不“变质”，防止样品在采集后因挥发、吸附、沉淀、氧化和还原等原因产生变化；在样品的运输、贮存、处理和分析等各过程都不要受到“污染”；并且所采集的样品应达到一定数量，以满足分析方法对样品量的要求。

## 3.1 职业接触限值

劳动者从事职业活动或进行生产管理过程中经常或定时停留的地点称为工作地点(work site)，而劳动者进行职业活动的全部地点称为工作场所(workplace)。有毒有害气体检测的地点一般指的是工作场所。为了保证劳动者在职业活动过程中不受有害物质的危害，国家对各种有毒有害物质规定了职业卫生接触的限值。有毒有害物质包括有毒有害气体(或蒸气)和有害颗粒状漂浮物。有毒有害气体(toxic and harmful gases)是指与人体接触能对人身健康造成危害的气体。按其毒害性质的不同可分为：①刺激性气体，这类气体对眼和呼吸道黏膜有刺激作用，最常见的有氯、氨、氮氧化物、光气($COCl_2$)、氟化氢、二氧化硫、三氧化硫和硫酸二甲酯等。②毒性窒息性气体，这类有毒气体能造成机体输送或利用氧的功能丧失或减弱，如一氧化碳、硝基苯的蒸气、氰化氢、硫化氢等。有毒有害气体对人体危害与其性质、浓度，及其与人体持续接触时间长短有关。安全检测的目的之一就是了解作业场所有毒有害气体的浓度，依据国家标准规定的职业接触限值，来确定场所空气中有毒有害气体是否超标，超标的程度以及通风设备等安全设施是否有效。职业接触限值(occupational exposure limits，OELs)是指职业性有害因素的接触限制量值，劳动者在职业活动过程中长期反复接触某种有害因素，对绝大多数接触者的健康不引起有害作用的容许接触水平。其量值由国家标准规定，包括化学有害因素职业接触限值和物理因素职业接触限值两部分。化学有害因素的职业接触限值可分为最高容许浓度、时间加权平均容许浓度和短时间接触容许浓度三类。职业接触限值是进行工作场所卫生状况、劳动条件、劳动者接触化学与物理因素的程度、生产装置泄漏(露)与防护措施效果的监测、评价、管理、工业企业卫生设计及职业卫生监督的主要技术数据依据。

我国《工作场所有害因素职业接触限值·化学有害因素》(GBZ 2.1—2007)规定的最高容许浓度、时间加权平均容许浓度和短时间接触容许浓度的含义如下：

最高容许浓度(mac maximum allowable concentration)是指工作地点、在一个工作日内、任何时间均不应超过的有毒化学物质的浓度。

时间加权平均容许浓度(PC-TWA permissible concentration-time weighted average)是指以时间为权数规定的8h工作日、40h工作周的平均容许接触浓度。

短时间接触容许浓度(PC-STEL permissible concentration-short term exposure Limit)是指在遵守PC-TWA前提下容许短时间(15min)接触的浓度。

PC-TWA是8h的时间加权浓度，它不仅仅包括浓度因素，还包括了在某浓度下持续时间长短的因素，如果在较短的时间段内浓度较高，而其他时间段内浓度低或为零，可能计算出来的结果也不高，但在浓度较高的那一时间段内，人也可能受到严重伤害，因此用PC-STEL来限制任何一小段时间段内也不超标，两个限值配合使用就使有害物质不出现浓度过高的时间段。

接触限值标准中列出了339种(类)化合物的职业接触限值，其中54种毒性比较大的物质制定了最高容许浓度，它是任何情况下都不容许超过的限值浓度，一旦超过此浓度人的机体就会受到伤害。可以认为最高容许浓度是瞬时浓度，没有考虑持续时间长短的因素。除了这54种物质外，其他285种(类)化合物都制定了PC-TWA，大部分还制定了PC-STEL，但有一部分没有制定短时间接触容许浓度。对未制定PC-STEL的化学物质，制定了超限倍数(excursion limits)，其含义是：在符合8h时间加权平均容许浓度的情况下，任何一次短时间(15min)接触的浓度均不应超过的PC-TWA的倍数值。对于同一种物质，PC-STEL>PC-TWA。

在实际检测工作中，要按照这些限值的定义采集空气样品，再根据对样品的检测结果，以职业接触限值作判据，评价场所空气是否满足职业安全的要求。

## 3.2 空气检测的类型及其对采样的要求

根据检测目的不同，可以把有毒气体的安全检测分为评价检测、日常检测、监督检测、事故性检测四大类，本节分别介绍其含义和对采样的要求。

(1) 评价检测

为了进行建设项目职业病危害因素预评价、建设项目职业病危害因素控制效果评价和职业病危害因素现状评价所做的安全检测称为评价检测。

在评价职业接触限值为时间加权平均容许浓度时，应选定有代表性的采样点，连续采样3个工作日，其中应包括空气中有害物质浓度最高的工作日。采样点(sampled site)指根据检测需要和工作场所状况，选定具有代表性的、用于空气样品采集的工作地点。

在评价职业接触限值为短时间接触容许浓度或最高容许浓度时，应选定具有代表性的采样点，在1个工作日内空气中有害物质浓度最高的时段进行采样，连续采样3个工作日。

(2) 日常检测

日常检测适用于对工作场所空气中有害物质浓度进行的日常的定期检测。

在评价职业接触限值为时间加权平均容许浓度时，应选定有代表性的采样点，在空气中有害物质浓度最高的工作日采样1个工作班。

在评价职业接触限值为短时间接触容许浓度或最高容许浓度时，应选定具有代表性的采样点，在1个工作班内空气中有害物质浓度最高的时段进行采样。

(3) 监督检测

适用于职业卫生监督部门对用人单位进行监督时，对工作场所空气中有害物质浓度进行的检测属于监督检测。

在评价职业接触限值为时间加权平均容许浓度时，应选定具有代表性的工作日和采样点进行采样。

在评价职业接触限值为短时间接触容许浓度或最高容许浓度时，应选定具有代表性的采样点，在1个工作班内空气中有害物质浓度最高的时段进行采样。

(4) 事故性检测

事故性检测属于事故应急检测，当工作场所发生职业危害事故时，在事故现场或附近进行的紧急采样检测就是事故性检测。泄漏气体的分布范围随着大气流动和泄漏量而改变，采样点根据现场情况确定，一般采样点不只一个。检测采样要进行至空气中有害物质浓度低于短时间接触容许浓度或最高容许浓度为止。

前三种检测所采用的采样方法和仪器分析方法都相同，只是检测的目的和执行的部门不相同。事故性检测一般采用快速检测仪器，在现场显示检测结果，且能跟踪浓度变化情况。

## 3.3 定点采样点和个体采样对象的确定

按照空气收集器安放的位置在采样过程中是否移动，采样又可分为定点采样(area sampling)和个体采样(personal sampling)两类。定点采样是指将空气收集器放置在选定采样点的劳动者呼吸带高度进行的采样。个体采样是指将空气收集器佩带在采样对象的前胸上部，其进气口尽量接近呼吸带所进行的采样。这里所说的采样对象(monitored person)指选定为具有代表性的、进行个体采样的劳动者。个体采样使用个体采样器采样所得到的浓度值，主要适用于评价时间加权平均容许浓度符合性和个人接触状况；工作场所的定点采样主要适用于工作环境职业卫生状况的评价。二者没有根本的区别。

### 3.3.1 定点采样点的确定

(1) 采样点确定前的现场调查

为正确选择采样点、采样对象、采样方法和采样时机等，必须在采样前对工作场所进行现场调查。要在进行深入、细致的现场调查之后，才能正确地确定有代表性的采样点，它能够反映劳动者工作场所实际情况，尤其是有害气体浓度最高的地点就是有代表性的采样点。必要时可进行预采样，根据初步的检测结果最后确定少数采样点。现场调查的内容主要包括：

① 相关物质。工作过程中使用的原料、辅助材料，生产的产品、副产品和中间产物等的种类、数量、纯度、杂质及其理化性质等。

② 工艺流程。工艺流程包括原料投入方式、生产工艺、加热温度和时间、生产方式和生产设备的完好程度等。

③ 工作状况。劳动者的工作状况，包括劳动者人数、在工作地点停留时间、工作方式、接触有害物质的程度、频度及持续时间等。

④ 有害物质存在情况。工作地点空气中有害物质的产生和扩散规律、存在状态、估计浓度等。

⑤ 工作地点卫生状况。工作地点的卫生状况和环境条件、卫生防护设施及其使用情况、个人防护设施及使用状况等。

(2) 采样点的选择原则

① 选择有代表性的工作地点。有代表性的工作地点应包括空气中有害物质浓度最高、劳动者接触时间最长的工作地点。人员受毒性影响的程度与物质毒性大小、浓度高低、暴露于该环境时间的长短三个因素有关。根据“最大危险原则”，应该选择对人员健康威胁最大的地点。

② 靠近劳动者呼吸位置。在不影响劳动者工作的情况下，采样点尽可能靠近劳动者；空气收集器应尽量接近劳动者工作时的呼吸带。呼吸带是指人员呼吸的高度，即鼻、口等器官的高度，一般为从站立地点(地板或操作台)计算 1.5m 高处。

③ 反映检测的目的。在评价工作场所防护设备或措施的防护效果时，应根据设备的情况选定采样点，在工作地点劳动者工作时的呼吸带进行采样。如果是评价防毒工程措施净化效率，应在设备的进口和出口的断面布点；如果是评价防毒工程措施的效果，应在开启通风净化装置前后设定采样点。

④ 考虑气体流向。采样点应设在工作地点的下风向，应远离排气口和可能产生涡流的地点。

(3) 采样点数目的确定

在产品的生产工艺流程中，凡逸散或存在有害物质的工作地点，至少应设置 1 个采样点。一个有代表性的工作场所内有多台同类生产设备时，1~3 台设置 1 个采样点；4~10 台设置 2 个采样点；10 台以上时至少设置 3 个采样点。

如果一个有代表性的工作场所内，有 2 台以上不同类型的生产设备，逸散同一种有害物质时，采样点应设置在逸散有害物质浓度大的设备附近的工作地点；逸散不同种有害物质时，将采样点设置在逸散待测有害物质设备的工作地点，采样点的数目也应参照上述要求确定。

劳动者在多个工作地点工作时，在每个工作地点都应设置 1 个采样点。劳动者工作位置是流动性的，在流动的范围内，一般每 10m 设置 1 个采样点。仪表控制室和劳动者休息室，至少设置 1 个采样点。

(4) 采样时段的选择

选择采样时段(sampling period)就是选择采样时机，它是指在一个监测周期(如工作日、周或年)中选定的采样时刻。采样必须在正常工作状态和环境下进行，避免人为因素的影响。空气中有害物质浓度随季节发生变化的工作场所，应将空气中有害物质浓度最高的季节选择为重点采样季节。在工作周内，应将空气中有害物质浓度最高的工作日选择为重点采样日。在工作日内，应将空气中有害物质浓度最高的时段选择为重点采样时段。

### 3.3.2 个体采样对象及数量

个体采样(personal sampling)是指将空气收集器佩带在采样对象的前胸上部，其进气口尽量接近呼吸带所进行的采样。采样的空气收集器或小型空气采样器由在现场劳动的人员随身携带，确切反映人员所接触空气的真实情况。

(1) 采样对象的选定

选择采样对象时，要在现场调查的基础上，根据检测的目的和要求来进行。在工作过程中，凡接触和可能接触有害物质的劳动者都应列为采样对象范围。在选定的采样对象中，必须包括不同工作岗位的、接触有害物质浓度最高和接触时间最长的劳动者，其余的采样对象应随机选择。

(2) 采样对象数量的确定

在采样对象范围内，能够确定接触有害物质浓度最高和接触时间最长的劳动者时，每种工作岗位按表 3-1 选定采样对象的数量，其中应包括接触有害物质浓度最高和接触时间最长的劳动者。每种工作岗位劳动者数不足 3 名时，应全部选为采样对象。

**表 3-1 采样对象数量确定表(一)**

| 劳动者数 | 采样对象数 |
|---|---|
| 3~5 | 2 |
| 6~10 | 3 |
| >10 | 4 |

如果在选定的采样对象范围内，不能确定接触有害物质浓度最高和接触时间最长的劳动者时，每种工作岗位按表 3-2 选定采样对象的数量。每种工作岗位劳动者数不足 6 名时，全部选为采样对象。

**表 3-2 采样对象数量确定表(二)**

| 劳动者数 | 采样对象数 |
|---|---|
| 6 | 5 |
| 7~9 | 6 |
| 10~14 | 7 |
| 15~26 | 8 |
| 27~50 | 9 |
| 50~ | 11 |

注：表 3-1 和表 3-2 中数据摘自《工作场所空气中有害物质监测的采样规范》(GBZ 159—2004)。

## 3.4 职业接触限值测定时的采样及浓度计算

所谓职业接触限值测定是指：为了判断工作场所空气中有毒有害物质浓度是否超过国家标准规定的限值，按照职业接触限值的定义而设计的采样过程采集空气样品，通过测定采集的样品获得有毒有害物质的浓度值。为了完成各种测定任务，仪器分析方法可能都一样，但采样方法要满足限值标准的定义要求。

### 3.4.1 最高容许浓度检测时有害物质的采样与浓度计算

最高容许浓度就是在任何情况下，有害气体都不能超过的浓度。最高容许浓度检测是指：在可能存在国家限值标准中规定了最高容许浓度物质的场所，采用针对被测物质的采样方法采集样品，之后对该样品进行测定，将检测结果与标准限值进行比较，确定是否超标，为了达到此目的而进行的整个操作过程就是最高容许浓度检测。所以采样过程必须满足最高容许浓度的定义要求。

采样前，首先选定有代表性的、空气中有害物质浓度最高的工作地点，将其作为重点采样点，之后用定点的、短时间采样方法进行采样。短时间采样（short time sampling）是指采样时间一般不超过15min的采样。样品应尽量反映采样点真实的瞬时浓度，因为所有样品都只能反映采集时间段内的平均浓度，采样时间长则可能淹没最高浓度。采样时，将空气收集器的进气口尽量安装在劳动者工作时的呼吸带高度，在空气中有害物质浓度最高的时段进行采样。

采样时间一般不超过15min，当劳动者实际接触时间不足15min时，按实际接触时间进行采样。空气中有害物质浓度按式（3-1）计算：

$$c_{\mathrm{MAC}}=\frac{cV}{Ft} \tag{3-1}$$

式中 $c_{\mathrm{MAC}}$——空气中有害物质的浓度，$\mathrm{mg/m^3}$，注意此处不是标准规定的限值浓度，而是实测浓度；

$c$——样品溶液中有害物质浓度的测定值，μg/mL，因多数情况下，气体样品要转变成溶液后测定；

$V$——样品溶液体积，mL；

$F$——采集空气样品时空气的采样流量，L/min；

$t$——采样时间，min。

采集气体样品时，通常将空气中被采集的气体组分在采集空气过程中或采样后转化成液体状态，转化方式是用吸收液吸收气体，转化后不仅便于测定，而且还能对被测组分进行富集浓缩。样品溶液就是指采样后的吸收液，样品溶液体积是指样品溶液定容后的溶液体积。如果是用固体吸附剂吸附采样，采样后需要用溶剂将被吸附物质解吸下来，解吸液的体积就是样品溶液体积。

在采集空气样品时，用真空泵、手动抽气筒等动力装置抽气，在收集器后端形成负压，空气流过空气收集器，气体的流量就是采样流量（sampling flow），也就是指在采集空气样品时，每分钟通过空气收集器的空气体积。采集空气持续的时间就是采样时间。

采样流量与采样时间的乘积 $Ft$ 就是采样体积，气体体积与其温度和压力有关，为使测定结果具有可比性，采样体积是指标准采样体积（standard sampling volume）。现行国家标准规定，标准采样体积是指在气温为20℃、大气压为101.3kPa（760mmHg）条件下，采集空气样品的体积，以 $V_0$ 表示。将采样条件下的采样体积 $V_t$ 换算成标准采样体积的换算公式见式（3-2）。

$$V_0 = V_t \times \frac{293}{273 + t} \times \frac{p}{101.3} \tag{3-2}$$

式中 $V_0$——标准采样体积，L；

$V_t$——在温度为 $t$℃，大气压为 $P$ 时的采样体积，L；

$t$——采样时采样点的气温，℃；

$p$——采样时采样点的大气压，kPa。

温度和压力的小幅度波动对结果影响不明显，为了减少工作量，一般情况下不需要进行换算，但采样点温度低于5℃和高于35℃、大气压低于98.8kPa和高于103.4kPa时，应该按换算公式将采样体积换算成标准采样体积。如无特别说明，以后所介绍的所有测定采样均须按式(3-2)进行温度和压力校正。

### 3.4.2 短时间接触容许浓度检测时有害物质的采样与浓度计算

同样，采样过程也必须满足短时间接触容许浓度的定义要求。采样要求与最高容许浓度测定采样的要求基本相同。将选定的有代表性的、空气中有害物质浓度最高的工作地点作为重点采样点，用定点的、短时间采样方法进行采样。空气收集器的进气口尽量安装在劳动者工作时的呼吸带高度，在空气中有害物质浓度最高的时段进行采样，采样时间一般为15min，当采样器持续采样时间不足15min时，可进行1次以上的采样。

空气中有害物质15min时间加权平均浓度的计算分三种情况。

(1) 采样时间为15min时，按式(3-3)计算：

$$c_{STEL} = \frac{cV}{15F} \tag{3-3}$$

式中 $c_{STEL}$——短时间接触浓度，mg/m³；

$c$——测得样品溶液中有害物质的浓度，μg/mL；

$V$——样品溶液体积，mL；

$F$——采样流量，L/min；

15——采样时间，min。

(2) 一次采样时间不足15min，进行1次以上采样时，按15min时间加权平均浓度计算。

$$c_{STEL} = \frac{c_1T_1 + c_2T_2 + \cdots + c_nT_n}{15} \tag{3-4}$$

式中 $c_{STEL}$——短时间接触浓度，mg/m³；

$c_1$、$c_2$、$c_n$——测得每一份空气样品中有害物质浓度，mg/m³；

$T_1$、$T_2$、$T_n$——每一次采样的采样时间，min；注意：$T_1+T_2+\cdots+T_n=15$min；

15——短时间接触容许浓度规定的15min。

(3) 劳动者接触时间不足15min，按15min时间加权平均浓度计算。

$$c_{STEL} = \frac{cT}{15} \tag{3-5}$$

式中 $c_{STEL}$——短时间接触浓度，mg/m³；

$c$——测得空气中有害物质浓度，mg/m³；

$T$——采样持续的时间，min；

15——短时间接触容许浓度规定的15min。

### 3.4.3 时间加权平均容许浓度检测时有害物质的采样与浓度计算

进行职业接触限值为时间加权平均容许浓度的有害物质的采样时，应根据工作场所空气中有害物质浓度的存在状况，或采样仪器的操作性能来选择采样方式，可选择个体采样或定点采样，长时间采样或短时间采样方法，以个体采样和长时间采样为主。短时间采样(short time sampling)指采样时间一般不超过15min的采样。长时间采样(long time sampling)指采样时间一般在1h以上的采样。无论哪一种情况，采样时间总和必须达到8h。根据时间加权平均容许浓度的定义可知，测定结果必须反映8h时间段内的平均浓度，所以，在一次采样不能持续8h而必须进行两次及两次以上采样时，必须是逐个进行，而不能并行同时采样。

采用个体采样方法的采样　个体采样方法是指由现场劳动者随身携带采样器进行采样的方法，最能反映劳动者接触的真实环境状况。为达到此检测目的的个体采样一般采用长时间采样方法。同样，应选择有代表性的、接触空气中有害物质浓度最高的劳动者作为重点采样对象。按照3.3节叙述的方式来确定采样对象的数目。采样时将个体采样仪器的空气收集器佩戴在采样对象的前胸上部，进气口尽量接近呼吸带。

如果采样仪器能够满足全工作日连续一次性采样时，空气中有害物质8h时间加权平均浓度按式(3-6)计算

$$c_{\mathrm{TWA}} = \frac{cV}{480F} \tag{3-6}$$

式中　$c_{\mathrm{TWA}}$——空气中有害物质8h时间加权平均浓度，mg/m³；

$c$——测得的样品溶液中有害物质的浓度，mg/mL；

$V$——样品溶液的总体积，mL；

$F$——采样流量，L/min；

480——为时间加权平均容许浓度规定的以8h计，min。

如果采样仪器不能满足全工作日连续一次性采样时，可根据采样仪器的操作时间，在全工作日内进行2次或2次以上的采样。空气中有害物质8h时间加权平均浓度按式(3-7)计算

$$c_{\mathrm{TWA}} = \frac{c_1T_1 + c_2T_2 + \cdots + c_nT_n}{8} \tag{3-7}$$

式中　$c_{\mathrm{TWA}}$——空气中有害物质8h时间加权平均浓度，mg/m³；

$c_1$、$c_2$、$c_n$——每份样品测得空气中有害物质浓度，mg/m³；

$T_1$、$T_2$、$T_n$——每次采样持续的时间，h；注意：$T_1+T_2+\cdots+T_n=8$h；

8——时间加权平均容许浓度规定的8h。

同样，如果在8h工作日内不同时段的浓度也不一样，也可用式(3-7)计算，即8h工作日内各段接触持续时间与相应浓度的乘积之和除以8，就是8h的时间加权平均浓度(TWA)。

例如，乙酸乙酯的时间加权平均容许浓度限值为200mg/m³，劳动者接触状况为：300mg/m³浓度，接触2h；200mg/m³浓度，接触2h；180mg/m³浓度，接触2h；不接触，2h。按照式(3-7)计算：

$$c_{\mathrm{TWA}} = (300 \times 2 + 200 \times 2 + 180 \times 2 + 0 \times 2)/8 = 170\mathrm{mg/m^3}$$

结果<200mg/m³，未超过乙酸乙酯的时间加权平均容许浓度。

又例如：在有乙酸乙酯的场所，劳动者接触状况为：400mg/m³，接触3h；160mg/m³，

接触 2h；120mg/m³，接触 3h。代入式(3-7)得

$$c_{\mathrm{TWA}}=(400\times3+160\times2+120\times3)/8=235\mathrm{mg/m^3}$$

此结果>200mg/m³，超过该物质的 PC-TWA。

## 3.5 采集空气样品的基本要求

根据上面对采集空气样品的叙述，可以总结出对采集空气样品的基本要求。

① 应满足工作场所有害物质职业接触限值对采样的要求。

② 应满足职业卫生评价对采样的要求。进行有毒作业分级时的检测也属于此范畴。

③ 应满足工作场所环境条件对采样的要求。

④ 在采样的同时应作对照试验(有时称为空白实验)，即将空气收集器带至采样点，除不连接空气采样器采集空气样品外，其余操作如同样品采集，作为样品的空白对照。空气采样器(air sampler)指以一定的流量采集空气样品的仪器，通常由抽气动力和流量调节装置等组成。抽气动力是指能够在空气收集器后面形成负压，空气能以某一稳定的流速流过空气收集器的装置。

⑤ 采样时应避免有害物质直接飞溅入空气收集器内，否则将造成检测结果的偏差。空气收集器(air collector)指用于采集空气中气态、蒸气态和气溶胶态有害物质的器具，如大注射器、采气袋、各类气体吸收管及吸收液、固体吸附剂管、无泵型采样器、滤料及采样夹和采样头等。空气收集器的进气口应避免被衣物等阻隔。用无泵型采样器采样时应避免风扇等直吹。无泵型采样器(passive sampler)是指利用有毒物质分子扩散、渗透作用的原理设计制作的、不需要抽气动力的空气采样器。

⑥ 在易燃、易爆工作场所采样时，应采用防爆型空气采样器。采样器中的动力装置一般是微型或小型电机，其偶然产生的电火花就是引火源，所以必须采用具有良好防爆功能的采样器，例如隔爆型，避免引发火灾和爆炸。为满足不同危险场所的要求，防爆性能最好达到 IICT6。

⑦ 采样过程中应保持采样流量稳定。流量是计算采样体积的基本参数，流量不稳则采样体积计算偏差大。长时间采样时应记录采样前后的流量，计算时用流量均值。

⑧ 温度、压力与标准值偏差大时，应该按照式(3-2)进行校正。

⑨ 在样品的采集、运输和保存的过程中，应注意防止样品的污染。样品之外的所有气体组分，包括与样品相同的组分，进入样品中都属于对样品的污染。防止样品污染就是要保持样品组成不发生任何变化。样品组分被容器器壁吸附也会导致样品组成的变化，实际工作中也必须特别注意。

⑩ 采样时，采样人员应注意个体防护，防止中毒。

⑪ 采样时，应在专用的采样记录表上，边采样边记录。事后补充记录的做法往往会导致错误记录。

## 3.6 气体样品的采集

用分析仪器直接测定气体样品浓度、吸收液浓度或解吸液浓度的方法称为分析方法。灵敏、准确的分析方法仅是获得空气中有害物质准确浓度的条件之一，另外还必须保证被采集

样品能够代表采样点的真实情况。掌握各种采样方法的原理和特点是合理选择采样方法的基础。应根据有害物质存在的状态、浓度、理化性质和分析方法的检出限(或灵敏度)来选择合适的采样方法。

### 3.6.1 空气收集器的基本技术性能

在空气检测中，用于采集空气中被测物质的仪器称为空气采样仪器(air sampling instrument)，包括空气收集器和空气采样器等。空气收集器是用于收集空气中气体、蒸气和气溶胶状态被测物质的器具，包括大注射器、采气袋、气体吸收管、滤料采样夹和固体吸附剂管等，也包括粉尘收集器。空气采样器是与空气收集器配套，能以一定的流量抽取空气样品的仪器，其主要由抽气动力和流量控制装置等组成。为了避免被采集的空气样品被污染，通常采用抽气的方式采集气体，即气体流过的顺序是：空气收集器→流量控制装置(流量计和调解阀)→抽气动力。采集空气样品的方法分为两大类，即直接采样法和富集浓缩采样法。

在技术性能方面，对空气收集器有如下基本要求。

① 空气收集器的采样效率应大于90%。采样效率(sampling efficiency)是指在规定的采样条件下(如流量、有害物浓度、采样时间等)，空气收集器所采集到的被测物的量占进入收集器的被测物实际总量的百分数。采集气态和蒸气态有毒物常用溶液吸收和填充柱吸附法。评价这些采样方法的采样效率有绝对评价法和相对评价法。

绝对评价法精确配制已知浓度为$c_0$的标准气体，用所选用的采样方法采集标准气体，测定其浓度$c_1$，则采样效率$E_s$为

$$E_s = \frac{c_1}{c_0} \times 100\% \tag{3-8}$$

用这种方法评价采样效率是比较理想的，但由于配制已知浓度的标准气有困难，实际应用时受到限制。

相对评价法　配制一个恒定浓度的气体样品，其浓度不一定要求准确已知，然后用2~3个采样管串联起来采集所配样品，分别测定各采样管中的有害物的含量，计算第一个采样管含量占总量的百分数，采样效率$E_s$为

$$E_s = \frac{c_1}{c_1 + c_2 + c_3} \times 100\% \tag{3-9}$$

式中：$c_1$、$c_2$、$c_3$分别为第一、第二、第三采样管中样品分析测得浓度。采样效率评价公式说明，第一采样管浓度所占比例越高，采样效率越高。一般要求$E_s$值为90%以上。如果第二、第三采样管的浓度比第一采样管的浓度小得多时，可以将三个管的浓度相加近似等于所配气体浓度。当采样效率过低时，应采取更换采样管、吸收剂或降低抽气速度等措施提高采样效率。在实际工作中，如采样效率不太高，也可用两个串联的采样管作为收集器。

② 空气收集器的机械构造和形状要合理，重量要轻，体积要小，携带和操作要简便安全。

③ 制作空气收集器的材料应不吸附或吸收待测物质，不产生对采样和检测有影响的物质。自制收集器时这一点特别重要，尤其是直接采样法中的采样收集器。

④ 空气收集器能在温度-10~45℃、相对湿度小于95%的作业环境中正常工作。

### 3.6.2 直接采样法空气收集器

直接采集空气样品，不对样品气体进行任何处理的采集方法称为直接采样法(direct

sampling method)。注射器和采气袋是直接采样法使用的两种空气收集器。

(1) 注射器

使用注射器直接抽取空气样品的方法称为注射器采样法(syringe sampling method)，所用注射器为 100mL 或 50mL 规格的医用气密型注射器。注射器的性能要满足如下要求：将注射器垂直架起，芯子应能自由下落；当吸入空气至满刻度并封闭进气口后，朝下垂直放置 24h，芯子自由下落不得超过原体积的 20%。

注射器采样法主要用于气相色谱法分析的样品采集，多用于有机蒸气及某些气体的分析。使用前先用现场空气抽洗注射器 3~5 次，然后再抽取现场空气，将进气端套上塑料帽或橡皮帽。在存放和运输过程中，应使注射器活塞朝上方，保持近垂直位置，利用注射器活塞本身的重量，使注射器内空气样品处于正压状态，防止外界空气渗入注射器内。

(2) 采气袋

采气袋采样法属于充气采样法(inflation sampling method)，常用的采气袋为 0.5~10L 的铝塑采气袋。采气袋应具有较好的气密性，当采气袋充满空气后，浸没在水中，不应冒气泡。为便于气体置换，采气袋的死体积不应大于其总体积的 5%。另外，采气袋还应具有使用方便的采气和取气装置，而且能反复多次使用。

采气时，先用现场空气清洗塑料袋 3~5 次，再用双连球抽取现场空气注入已排除空气的塑料袋内，夹封袋口，带回实验室分析。采气袋要经常检查是否漏气，一般采用充气、浸水、观察气泡方法。常用于采样的塑料采气袋(图 3-1)有聚乙烯袋、聚氯乙烯袋、聚四氟乙烯袋、聚酯树脂袋和铝箔采气袋。有些塑料袋内衬铝膜，减少对气体的吸附，有利于样品稳定。例如，用聚氯乙烯袋采集空气中一氧化碳样品，只能放置 10~15h，而用铝膜衬里的聚酯袋采集同样的样品，可保存 100h 无损失。因此，用塑料袋采样，要事先作待测物的稳定性试验，以确定样品的合理贮存时间。采气袋的连接软管多用硅橡胶管，可用注射器抽取样品。采气袋有单口和双口两种类型。也可以使用与采气袋等气体容器配套使用的气体采样器(采样泵)，替代传统双连球等机械式手工气体采集器，大大减少劳动强度，提高工作效率。

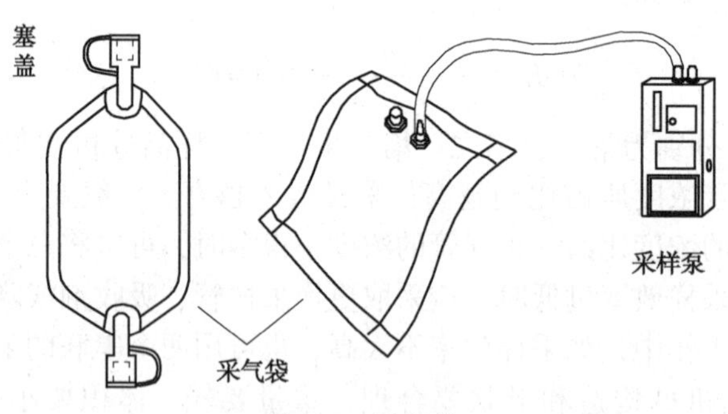


图 3-1　采气袋

由于一般塑料袋对二氧化硫、氧化氮、苯系物、苯胺等都有吸附作用，而使被测组分浓度降低。为避免吸附，最好采用经特殊处理过的塑料袋。采集的样品最好尽快分析测定，减少因被测组分与器壁发生化学反应、吸附，以及器壁释放(或解吸)和渗漏等使被测组分的浓度变化。如空气中有毒有害物质浓度较低，达不到分析方法检出限或气体状态不能被直接分析时，就不能用直接采样法采样，而应采用富集浓缩法采样。

### 3.6.3 富集浓缩采样法空气收集器

由于空气中有毒有害物质浓度一般都较低，有时达不到分析方法的最低检出浓度(或分析仪器不能直接测定空气中组分)；另外，如果采用长时间采样方法，比如8h连续采样，气体量较大。在这种情况下，直接采样法很难满足检测的要求，应该采用浓缩采样法(concentrated sampling method)采集大量空气样品，同时对被测物进行富集浓缩，以便达到分析方法正常测定的浓度范围，或得到一段时间的浓度平均值。浓缩采样法采样时间比直接采样法长，所得测定结果为采样时段内被测物质的平均浓度。根据采样的原理分类，浓缩采样法又分为溶液吸收法、吸附剂填充管(柱)法和无泵采样法(也称为个体计量器采样法)。在实际选用时，应根据检测对象的浓度、性质、状态及目的和要求，结合各采样方法的特点，以及所用分析方法的基本要求等选择采样方法。

#### 3.6.3.1 溶液吸收法空气收集器

溶液吸收法(solution absorption method)是采集气态、蒸气态及某些气溶胶物质的常用方法，它是利用空气中被测物质能迅速溶解于吸收液中或能与吸收液迅速发生化学反应生成稳定化合物的特性而设计的，因被测物质性质各异，不同测定对象所选用的吸收液也不一定相同。采样时，用抽气装置使空气样品通过装在气体采样管内的吸收液，气泡中被测物分子迅速扩散到气液界面上而被吸收液吸收，使被测物质与空气分离。根据对溶液的测定结果及采样体积，计算空气中有毒有害物质的含量。除气体和吸收液的性质外，吸收效率(即采样效率)取决于气液接触面积和抽气速率，尽量使气体分散成小气泡则有利于增大接触面积，气液接触时间延长也能提高吸收效率。吸收液要根据被测物的性质决定，如酸性吸收液可用于吸收碱性污染物；碱性吸收液可用于吸收酸性污染物；HCl、HF、甲醇等易溶于水；$SO_2$能与四氯汞钾溶液生成稳定络合物，5%甲醇吸收有机磷农药，10%乙醇吸收硝基苯等。最理想的吸收液不仅可以吸收有毒有害物质，而且还可以作为显色液。例如用对氨基苯磺酸-盐酸萘乙二胺的乙酸水溶液不仅可以吸收空气中的二氧化氮，而且还可立即显色；用含溴化钾的甲基橙硫酸溶液采集空气中的氯气，氯与溴化钾反应生成溴，溴可以使甲基橙氧化而褪色等，这类吸收液可使分析过程简化和快捷。可按照以下原则选择吸收液：

① 吸收液应对被采集的空气中有毒有害物质有较大溶解度或与其发生快速化学反应，吸收速度快，采样效率高。

② 采集的有毒有害物质在吸收液中应有足够长的稳定时间，保证在分析测定之前不发生浓度变化。

③ 所用吸收液组分对分析测定应无干扰。尽管有些吸收液对被测物质有较高的采集效率，但吸收液组分本身对测定有干扰也不宜选用。如甲醇对空气中有机磷农药有很高的采集效率，但用酶化学法测定有机磷时，高浓度的甲醇对酶活性有抑制作用，而降低了测定方法的灵敏度，因此为减少其影响，可降低甲醇浓度至5%，这样既可有较高的采集效率，又可使甲醇对酶活性的影响降至最小。

④ 选用的吸收剂应价廉、易得，且应尽量对人无毒无害。

下面介绍几种常用的吸收瓶(管)。

气泡吸收管　气泡吸收管(bubbling absorption tube)分大型气泡吸收管和小型气泡吸收管两种，材质为透明或棕色硬质玻璃。其形状见图3-2。气泡吸收管的内管和外管的接口应是标准磨口，内管出气口的内径为1.0mm±0.1mm，管尖与外管底的距离为4.5mm±0.5mm，

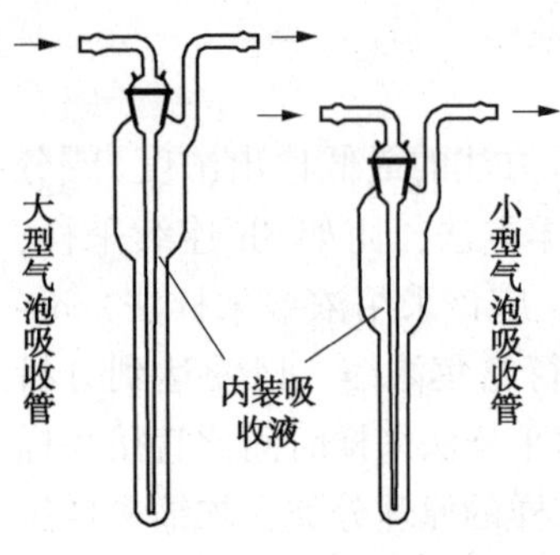

图 3-2　气泡吸收管

固定小突应牢固。

气泡吸收管在使用前应作气密性检查，检查方法是：分别在大型气泡吸收管和小型气泡吸收管中装入 5mL 和 2mL 水，将内管进气口封闭，外管出气口与空气采样器连接，当以 1L/min 流量抽气时，吸收管内不应冒气泡，空气采样器的流量计不应有流量指示。

大型气泡吸收管可盛 5~10mL 吸收液，采样速度一般为 0.5L/min。小型气泡吸收管可盛 1~3ml 吸收液，采样速度一般为 0.3L/min。采样前，加入吸收液，外管管口与抽气装置相连，空气从内管上端进入吸收管。气泡吸收管内管管尖内径约为 1mm，外管下部缩小，可使吸收液的液柱增高，延长空气与吸收液的接触时间，利于吸收待测物，外管上部膨大，有利于气液分离，可以避免吸收液随气泡溢出吸收管。

空气中气体和蒸气状态待测物的扩散速度与空气相近，随气流进入吸收液后，在气泡中迅速扩散到气液界面，与吸收液作用而被吸收。气溶胶状态的待测物颗粒与空气不同，扩散慢，不能迅速与吸收液的接触，部分待测物还未到达气液界面就被气流带离吸收液，因此吸收率低。气泡吸收管适用于采集气体和蒸气状态物质。

多孔玻板吸收管　多孔玻板吸收管(fritted glass bubbler)的形状有直型和 U 型两种，见图 3-3。用硬质玻璃制造，进气管应与缓冲球熔接。多孔玻板上有许多微孔，其作用是分散气泡，减小气体移向气液界面的扩散距离，因此要求多孔玻板的孔径和厚度应均匀。当管内装 5mL 水，以 0.5L/min 的流量抽气时，产生的气泡应均匀，不应有特大的气泡；气泡上升高度为 40~50mm，阻力为 4~5kPa。

多孔玻板吸收管可装 5~10mL 吸收液，采样速度 0.5L/min。采样时，空气流过玻板上的微孔进入吸收液，由于形成的气泡细小，气体与吸收液的接触面积大大增加，吸收液对待测物的吸收效率较气泡吸收管明显提高。

同气泡采样管一样，采样速度越慢，气体与吸收液接触时间越长，采样效率越高，但采样时间随之延长。由于多孔玻板吸收管的采样效率比气泡吸收管高，通常使用单管采样，只有空气中待测物质浓度较高或吸收效率较低时，才用两管串联采样。除用于采集气体和蒸气状态物质外，多孔玻板吸收管也可以采集雾状和颗粒较小的烟状物质。

冲击式吸收管　冲击式吸收管(impinger)形状见图 3-4，用硬质玻璃制造，内管和外管的接口是标准磨口，内管应垂直于外管管底，出气口的内径为 1.0mm±0.1mm，管尖距外管底 5.0mm±0.1mm；固定小突应牢固。使用前，同气泡吸收管一样作气密性检查。

冲击式吸收管的管尖内径很小，吸收管可装 5~10mL 吸收液，采样速度为 3L/min。空气中烟、尘状态的待测物随气流以很快的速度冲出内管管口，因惯性作用冲击到吸收管的底部被分散，从而被吸收液吸收。冲击式吸收管适用于采集气溶胶和烟状物质，一般不适用于气体或蒸气状物质。采样效率与管尖内径及其距管底的距离有关。

**3.6.3.2　吸附剂填充管采样法空气收集器**

(1) 吸附剂及吸附采样管

填充管采样法(packed column sampling method)的主要装置是填充了颗粒吸附剂的玻璃采样管(柱)，在一根长度(8~12cm)、内径(3~5mm)的玻璃管(图 3-5)内填充适当颗粒状或纤维状的固体吸附剂(solid adsorbent)，多采用活性炭或硅胶。含有有害物的空气以 0.1~

0.5L/min 的速度流过填充柱，欲测组分因吸附剂的吸附作用被截留在填充柱内，其他气态物质流过放空，达到浓缩采样的目的。采样后，通过加热或溶剂溶解方式解吸，把组分从填充柱的吸附剂上释放出来进行测定。选择适当的吸附剂，填充柱采样管可用于采集气体、蒸气和气溶胶等有毒有害物质。

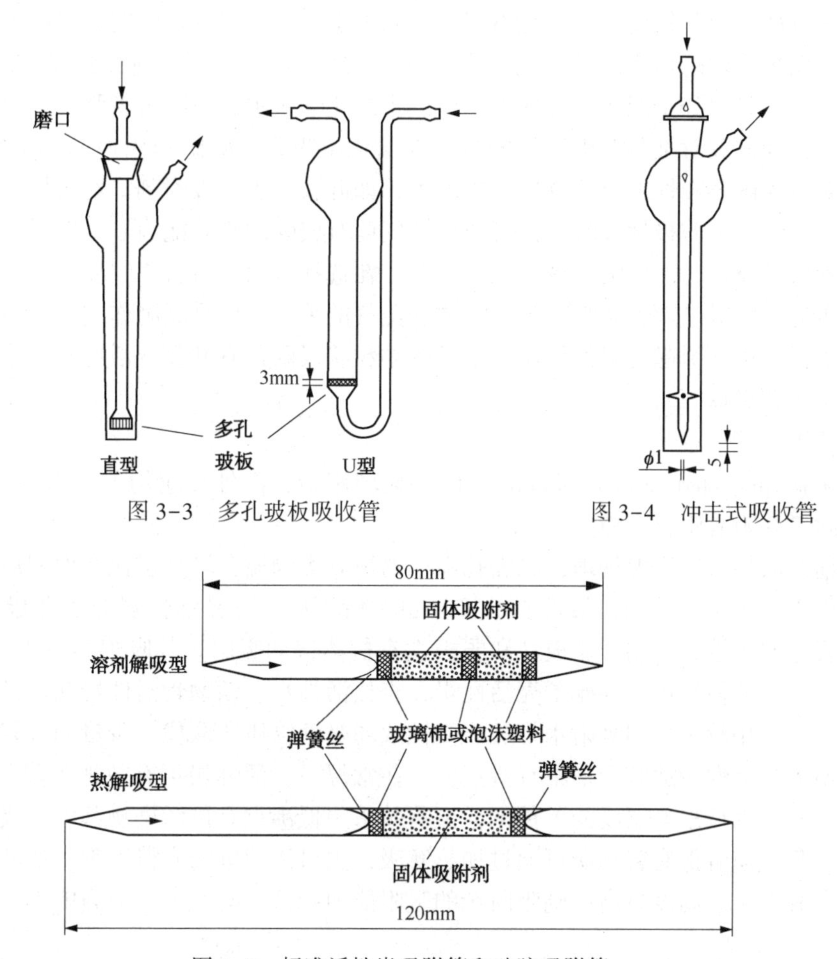


图 3-3　多孔玻板吸收管

图 3-4　冲击式吸收管

图 3-5　标准活性炭吸附管和硅胶吸附管

颗粒状吸附剂都是多孔物质，比表面积大，表面自由能较高，且比表面积越大，自由能越高，对于很多有毒有害气体或蒸气有较强的吸附能力，吸附了分子之后，表面的自由能降低，因此吸附过程是自发进行的。比表面积(specific surface area)是指单位质量物料所具有的总面积，单位 $m^2/g$。采集空气样品常用的吸附剂是活性炭和硅胶。

活性炭是将木炭、果壳、煤等含碳原料经炭化、活化后制成的黑色颗粒物。活性炭主成分除了碳以外还有少量的氧、氢等元素。活性炭在结构上由于微晶碳是不规则排列，在交叉连接之间有细孔，在活化时会产生碳组织缺陷，因此它是一种多孔碳，堆积密度低，比表面积大的物质含有很多毛细孔构造，所以具有优异的吸附能力。活性炭吸附了吸附质后失去活性，可以通过气流加热、溶剂溶解等方法重新活化。活性炭属于非极性吸附剂。

硅胶是一种坚硬、无定形链状和网状结构的硅酸聚合物颗粒，分子式为 $SiO_2 \cdot nH_2O$，是一种亲水性的极性吸附剂。用硫酸处理硅酸钠的水溶液，生成凝胶，并将其水洗除去硫酸钠后经干燥，便得到玻璃状的硅胶。硅胶具有开放的多孔结构，比表面积很大，能吸附许多物质，是一种很好的干燥剂、吸附剂和催化剂载体。硅胶的吸附作用主要是物理吸附，可以再生和反复使用。

所有吸附剂的吸附容量都随着温度的升高而降低，达到一定温度时，可能就不再具有吸附能力。

吸附剂有两种吸附作用：一种是由于分子间吸引力产生的物理吸附，吸附力较弱，容易用物理方法使被吸附的物质（吸附质）解吸下来，常用的活性炭和硅胶的吸附大部分就属这类吸附；另一种是因分子间亲和力的作用而产生的化学吸附，吸附力较强，不易用物理的方法解吸下来，如硅胶对某些有机蒸气的吸附就属化学吸附。吸附作用遵循“相似相吸”的规律，即：对与吸附剂极性相似的物质吸附力大，如硅胶是极性吸附剂，对极性气体有较强的吸附能力；活性炭是非极性吸附剂，对非极性气体有较强的吸附能力。一般说来，吸附能力越强，采样效率越高，但解吸也越困难。因此，在选择吸附剂时，不仅要考虑吸附效率，还要考虑是否易于解吸。颗粒状吸附剂对气体和蒸气的采样主要是吸附作用，而对气溶胶的采样则是由于惯性碰撞引起的阻留作用。常见的颗粒状吸附剂有硅胶、活性炭、素陶瓷、氧化铝和高分子多孔微球等。

（2）活性炭管

活性炭管（activated carbon column）用硬质玻璃制造，内外径应均匀，内装优质活性炭，两端应熔封，并附有塑料套帽。

使用前，活性炭经高温处理，除去孔隙中的树胶类物质，增加了比表面积后而成为活化活性炭。由于加工工艺不同，活性炭的极性也有所不同，商品活性炭介于非极性和极性之间，并主要呈非极性，可用于非极性和弱极性有机蒸气的吸附。其吸附容量大、吸附力强。根据制备原料，活性炭可分为椰子壳活性炭、杏核活性炭、动物骨活性炭和炭纤维等，其中椰子壳活性炭使用较多。因吸附水易被非极性或弱极性物质所取代，少量的吸附水对其吸附性能影响不大。活性炭适宜于采集有机蒸气，在常温下，活性炭可有效地吸附沸点高于0℃的有机物；而在降低采集温度的条件下，可有效采集低沸点有机污染物蒸气。吸附在活性炭上的气体或蒸气态有毒有害物质可通过加热解吸，也可用适宜的有机溶剂，如苯、氯仿、二硫化碳等洗脱下来。温度越高，则吸附剂的吸附能力越低，甚至失去吸附能力，这是热解吸的原理。

根据解吸方法的区别，活性炭管分为溶剂解吸型活性炭管和热解吸型活性炭管两种。

溶剂解吸型活性炭管管长80mm，内径3.5～4.0mm，外径5.5～6.0mm，前段装100mg活性炭，后段装50mg活性炭。

热解吸型活性炭管管长120mm，内径3.5～4.0mm，外径6.0mm±0.1mm；内装100mg活性炭。

根据检测需要可以制作其他规格的活性炭管，但其性能也必须符合下面的要求。

① 使用的活性炭应有足够的吸附容量，能满足检测的需要。在气温35℃、相对湿度90%以下的环境条件下，穿透容量不低于1mg被测物。吸附容量是指吸附达到饱和状态时，单位质量的吸附剂所吸附的吸附质的量。穿透容量是指一定浓度的吸附质以一定的流速流过吸附管，在没有被吸附的吸附质刚刚流出吸附管时，单位质量的吸附剂所吸附的吸附质的量，此时还没有都达到吸附饱和状态。

② 活性炭的两端和前后两段之间用玻璃棉或聚氨酯泡沫塑料等固定材料加以固定和分隔，在进气口端的固定材料前和热解吸型的固定材料后各用一个弹簧钢丝固定。装好的活性

炭不应有松动；所用的玻璃棉等固定材料不应发生影响采样或检测的作用。

③ 在 200mL/min 流量下，活性炭管的通气阻力应为 2~4kPa。

④ 活性炭管的空白值应低于标准检测方法的检出限。

⑤ 塑料套帽应能封住管的两端，保持良好的气密性，且不易脱落，不存在或产生影响测定的物质。

（3）硅胶管

硅胶管(silica gel column)用硬质玻璃制造，内外径应均匀；两端应熔封，并附有塑料套帽。硅胶是硅凝胶在 115~130℃干燥脱水制得的多孔性产物，其表面分布着硅羟基(Si—OH)基团，所以是一种极性吸附剂，对极性物质有强烈的吸附作用。由于对空气中的极性水分子有较强的吸附作用，使硅胶易吸水，其吸附能力随吸水量增加而减弱。通常，硅胶在使用时需在 100~200℃烘干，以除去物理吸附水，恢复其吸附活性，此过程称为"活化"。硅胶的吸附力较弱，吸附容量小于活性炭，把被吸附的物质从硅胶上解吸下来也比较容易。解吸方法有三种：①加热至 350℃的同时通以清洁空气洗脱，或用氮气洗脱；②用水、乙醇等极性溶剂洗脱；③用饱和水蒸气在常压下蒸馏提取。通过选用不同极性的溶剂可实现不同组分分别洗脱，从而达到分离的目的；反过来，通过控制吸附条件，也可以选择性地吸附特定组分。

溶剂解吸型硅胶管：管长 80mm。内径 3.5~4.0mm，外径 5.5~6.0mm；前段装 200mg 硅胶，后段装 100mg 硅胶。

热解吸型硅胶管：管长 120mm，内径 3.5~4.0mm，外径 6.0mm±0.1mm。内装 200mg 硅胶。

同活性炭管一样，如果检测工作有特殊需要，也可以制作其他规格的硅胶管，其性能必须符合如下的要求。

① 使用的硅胶应有足够的吸附容量，能满足检测的需要。在气温 35℃、相对湿度 80%以下的环境条件下，穿透容量不低于 0.5mg 被测物。

② 硅胶的两端和前后两段之间用玻璃棉或聚氨酯泡沫塑料等固定材料加以固定和分隔，在进气口端的固定材料前和热解吸型的固定材料后各用一个弹簧钢丝固定。装好的硅胶不应有松动；所用的玻璃棉等固定材料不应发生影响采样或检测的作用。

③ 在 200mL/min 流量下，硅胶管的通气阻力应为 2~4kPa。

④ 硅胶管的空白值应低于标准检测方法的检出限。

⑤ 塑料套帽应能封住管的两端，保持良好的气密性，且不易脱落，不存在或产生影响测定的物质。

（4）高分子多孔微球管

高分子多孔微球管(high polymer porosity micro-sphere column)中充填的是人工合成的高分子多孔微球。高分子多孔微球作为气相色谱法的固定相或担体已被广泛使用。现在可以根据需要，制备不同特性(极性、孔径、比表面积及粒径)的高分子多孔微球，因此选用比较灵活。在有毒有害物质检测中，主要用于采集有机蒸气，特别是一些分子较大、沸点较高，又有一定挥发性的有机化合物，如有机磷、有机氯农药以及多环芳烃等。在采集低浓度的有机蒸气时，为采用较大流速，一般选用颗粒较大、阻力较小的高分子多孔微球(如 20~50 目)。高分子多孔微球使用之前，必须经过纯化处理，方法是：①先用乙醚浸泡，振摇 15min，滤去乙醚，除去高分子多孔微球吸附的有机物，再用甲醇清洗，以除去残留的乙醚；

然后用水洗净甲醇，放于白色磁盘内，于 102℃干燥 15min。②用石油醚于索氏提取器内提取 24h，然后在清洁空气中挥发石油醚，再在 60℃活化 24h。纯化处理的高分子多孔微球保存于密封瓶内。目前商品吸附管较少采用高分子多孔微球管

（5）吸附管的解吸

用固体吸附管采集气体的目的是测定气体在空气中的浓度，所以被采集吸附的气体在测定时还应能被定量解吸下来，无论是无泵采样器还是有泵采样器都是如此。目前解吸的方式有溶剂解吸和热解吸两种方式。

常用的溶剂解吸方法是：将吸附管断开，将吸附剂颗粒倒入小玻璃瓶中，加入少量的溶剂浸泡即可。徽章式个体采气片解吸也是采用这种方法。也可以采用如下方法：让一定量的溶剂流过采气管，气体溶解于溶剂中流出，定容解吸液后取样定量测定。前一种方法属于静态解吸法，后一种为动态解吸法。对于活性炭吸附管，解吸溶剂多用二硫化碳，可将大部分非极性和弱极性有机化合物从活性炭上解吸下来，解吸效率也较高，对于极性稍大的化合物解吸效率不高。大部分有机物都用气相色谱法测定，以氢火焰离子化检测器为主，二硫化碳在氢火焰离子化检测器上响应信号极小，所以对测定不干扰。

固体吸附剂的吸附性与温度有关，温度低时吸附容量大，随着温度的升高，吸附容量将逐渐降低，当温度特别高时则能瞬间全部解吸，这就是热解吸的原理。对于常温下处于气体或低沸点有机物，用活性炭管吸附后，用热解吸是比较适用的。热解吸操作是在热解吸炉中完成的，热解吸温度多较高，如活性炭管吸附苯、甲苯、二甲苯、丙酮、丁酮、二氯甲烷、二氯乙烷、三氯甲烷、异丙醇等气体后，热解吸是在 300℃的氮气气流中完成的。热解吸-气相色谱分析时，也可采用热解吸直接进样法。直接进样是将活性炭管直接接入气相色谱仪载气气路，加热后载气将被测物带入色谱柱。

**3.6.3.3　无泵型采样器**

前面介绍的溶液吸收法和吸附剂吸收管法采集空气样品时，都需要使用真空泵提供动力，强制气体按照一定流速流过空气收集器，这类采样方法属于主动式采样方式。无泵型采样器（passive collector）是利用毒物分子扩散或渗透的原理设计制作的空气采样仪器，包括扩散式和渗透式两种，属于无采样动力的采样装置，又称为被动式采样器（passive personal sampler），它其体积很小，有的可以像徽章一样安放在作业人员身上，随人的活动而随时连续采样，能准确反应了人们实际吸入污染物的量，主要用于 8h 时间加权平均浓度（TWA）检测。无泵型采样器只有空气收集器，而不需要提供动力的空气采样器。

（1）无泵型采样器的技术性能要求

无泵型采样器只适用于个体采样，它的结构应满足检测的需要，体积小，重量小于 100g，外壳的气密性好，检测、佩戴和携带方便。

无泵型采样器的响应时间应小于 30s，采样速度应不低于 30mL/min，同一批无泵型采样器的采样速度应相同，变异系数应小于±5%。

无泵型采样器的吸附容量至少满足在两倍时间加权平均浓度（TWA）下采样 8h 的待测物的量。采样范围至少能满足 8h 采集 0.5~2 倍 TWA 的待测物浓度范围。

当按照规定的保存方法保存时，无泵型采样器的用前稳定性（指无泵型采样器制成后其性能保持不变的时间）在室温下至少能够保存 15 天，越长越好；样品稳定性（指无泵型采样器采样后，采得的待测物浓度变化不大于±10%的持续时间）要求在 15 天以上。

无泵型采样器的检测偏差应小于±25%的参考值，总的相对标准偏差应小于 10.5%。

无泵型采样器在气温 0～40℃，相对湿度小于 95%，风速 0.1～0.6m/s 的环境条件下，性能保持不变。

(2) 扩散式无泵型个体采样器

扩散式无泵型个体采样器是靠气体分子的扩散完成对空气中有机蒸气的采集。气体分子在采样器内所形成的浓度梯度(浓度差)是分子扩散的“动力”。GJ-1 型采样器有铝合金壳体、挡风屏、扩散腔和吸附炭片构成，见图 3-6。挡风屏由滤纸和金属网组成，用以减少有机蒸气分子在扩散腔内的机械混合；扩散腔是一个塑料框架，用以支持挡风屏并形成扩散通路；吸附炭片为吸附介质，用以吸附有机蒸气。吸附炭片吸附扩散至表面的有毒有害分子，使其表面浓度 $c_{表面}$ 很低，甚至接近于零。在扩散腔内，从挡风屏到吸附炭片之间的气体中存在被吸附分子的浓度差，被吸附分子在浓度差的作用下不断向吸附炭片运动，导致挡风屏外的被吸附分子(浓度 $c_x$)不断地透过滤纸扩散进入扩散腔，吸附不断进行。吸附炭片放置在扩散腔内，可有效减少空气流动产生的混合作用，使吸附炭片的吸附速率正比于浓度差值($\Delta c = c_x - c_{表面}$)。当吸附炭片的吸附量远远未达到饱和吸附量之前，$c_{表面}$ 基本不变，在一定时间内，吸附炭片的吸附量正比于被吸附分子(有机蒸气分子)在空气中的浓度 $c_x$。

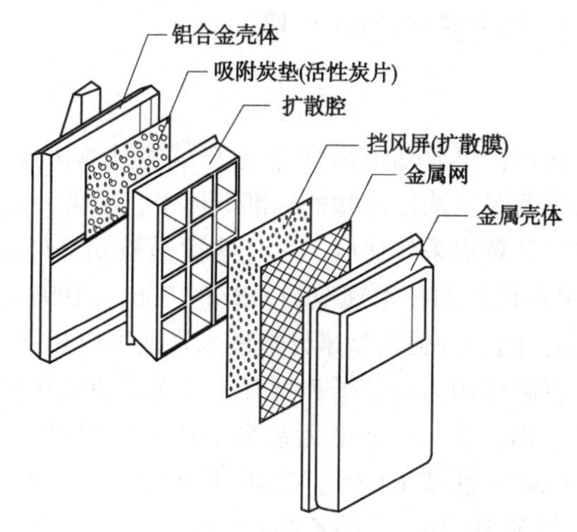


图 3-6　GJ-1 型无泵型个体采样器结构分解图

(3) 渗透式个体采样器

这一类型的个体采样器与扩散型的相似，气体分子通过一个渗透薄膜，渗透到收集剂上被收集。收集剂可以是吸收液或固体吸附剂。氯个体采样器由硅酮膜制成袋，内装 10mL 荧光素-溴化物溶液，氯分子渗透过硅酮膜，被吸收液吸收，同时发生显色反应，之后光度测定。氯乙烯个体采样器可以由活性炭作为吸附剂，热解吸或二硫化碳解吸后，气相色谱法测定。

(4) 无泵采样器的采气量计算

只要是有动力的采样方法，采气流量都是固定且可测量的(流量计方法)，时控器控制采气时间，被采集的气体体积就能准确计算。无泵采样器采集气体速度与被测气体分子的浓度 $c_x$、分子的扩散系数 $D$、有效扩散面积 $A$、穿过挡风层后的扩散腔长度 $L$ 等因素有关。挡风层是为了阻挡较大的风速而避免扩散腔中涡流的形成，保证扩散腔中气体扩散处于一种静态分子扩散状态而设置的透气膜。扩散传质过程基本遵从 Fick’s 气体扩散定律：

$$m = \frac{DA}{L} c_x t \times 6 \times 10^{-5} \tag{3-10}$$

式中　$m$——炭片上吸附有机蒸气的质量，mg；

$D$——空气中有机蒸气的扩散系数，$cm^2/s$；

$A/L$——采样器前面开口面积($cm^2$)/扩散带厚度(cm)；

$c_x$——空气中有机蒸气浓度，$mg/m^3$；

$t$——接触有机蒸气的时间，即采样时间，min。

对于一个特定的采样器来说，$(A/L)$是固定值，$(DA)/L$就相当于采气速度，用$F'$表示，单位mL/min，即

$$F' = \frac{DA}{L} \tag{3-11}$$

则炭片上吸附有机蒸气的量$m$与空气中有机蒸气浓度及接触时间的乘积成正比(即$m \propto c_x t$)，因此，可以从炭片上有机蒸气的吸附量及接触时间计算出空气中有机蒸气浓度(即时间加权平均浓度TWA)，以$mg/m^3$表示。

将式(3-11)代入式(3-10)并整理得式(3-12)

$$c_x = \frac{10^5 m}{6F't} \tag{3-12}$$

$m$可以通过测定样品获得，只要知道采样速度$F'$就能计算浓度$c_0$。采样速度是经过大量试验获得的，将被动采样器置于浓度已知的标准气体中，采集一定时间的气体后，取出解吸测定吸附气体的量，之后计算出采气速度。采气速度是被动采样器的一个重要性能参数，国家标准《作业场所空气采样仪器的技术规范》(GB/T 17061—1997)规定无泵型采样器的采样速度应不低于30mL/min，同一批无泵型采样器的采样速度应相同，变异应小于±5%。

分子与吸附剂之间的吸附作用力与分子类型有关。无泵型采样器采样流量受很多因素影响，其数值在出厂时已经给出。如GJ-1型无泵型个体采样器对8种有机蒸气的采样流量(mL/min)分别为：苯73.86、甲苯64.94、二甲苯58.61、二氯乙烷71.83、三氯乙烯69.30、四氯乙烯63.12、氯苯59.16、乙酸乙酯68.19。

### 3.6.4　空气采样器

空气采样器(air sampler)是指以一定的流量采集空气样品的仪器，通常由抽气动力和流量调节装置等组成，即空气采样器是主动采样时为空气收集器提供气体流动动力，并能调节显示流量的装置，空气收集器与空气采样器能方便连接。空气采样器可大致分为定点采样空气采样器和个体采样有泵型空气采样器两类。

(1) 空气采样器的基本技术性能要求

① 在最大流量和4kPa的阻力下，空气采样器应能稳定运行2~8h以上，并且流量保持稳定，波动不大于±5%。

② 空气采样器的结构和形状要合理，外壳要坚固，整机的重量要轻，体积要小，携带方便，使用简单安全。

③ 空气采样器应能在温度-10~45℃，相对湿度小于95%的环境下正常运行。

④ 空气采样器的气路连接要牢固耐用，不漏气，当封死进气口，用最大流量抽气时，应无流量显示。

⑤ 装有流量计的空气采样器，流量计的精度不得低于±2.5%，刻度要清晰准确，易于读数和调节。

⑥ 空气采样器的开关、旋钮和安装空气收集器的装置等应完整，牢固耐用，使用灵活方便。

⑦ 空气采样器用交流电作电源时，应为220V，50Hz；用直流电作电源时，应为6~9V。若为充电电池，充电一次，应能在最高流量和最大阻力下连续运行2~8h以上，并保持流量相对变化应小于±5%。

⑧ 防爆型空气采样器必须符合防爆的国家标准。因使用场所不确定，其防爆性能应达到IICT6，这样可适用于所有场所。

⑨ 装有定时装置的空气采样器，定时装置的精度应小于±5%。

⑩ 空气采样器的使用寿命在其最高流量和最大阻力下运行不得低于5000h。

应定期校正空气采样器的采样流量，在校正时，必须串联与采样相同的空气收集器，使抽气阻力接近实际采样时的阻力。

（2）气体采样器

为了使用方便，气体采样器都是便携式的，其体积应小于280mm×160mm×200mm，重量小于2.5kg。采气流量范围在0~2L/min或0~3L/min范围内可调，其流量计的最低刻度为0.1L/min，抽气泵在使用流量下连续运行8h以上，温升小于20℃。运行时的噪声小于70dB(A)。

携带式气体采样器(图3-7)用于采集空气中气体和蒸气态有毒有害物质，采样速度可任意调节，最低可达0.1L/min，最高可达3L/min，所用抽气动力多为薄膜泵，适合于与气泡吸收管和多孔玻板吸收管等阻力和流速都较小的采集器配合。该采样器轻巧，便于在现场采样使用。

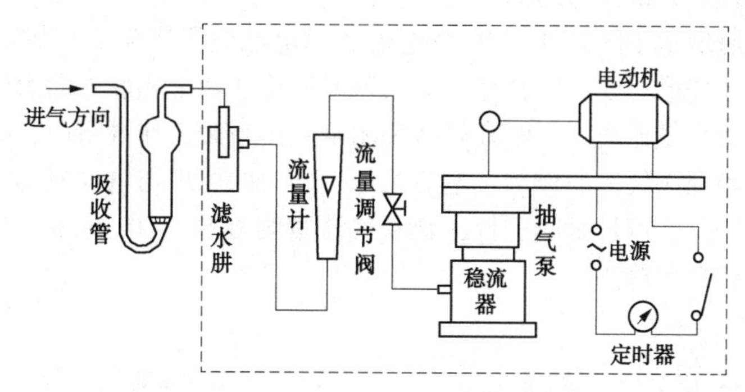


图3-7　携带式气体采样器结构原理示意图

(3)个体气体采样器

个体气体采样器是用于个体采样的采样装置，实际就是一种小型的气体采样器，属于主动式个体采样器(active personal sampler)，其体积小于120mm×80mm×150mm，重量不大于0.5kg，有佩戴装置，并且使用方便安全，不影响工作。采气动力一般采用薄膜泵或电磁泵，流量范围0~0.5L/min、0~1L/min或0~2L/min，连续可调，可不带流量计，气体被抽动流过管式吸附采样器，有害气体被吸附截流。运行时的噪声小于60dB(A)，采样器连续运行8h以上，温升小于10℃。个体气体采样器与活性炭管或硅胶管配合实现个体采样。

单气路个体气体采样器是使用较多的常规个体气体采样器，它由抽气泵、流量计、时控电路、欠压指示电路和交直两用电源组成，抽气泵为隔膜泵，流量在50~500mL/min范围内可调，自动定时有 5min、10min、20min、30min、40min、60min 六档，使用电池作电源时，连续工作时间大于 6h。

(4) 采气动力装置

采样动力(sampling power)应根据所需的采样流量、采样体积、采集器特点和采样点的条件进行选择。常用的采气动力有手抽气筒、电动抽气泵两种。

①手抽气筒　手抽气筒的结构见图 3-8，其由一个金属圆筒和活塞构成。拉动活塞柄，可进行连续抽气采样，采气量可根据抽气筒的容积和抽气次数计算；利用抽气快慢控制采样速度。在无电源、采气量小和采气速度慢的情况下可灵活使用，但不适合于长时间采样。使用前应注意检查是否漏气。与此结构相似的医用注射器也可使用。

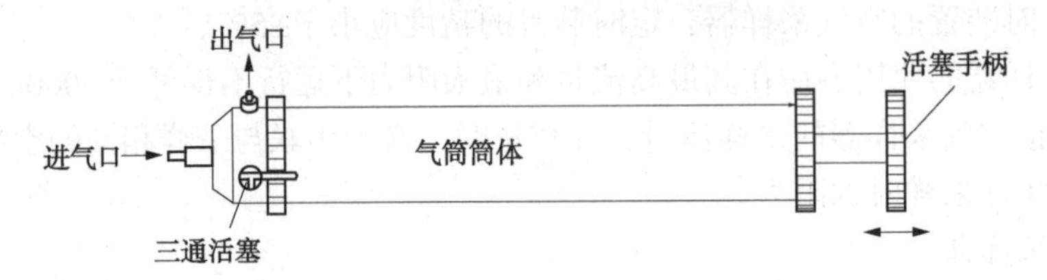


图 3-8　手抽气筒

②电动抽气泵　对于采样时间长、采样速率大的场所应采用电动抽气泵，在有易燃易爆气体存在的场所，使用电动抽气泵可能引发安全事故，所以要注意选用防爆型的。电动采样器中常用的电动抽气泵有薄膜泵和电磁泵。

薄膜泵也称为隔膜泵(见图 3-9)，它是由电动机带动泵体的偏心轮旋转，再带动泵中的橡皮薄膜循环往复地进行抬起、压下运动，产生吸气、排气作用，由此产生负压而达到采气目的，采气流量为 0.5~3.0L/min。该泵噪声小，重量轻，广泛用作阻力不大的各种类型空气采样器和空气自动分析仪器的抽气动力。

电磁泵的工作原理示于图 3-10，交变电流通过电磁线圈产生交变磁场，在电磁力吸引永久磁铁带动振动杆变形，及振动杆弹力使其恢复原位这两个相反方向力的交互作用下，振动杆带动橡皮泵室做往复振动，不断开启和关闭泵室内膜瓣，在泵室内造成一定的真空和压力，从而达到抽气和押送气体的作用。电磁泵产生动力的原理与电动机不同，克服了电机电刷易磨损、发热等缺点，可长时间运行，其采气流量为 0.5~1.0L/min，可装配在抽气阻力不大的采样器和一些自动检测仪器上。

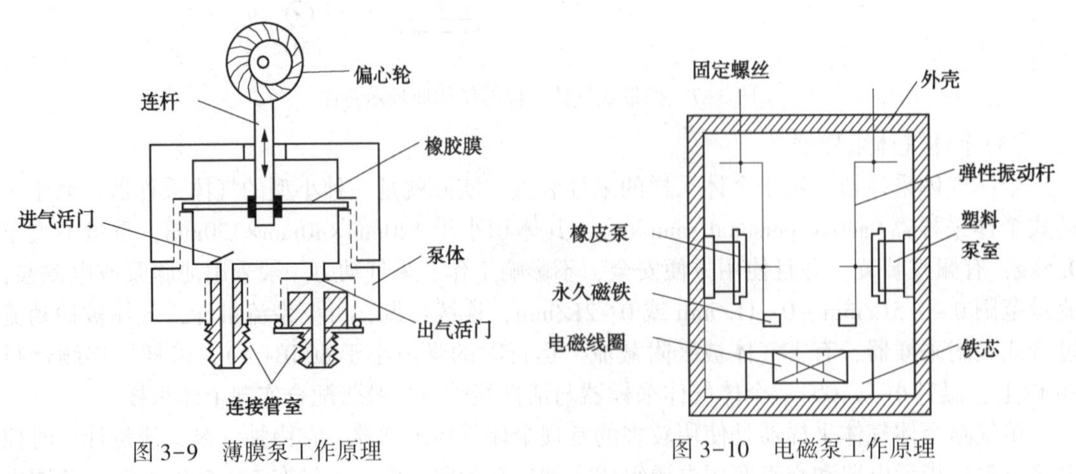


图 3-9　薄膜泵工作原理　　图 3-10　电磁泵工作原理

(5) 气体流量校正

在空气采样器中，气体流量计是最基础的计量器具之一，其读数准确与否，决定了采样量的准确性，继而对测定结果产生影响。校正流量计刻度就是保证检测数据准确性的基础工作。常采用皂膜流量计法进行校正。

皂膜流量计(soap film flowmeter)形状结构见图 3-11，它由一根带有体积刻度的玻璃管和橡皮球组成，玻璃管下端有一与主管垂直或向上倾斜的的支管，此管是气体进口，橡皮球内装满肥皂水，当用手挤压橡皮球时，肥皂水液面上升至支管口，从支管流进的气体流经肥皂水产生致密的肥皂膜，并推动其沿管壁缓慢上升。用秒表记录肥皂膜通过某两条刻度线间所用时间，即可计算流量值。皂膜流量计的体积刻度可以用称量水重的方法进行精确校正，它是测量气体流量的精确量具，主要用于校正转子流量计和孔口流量计等，是一种简便、可靠的工具。使用内径不同的玻璃管可测量几 mL/min～几十 mL/min 的流量，测量误差小于 1%。为保证较小的时间测量误差，皂膜上升速度不超过 4cm/s，否则流量的计量误差将主要来源于时间测量误差。

图 3-11　皂膜流量计

(6) 大气压力和温度对流量计读数的影响

当压力和温度变化时，将会引起气体密度的变化。校正流量计刻度都是在常压下进行校正的，但是在采样过程中，使用的流量计是连接在收集器与采气动力之间，由于各种采样器都有不同的阻力，致使流量计处于某种减压情况下进行测量，因此，影响到原有流量刻度的正确性，故应根据使用时的情况进行必要的校正。如果流量计是在标准大气压(101.3kPa)下校正的，采样时采集器产生的阻力为 $p$，流量计读数为 $Q_p$，则校正到 101.3kPa 时的流量为 $Q_{101.3}$，阻力的校正公式为：

$$Q_{101.3} = Q_p \sqrt{\frac{101.3 - p}{101.3}} \tag{3-13}$$

一般收集器产生的阻力在 8kPa 以下，校正系数大于 0.960。如果校正流量计时的大气压力不是 101.3kPa，上式中就代入当时的压力即可。

如果使用时的温度 $t$ 与校正时的温度 $t_J$ 不同，也需要对温度的影响进行校正。假设采样时的流量读数为 $Q_t$，则校正到校正流量计时温度下的流量为 $Q_J$，对温度的校正公式为：

$$Q_J = Q_t \sqrt{\frac{273 + t_J}{273 + t}} \tag{3-14}$$

当 $t$ 为 40℃、$t_J$ 为 20℃时，校正系数为 0.968；而当 $t$ 为 0℃时，校正系数为 1.036。因此，在 0～40℃使用流量计，温度变化对流量计读数的影响在 4%以内。

如果从压力和温度两方面同时考虑对流量计读数校正，校正系数为上述两校正系数的乘积，其校正公式为：

$$Q_{101.3, t_J 20} = Q_{p,t} \sqrt{\frac{101.3 - p}{101.3}} \times \sqrt{\frac{273 + t_J}{273 + t}} \tag{3-15}$$

由公式(3-15)计算可知：当压力降低 8kPa，$t$ 为 0℃或 40℃时，校正系数分别为 0.995 和 0.929。由此可见，流量计在 20℃校正后，如在 40℃使用时，压力和温度对流量计读数的影响可高达7.1%；但在0℃使用，仅有0.5%的影响。因此，流量计校正后，适宜在低于校正温度条件下使用；不适宜在高于校正温度条件下使用。

## 3.7 预浓缩与气相色谱联用测定

此处的预浓缩是指用固体吸附剂吸附气态被测组分，而达到富集目的的操作，富集后在线解吸，样品进入色谱柱分离检测。通过预浓缩，可以大幅度降低方法的检测限。

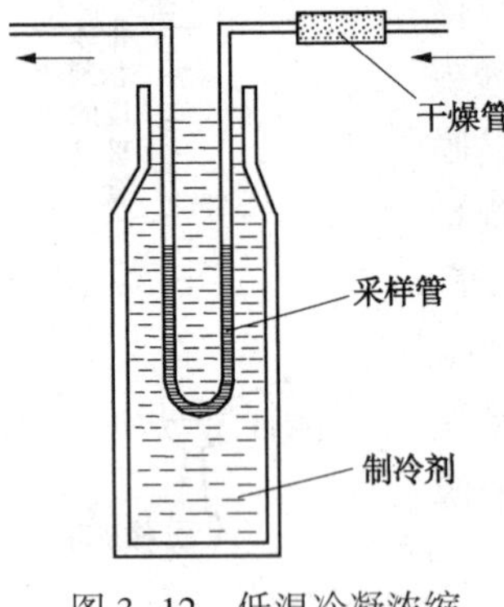

图3-12 低温冷凝浓缩采样示意图

联用的含义是将预浓缩与分离测定两部分连接成一体，一次进样完成浓缩和分离测定两个任务。

联用在线预浓缩有两种方法，一种是冷阱浓缩法；另一种是常温吸附浓缩法。

冷阱浓缩法(cold trap method)即为低温冷凝吸附浓缩法，原理如图3-12所示。把装填有颗粒吸附剂的采样管放在制冷剂中，降低吸附剂的温度，促使空气中低沸点物质被固体吸附剂所吸附。低温时，空气中水分及$CO_2$等也能被冷凝而被吸附，降低固体吸附剂的吸附能力和吸附容量。常用的制冷剂见表3-3。在联用装置中，一般还有第二级浓缩，第一级浓缩(cryo trap)时被吸附组分位置不够集中，解吸时流出吸附柱的时间段长，降低色谱柱分离柱效。第二级浓缩柱的温度低于第一级浓缩柱(常见第一级-150℃，第二级-160℃)，在第一级浓缩柱解吸时，各组分在第二级浓缩柱“冷聚焦”(cryo focus)，“冷聚焦”位置就在色谱柱进样口前，通过“闪蒸”进样。

**表3-3 常见制冷剂及制冷温度**

| 制冷剂 | 制冷温度/℃ | 制冷剂 | 制冷温度/℃ |
|---|---|---|---|
| 冰-盐水 | -10 | 液氮-甲醇 | -94 |
| 干冰-乙醇 | -72 | 液氮-乙醇 | -117 |
| 干冰-乙醚 | -77 | 液氮 | -196 |
| 干冰-丙酮 | -78.5 | 液氧 | -183 |

常温吸附浓缩法属于动态浓缩法，其原理流程如图3-13所示。其预浓缩过程如下：在(1)吸附步骤，采样阀处于(向色谱柱)进样位置，载气经切换阀和色谱柱，携带采样定量管中的气态样品进入预浓缩柱，被测组分在预浓缩柱中被吸附浓缩，其他组分流出色谱系统，在预浓缩柱中的组分谱带即将流出浓缩柱时，进行下一步；在(2)解吸步骤，采样阀旋转至采样位置(外部样品注入采样定量管)，切换阀旋转90°，此时，载气反向直接流过预浓缩柱，利用反吹和预浓缩柱加热解吸(脱附)作用，快速解吸，以类似“柱塞”方式被载气带进色谱柱。在整个浓缩过程中，将反吹-峰切割技术和常温吸附-热解吸技术巧妙地结合在一起，始终保持一种连续的动态状态。为方便电加热，预浓缩柱采用不锈钢柱。设置加热装置时，使柱中间温度高，两端温度低，组分被解吸反吹出时，处于负温度梯度场中，被先解吸出的组分在低温区移动的慢，后解吸出的组分在高温区快速移动，有利于组分“集中”，压缩了组分谱带宽度。

由于方法本身具有较强的浓缩能力，样品一般是采用直接采样法采集。现在，较先进的

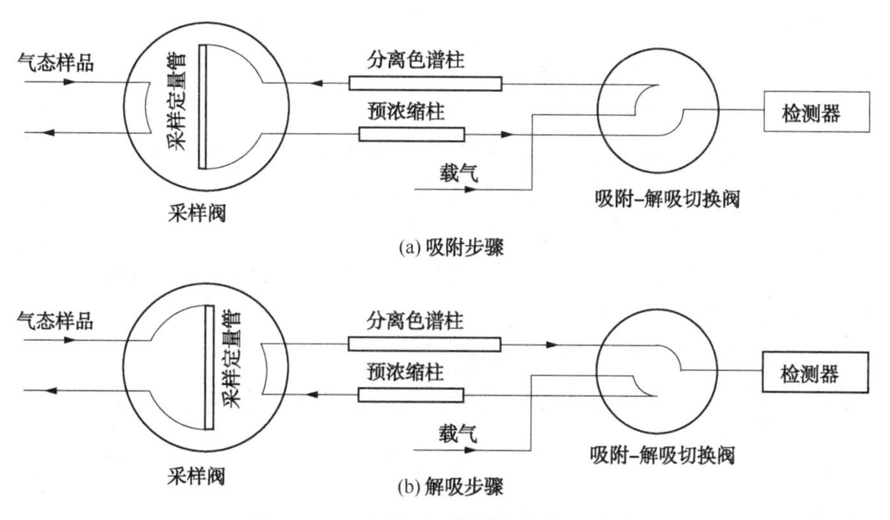


图 3-13　动态预浓缩流程原理示意图

直接采样法是利用苏码罐(summa 罐)采样。

苏码罐是一种金属容器，内壁光滑，采用了电子元件生产中的电子抛光技术(电解法抛光技术)，去除自由氧化物层生成一个惰性更加好的 Ni/$CrO_x$ 层，减少整个的表面积，并结合表面钝化处理。此种罐几乎对所有空气中 VOC(挥发性有机蒸气)都没有吸附性，因而使样品有很好的代表性和稳定性。采样前，进行专门的清洗操作，清洗是在专门的装置上完成的，基本原理是加热套加热，抽真空-充入高纯氮气，如此反复，直至检测不出组分有残留。采样前先抽真空，取样时，只要开启阀门，不需要附加取样设备。如果要进行八小时或更长时间的积分取样，则需另加流速调控器，并按照采样时间要求关闭罐阀即可。美国生产的流速调控器，一般可在取样时间 0. 5h 到 24h 之间调节。由于吸附很弱，所以样品可以长时间保存，体积小，取样方便，不要附加取样装置。

# 本章小结

1. 介绍了三种职业卫生限值的定义，明确了采样时间与检测目的之间的关系。

2. 根据检测实施机构的目的，将检测分为四种，介绍了各自的基本要求和特点，要注意它们所采用的具体检测方法(包括采样和测定)基本相同，事故检测的目的是快速了解现场毒物浓度与分布情况，它采用的方法都是快速检测法，将在后续章节介绍。

3. 依据国家标准的要求，介绍了定点采样点及采样点数目确定的基本步骤和基本原则。介绍了个体采样的概念和采样对象的确定要求。

4. 根据职业卫生限值的定义，介绍了将样品测定结果转换计算出空气中浓度的计算方法和相应的采样要求。

5. 气体样品的采集方法是本章的重点，首先介绍了采样装置应满足的基本要求、采样效率及其评价方法；然后分别介绍了直接采样法、溶液吸收法、吸附管吸附法、无泵采样法等方法的原理和收集器。介绍了空气收集器与空气采样器的关系。

6. 将采样方法分为直接采样法和富集浓缩法两大类，说明了各自的特点和适用情况。

7. 直接采样法只适合于高浓度样品，要求所采集的气体样品必须能够反映采样点空气的真实情况及技术保障方法。

8. 在溶液吸收法中，介绍了气泡吸收管、多孔玻板吸收管、冲击式吸收管三种吸收管的结构和特点，以及适用范围。

9. 在吸附剂填充管采样法部分，主要介绍了活性炭吸收管和硅胶吸收管的基本构造，结合吸附剂吸附原理的介绍，讲述了各自的适用对象和解吸方法。解吸方法分为溶剂解吸法和热解吸法，解释了解吸的原理。

10. 介绍了分子扩散型无泵型采样器的技术性能要求、采样原理和定量计算方法，同时讲述了无泵型采样器的特点。

11. 介绍了常用采样器的技术要求和特点。

12. 简要介绍了常用采气动力装置——手抽气筒、薄膜泵和电磁泵的结构原理，以及气体流量校正方法。

## 复习思考题

1. 解释 PC-TWA、MAC 和 PC-STEL 的含义及用途。

2. 确定采样点之前进行现场调查的作用是什么？

3. 如何确定采样点和采样时机？

4. 解释下列概念：呼吸带、空气采样器、空气收集器、个体采样器、采样对象、工作场所。

5. 什么是采样效率？影响采样效率的因素有哪些？如何评价采样方法的采样效率？

6. 有哪几类采样方法？选择采样方法的依据是什么？

7. 进行最高容许浓度、短时间接触容许浓度和 8h 时间加权平均容许浓度检测时，应分别选用那种采气方法？

8. 直接采样和浓缩采样各适用于什么情况？怎样提高溶液吸收法的采集效率？

9. 同时采集以气态和气溶胶两种状态存在的空气污染物可以采用哪些方法？

10. 简述吸附剂填充柱采样法的富集原理。

11. 通常使用的空气采样器有哪些种类？各自适用范围？

12. 已知某采样点的温度为27℃，大气压力为100kPa。现用溶液吸收法采样测定$SO_2$的时间加权平均浓度，每次采样 2h，共采集 4 次，采样流量 0. 5L/min。将 4 次气样的吸收液分别定容至 50. 00mL，取 10. 00mL 用分光光度法测知 $SO_2$ 含量分别为 2. 5μg、2. 4μg、2. 3μg、2. 7μg，求该采样点空气在标准状态下的$SO_2$时间加权平均浓度(以 $mg/m^3$表示)。

13. 定点采样和个体采样的含义是什么？

14. 直接采样法适用于什么情况？

15. 简述被动采样的定量计算原理。

# 4 气态有毒有害物质的实验室测定

本章学习目标

1. 掌握溶液吸收采样法、吸附管吸附采样法、无泵采样法、直接采样法等方法的应用范围及特点。

2. 熟悉气相色谱法、高效液相色谱法、离子色谱法、分光光度法、原子吸收光谱法、原子荧光光谱法等分析方法在工作场所有毒物质检测中的应用情况。

3. 能够根据测定过程的采样体积、样品溶液定容、稀释倍数、样品溶液测定值等数据，推导出空气中有毒物质的计算公式。

4. 掌握气体采集、样品处理和定量测定的基本操作方法和技能。

5. 熟悉标准溶液配制的基本方法和要点。

6. 能够总结出各类检测方法的特点。

在检测室，将从工作场所现场采集来的样品进行预处理，利用实验室型分析仪器，测定样品中被测物质的浓度或者其质量，就是实验室测定。气态有毒有害物质的检测包括样品采集和实验室测定两部分。由于被测物质性质各异，适用的测定方法也不同。本章通过部分物质典型测定方法的介绍，让读者学会各种测定方法的基本操作步骤及其原理，包括实际的样品采集、解吸、样品制备、标准溶液或标准气体的配制、分析仪器操作条件选择、结果计算等内容。在实际的安全检测工作中，为使检测结果具有可比性、权威性，应尽量采用国家发布的标准检测方法。

## 4.1 使用气相色谱法的测定

### 4.1.1 芳烃类化合物的气相色谱测定

(1) 活性炭管吸附-二硫化碳解吸法

芳烃类化合物属于易被极化的化合物，在色谱柱中，与强极性固定液分子之间产生定向诱导力。而芳烃类化合物又属于非极性化合物，可以用活性炭吸附剂来吸附收集。空气中的苯、甲苯、二甲苯、乙苯和苯乙烯用溶剂解析型活性炭管(管内装 100mg/50mg 活性炭)采集，用二硫化碳解吸后进样，经色谱柱分离后，用氢火焰离子化检测器检测，以保留时间定性，以峰面积或峰高定量。在测定条件下，记录标准物质的保留时间，与样品中的各物质峰的保留时间对比，与标准物质相同者即认为该峰的物质与标准物质为同一种物质，此即为保留时间定性。二硫化碳(S ═C ═S)为无色液体，对非极性或弱极性有机物有较强的溶解性，因此可以用其解吸吸附在活性炭上的有机物。二硫化碳作为解吸液时，其也充当了溶剂，随样品一起进入色谱柱，由于受极性固定液作用力小，所以很容易与组分分开，不干扰测定。

根据检测目的的不同，采样分为短时间采样、长时间采样和个体采样。短时间采样用于场所短时间接触平均浓度和最高接触浓度的检测，长时间采样和个体采样用于时间加权平均接触浓度的检测。

短时间采样：在采样点打开溶剂解析型活性炭管两端，以 100mL/min 流量采集 15min 空气样品。

长时间采样：在采样点打开溶剂解析型活性炭管两端，以 50mL/min 流量采集 2~8h 空气样品。

个体采样：在采样点打开溶剂解析型活性炭管两端，佩戴在采集对象的胸前上部，尽量接近呼吸带，以 50mL/min 流量采集 2~8h 空气样品。

采样后，立即封闭活性炭管两端，置于清洁容器内运输和保存，样品置于冰箱内至少可保存 14 天。

为消除少量空白值对检测结果的影响，可进行空白样品采集，方法如下：在采样点打开活性炭管，除不连接采样器采集空气样品外，其他操作同样品采集。

色谱测定条件：气相色谱仪的检测器为氢火焰离子化检测器；色谱柱的固定相担体上涂敷极性固定液，如聚乙二醇(PEG6000)、邻苯二甲酸二壬酯(DNP)等；柱温 80℃；检测室与气化室温度均为 150℃；载气采用氮气，流速 40mL/min。

聚乙二醇 6000 为环氧乙烷和水缩聚而成的混合聚合物，分子式以 $HO(CH_2CH_2O)_nH$ 表示，其中 $n$ 代表氧乙烯基的平均数。邻苯二甲酸二壬酯($C_{26}H_{42}O_4$)为透明油状液体。两种固定液都属于强极性固定液。

标准溶液配制：测定采用标准曲线法(外标法)，加约 5mL 二硫化碳于 10mL 容量瓶中，用微量注射器准确加入 10μL 苯、甲苯、二甲苯、乙苯或苯乙烯(色谱纯；在 20℃，1μL 苯、甲苯、邻二甲苯、间二甲苯、对二甲苯、乙苯或苯乙烯分别为 0.8787mg、0.8669mg、0.8862mg、0.8642mg、0.8611mg、0.8670mg、0.9060mg)，用二硫化碳稀释至刻度，即为标准溶液。或者用国家认可的标准溶液配制。

分析步骤-样品处理：将采过样的前后段活性炭分别放入溶剂解吸瓶中，各加入 1.0mL 二硫化碳(加入量可根据实际情况而变化，但必须准确)，塞紧管塞，振摇 1min，放置解吸 30min。解吸液供测定。如果浓度超过测定的线性范围，可用二硫化碳适当稀释。

分析步骤-标准曲线绘制：用二硫化碳在容量瓶中将标准溶液稀释成标准规定的浓度系列，如苯的 5 个浓度(μg/mL)系列为：0.0、13.7、54.9、219.7、878.7。参照仪器的操作条件，将气相色谱仪调整到最佳状态，分别进样 1.0mL，测定各标准系列。每个浓度重复测定 3 次。以测得的峰面积或峰高均值分别对苯、甲苯、二甲苯、乙苯或苯乙烯浓度(μg/mL)绘制标准曲线。

分析步骤-样品测定：用测定标准系列的操作条件测定样品和样品空白的解吸液；测得峰面积或峰高值后，由标准曲线得苯、甲苯、二甲苯、乙苯或苯乙烯的浓度(μg/mL)。

计算：在气体或粉尘的安全检测中，检测结果的单位都是 $mg/m^3$，体积是指被采集气体样品的体积。

空气中苯、甲苯、二甲苯、乙苯或苯乙烯浓度按照式(4-1)计算。

$$c=\frac{(c_1+c_2)V}{V_0 D} \tag{4-1}$$

式中　$c$——空气中苯、甲苯、二甲苯、乙苯或苯乙烯浓度数值，$mg/m^3$；

$c_1$、$c_2$——测得前后段解吸液中苯、甲苯、二甲苯、乙苯或苯乙烯浓度(减去样品空白)数值，μg/mL；

$V$——解吸液体积数值，mL；

$V_0$——标准采样体积数值(校正到20℃，1大气压下的体积)，L；

$D$——解吸效率,%。

(2) 活性炭管吸附-热解吸法

苯、甲苯、二甲苯、乙苯和苯乙烯用热解吸型活性炭管(热解吸管)采集，热解吸后进样，经色谱柱分离，氢火焰离子化检测器检测，以保留时间定性，峰面积或峰高定量。

所采用的色谱条件同溶剂解吸法类似。吸附管的解吸需要由热解吸管中完成，是基于高温下吸附剂的吸附容量急剧下降的原理。

标准气配制：用微量注射器抽取1.0mL苯、甲苯、邻二甲苯、间二甲苯、对二甲苯、乙苯或苯乙烯，注入100mL注射器中，用清洁空气稀释至100mL，配成标准气。或用国家认可的标准气体。这种配气法属于静态配气法中的注射器配气法。

短时间、长时间、个体采样及样品空白制备与溶剂解吸法相同。

分析步骤-样品处理：将采过样的活性炭管放入溶剂解吸器中，进口一端与100mL注射器相连，另一端与载气相连。用氮气以50mL/min的流量于350℃下解吸至100mL。解吸气供测定。如果浓度超过测定的线性范围，可用清洁空气适当稀释后测定。

分析步骤-标准曲线绘制：分别取0、1.0mL、2.5mL、5.0mL、10.0mL标准气，注入100mL注射器中，用清洁空气稀释成标准系列。如苯可稀释成5个浓度(μg/mL)：0、0.088、0.22、0.44、0.88。参照仪器的操作条件，将气相色谱仪调整到最佳状态，分别进样1.0mL，测定各标准系列。每个浓度重复测定3次。以测得的峰面积或峰高均值分别对苯、甲苯、二甲苯、乙苯或苯乙烯浓度(μg/mL)绘制标准曲线。

分析步骤-样品测定：用测定标准系列的操作条件测定样品和样品空白的解吸气；测得峰面积或峰高值后，由标准曲线得苯、甲苯、二甲苯、乙苯或苯乙烯的浓度(μg/mL)。

将采样空气体积换算成标准体积后，空气中苯、甲苯、二甲苯、乙苯或苯乙烯浓度按照式(4-2)计算。

$$c=\frac{100C}{V_0D} \tag{4-2}$$

式中 $c$——空气中苯、甲苯、二甲苯、乙苯或苯乙烯浓度数值，$mg/m^3$；

$C$——测得解吸气中苯、甲苯、二甲苯、乙苯或苯乙烯的浓度(减去样品空白)数值，μg/mL；

100——解吸气的体积数值，mL；

$V_0$——标准采样体积数值，L；

$D$——解吸效率,%。

(3) 苯、甲苯、二甲苯的无泵型采样-气相色谱法

苯、甲苯、二甲苯用无泵型采样器采集，二硫化碳解吸后进样，经色谱柱分离，氢火焰离子化检测器检测，以保留时间定性，峰面积或峰高定量。与前两种方法的区别是采样过程不是采用抽气泵强制气体流过采样管，而是靠被采集分子扩散到达吸附剂表面，即被动采样方式。

色谱条件及标准溶液制备与二硫化碳溶解法相同。

长时间采样：在采样点，将装好活性炭片(吸附剂)的无泵型采样器，悬挂在采样对象的呼吸带高度的支架上，采集8h空气样品。

个体采样：在采样点，将装好活性炭片的无泵型采样器佩戴在采样对象的前胸上部，采集2h~8h空气。

采样器密封后置于清洁的容器内运输、保存，室温下可达15天。

分析步骤-样品处理：将采集过样的活性炭片放入溶剂解吸瓶中，加入5.0mL二硫化碳，封闭后，不时振摇，解吸30min。摇匀，解吸液供测定。

标准溶液配制、标准曲线绘制、样品的测定与溶剂法相同，标准浓度参照国家标准。

计算：无泵型采样器的采样体积由采样流量($k$值)与采样时间的乘积计算。采样体积也需要折算成标准状态下的体积。苯、甲苯、二甲苯的浓度由式(4-3)求得。

$$c=\frac{CV}{V_0} \tag{4-3}$$

式中 $c$——空气中苯、甲苯、二甲苯的浓度，$mg/m^3$；

$C$——测得解吸液中苯、甲苯、二甲苯的浓度(减去样品空白)数值，μg/mL；

$V$——解吸液体积数值，mL；

$V_0$——标准采样体积数值，L。

### 4.1.2 乙腈和丙烯腈的溶剂解吸气相色谱法测定

乙腈($CH_3CN$)和丙烯腈($CH_2CHCN$)分子中都含有具有毒性的腈基(—C≡N)，其性质接近，具有一定的极性。空气中的乙腈和丙烯腈用活性炭管吸附采集，溶剂解吸后进样，经色谱柱分离，氢火焰离子化检测器检测，以保留时间定性，用峰面积或峰高定量。

短时间采样：在采样点打开溶剂解析型活性炭管两端，以500mL/min流量采集15min空气样品。

长时间采样：在采样点打开溶剂解析型活性炭管两端，以50mL/min流量采集2~8h空气样品。

个体采样：在采样点打开溶剂解析型活性炭管两端，佩戴在采集对象的胸前上部，尽量接近呼吸带，以50mL/min流量采集2h~8h空气样品。

空白样品：将活性炭管带至采样点，除不连接采样器采集空气样品外，其余操作采集样品相同。

采样后，立即封闭活性炭管两端，置于清洁容器内运输和保存，样品在室温下可保存5天。

色谱测定条件：气相色谱仪的检测器为氢火焰离子化检测器，色谱柱的固定相载体涂敷极性固定液[聚乙二醇(PEG6000，固定液)：担体=5：100]，色谱柱尺寸为2m×4mm，在柱温76℃，检测室与气化室温度均为150℃，载气采用氮气，流速60mL/min。

聚乙二醇6000为环氧乙烷和水缩聚而成的混合物，分子式以$HO(CH_2CH_2O)_nH$表示，其中$n$代表氧乙烯基的平均数。

解吸液：2%(v/v)丙酮的二硫化碳溶液。加入少量极性溶剂丙酮，有利于乙腈和丙烯腈解吸。

标准溶液配制：测定采用标准曲线法(外标法)定量，加约5mL解吸液于25mL容量瓶中，准确称量后，各加入3滴乙腈或丙烯腈(色谱纯)，再准确称量，用解吸液稀释至刻度，由两次称量之差计算溶液的浓度，此为标准贮备液。临用前用解吸液稀释至成 1.0mg/mL 乙腈或丙烯腈标准溶液。该标准溶液于4℃冰箱中保存，可使用 5 天。或者用国家认可的标准溶液。

分析步骤-样品处理：将采过样的前后段活性炭分别放入溶剂解吸瓶中，各加入 1.0mL 解吸液，塞紧管塞，振摇 1min，解吸 30min。解吸液供测定。如果浓度超过测定的线性范围，可用解吸液适当稀释。

分析步骤-标准曲线绘制：用解吸液在容量瓶中将标准溶液稀释成 0、20.0μg/mL、100.0μg/mL、200.0μg/mL、400.0μg/mL 乙腈标准浓度的系列溶液和 0.0μg/mL、10.0μg/mL、50.0μg/mL、100.0μg/mL、200.0μg/mL 丙烯腈标准浓度的系列溶液。参照仪器的操作条件，将气相色谱仪调整到最佳状态，分别进样 1.0mL，测定各标准系列。每个浓度重复测定 3 次。以测得的峰面积或峰高均值对乙腈或丙烯腈的浓度(μg/mL)绘制标准曲线或计算回归方程。

分析步骤-样品测定：用测定标准系列的操作条件测定样品和样品空白的解吸液；测得峰面积或峰高值后，由标准曲线得乙腈或丙烯腈的浓度(μg/mL)。

计算：空气中乙腈或丙烯腈浓度按照式(4-4)式计算。

$$c=\frac{(c_1+c_2)V}{V_0D} \tag{4-4}$$

式中 $c$——空气中乙腈或丙烯腈浓度，mg/m$^3$；

$c_1$、$c_2$——测得前后段解吸液中乙腈或丙烯腈浓度(减去样品空白)数值，μg/mL；

$V$——解吸液体积数值，mL；

$V_0$——标准采样体积数值，L；

$D$——解吸效率，%。

在采样过程中，被测组分积累在采样管中，所以所得结果就是采样时段内的平均浓度，如果是为了检测时间加权平均浓度，且分几次采样，按照计算时间加权平均浓度的公式计算即可。

本方法的检出限为：乙腈 3μg/mL，丙烯腈 2μg/mL；最低检出浓度为：乙腈 0.4mg/m$^3$，丙烯腈 0.27mg/m$^3$，(以采集 7.5L 空气样品计)。测定范围：乙腈为 3~400μg/mL，丙烯腈为 2~200μg/mL；相对标准偏差：乙腈为 2.6%~5.6%，丙烯腈为 0.8%~9.8%。

本方法的穿透容量为：乙腈 14mg，丙烯腈 16mg。平均解吸率为：乙腈 85%，丙烯腈 90%。为保证检测的准确度，每次购进的活性碳吸附管都应测定解吸率。解吸率的含义是：解吸下来的被测物质的质量占被吸附在吸附管中的被测物质的质量的百分数，可依据定义设计测定解吸率的方法和操作步骤。

### 4.1.3 丙烯腈的热解吸气相色谱法测定

空气中的丙烯腈用硅胶管吸附采集，热解吸后进样，经色谱柱分离，氢火焰离子化检测器检测，以保留时间定性，用峰面积或峰高定量。

样品采集仪器：热解吸型硅胶管收集器，管内装 200mg 硅胶。采样器采气流量可在 0~500mL/min 范围内调节。

短时间采样：在采样点打开硅胶管两端，以 100mL/min 流量采集 15min 空气样品。

长时间采样：在采样点打开硅胶管两端，以 50mL/min 流量采集 1~4h 空气样品。

个体采样：在采样点打开硅胶管两端，佩戴在采集对象的胸前上部，尽量接近呼吸带，以 50mL/min 流量采集 1~4h 空气样品。

空白样品：将硅胶管带至采样点，除不连接采样器采集空气样品外，其余操作与采集样品相同。

采样后，立即封闭硅胶管两端，置于清洁容器内运输和保存，样品在室温下可保存 5 天。

空气中待测物浓度较高时，应串联两根热解吸型硅胶吸附管采集空气样品。假如对采样点浓度不了解，在实验室分析时，先进行前一根吸附管的测定，如果测定结果显示未超出吸附剂的吸附容量，后根吸附管不用解吸和测定。相反时必须一并测定。

色谱测定条件：配置氢火焰离子化检测器的气相色谱仪，色谱柱的固定相担体涂敷极性固定液[聚乙二醇(PEG6000，固定液)：担体=5：100]，担体用 6201 硅藻土担体，粒度 60~80 目；色谱柱尺寸为 2m×4mm，在柱温 76℃，检测室与气化室温度均为 150℃，载气采用氮气，流速 60mL/min。可使用相同固定液类型的毛细管色谱柱。

标准气体配制：用微量注射器准确抽取一定量的丙烯腈(色谱纯，在 20℃，1mL 的丙烯腈为 0.8060mg)，注入到 100mL 注射器中，用清洁空气稀释至 100mL，配置一定浓度的标准气。或者用国家认可的标准溶液配制。

分析步骤-样品处理：将采过样的硅胶管放入热解吸器中，将进气口与 100mL 注射器相连。载气为氮气，以 100mL/min 流速于 180℃解吸至 100mL。解吸气供测定。若解吸气中待测物的浓度超过测定范围，可用清洁空气稀释后测定，计算时乘以稀释倍数。

分析步骤-标准曲线绘制：用清洁空气稀释标准气成 0、0.05μg/mL、0.1μg/mL、0.15μg/mL、0.20μg/mL 和 0.25μg/mL 丙烯腈标准系列。参照仪器的操作条件，将气相色谱仪调整到最佳状态，分别进样 1.0mL，测定各标准系列。每个浓度重复测定 3 次。以测得的峰面积或峰高均值对丙烯腈的浓度(μg/mL)绘制标准曲线或计算回归方程。

分析步骤-样品测定：用测定标准系列的操作条件测定样品和样品空白的解吸液；测得峰面积或峰高值后，由标准曲线得乙腈或丙烯腈的浓度(μg/mL)。

计算：空气中丙烯腈浓度按照式(4-5)计算。

$$c=\frac{C}{V_0D}\times 100 \tag{4-5}$$

式中 $c$——空气中丙烯腈浓度，$mg/m^3$；

$C$——测得解吸气中丙烯腈的浓度(减去样品空白)数值，μg/mL；

100——解吸气的总体积，mL；

$V_0$——标准采样体积数值，L；

$D$——解吸效率,%。

本方法的检出限为 $7\times10^{-3}$ μg/mL；最低检出浓度为 0.5$mg/m^3$(以采集 7.5L 空气样品计)。测定范围为 $7\times10^{-3}$~0.25μg/mL；相对标准偏差为 3.6%~4.0%。

本方法 200mg 硅胶的穿透容量为 0.02mg。解吸率为 100%。解吸温度和载气流量应严格按照操作规程。每一批硅胶管应测定解吸率。

### 4.1.4 一氧化碳的直接进样气相色谱法测定

空气中的一氧化碳用注射器直接采样法采集，直接进样。一氧化碳在氢气载气流中经分子筛与碳多孔小球串联柱与 $CO_2$ 及 $CH_4$ 分离后，通过镍催化剂(360℃±10℃)，皆分别转化为甲烷，用氢焰离子化检测器检测，其出峰顺序为：CO、$CH_4$、$CO_2$。以保留时间定性，峰高或峰面积定量。将 CO 转化成 $CH_4$ 可提高其检测的灵敏度。

分子筛又称泡沸石或沸石，是一种结晶型的铝硅酸盐，其晶体结构中有规整而均匀的孔道，孔径为分子大小的数量级(通常为 0.3~2.0nm)，它只允许直径比孔径小的分子进入，因此能将混合物中的分子按大小加以筛分，故称分子筛。分子筛在化学工业中作为固体吸附剂，被其吸附的物质可以解吸，分子筛用后可以再生，还用于气体和液体的干燥、纯化、分离和回收。20 世纪 60 年代开始，在石油炼制工业中用作裂化催化剂，现在已开发出多种适用于不同催化过程的分子筛催化剂。

检测所用仪器：注射器：100mL，2mL；气相色谱仪，氢火焰离子化检测器，带一氧化碳镍催化剂转化炉。

仪器操作条件：色谱柱：1.2m×3mm，5A 或 13X 分子筛(60~80 目，在 550℃活化 2h，于干燥器中冷却后立即装柱)，放在前；0.8m×3mm 柱，内装碳多孔小球(TDX-01 型，60~80 目)；两柱串联。柱温：60℃；气化室温度：130℃；检测室温度：130℃；转化炉温度：380℃；载气(氢气)流量：55mL/min；氮气流量：130mL/min。

一氧化碳标准气：用国家认可的标准气配制。一氧化碳气体也可用甲酸和磷酸(或甲酸钠与硫酸)反应置备，并以气体分析器标定其含量；或用贮存于高压容器中的一氧化碳标准气配制。由于一氧化碳气体剧毒，操作中要特别注意安全。

样品采集：在采样点，用空气样品抽洗 100mL 注射器 3 次，然后抽取 100mL 空气样品，立即封闭进气口后，垂直放置，置清洁容器内运输和保存。尽快测定，减少玻璃内表面的吸附作用影响。空白样品采集：将注射器带至采样点附近的上风向地点(在室内采样时，为没有泄漏和积聚的点)，除采集清洁空气外，其余操作同样品，作为样品的空白对照。

测定步骤-样品处理：将采过样的注射器放在测定标准系列同样的环境中，供测定。若浓度超过测定范围，用清洁空气稀释后测定，计算时乘以稀释倍数。

测定步骤-标准曲线的绘制：取标准气用氮气或清洁空气稀释成 0、0.005μg/mL、0.02μg/mL、0.05μg/mL、0.20μg/mL 和 0.50μg/mL 一氧化碳的标准系列。参照仪器操作条件，将气相色谱仪调节至最佳测定状态；进样 1.0mL，分别测定各标准管，每个浓度重复测定 3 次。以测得的峰高或峰面积均值对相应的一氧化碳含量(μg)绘制标准曲线或计算回归方程。

测定步骤-样品测定：用测定标准管的操作条件测定样品气和空白对照气，测得的样品峰高或峰面积值减去空白对照的峰高或峰面积值后，由标准曲线得一氧化碳的含量(μg)。

测定步骤-浓度计算：按式(4-6)计算空气中一氧化碳的浓度：

$$c=\frac{m}{V}\times 1000 \tag{4-6}$$

式中 $c$——空气中一氧化碳的浓度，$mg/m^3$；

$m$——测得的一次进样中一氧化碳的含量，μg；

$V$——进样体积，mL。

本法的最低检出浓度为 $1.25mg/m^3$；测定范围为 $1.25 \sim 500mg/m^3$。相对标准偏差为 4.1%~5.8%。若空气峰与一氧化碳峰有重叠时，可选择载气或氮气的最佳流量，或将碳多孔小球在氢气流下于 180℃处理 6h，镍催化剂于 380℃处理 10h。空气中的甲烷、二氧化碳及其他有机物均不干扰测定。

如果要同时测定$CO_2$和$CH_4$的含量，应先在测定条件下，用注射器或定量管加入各组分的标准气体，测量峰高(或峰面积)，按下式计算校正值：

$$K=c_s/h_s \tag{4-7}$$

式中 $K$——定量校正因子，表示每mm峰高代表的CO(或$CO_2$、$CH_4$)浓度，$mg/m^3$；

$c_s$——标准气样中CO(或$CO_2$、$CH_4$)浓度，$mg/m^3$；

$h_s$——标准气样中CO(或$CO_2$、$CH_4$)峰高，mm。

在同样的条件下测量各组分的峰高($h_s$)，按下式计算CO(或$CO_2$、$CH_4$)的浓度($c_x$)：

$$c_x=h_sK \tag{4-8}$$

注意：上述两式需在线性响应范围才能成立。当进样量为2mL时，对CO的检测浓度为$0.2mg/m^3$。

### 4.1.5 二氯乙烷的无泵采样气相色谱法测定

空气中的1，2-二氯乙烷用无泵型采样器采集，二硫化碳解吸后进样，经色谱柱分离，氢火焰离子化检测器检测，以保留时间定性，以峰面积或峰高定量。

检测所用仪器：无泵型采样器；10mL溶剂解吸瓶；1mL注射器；10μL和1μL微量注射器；配置氢火焰离子化检测器的气相色谱仪。

色谱仪操作参考条件：色谱柱规格2m×4mm，固定相为FFAP：Chromsorb WAW=10：100，FFAP是一种经硝基对苯二酸(TPA)改性的聚乙二醇20M固定液，能耐水基样品的损害。Chromsorb WAW是一种色谱担体，粒度60~80目(mesh)。柱温100℃；汽化室和检测室温度均为150℃；载气(氮气)流量为15mL/min。所用二硫化碳应经色谱鉴定无干扰杂质峰。本方法也可使用相应的毛细管色谱柱。

标准溶液：将5mL二硫化碳加于10mL容量瓶中，用微量注射器准确加入10μL 1，2-二氯乙烷(20℃时1μL二氯乙烷的质量为1.2528mg)，摇匀，再加二硫化碳至刻度，1，2-二氯乙烷浓度为1.25mg/mL。

样品采集：无泵采样器可进行长时间采样和个体采样。

长时间采样 在采样点，将装好活性炭片的无泵型采样器悬挂在工人呼吸带高度的支架上，采集8h空气样品。

个体采样 在采样点，将装好活性炭片的无泵型采样器佩戴在采样对象的前胸上部，采集8h空气样品。

样品空白 将装好活性炭片的无泵型采样器带至采样点，除不采集空气样品外，其余操作同样品。

采样后立即封闭采样器，置于清洁容器内运输保存，样品可在室温下保存14天。

分析步骤-样品处理：将采过样的活性炭片放入溶剂解吸瓶中，加入5.0mL二硫化碳，封闭后不时振摇，解吸30min，摇匀，解吸液供测定。当浓度超过测定范围时，可用二硫化碳稀释解吸液，在计算时要乘以稀释倍数。

分析步骤-标准曲线绘制：用二硫化碳将标准溶液稀释成0、20μg/mL、100μg/mL、400μg/mL、800μg/mL 1，2-二氯乙烷标准系列。参照仪器的操作条件，将气相色谱仪调整到最佳状态，分别进样1.0μL，测定各标准系列。每个浓度重复测定3次。以测得的峰面积或峰高均值对相应的1，2-二氯乙烷浓度(μg/mL)绘制标准曲线或计算回归方程。

分析步骤-样品测定：用测定标准系列的操作条件测定样品和样品空白的解吸液；测得峰面积或峰高值后，由标准曲线得1，2-二氯乙烷的浓度(μg/mL)。

计算空气中1，2-二氯乙烷的浓度：按照无泵型采样器的采样流量($k$值)和采样时间计算采样体积，在将采样体积换算成标准采样体积后，按照式(4-9)计算空气中1，2-二氯乙烷的浓度。

$$c=\frac{5C}{V_0} \tag{4-9}$$

式中 $c$——空气中二氯乙烷的浓度，$mg/m^3$；

5——解吸液的体积，mL；

$C$——测得活性炭片解吸液中二氯乙烷的浓度(减去样品空白)，μg/mL；

$V_0$——标准采样体积，L。

时间加权接触浓度按照定义的规定计算。

本方法的检出限为20μg/mL，最低检出浓度为6mg/$m^3$(以采样4h计算)，测定范围为6~233mg/$m^3$(以采样4h计算)。本方法的相对标准偏差为6.7%。总准确度为±10.1%。

本方法活性炭片吸附容量>7.8mg。平均解吸率为99.9%。每一批采样器必须测定其解吸率。由于活性炭片装在无泵型采样器内，工作场所的温度、湿度、风速及可能存在的共存物不影响本法测定，但在采样时无泵型采样器不能直对风扇或风机，以免影响组分的自由扩散。

## 4.2 使用高效液相色谱法的测定

### 4.2.1 β-萘酚和三硝基苯酚的高效液相色谱法测定

β-萘酚和三硝基苯酚常常以粉尘形式漂浮于空气中，所以空气中的β-萘酚和三硝基苯酚用微孔滤膜采集，洗脱后进样，经色谱柱分离后，由紫外检测器检测，以保留时间定性，峰面积或峰高定量。

微孔滤膜(micro-pore filtration membrane)由硝酸纤维素及少量乙酸纤维素基质交联成筛孔状滤膜，其厚度约为0.15mm，孔径细小且均匀，耐热性较好，最高可在125℃下使用。常见孔径规格在0.1~1.2μm，可根据需要选择不同孔径的滤膜，如采集β-萘酚和三硝基苯酚一般选用0.8μm孔径的微孔滤膜。微孔滤膜采样效率高，灰分低，特别适宜于采集和分析气溶胶中的金属元素。微孔滤膜能溶于丙酮、乙酸乙酯、甲基异丁酮等有机溶剂。由于微孔滤膜表面光滑，气溶胶粒子主要吸附在膜的表面或浅表层内，由于微孔滤膜几乎不溶于稀酸，这样就可方便地用酸把样品从滤膜上浸出后测定。微孔滤膜的缺点是通气阻力较大。其采集气溶胶的机制主要是惯性冲击作用和扩散作用。

洗脱液：测β-萘酚时用甲醇，测三硝基苯酚时用70%(v/v)的甲醇。实验用水为重蒸馏水。

标准溶液制备：准确称取0.0500g β-萘酚或三硝基苯酚，溶于洗脱液中，定量转移入100mL容量瓶中，加洗脱液至刻度，此溶液为0.50mg/mL β-萘酚或三硝基苯酚标准溶液。洗脱液配制方法为：甲醇(用于β-萘酚)，70%(v/v)甲醇溶液(用于三硝基苯酚)。

样品采集：将直径40mm的微孔滤膜装入采样夹，或者将直径25mm的微孔滤膜装入小型塑料采样夹，作为采样器。微孔滤膜是采集气溶胶的采样器，β-萘酚或三硝基苯酚主要以细小粉尘的形式危害人体，所以可以用微孔滤膜采样。

短时间采样　在采样点，将装有微孔滤膜的采样夹以 5L/min 流量采集 15min 空气样品。

长时间采样　在采样点，将装有微孔滤膜的小型塑料采样夹，以 1L/min 流量采集 2~8h 空气样品。

个体采样　在采样点，将装有微孔滤膜的小型塑料采样夹，佩戴在采集对象的前胸上部，进气口尽量接近呼吸带，以 1L/min 流量采集 2~8h 空气样品。

采样后，将滤膜的接尘面朝里对折 2 次，置于清洁容器内运输和保存，室温下可保存 7 天。

为消除少量空白值对检测结果的影响，可进行空白样品采集，方法如下：将装有微孔滤膜的小型塑料采样夹带至采样点，除不连接采样器采集空气样品外，其他操作同样品采集。

分析步骤-样品处理：将采过样的滤膜放入具塞刻度试管中，加入 5.0mL 洗脱液，洗脱 30min。洗脱液供测定。浓度过高时可用洗脱液适当稀释。

分析步骤-标准曲线绘制：用洗脱液分别将标准溶液稀释 0、1.0μg/mL、3.0μg/mL、5.0μg/mL、7.0μg/mL、10.0μg/mL 的 β-萘酚标准系列；及 0.0、2.0μg/mL、4.0μg/mL、8.0μg/mL、20.0μg/mL 的三硝基苯酚标准系列，在仪器最佳条件下进样 20.0μL，分别用峰高或峰面积对 β-萘酚或三硝基苯酚绘制标准曲线。色谱柱采用 ODS 柱，检测器采用紫外检测器。

分析步骤-样品测定：用测定标准系列的条件测定样品和样品空白的洗脱液。

计算：将采样体积进行温度、压力换算后，根据洗脱液的体积、浓度和标准采样体积数值进行浓度计算。

### 4.2.2　五氯酚及其钠盐的高效液相色谱法测定

空气中五氯酚和五氯酚钠用微孔滤膜与乙二醇吸收液串联采样，经 $C_{18}$ 色谱柱分离，紫外检测器检测，以保留时间定性，以峰面积或峰高定量。

检测所用仪器：大型气泡吸收管；微孔滤膜：滤膜直径 25mm；空气采样器：流量 0~1.5L/min；10mL 具塞试管；配置紫外检测器的高效液相色谱仪，仪器操作参考条件：色谱柱 4.6mm×250mm，$C_{18}$ 固定相颗粒粒径 5μm；柱温：室温；流动相：乙腈：0.01mol/L 磷酸溶液=80：20；流速：1.5mL/min；检测波长：300nm。要求：乙腈经色谱鉴定无杂质峰，磷酸为优级纯试剂。

标准溶液配制：准确称取 50mg 五氯酚（优级纯），溶于流动相中，定容 10.0mL，浓度为 5.0mg/mL。

样品采集：微孔滤膜与大型气泡吸收管串联采样。

短时间采样　在采样点，将小型塑料采样夹（在前）和大型气泡吸收管（内装 5.0mL 吸收液，在后）串联，以 1L/min 流量采集 15min 空气样品。

长时间采样　在采样点，将小型塑料采样夹（在前）和大型气泡吸收管（内装 5.0mL 吸收液，在后）串联，以 0.5~1L/min 流量采集 2~8h 空气样品。

样品空白　将小型塑料采样夹和大型气泡吸收管（内装 5.0mL 吸收液）带至采样点，除不连接采样器采集空气样品外，其余操作同样品。

分析步骤-样品处理：将采样后的吸收液摇匀，吸收液定量转移至具塞试管中，用甲醇洗涤吸收管及微孔滤膜，并定容至 10.0mL，摇匀供测定。

分析步骤-标准曲线绘制：用流动相稀释五氯酚标准溶液成 0.0、0.5μg/mL、1.0μg/mL、2.0μg/mL、5.0μg/mL、10.0μg/mL、20.0μg/mL 和 40.0μg/mL 标准系列。参照仪器操作条件，将高效液相色谱仪调整到最佳测定状态，进样 10.0μL，分别测定标准系列，每个浓度重复测定 3 次。以测得的峰高或峰面积均值分别对五氯酚浓度(μg/mL)绘制标准曲线。

分析步骤-样品测定：用测定标准系列的相同操作条件，测定样品和样品空白吸收液；测得峰高或峰面积值后，由标准曲线得五氯酚的浓度(μg/mL)。

空气中五氯酚浓度计算：按照式(4-10)计算空气中五氯酚浓度。

$$c=\frac{10C}{V_0} \tag{4-10}$$

式中 $c$——空气中五氯酚浓度，$mg/m^3$；

$C$——测得吸收液中五氯酚的浓度(减去样品空白)，μg/mL；

$V_0$——标准采样体积，L。

时间加权接触浓度按照定义的规定计算。

本检测方法是国家标准方法，方法的检出限为 0.04μg/mL，最低检出浓度为 0.03$mg/m^3$(以采集 15L 空气样品计)，测定范围为 0.04~40.0μg/mL；当样品浓度分别为 3.0μg/mL、20.0μg/mL、40.0μg/mL 时，相对标准偏差分别为 3.2%、1.0%、0.1%。本法的采样效率≥97%。

### 4.2.3 硫酸二甲酯的高效液相色谱法测定

空气中的硫酸二甲酯蒸气经硅胶吸附，丙酮解吸后，在碱性加热的条件下与对硝基苯酚反应生成对硝基茴香醚。经色谱柱分离后，用紫外检测器检测。以保留时间定性，峰面积定量。硫酸二甲酯的紫外吸收很弱，转化成对硝基茴香醚后，其吸收系数显著增大。

检测所用仪器：硅胶吸收管，内装 200mg/100mg 硅胶；空气采样器，流量 0~500mL/min；恒温水浴；10mL 具塞试管；250mL 分液漏斗；10μL 微量注射器；配置紫外检测器的高效液相色谱仪。参考操作条件：色谱柱 25cm×4.6mm×5μm 的 $C_{18}$ 柱；检测波长 305nm；柱温 55℃；流动相甲醇：水=50：50；流量 1mL/min。

实验用水为重蒸馏水，试剂为分析纯。丙酮和乙醚的色谱鉴定应无干扰峰。

标准溶液：于 100mL 容量瓶中加入 10mL 丙酮，准确称量，加入 10 滴色谱纯的硫酸二甲酯，再准确称量，加丙酮至刻度，由 2 次称量之差计算溶液的浓度，此溶液为标准贮备液。临用前，用丙酮稀释成 200μg/mL 硫酸二甲酯标准溶液。

样品采集：在采样点，打开硅胶管两端，以 300mL/min 的流量采集 15min 空气样品。样品空白的采集方法是：将硅胶管带至采样点，除不连接采样器采集空气样品外，其余操作同样品。采样后，封闭进出气口，置清洁容器内运输和保存，样品在常温下可稳定 2 天。

分析步骤-样品处理：将采过样的硅胶倒入具塞试管内，加 2.0mL 丙酮、400mg 对硝基苯酚、8mL 氢氧化钠溶液(12g/L)，混匀供测定。浓度过高时可用丙酮稀释。

分析步骤-标准工作曲线绘制：取 5 只具塞试管，分别加入 0、0.050mL、0.50mL、1.00mL 和 1.50mL 硫酸二甲酯溶液，用丙酮稀释至 2mL，配成 0、5.0μg/mL、50.0μg/mL、100.0μg/mL 和 150.0μg/mL 的硫酸二甲酯标准系列溶液(可稳定 4h)。向各管分别加入

100mg 硅胶、400mg 对硝基苯酚和 8mL 氢氧化钠溶液，充分混匀。在 40℃水浴中保温 1h，取出后冷却至室温。移至分液漏斗中，加入 10. 0mL 乙醚，提取 3min，静置分层。取 5μL 乙醚提取液进样。每个浓度重复测定 3 次，以峰面积均值对硫酸二甲酯浓度(μg/mL)绘制标准曲线或计算回归方程。

分析步骤-样品测定：用测定标准系列的操作条件测定样品和样品空白的解吸液。测得峰面积后，由标准曲线得硫酸二甲酯的浓度(μg/mL)。

空气中硫酸二甲酯浓度的计算：将采样体积换算成标准采样体积后，按照式(4-11)计算空气中硫酸二甲酯的浓度。

$$c=\frac{2C}{V_0 D} \tag{4-11}$$

式中 $c$——空气中硫酸二甲酯的浓度，$mg/m^3$；

$C$——测得样品溶液中硫酸二甲酯的浓度(减去样品空白)，μg/mL；

2——样品溶液的体积，mL；

$V_0$——标准采样体积，L；

$D$——解吸效率。

本方法的检出限为 0. 2μg/mL，最低检出浓度为 0. 09mg/m$^3$(以采集 4. 5L 空气样品计)，测定范围为 0. 2~150μg/mL。相对标准偏差<5. 2%。100mg 硅胶的穿透容量为 0. 63mg。解吸效率≥85. 0%。每批硅胶管应测定其解吸效率。样品解吸测定方法：先将溶剂解吸型吸附剂管的前段倒入解吸瓶中解吸并测定，如果测定结果显示未超出吸附剂的穿透容量时，后段可以不用解吸和测定；当测定结果显示超出吸附剂的穿透容量时，再将后段吸附剂解吸并测定。

## 4. 3 碘及其化合物的离子色谱法测定

工作场所空气中的碘蒸气用碱性活性炭管采集，碘在碱性溶液中发生歧化反应生成碘离子，反应式为

$$3I_2+6OH^- \longrightarrow 3H_2O+5I^-+IO_3^-$$

碱性活性炭是用碱性物质改性后的活性炭，有时需要对活性炭表面进行氧化、氯化等化学处理后，再与碱性物质反应，由于碱性基团的引入使其表面具有碱性。碱性活性炭可用于酸性物质的采集，由于碘分子具有酸性所以可被采集。本方法所用活性炭的制备：将活性炭置于 1mol/L 的 NaOH 溶液中浸泡 4h，取出过滤后，将活性炭于 100℃烘干即可。本方法制备的碱性活性炭的碘穿透容量大约为 120μg。

用碳酸氢钠溶液解吸活性炭上的碘离子，经离子色谱柱分离后，用电导型电化学检测器测定，以保留时间定性，用峰面积或者峰高进行定量测定。

样品采集仪器：溶剂解吸型碱性活性碳管收集器，管内装 100mm/50mg 活性炭。采样器采气流量可在 0~1000mL/min 范围内调节。5mL 溶剂解吸瓶和 10mL 自动进样小瓶。

色谱仪器条件：配置电导型检测器的离子色谱仪，HC 型 4mm×250mm 阴离子交换色谱柱，流动相采用在线流动相产生装置产生的碱性水，氢氧根浓度为 30mmol/L，流量 1. 0mL/min，检测器工作电流 75mA。实验用水为去离子水，检测所用试剂为优级纯试剂(优级纯的含义见检测质量控制部分)。去离子水是用阴、阳离子交换剂去处离子后的水。

由于各种型号的色谱仪及色谱柱性能有区别，所以流动相的浓度和流速要根据实际情况适当调整，以实现良好的分离为准。由于不同场所空气中的组分可能有区别，所以可酌情选用适合的色谱柱。

解吸液：20mmol/L 的碳酸氢钠溶液，其配制方法为：称取 0.8480g 碳酸氢钠，用 400mL 水溶解即可。

碘离子标准溶液：准确称取 0.1308g 碘化钾，置于小烧杯中，加适量水用玻璃棒搅拌溶解，定量转移至 100mL 容量瓶中，并用水定容至刻度即可，此碘离子标准溶液的碘浓度为 1000μg/mL。也可以采用国家认可的碘离子标准溶液。

“定量转移”的含义是将烧杯中所有的碘化钾全部转移到容量瓶中，其操作方法是：将玻璃棒从烧杯中提起，用装有去离子水的洗瓶冲洗，冲洗水进烧杯，左手持玻璃棒，玻璃棒头插入容量瓶口中，右手端烧杯，烧杯嘴接触玻璃棒，缓慢倒溶液，溶液顺着玻璃棒流进容量瓶，倒完后用洗瓶冲洗玻璃棒和烧杯，再转移进容量瓶，如此反复三次，即可认为已全部转移。

样品采集：在采样点打开活性炭管两端，以 500mL/min 的流速采集空气样品 15min。同时进行样品空白管采集。采样后的吸附管两端立即盖帽封闭，室温下，样品可保存 7 天。

本方法适用于碘分子(蒸气)的检测，如工作场所空气中有碘化物共存，应在活性碳管前聚四氟乙烯微孔滤膜去处，避免其干扰，但本法不能去处碘化氢的干扰。氟、氯、溴、硝酸根、硫酸根等常见离子可以在色谱柱中与碘离子分离开，所以不影响测定。

样品处理：将采样后的活性炭前后段分别倒入溶剂解吸瓶中，分别加入 2.0mL 解吸液，加盖封闭后不是振摇以加速解吸，30min 后过滤，滤液供测定用。解吸液加入的量就是定容后的样品溶液体积，所以必须准确。

标准曲线绘制：用去离子水逐级稀释碘离子标准溶液，配制碘离子浓度分别为 0、0.5μg/mL、1.0μg/mL、4.0μg/mL、6.0μg/mL、10.0μg/mL 和 20.0μg/mL 碘离子标准系列溶液；将离子色谱仪调节至选定的工作条件状态，分别进样 25μL，得到 7 组峰面积或峰高与浓度数据(一份标准溶液也可以平行进样，峰面积或峰高取平均值)，据此绘制标准曲线或计算回归方程。

样品测定：在测定标准系列溶液的条件下，进样测定样品溶液和空白溶液，用所得到的峰面积或峰高在标准曲线上查出样品溶液浓度，或由回归方程计算得到。

结果计算：首先将采样体积换算成标准采样体积。之后由下式计算空气中碘的浓度 $c$。

$$c=1.2\frac{(c_1+c_2)\times V}{V_0} \tag{4-12}$$

式中 $c$——空气样品碘的浓度，$mg/m^3$；

$c_1$，$c_2$——分别为吸附管前后段解吸液中碘离子的浓度(减去样品空白后的)，μg/mL；

1.2——碘离子换算为点的系数(有 1/6 的碘没有变成 $I^-$ 而是变成了 $IO_3^-$)；

$V$——解吸液的体积，mL；

$V_0$——标准采样体积，L。

本检测方法是国家标准方法，方法的检出限为 0.25μg/mL(碘离子)，碘的最低检出浓度为 $0.3mg/m^3$(以采集 7.5L 空气样品计)，方法的加标回收率为 108%，相对标准偏差 1.8%~3.1%。加标回收率的含义参见检测质量控制部分。

## 4.4 使用分光光度法的测定

### 4.4.1 变色酸分光光度法测定二氯丙醇

甲醇、异丙醇、丁醇、异戊醇、异辛醇、糠醇、二丙酮醇、丙烯醇、乙二醇和氯乙醇等醇类化合物的蒸气都可以用硅胶吸附管吸附采集，适当的解吸剂溶解解吸，之后用气相色谱法测定。二氯丙醇可以用分光光度法测定。

空气中的二氯丙醇用硅胶管采集，碳酸钠溶液解吸，经高碘酸氧化生成甲醛，甲醛与变色酸反应生成紫色的化合物，在570nm 波长下测量吸光度，进行定量测定。

标准溶液配制：在25mL 容量瓶中，加入约10mL 碳酸钠溶液(10g/L)，准确称量，滴入两滴二氯丙醇，再准确称量，加碳酸钠溶液至刻度；由2次称量之差计算溶液的浓度，为标准储备液。临用时用碳酸钠溶液稀释成50μg/mL 标准溶液。

样品采集：采用硅胶管采集。

短时间采样　在采样点打开硅胶管两端，以200mL/min 流量采集15min 空气样品。

长时间采样　在采样点打开硅胶管两端，以50mL/min 流量采集1~4h 空气样品。

个体采样　在采样点打开硅胶管两端，佩戴在采集对象的胸前上部，进气口尽量接近呼吸带，以50mL/min 流量采集1~4h 空气样品。

采样后，立即封闭硅胶管两端，置于清洁容器内运输和保存，样品置于冰箱内至少可保存5天。

为消除少量空白值对检测结果的影响，可进行空白样品采集，方法如下：在采样点打开硅胶管，除不连接采样器采集空气样品外，其他操作同样品采集。

分析步骤-样品处理：将采集过样品的硅胶前后段分别倒入具塞刻度试管中，加入10.0mL 碳酸钠溶液，盖上塞子，但不要盖紧。放入沸水浴中加热90min，溶解解吸二氯丙醇，取出，放冷。取出2.0mL 上清液于另一具塞刻度试管中，供测定。若浓度超过测定范围，用碳酸钠溶液适当稀释。

分析步骤-标准曲线绘制：在具塞试管中，二氯丙醇在碳酸钠溶液中被高碘酸氧化成甲醛，高碘酸被还原生成的碘被滴加的亚硫酸钠溶液还原褪色。之后用硫酸调节至酸性，加入变色酸溶液，在沸腾水中加热20min，甲醛(HCHO)与变色酸的紫色化合物生成，其颜色深浅与紫色浓度高低成正比。一系列的二氯丙醇标准溶液分别经上述操作后，就已经将无色的二氯丙醇变成有色的化合物，这就是标准溶液的制备过程，无色物质变成有色物质的操作称为“显色”，有色物质在570nm 波长下的吸光度与二氯丙醇的浓度成正比。甲醛与变色酸的显色反应为

$$HCHO + 2HO_3S\text{-}C_{10}H_4(OH)_2\text{-}SO_3H \xrightarrow{H_2SO_4} \text{(OH)}_2(HO_3S)C_{10}H_3(SO_3H)\text{-}CH{=}C_{10}H_3(OH)(=O)(HO_3S)(SO_3H)$$

根据不同浓度溶液测得的吸光度可绘制标准曲线。

分析步骤-样品测定：在测定标准系列的操作做条件下，测定样品和空白溶液的吸光度，由标准曲线得二氯丙醇的浓度。

苯酚、间苯二酚等许多物质都可用分光光度法测定。

### 4.4.2 异烟酸钠-巴比妥酸钠分光光度法测定丙酮氰醇

空气中的丙酮氰醇[分子式$(CH_3)_2C(OH)CN$]用氢氧化钠溶液吸收采集，在碱性介质中，丙酮氰醇分解成丙酮和氰化氢，反应式如下：

$$(CH_3)_2C(OH)CN+NaOH \longrightarrow (CH_3)_2CO+NaCN+H_2O$$

生成的氰化钠在酸性条件下以氰化氢的形式存在，其在弱酸性条件下与氯胺T作用，生成氯化氰

$$\underset{\text{(氰化氢)}}{HCN} + \underset{\text{(氯胺 T)}}{CH_3C_6H_4SO_3NHCl} \longrightarrow \underset{\text{(氯化氰)}}{CNCl} + CH_3C_6H_4SO_3NH_2$$

氯化氰再与异烟酸钠作用，产物经水解生成戊烯二醛

$$CNCl+\underset{\text{(异烟酸)}}{C_5H_4N\text{—}COOH}+H_2O \longrightarrow \underset{\text{(戊烯二醛)}}{O{=}CH\text{—}CH{=}CH\text{—}CH_2\text{—}CH{=}O}$$

戊烯二醛与巴比妥酸钠发生缩合反应生成紫红色化合物

$$O{=}CH\text{—}CH{=}CH\text{—}CH_2\text{—}CH{=}O + \underset{\text{(巴比妥酸)}}{C_4H_4N_2O_3} \longrightarrow$$

$$\underset{\text{(紫红色染料化合物)}}{(OC)_2(NH)_2C{=}O\ \ C{=}CH\text{—}CH{=}CH\text{—}CH{=}CH\text{—}CH\ \ (C{=}O)_2(NH)_2C{=}O} + H_2O$$

在599nm波长下测量溶液中紫红色化合物的吸光度。吸光度是由于紫红色物质吸收产生，紫红色物质浓度与氯化氰浓度成定量正比关系，氯化氰由氰化氢转化而来，氰化氢是由丙酮氰醇定量分解而来。因此，依据朗白-比尔吸收定律，紫红色物质吸光度A与丙酮氰醇浓度成正比关系，这就是本方法定量分析的基础。

检测用的仪器：大型气泡吸收管；空气采样器(流量范围0~500mL/min)；10mL具塞比色管；恒温水浴；分光光度计(使用599nm波长)

检测所用试剂：吸收液：4g/L氢氧化钠溶液；乙酸溶液：5%(v/v)；酚酞溶液：2g/L；

磷酸盐缓冲溶液：pH=5.8(溶解68.0g磷酸二氢钾和7.6g磷酸氢二钠于1L水中)；氯胺T溶液：10g/L(临用前配制)；异烟酸钠-巴比妥酸钠溶液：称取1g异烟酸和1g巴比妥酸，溶解于100mL吸收液中，必要时过滤，滤液置于棕色玻璃瓶中，冰箱内保存。

标准溶液：于25mL容量瓶中加入约10mL水，准确称量后，加3滴色谱纯的丙酮氰醇，再准确称量，加水稀释至刻度；两次称量的质量之差为丙酮氰醇的质量，由此计算丙酮氰醇的浓度。用吸收液稀释成0.1mg/mL标准贮备液，该贮备液可在室温下保存10天，4℃下保存30天。在临使用前，用吸收液稀释成标准溶液(10.0μg/mL)。也可以用国家认可的标准溶液配制。

样品采集：在采样点，用两只串联的大型气泡吸收管采气，每个吸收管内装有5.0mL吸收液，以200mL/min流量采集15min空气样品。样品空白：将装有吸收液的大型气泡吸收管敞口放置在采样点，不抽气采样，其余操作与采集样品相同。样品采集后立即封闭，可保存7天。

测定步骤-样品处理：用吸收管中的吸收液洗涤进气管内壁3次，混匀后取1.0mL样品，置于具塞比色管内，加入4.0mL吸收液，摇匀供测定用。

标准曲线的绘制：取7只具塞比色管，分别加入0、0.050mL、0.10mL、0.20mL、0.40mL、0.60mL和0.80mL标准溶液，各加吸收液至5.0mL，配成0.0μg/mL、0.10μg/mL、0.20μg/mL、0.40μg/mL、0.80μg/mL、1.20μg/mL和1.60μg/mL丙酮氰醇标准系列。向各管加入1滴酚酞溶液，用乙酸溶液中和至褪色，各加入1.5mL磷酸盐缓冲液，0.2mL氯胺T溶液，摇匀，封闭后，放置5min。加入2.5mL异烟酸钠-巴比妥酸钠溶液，加水至10.0mL，摇匀；置40℃水浴中加热45min；取出冷却后，于599nm波长下测量吸光度。每个浓度重复3次。由得到的7组$A \sim c$(丙酮氰醇浓度，μg/mL)数据绘制标准曲线或计算回归方程。

样品测定：用测定标准系列的操作条件测定样品和样品空白；测的样品溶液的吸光度后，由标准曲线或回归方程得到丙酮氰醇浓度(μg/mL)。

计算：根据下列公式计算空气中丙酮氰醇的浓度：

$$c=\frac{5(c_1+c_2)}{V_0} \tag{4-13}$$

式中 $c$——空气样品中丙酮氰醇的浓度，$mg/m^3$；

$c_1$，$c_2$——分别为前后吸收管样品溶液内丙酮氰醇的浓度(减去样品空白后的)，μg/mL；

5——吸收液的体积，mL；

$V_0$——标准采样体积，L。

上述方法适合于短时间接触浓度检测，如果进行时间加权平均浓度检测，需要使用多个采样管，浓度计算方法参见样品采集部分。

本检测方法的检出限为0.02μg/mL，最低检出浓度为0.03$mg/m^3$(以采集3L空气样品计)。测定范围0.02~1.6μg/mL。平均采样效率>95%。显色时的温度、时间和pH值对测定结果影响很大，故应严格控制。本方法也可用于测定氰化氢，但氰化氢和水合肼也干扰丙酮氰醇的测定。

### 4.4.3 酚试剂分光光度法测定甲醛

空气中的甲醛用大型气泡吸收管采集，与酚试剂[3-甲基-2-苯并噻唑酮腙盐酸盐，

$C_6H_4SN(CH_3)C═NNH_2HCI$，简称 MBTH］反应生成吖嗪（azine），在酸性溶液中，吖嗪被高铁离子氧化形成蓝绿色化合物，在 645nm 波长下测量吸光度，依据吸收定律定量。

化学反应方程式如下：

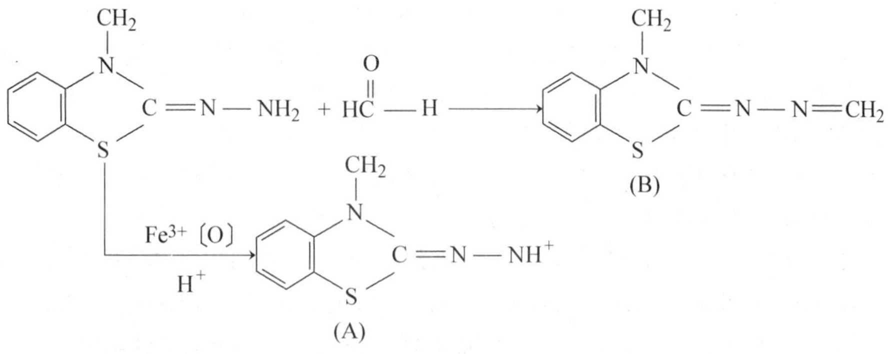

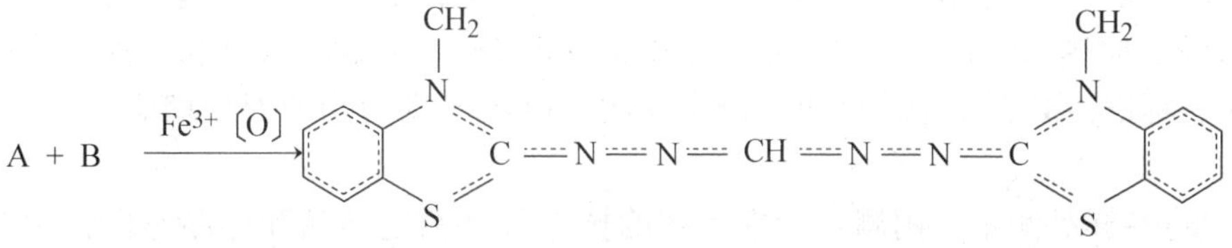

（蓝绿色物质）

检测所用仪器：大型气泡吸收管；空气采样器：流量 0~500mL/min；10mL 具塞刻度试管；恒温水浴；分光光度计。

酚试剂溶液：1g/L 的酚试剂溶液，置于棕色瓶中于 4℃冰箱保存。

硫酸铁铵溶液：1g/L，称取 1g 硫酸铁铵［$NH_4Fe(SO_4)_2 \cdot 12H_2O$，优级纯］，溶解于 50mL 硫酸溶液（0.72mol/L）中，并稀释至 100mL。

所有实验用水为蒸馏水，试剂为分析纯。

标准溶液：取 2.8mL 甲醛溶液（36%~38%），用水稀释至 1L，此甲醛溶液标定后为标准贮备液，至少可以稳定 3 个月。临用前，用水稀释成 1.0μg/mL 甲醛标准液。

甲醛溶液的标定：标定的含义是测定配制溶液的准确浓度，方法是用容量滴定法，本方法采用容量滴定法中的碘量法。取 20.0mL 所配制的甲醛标准溶液，置于 250mL 碘量瓶中，加入 20.0mL 的 0.050mol/L 碘溶液（12.7g 升华碘和 30g 碘化钾，溶于水并稀释至 1L），加 15mL 氢氧化钠溶液（1mol/L），放置 15min。加 20mL 硫酸溶液（0.5mol/L），再放置 15min，用标准的硫代硫酸钠溶液（0.0110mol/L）滴定至溶液呈淡黄色时，加入 1mL 淀粉溶液（10g/L），继续滴至无色。同时滴定一个试剂空白（水）。由式（4-14）计算溶液中甲醛的浓度。

$$c=\frac{1.5(V_1-V_2)}{20.0} \tag{4-14}$$

式中　$c$——甲醛浓度，mg/mL；

$V_1$，$V_2$——分别为滴定试剂空白和甲醛溶液用去的硫代硫酸钠溶液的体积，mL；

1.5——1mL 碘溶液相当于甲醛的量，mg。

滴定过程中，甲醛与过量的碘（$I_2$）在碱性介质中发生氧化还原反应，反应剩余的碘在酸性介质中与滴入的硫代硫酸钠反应，记录硫代硫酸钠溶液的消耗量。试剂空白中没有甲醛，碘不会被甲醛消耗，都被后面滴入的硫代硫酸钠反应掉。前后两次消耗的硫代硫酸钠溶液之

差值就相当于甲醛消耗的，根据化学反应的定量关系进行计算。上述两个化学反应的反应方程式为

$$HCHO+I_2+H_2O \longrightarrow HCOOH+2HI$$

$$I_2+2Na_2S_2O_3 \longrightarrow Na_2S_4O_6+2NaI$$

样品采集：在采样点，用1只装有5.0mL水的大型气泡吸收管，以200mL/min流量采集15min空气样品。同时作样品空白。采样后，立即封闭进出气口，置于清洁容器内运输和保存，样品在室温下可保存5~6h，在4℃冰箱内可保存3天。

分析步骤-样品处理：用采过样的水洗涤吸收管的进气管内壁3次，摇匀后，取出1.0mL，置于具塞刻度试管中，加入1.6mL水，摇匀供测定。

分析步骤-标准曲线的绘制：取7只具塞刻度试管，分别加入0、0.10mL、0.25mL、0.50mL、1.00mL、1.50mL、2.00mL标准溶液，加水至2.6mL，配成0、0.10μg、0.25μg、0.50μg、1.00μg、1.50μg、2.00μg甲醛标准系列。各管加入2mL酚试剂溶液，加塞，摇匀，于43℃±1℃水浴中放置10min，其间摇动2~3次；加入0.4mL硫酸铁溶液，摇匀；再放入水浴中加热10min，取出，用自来水冷却至室温。于645nm波长下测量溶液的吸光度；测定各标准系列，每个浓度重复测定3次。以吸光度的均值对甲醛含量(μg)绘制标准曲线。

分析步骤-样品测定：用测定标准系列的操作条件测定样品和样品空白，测得吸光度后，由标准曲线得甲醛的含量(μg)。

空气中甲醛浓度计算：按照式(4-15)计算空气中甲醛浓度。

$$c=\frac{5m}{V_0} \tag{4-15}$$

式中 $c$——空气中甲醛浓度，mg/m$^3$；

$m$——测得1.0mL吸收液中甲醛的含量(减去样品空白)，μg；

5——吸收液的体积，mL；

$V_0$——标准采样体积，L。

时间加权平均接触浓度按照定义规定的要求计算。

本检测方法的检出限为0.04μg/mL，最低检出浓度为0.067mg/m$^3$(以采集3L空气样品计)。测定范围0.04~2μg/mL，相对标准偏差为1.4%~7.8%。平均采样效率为94%~96%。显色产生的颜色可稳定1h，所以，在显色完成后，必须马上进行测定。其他的脂肪醛也有与甲醛类似的反应，但碳链越长，灵敏度越低。当甲醛含量为1.5μg时，2500μg酚、1000μg甲醇或乙醇不干扰测定。酚试剂也能与乙醛(>2μg)和丙醛反应生成蓝绿色化合物，此时测得的是样品中总醛量。二氧化硫对测定有干扰，可将气样先通过硫酸锰滤纸过滤以除去其干扰，当相对湿度大于88%时，去除效果较好。

### 4.4.4 钼酸铵分光光度法测定磷化氢

空气中的磷化氢用酸性高锰酸溶液采集，生成的磷酸与钼酸铵和氯化亚锡反应生成磷钼蓝，在680nm波长下测量吸光度进行定量。磷酸根与钼酸根反应生成磷钼黄，由于颜色浅，吸收系数小，分光光度测定灵敏度稍低，而被还原成磷钼蓝后，吸收系数增大，灵敏度也明显增大。

检测所用仪器：多孔玻板吸收管；空气采样器，流量0~3mL/min；10mL具塞刻度试

管；恒温水浴；分光光度计。

检测所用溶液：高锰酸钾溶液 $c(1/5KMnO_4)=0.5mol/L$；硫酸 A 溶液 $c(1/2H_2SO_4)=2mol/L$；硫酸 B 溶液 $c(1/2H_2SO_4)=10mol/L$；饱和亚硫酸钠溶液(用时现配)；氯化亚锡溶液，溶解 2.5g 氯化亚锡($SnCl_2 \cdot 2H_2O$)于 100mL 丙三醇中，室温下可使用一个月；钼酸铵溶液，50g/L。

吸收液：高锰酸钾溶液与硫酸 A 溶液等体积混合。

标准溶液：准确称取 0.4002g 干燥过的磷酸二氢钾($KH_2PO_4$)，溶于水中，定量转移入 100mL 容量瓶中，再稀释至刻度，此溶液为 1mg/mL 的标准贮备液。临用前，用水稀释成 5.0μg/mL 磷化氢标准溶液。

样品采集：在采样点，将装有 10.0mL 吸收液的多孔玻板吸收管，以 1L/min 流量采集 15min 空气样品。样品空白：将装有 10.0mL 吸收液的多孔玻板吸收管带至采样点，不采集气体，其余操作与样品相同。采样后，立即封闭进出气口，置于清洁容器内运输和保存，样品尽量当天测定。

分析步骤-样品处理：用采过样的吸收液洗涤吸收管的进气管内壁 3 次，将吸收液吹入具塞比色管中，摇匀后，取出 2.0mL 放入另一具塞比色管中，供测定。必要时可用吸收液稀释。

分析步骤-标准曲线的绘制：在 6 只具塞比色管中，分别加入 0、0.10mL、0.20mL、0.30mL、0.50mL、0.70mL 磷化氢标准溶液，加入吸收液至 2.0mL，配成 0.0、0.50g、1.0g、1.5g、2.5g、3.5g 磷化氢标准系列。向各标准管中滴加饱和亚硫酸钠至高锰酸钾颜色褪尽，再多加 2 滴，加水至 5mL，混匀，加入 0.3mL 硫酸 B 溶液，0.2mL 钼酸铵溶液，混匀；加 1 滴氯化亚锡溶液，置 50℃水浴中加热 10min。取出冷却至室温。于 680nm 波长下测量溶液的吸光度；测定各标准系列，每个浓度重复测定 3 次。以吸光度的均值对磷化氢含量(g)绘制标准曲线。

分析步骤-样品测定：用测定标准系列的操作条件测定样品和样品空白，测得吸光度后，由标准曲线得磷化氢的含量(g)。

计算空气中磷化氢浓度：按照式(4-16)计算空气中磷化氢浓度。

$$c=\frac{5m}{V_0}\times 10^6 \tag{4-16}$$

式中 $c$——空气中磷化氢浓度，$mg/m^3$；

$m$——测得样品溶液中磷化氢的含量(减去样品空白)，g；

5——吸收液的体积(10.0mL)与一次测定取用的吸收液体积(2.0mL)的比值；

$V_0$——标准采样体积，L。

时间加权平均接触浓度按照定义规定的要求计算。

本检测方法的检出限为 0.1g/mL，最低检出浓度为 $0.07mg/m^3$(以采集 15L 空气样品计)。测定范围 0.1～1.75g/mL，相对标准偏差为 2.8%～8.5%。平均采样效率为 92%～100%。磷钼络合物还原成磷钼蓝必须在一定的酸度下进行，酸度过低则空白管呈蓝色。以氯化亚锡为还原剂时，最适宜的硫酸溶液浓度为 0.80～0.95mol/L，加入的量应一致。显色达到稳定后应尽快测定。本方法的化学反应不是特效反应，砷化氢干扰磷化氢的测定，硅酸根也有类似的反应。

### 4.4.5 甲基橙褪色分光光度法测定氯气

空气中氯气用大型气泡吸收管采集，在酸性溶液中，氯置换出溴化钾中的溴，溴破坏甲基橙分子结构使褪色；根据褪色程度，于515nm波长处测量吸光度，定量测定。

氯的电负性大于溴，在酸性溶液中，氯置换出溴化钾中的溴，溴与甲基橙反应破坏其偶氮基团，使其褪色，依据此原理建立起氯气的测定方法——甲基橙褪色分光光度法，即空气中氯气的浓度越高，溶液吸光度越小。选择甲基橙在本试验条件下的最大吸收波长 $\lambda_{max}$ = 515nm为测定波长。

以含溴化钾、硫酸、甲基橙及乙醇的水溶液作为吸收液，在两个串联的大型气泡吸收管中各加5.0mL吸收液，以0.5L/min的速度采气5L。采气过程中吸收液内发生如下化学反应：

$$Cl_2+2KBr \longrightarrow 2KCl+Br_2$$

$$2Br_2+(CH_3)_2NC_6H_4N{=}NC_6H_4SO_3Na \longrightarrow (CH_3)_2NC_6H_4NBr_2+Br_2NC_6H_4SO_3Na$$

在此方法的采气过程，同时也是“显色”过程，避免了 $Br_2$ 的挥发损失。

定量分析时所用的标准物质不是氯气，而是溴。为配制准确的溴标准溶液，通常用溴酸钾氧化溴化钾制得溴。以配制相当于10μg/mL氯的标准溶液为例：准确称取0.3925g在105℃烘干2h的溴酸钾，加入少量水溶解，转入500mL容量瓶中，以水稀释定容至刻度。准确吸取10.0mL此溶液，用水稀释至1000mL即可。配制标准系列溶液时，加入硫酸和适量溴化钾后，生成溴的氧化还原反应才能发生，反应式为：

$$KBrO_3+5KBr+3H_2SO_4 \longrightarrow 3Br_2+3K_2SO_4+3H_2O$$

标准溶液和吸收液放于暗处很稳定，可保存半年。

检测所用仪器：大型气泡吸收管；空气采样器，流量0~1L/min；10mL具塞比色管；分光光度计。

实验用水为无氯蒸馏水。

吸收液：称取0.1000g甲基橙，溶于约100mL 40~50℃水中，冷却后加入20mL 95%(v/v)乙醇，用水定量转移入1000mL容量瓶中，并稀释至刻度。1mL此溶液约相当于24μg氯。

吸收液标定方法：量取5.0mL配制的吸收液于100mL锥形瓶中，加入0.1g溴化钾，20mL水和5mL硫酸溶液(2.57mol/L)；用5mL微量滴定管逐滴加入氯标准溶液；在滴定至接近终点时，每加1滴必须振摇5min，待颜色完全褪去后才能再加，滴加至甲基橙红色褪去为止。根据标准溶液用量计算1mL此溶液相当于氯的含量。然后，取相当于1.25mg氯的此溶液(约50mL)，于500mL容量瓶中，加入1g溴化钾，加水至刻度。1mL此溶液相当于2.5μg氯。再取400mL此溶液与100mL硫酸溶液(2.57mol/L)混合，为吸收液。

标准溶液：用水稀释国家认可的标准溶液配制成10.0μg/mL氯标准应用液。也可以自己配制标准溶液，方法如下：准确称取0.3925g溴酸钾(于105℃干燥2h)，溶于水并定量转移入500mL容量瓶中，稀释至刻度。此溶液1mL相当于1.0mg氯标准贮备液。临用前，用水稀释成1mL相当于10.0μg氯标准应用液。

样品采集：在采样点，将一只装有5.0mL吸收液的大型气泡吸收管，以500mL/min流量采集10min空气样品。样品空白：将装有5.0mL吸收液的大型气泡吸收管带至采样点，除不连接空气采样器采集空气样品外，其余操作同样品。采样后，封闭吸收管的进出气口，置清洁容器内运输和保存。样品应在48h内测定。

分析步骤-样品处理：用采过样的吸收液洗涤进气管内壁3次。将吸收液倒入具塞比色管中，用1.0mL吸收液洗涤吸收管，洗涤液倒入具塞比色管中，摇匀。若样品液中待测物的浓度超过测定范围，可用吸收液稀释后测定，计算时乘以稀释倍数。

分析步骤-标准曲线的绘制：取6只具塞比色管，分别加入0.0、0.10mL、0.20mL、0.40mL、0.60mL、0.80mL氯标准溶液，各加水至1.00mL，配成0.0、1.0μg、2.0μg、4.0μg、6.0μg、8.0μg氯标准系列。各标准管加入5.0mL吸收液，摇匀；放置20min，于515nm波长下测量吸光度；每个浓度重复测定3次，以吸光度均值对相应的氯含量(μg)绘制标准曲线。

分析步骤-样品测定：用测定标准系列的操作条件测定样品和样品空白溶液。测得的吸光度值由标准曲线得氯含量(μg)。

空气中氯气浓度的计算：将采集的空气样品换算成标准体积后，利用式(4-17)计算空气中氯气的浓度。

$$c=\frac{m}{V_0} \tag{4-17}$$

式中　$c$——空气中氯的浓度，$mg/m^3$；

$m$——测得样品溶液中氯的含量(减去样品空白)，μg；

$V_0$——标准采样体积，L。

检测时，空白溶液中甲基橙的浓度，不能超过其吸光度线性浓度范围。

本法的检出限为0.2μg/mL；最低检出浓度为0.2$mg/m^3$(以采集5L空气样品)。测定范围为0.2~8μg/mL；相对标准偏差为0.7%~2.8%。本法采样效率为98.5%~100%。采样时，若吸收液颜色迅速褪去，则应立即结束采样。标准系列和样品使用的吸收液应是同一次配制的。氯化氢和氯化物对测定无干扰。

## 4.5　使用原子吸收光谱法的测定

### 4.5.1　锰及其化合物的原子吸收光谱法测定

空气中气溶胶状态的锰及其化合物用微孔滤膜采集、消解后，样品溶液用空气-乙炔火焰原子化器原子化，在279.5nm波长下测定锢的吸光度，用标准曲线法定量。

检测固态样品中金属元素时，常用氧化性较强的酸性溶液，在一定温度下溶解样品成液体样品，此操作就称为“消解”或“消化”。

检测所用仪器：微孔滤膜，孔径0.8μm；采样夹，滤料直径40mm；小型塑料采样夹，滤料直径25mm；空气采样器，流量0~3L/min和0~10L/min；50mL烧杯；电热板或电砂浴；10mL具塞刻度试管；配备空气-乙炔火焰原子化器和锰空心阴极灯的原子吸收光谱仪。

检测所用化学试剂溶液：消化液，取100mL高氯酸加入到900mL硝酸中；盐酸溶液，0.12mol/L，1mL盐酸用水稀释到100mL；实验用水为去离子水，所用酸为优级纯。

标准溶液：称取0.2748g硫酸锰(将$MnSO_4 \cdot H_2O$置于280℃下烘烤1h而得)，溶于少量盐酸中，用水定量转移入100mL容量瓶中，并稀释至刻度。此溶液为1.0mg/mL的标准贮备液。临用前，用盐酸溶液稀释成10.0μg/mL锰标准溶液。或者用国家认可的标准溶液配制。

样品采集：将直径 40mm 的微孔滤膜装入采样夹，或者将直径 25mm 的微孔滤膜装入小型塑料采样夹，作为采样器。

短时间采样　在采样点，用装有微孔滤膜的采样夹以 5L/min 流量采集 15min 空气样品。

长时间采样　在采样点，将装有微孔滤膜的小型塑料采样夹，以 1L/min 流量采集 2~8h 空气样品。

个体采样　在采样点，将装有微孔滤膜的小型塑料采样夹，佩戴在采集对象的前胸上部，进气口尽量接近呼吸带，以 1L/min 流量采集 2~8h 空气样品。

采样后，将滤膜的接尘面朝里对折，放入清洁的塑料或纸袋中运输和保存，室温下可长期保存。同时作样品空白。

分析步骤-对照试验：将装有微孔滤膜的采样夹带至采样点，除不连接空气采样器采集空气样品外，其余操作同样品，作为样品的空白对照。

分析步骤-样品处理：将采过样的滤膜放入烧杯中，加入 5mL 消化液，在电热板上加热消解，保持温度在 200℃左右；待消化液基本挥发干时，从电热板上取下，稍冷后，用盐酸溶液溶解残渣，并定量转移入具塞刻度试管中，稀释至 10.0mL，摇匀，供测定。若样品液中锰的浓度超过测定范围，可用盐酸溶液稀释后测定，计算时乘以稀释倍数。

分析步骤-标准工作曲线的绘制：取 6 只具塞刻度试管，分别加入 0、0.20mL、0.50mL、1.00mL、2.00mL、3.00mL 锰标准溶液，各加盐酸溶液至 10.0mL，配制成 0、0.20μg/mL、0.50μg/mL、1.0μg/mL、2.0μg/mL、3.0μg/mL 锰浓度标准系列。将原子吸收光谱仪调至最佳测量状态，在 279.5nm 波长下，用空气-乙炔火焰分别测定标准系列，每个浓度重复测定 3 次，以吸光度均值对相应的锰含量(μg/mL)绘制标准曲线。

分析步骤-样品测定：用测定标准系列的操作条件测定样品溶液和空白对照溶液；测得的样品吸光度减去空白对照吸光度后，由标准曲线得锰浓度(μg/mL)。

空气中锰浓度的计算：首先将采样体积换算成标准采样体积，之后按照式(4-18)计算空气中砷的浓度

$$c=\frac{10C}{V_0} \tag{4-18}$$

式中　$c$——空气中锰的浓度，乘以系数 1.58 为二氧化锰的浓度，$mg/m^3$；

$C$——测得样品溶液中锰的含量，μg/mL；

10——样品溶液的体积，mL；

$V_0$——标准采样体积，L。

时间加权平均接触浓度按定义规定计算。

锰及其化合物也可以被氧化成具有特征紫红色的高锰酸根，用分光光度法测定。

本法的检出限为 0.026μg/mL；最低检出浓度为 0.004$mg/m^3$(以采集 75L 空气样品计)。测定范围为 0.03~3μg/mL；平均相对标准偏差为 2.5%。本法的平均采样效率为 99.4%。样品中含有 100 倍的 $Al^{3+}$、$Ca^{2+}$、$Cd^{2+}$、$Cr^{6+}$、$Cu^{3+}$、$Pb^{2+}$、$Zn^{2+}$等不产生干扰，100 倍的 $Fe^{3+}$、$Fe^{2+}$有轻度正干扰，$Mo^{6+}$、$Si^{4+}$有轻度负干扰，若有白色沉淀可离心除去。

本法也可以采用微波消解法消化样品。

### 4.5.2　砷及其化合物的氢化物发生原子吸收光谱法测定

空气中砷及其化合物(砷化氢除外)用浸渍微孔滤膜采集，消解后，砷被硼氢化钠还原

成砷化氢，被载气带入石英原子化器内，在193.7nm波长下测量砷原子的吸光度，进行定量。

检测所用仪器：浸渍微孔滤膜，在使用前一天，将孔径0.8μm的微孔滤膜浸泡在浸渍液中30min，取出在清洁空气中晾干，备用。采样夹，滤料直径40mm。小型塑料采样夹，滤料直径25mm。空气采样器，流量0~3L/min和0~10L/min。50mL烧杯。表面皿。电热板或电砂浴。25mL具塞刻度试管。原子吸收光谱仪，带氢化物发生装置、石英原子化器和砷空心阴极灯。

检测所用化学试剂溶液：浸渍液，取10g聚乙烯氧化吡啶(P204)，溶于水中，加10mL丙三醇，再加水至100mL。或溶解9.5g碳酸钠于100mL水中，加入5mL丙三醇，摇匀。消化液，100mL高氯酸加入到900mL硝酸中。盐酸溶液，0.6mol/L，5mL盐酸用水稀释到100mL。预还原剂溶液，称取40g碘化钾和3g抗坏血酸，溶于盐酸溶液并稀释至100mL。硼氢化钠溶液，称取6g硼氢化钠和5g氢氧化钠溶于水，并定容至1000mL。

标准溶液：称取0.1320g三氧化二砷(优级纯，在105℃下干燥2h)，用10mL氢氧化钠溶液(40g/L)溶解，用水定量转移入1000mL容量瓶中，并稀释至刻度。此溶液为0.1mg/mL的标准贮备液，于冰箱保存。临用前，用吸收液稀释成1.0μg/mL砷标准溶液。或者用国家认可的标准溶液配制。

样品采集：分三种情况采集。

短时间采样　在采样点，将装好浸渍滤膜的采样夹，以3L/min流量采集15min空气样品。

长时间采样　在采样点，将装好微孔滤膜的小型塑料采样夹，以1L/min流量采集2~8h空气样品。

个体采样　将装好微孔滤膜的小型塑料采样夹佩戴在采集对象的胸前上部，进气口尽量接近呼吸带，以1L/min流量采集2~8h空气样品。

采样后，将微孔滤膜的接尘面朝里对折2次，放于清洁塑料袋或纸袋内，置于容器内运输和保存。样品在低温下至少可保存15天。

分析步骤-对照试验：将装有微孔滤膜的采样夹带至采样点，除不连接空气采样器采集空气样品外，其余操作同样品，作为样品的空白对照。

分析步骤-样品处理：将采过样的微孔滤膜放入烧杯内，加2mL消化液，盖好表面皿，在电热板上加热消解，温度保持在190℃。溶液近干时，取下放至室温，用盐酸溶液溶解残液，并定量转入具塞试管中，稀释至25mL，摇匀。取5.0mL此溶液于另一具塞刻度试管中，加5mL预还原剂溶液和15mL盐酸溶液，摇匀，供测定。若样品液中砷的浓度超过测定范围，可用盐酸溶液稀释后测定，计算时乘以稀释倍数。

分析步骤-标准工作曲线的绘制：在5只烧杯中，各加入一张微孔滤膜，分别加入0、0.10mL、0.20mL、0.40mL、0.50mL砷标准溶液，配成0、0.10μg、0.20μg、0.40μg、0.50μg砷标准系列，各加入2mL消化液，按样品处理操作。将原子吸收光谱仪调至最佳条件，连接好氢化物发生器和石英原子化器。在193.7nm波长下，分别测定标准系列，每个浓度重复测定3次，以吸光度均值对相应的砷含量(μg)绘制标准曲线。

分析步骤-样品测定：取5mL处理好的样品溶液于氢化物发生器的反应瓶中，用测定标准系列的操作条件测定样品溶液和空白对照溶液；测得的样品吸光度减去空白对照吸光度后，由标准曲线得砷含量(μg)。

空气中砷浓度的计算：首先将采样体积换算成标准采样体积，之后按照式(4-19)计算空气中砷的浓度。

$$c=\frac{5m}{V_0} \tag{4-19}$$

式中 $c$——空气中砷的浓度，乘以系数 1.32 或 1.53，分别为三氧化二砷和五氧化二砷浓度，$mg/m^3$；

$m$——测得样品溶液中砷的含量，μg；

$V_0$——标准采样体积，L。

时间加权平均接触浓度按定义规定计算。

本法的检出限为 0.22ng/mL；最低检出浓度为 $1.2\times10^{-4}mg/m^3$(以采集 45L 空气样品计)。测定范围为 0.0002~0.020μg/mL；相对标准偏差为 1.7%~2.6%。本法的平均采样效率为>95%。使用浸渍滤膜，可以采集空中砷及其化合物(砷化氢除外)的蒸气或气溶胶，若不使用浸渍微孔滤膜，则只能采集气溶胶态砷及其化合物。样品消解温度不能过高，不能将溶液蒸干。样品处理可以采用微波炉消解。10000 倍的铁、锰、铅、镉，1000 倍的铜、镍、钼、钴，100 倍的锡、铬，0.01μg/mL 硒，不干扰对 0.01μg/mL 砷的测定。

## 4.5.3 汞及其化合物的冷原子吸收光谱法测定

空气中蒸气态汞及其化合物被吸收液吸收后，所有形态的汞被氧化成汞离子；汞离子再被还原成原子态汞蒸气后，在 253.7nm 波长下，用测汞仪或原子吸收光谱仪测定汞浓度。

检测所用仪器：大型气泡吸收管；空气采样器，流量 0~1L/min；10mL 具塞比色管；汞还原装置或氢化物发生装置，包括反应瓶和载气(空气或氮气)系统；测汞仪或带石英原子化器的原子吸收光谱仪(带汞空心阴极灯)。

检测所用化学试剂溶液：高锰酸钾溶液，3.16g/L；硫酸溶液 A，1.8mol/L，取 100mL 硫酸慢慢加入到 900mL 水中；硫酸溶液 B，0.18mol/L，取 10mL 硫酸慢慢加入到 990mL 水中；汞吸收液，临用前，取 100mL 高锰酸钾溶液与 100mL 硫酸溶液 A 等量混合；氯化汞吸收液，0.5mol/L 硫酸溶液，取 26.6mL 硫酸慢慢加入到水中，定容至 1000mL；汞保存液，称取 0.1g 重铬酸钾，溶于 1L 硝酸中；盐酸羟胺溶液，200g/L；氯化亚锡溶液，称取 10g 氯化亚锡溶解于硫酸溶液 B 并稀释至 50mL，临用前现配；硼氢化钠溶液，称取 1g 硼氢化钠和 0.5g 氢氧化钠溶于水，并定容至 100mL。

标准溶液：称取 0.1354g 氯化汞(在 105℃下干燥 2h)，用少量汞保存液溶解，定量转移入 100mL 容量瓶中，并稀释至刻度。此溶液为 1mg/mL 的标准贮备液，于冰箱保存。临用前，用吸收液稀释成 0.05μg/mL 汞标准溶液。或者用国家认可的标准溶液配制。

样品采集：在采样点，串联 2 个各装 5.0mL 吸收液的大型气泡吸收管，以 500mL/min 流量采集 15min 空气样品。采样后，采集氯化汞的空气样品，立即向每个吸收管加入 0.5mL 高锰酸钾溶液，摇匀。封闭吸收管进出气口，置清洁容器内运输和保存。样品应尽快测定。

分析步骤-对照试验：将装 5.0mL 吸收液的大型气泡吸收管带至采样点，除不连接空气采样器采集空气样品外，其余操作同样品，作为样品的空白对照。

分析步骤-样品处理：用吸收管中的吸收液洗涤进气管内壁 3 次，将后管吸收液倒入前管，摇匀，取 5.0mL 于具塞比色管中，供测定。若样品液中汞的浓度超过测定范围，可用吸收液稀释后测定，计算时乘以稀释倍数。

分析步骤-标准曲线的绘制：取 7 只具塞比色管，分别加入 0、0.20mL、0.40mL、0.60mL、0.80mL、1.00mL 和 1.40mL 汞标准溶液，各加吸收液至 5.0mL，配成 0、0.002g/mL、0.004g/mL、0.006g/mL、0.008g/mL、0.010g/mL 和 0.014g/mL 汞标准系列。向各标准管滴加盐酸羟胺溶液至颜色褪尽为止，用力振摇 100 次，放置 20min。将汞还原装置或氢化物发生装置安装好，通载气，流量为 1L/min。将测汞仪或原子吸收分光光度计调节至最佳测定状态；将标准溶液加入汞还原装置或氢化物发生装置的反应瓶中，用 1mL 水洗涤具塞比色管，并加入反应瓶中；加入 1mL 氯化亚锡溶液或硼氢化钠溶液。在 253.7nm 波长下，分别测定标准系列，每个浓度重复测定 3 次，以峰高均值对汞浓度(μg/mL)绘制标准曲线。

分析步骤-样品测定：用测定标准系列的操作条件测定样品溶液和空白对照溶液；测得的样品峰高值减去空白对照峰高值后，由标准曲线得汞浓度(μg/mL)。

空气中汞浓度的计算：首先将采样体积换算成标准采样体积，之后按照式(4-20)计算空气中汞或氯化汞的浓度。

$$c=\frac{10C}{V_0} \tag{4-20}$$

式中 $c$——空气中汞的浓度，乘以 1.354 为氯化汞的浓度，$mg/m^3$；

10——样品溶液的体积，mL；

$C$——测得样品溶液中汞的浓度，μg/mL；

$V_0$——标准采样体积，L。

时间加权平均接触浓度按定义规定计算。

本法的检出限为 0.001μg/mL；最低检出浓度为 $0.0013mg/m^3$(以采集 7.5L 空气样品计)。测定范围为 $0.0013\sim0.028mg/m^3$；相对标准偏差为 1.8%~3.4%。本法的平均采样效率为 95.3%。样品若出现二氧化锰沉淀，在用盐酸羟胺溶液退色时，应将沉淀和颜色彻底消除。如用空气作为载气，应经过活性炭净化。

## 4.6 使用原子荧光光谱法的测定

### 4.6.1 砷及其化合物的氢化物发生原子荧光光谱法测定

空气中砷及其化合物(砷化氢除外)用浸渍微孔滤膜采集，消解后，砷被硼氢化钠还原成砷化氢，在原子化器内，生成的基态砷原子吸收 193.7nm 波长，发射出原子荧光，测量原子荧光强度，进行定量。

检测所用仪器：浸渍微孔滤膜，在使用前一天，将孔径 0.8μm 的微孔滤膜浸泡在浸渍液中 30min，取出在清洁空气中晾干，备用。采样夹，滤料直径 40mm。小型塑料采样夹，滤料直径 25mm。空气采样器，流量 0~5L/min。微波消解器。25mL 具塞刻度试管。原子荧光光度计，带氢化物发生装置和砷空心阴极灯。原子化器高度 8mm，原子化器温度 1050℃，载气(氩气)400mL/min，屏蔽气流 1000mL/min。

检测所用化学试剂溶液：浸渍液，取 10g 聚乙烯氧化吡啶(P204)，溶于水中，加 10mL 丙三醇，再加水至 100mL。或溶解 9.5g 碳酸钠于 100mL 水中，加入 5mL 丙三醇，摇匀。盐酸溶液，1.2mol/L，10mL 盐酸用水稀释到 100mL。预还原剂溶液，称取 12.5g 硫脲，加热溶于约 80mL 水中，冷却后，加入 12.5g 抗坏血酸，溶解后加水至 100mL，贮存于棕色瓶中，可保存一个月。硼氢化钠或硼氢化钾溶液，称取7g硼氢化钠或10g硼氢化钾和2.5g氢氧化钠溶于水，并定容至500mL。

标准溶液：称取0.1320g三氧化二砷(优级纯，在105℃下干燥2h)，用10mL氢氧化钠溶液(40g/L)溶解，用水定量转移入1000mL容量瓶中，并稀释至刻度。此溶液为0.1mg/mL的标准贮备液，于冰箱保存。临用前，用吸收液稀释成1.0μg/mL砷标准溶液。或者用国家认可的标准溶液配制。

样品采集：分三种情况采集。

短时间采样　在采样点，将装好浸渍滤膜的采样夹，以3L/min流量采集15min空气样品。

长时间采样　在采样点，将装好微孔滤膜的小型塑料采样夹，以1L/min流量采集2~8h空气样品。

个体采样　将装好微孔滤膜的小型塑料采样夹佩戴在采集对象的胸前上部，进气口尽量接近呼吸带，以1L/min流量采集2~8h空气样品。

采样后，将微孔滤膜的接尘面朝里对折2次，放于清洁塑料袋或纸袋内，置于容器内运输和保存。样品在低温下至少可保存15天。

分析步骤-对照试验：将装有微孔滤膜的采样夹带至采样点，除不连接空气采样器采集空气样品外，其余操作同样品，作为样品的空白对照。

分析步骤-样品处理：将采过样的滤膜放入微波消解器的消化罐内，加3mL硝酸和2mL过氧化氢后，置于微波消解器内消解。消解完成后，在水浴中挥发硝酸至近干。用盐酸溶液定量转入具塞试管中，稀释至25mL，摇匀。取10.0mL此溶液于另一具塞刻度试管中，加2mL预还原剂溶液，摇匀，供测定。若样品液中砷的浓度超过测定范围，可用盐酸溶液稀释后测定，计算时乘以稀释倍数。

分析步骤-标准工作曲线的绘制：在5只消化罐中，放入一张微孔滤膜，分别加入0、0.10mL、0.20mL、0.40mL、0.50mL砷标准溶液，配成0、0.10μg、0.20μg、0.40μg、0.50μg砷标准系列，各加入3mL硝酸和2mL过氧化氢，按样品处理操作，制成25mL溶液。吸取10mL于具塞刻度试管中，加入2mL预还原剂溶液，摇匀。将原子荧光光度计调至最佳条件，分别测定标准系列，每个浓度重复测定3次，以荧光强度均值对相应的砷含量(μg)绘制标准曲线。

分析步骤-样品测定：用测定标准系列的操作条件测定样品溶液和空白对照溶液；测得的样品溶液荧光强度减去空白对照荧光强度值后，由标准曲线得砷浓度(μg)。

空气中砷浓度的计算：首先将采样体积换算成标准采样体积，之后按照式(4-21)计算空气中砷的浓度。

$$c=\frac{2.5m}{V_0} \tag{4-21}$$

式中　$c$——空气中砷的浓度，乘以系数1.32或1.53，分别为三氧化二砷和五氧化二砷浓度，$mg/m^3$；

$m$——测得样品溶液中砷的含量，μg；

$V_0$——标准采样体积，L。

时间加权平均接触浓度按定义规定计算。

本法的检出限为0.22ng/mL；最低检出浓度为$1.2\times10^{-4}$ $mg/m^3$(以采集45L空气样品

计)。测定范围为0.0002~0.020μg/mL；相对标准偏差为1.7%~2.6%。本法的平均采样效率为>95%。使用浸渍滤膜，可以采集空气中三氧化二砷和五氧化二砷的蒸气和粉尘，若不使用浸渍微孔滤膜，则只能采集气溶胶态的砷化物。样品挥发硝酸时，温度不能过高，不能将溶液挥发干。若没有微波消解器，样品消化可以采用电热板加热法消化。

### 4.6.2 汞及其化合物的原子荧光光谱法测定

空气中蒸气态汞及其化合物被吸收液吸收，汞被硼氢化钠还原成汞蒸气，在原子化器中，汞原子吸收253.7nm波长，发射出原子荧光，测定原子荧光强度，以峰高或峰面积进行定量。

检测所用仪器：大型气泡吸收管；空气采样器，流量0~1L/min；10mL具塞比色管；汞还原装置或氢化物发生装置，包括反应瓶和载气(空气或氮气)系统；原子荧光光度计，具汞空心阴极灯和氢化物发生装置。

仪器操作条件：原子化器高度8mm；载气(Ar)流量400mL/min；屏蔽气流量1000mL/min。

检测所用溶液：高锰酸钾溶液，3.16g/L；硫酸溶液A，1.8mol/L，取100mL硫酸慢慢加入到900mL水中；硫酸溶液B，0.18mol/L，取10mL硫酸慢慢加入到990mL水中；硝酸溶液，0.8mol/L，10mL硝酸加入到190mL水中；汞吸收液，临用前，取100mL高锰酸钾溶液与100mL硫酸溶液A等体积混合；氯化汞吸收液，0.5mol/L硫酸溶液，取26.6mL硫酸慢慢注入水中，定容至1000mL；汞保存液，称取0.1g重铬酸钾，溶于1L硝酸溶液中；盐酸羟胺溶液，200g/L；氯化亚锡溶液，称取10g氯化亚锡，溶于硫酸溶液B中并稀释至50mL，临用前配制；硼氢化钠溶液，称取1g硼氢化钠和0.5g氢氧化钠，溶于水，并定容至100mL。

标准溶液：称取0.1354g氯化汞(在105℃下干燥2h)，用少量汞保存液溶解，定量转移入100mL容量瓶中，并加至刻度。此溶液为1.0mg/mL标准贮备液，于冰箱保存。临用前，用吸收液稀释成0.05μg/mL汞标准溶液。或用国家认可的标准溶液配制。

样品采集：在采样点，串联2个各装5.0mL吸收液的大型气泡吸收管，以500mL/min流量采集15min空气样品。采样后，采集氯化汞的空气样品，立即向每个吸收管加入0.5mL高锰酸钾溶液，摇匀。封闭吸收管进出气口，置清洁容器内运输和保存。样品应尽快测定。

分析步骤-对照试验：将装5.0mL吸收液的大型气泡吸收管带至采样点，除不连接空气采样器采集空气样品外，其余操作同样品，作为样品的空白对照。

分析步骤-样品处理：用吸收管中的吸收液洗涤进气管内壁3次，将后管吸收液倒入前管，摇匀，取5.0mL于具塞比色管中，供测定。若样品液中汞的浓度超过测定范围，可用吸收液稀释后测定，计算时乘以稀释倍数。

分析步骤-标准工作曲线的绘制：取7只具塞比色管，分别加入0、0.20mL、0.40mL、0.60mL、0.80mL、1.00mL和1.40mL汞标准溶液，各加吸收液至5.0mL，配成0、0.002g/mL、0.004g/mL、0.006g/mL、0.008g/mL、0.010g/mL和0.014g/mL汞标准系列。向各标准管滴加盐酸羟胺溶液至颜色褪尽为止，用力振摇100次，放置20min。将仪器调节到最佳操作状态，分别测定标准系列，每个浓度重复测定3次，以峰高或峰面积均值对汞浓度(μg/mL)绘制标准曲线。

分析步骤-样品测定：用测定标准系列的操作条件测定样品溶液和空白对照溶液；测得

的样品峰高或峰面积值减去空白对照峰高或峰面积值后，由标准曲线得汞浓度(μg/mL)。

空气中汞或氯化汞浓度的计算：将采样体积换算成标准采样体积后，按照式(4-22)计算空气中汞或氯化汞的浓度。

$$c=\frac{10C}{V_0} \tag{4-22}$$

式中 $c$——空气中汞的浓度，乘以 1.354 为氯化汞的浓度，$mg/m^3$；

10——样品溶液的体积，mL；

$C$——测得样品溶液中汞的浓度，μg/mL；

$V_0$——标准采样体积，L。

时间加权平均接触浓度按定义规定计算。

本法的检出限为 0.001μg/mL；最低检出浓度为 0.0013$mg/m^3$(以采集 7.5L 空气样品计)。测定范围为 0.001～0.014μg/mL；相对标准偏差为 1.8%～3.4%。本法的平均采样效率为 95.3%。样品若出现二氧化锰沉淀，在用盐酸羟胺溶液退色时，应将沉淀和颜色彻底消除。如用空气作为载气，应经过活性碳净化。

## 本章小结

1. 本章举例介绍了气相色谱法、高效液相色谱法、离子色谱法、分光光度法、原子吸收光谱法、原子荧光光谱法等分析方法在作业场所空气中有毒物质检测中的应用，安全检测中使用较少的分子荧光光谱法、等离子体发射光谱法、电位分析法等分析方法没有举例介绍其应用，需要读者在需要时参考其他资料学习。

2. 本章介绍的具体检测方法都是依据国家颁布的现行检测标准编写的，只是为了便于学习，增加了一些原理知识，这样可以较系统地了解有毒物质安全检测的理论和方法。方法介绍中有具体操作的介绍，目的是培养读者的操作技能训练和养成精细操作的习惯，这一点对于从事检测工作的人员是很重要的。

3. 检测方法中涉及到许多化学，包括无机化学、有机化学、分析化学方面的知识，由于安全工程专业的学生多数理解的不太深入，所以在涉及有关知识的部分都进行了解释。

4. 各种检测方法中均采用标准曲线法，同时介绍了标准溶液或标准气体的配制方法，这些方法具有普遍适用性。

5. 在气相色谱法应用部分，介绍了芳烃类化合物、乙腈和丙烯腈、一氧化碳、二氯乙烷等物质的采样、标准溶液(标准气)制备、样品处理、测定、浓度计算、方法的特性参数(检出限、最低检测浓度、检测浓度范围)等内容。采样方式包括了短时间采样、长时间采样、个体采样和无泵采样。使用的空气收集器包括了活性炭采样管、硅胶采样管、无泵型采样器。解吸方式包括了溶剂解吸和热解吸。

6. 在高效液相色谱法应用部分，介绍了$\beta$-萘酚和三硝基苯酚、五氯酚和五氯酚钠、硫酸二甲酯的采样方法，与气相色谱法应用部分相比较，使用了微孔滤膜采样法，目的是让读者了解要根据被测物的性质和存在形态来选择采样方法。

7. 在离子色谱法应用部分，只介绍了碘及其化合物的检测方法，在这一部分专门介绍了溶液配制操作中“定量转移”的概念和操作方法。

8. 与气相色谱法相似，分光光度法在安全检测中应用也很广泛，所以举例也较多。介绍了二氯丙醇、丙酮氰醇、甲醛、磷化氢、氯气等物质的采样与测定过程。这些方法都使用气泡吸收管和多孔玻板吸收管采样法，物质都需要进行“显色”后才能测定。显色往往包括几步化学反应，有些显色过程是在实验室完成的，有些是在采样过程中完成的。大部分物质显色后吸光度与被测物质的浓度成正比，但氯气正好相反，空气中氯的浓度越高，显色后颜色越浅，此为褪色分光光度法，也需要了解其原理。

9. 在原子吸收光谱法应用部分，介绍了锰及其化合物、砷及其化合物、汞及其化合物等物质的检测方法。应用了微孔滤膜采样法、浸渍微孔滤膜采样法和大型气泡吸收管采样法，要注意这些滤膜采样法与后面介绍的粉尘采样是有区别的，它不仅仅是简单的截留。砷及其化合物采用氢化物发生法原子化，汞及其化合物采用冷原子化法原子化，在原子化之前需要使样品中各形态统一。

10. 在原子荧光光谱法应用部分，介绍了砷及其化合物和汞及其化合物的检测方法，其原子化过程与原子吸收光谱法测定两类物质时相似，这类方法的原子化过程也是被测元素与共存物质分离的过程，所以干扰效应更小，但操作繁琐。

## 复习思考题

1. 活性炭吸附管和硅胶吸附管主要适用于哪些样品采集？二者的吸附容量有什么区别？

2. 活性炭管能够满足哪些检测的采样要求？

3. 活性炭管采样后的解吸有哪几种方法？简述其解吸的基本原理。

4. 用吸附管采样，短时间采样时的采气流量一般大于长时间采样的流量，请分析其原因。

5. 用溶剂法解吸时，活性炭管常用二硫化碳作为解吸剂，而硅胶管常用极性溶剂解吸，分析其原因。

6. 用无泵采样器采样时，要避免电风扇或风机直吹，请阐述理由。

7. 气泡吸收管一次采气时间比较短，如果用气泡吸收管采气，测定场所空气中有毒物质的时间加权平均接触浓度，应如何做才能满足定义的要求？

8. 用高效液相色谱法测定空气中硫酸二甲酯时，需用硅胶管吸附空气中的硫酸二甲酯蒸气，经丙酮解吸后，在碱性加热的条件下与对硝基苯酚反应生成对硝基茴香醚。经色谱柱分离后，用紫外检测器检测。你认为进行这一步化学反应的作用是什么？

9. 配制标准溶液时，吸取标准贮备液和称量标准物质时，要求必须准确，说明原因。

10. 无论是配制标准溶液，还是样品溶液制备，都需要“定容”操作，其作用是什么？用二硫化炭解吸活性炭管时，加入一定量的解吸剂解吸即可，是否没有定容？

11. 在高效液相色谱法测定碘的方法介绍中，解释了“定量转移”的含义，是否其他测定方法中不需要“定量转移”？说明理由。

12. 在光吸收法测定中，多数是测量显色后产物的吸光度，而不是被测物的吸光度，怎样才能保证测量所得吸光度与被测物浓度成正比线性关系？

13. 在甲基橙褪色分光光度法测定氯气浓度时，氯气浓度越高，吸光度越低，说明其原因。甲基橙的浓度最高能到多大？如何确定？

14. 配制标准溶液时，用分析天平准确称取固体粉末态基准物，溶解后定容，可以计算出标准液的准确浓度。配制没有基准物的液体物质标准溶液，如甲醛标准溶液，化学试剂甲醛溶液浓度本身不准确，确定其配制的标准溶液准确浓度需要“标定”，说明“标定”的含义。

15. 在本章介绍的检测方法中，大部分介绍了方法的检出限和最低检出浓度，说明两个概念的含义。为什么最低检出浓度还与空气样品采集量多少有关系？

16. 简述氢化物发生法测定砷及其化合物的原理和基本操作步骤，说明这种原子化方法的优点。(不需要涉及原子吸收光谱法和原子荧光光谱法)

17. 测定粉尘或气溶胶样品中的元素，如砷、汞、锰等，需要对样品进行“消化”或“消解”，说明其含义和作用。

18. 砷原子的特征吸收波长是193.7nm，结合近紫外光的特性，请思考其在大气环境下测量时，是否受空气影响？

# 5 工作场所空气中粉尘的检测

本章学习目标

1. 掌握粉尘粒径与尘肺病致病的关系，懂得空气动力学直径和呼吸性粉尘概念的含义。

2. 了解为什么把呼吸性粉尘定义为“空气动力学直径均在 7.07μm 以下，空气动力学直径 5μm 粉尘粒子的采样效率为 50%”。掌握 BMRC 曲线的含义与作用。

3. 了解工作场所粉尘采样点选择的基本规律。

4. 掌握粉尘采样装置的基本组成及各种采尘滤膜的特点。

5. 掌握粉尘预分离器的作用，熟悉旋风切割器、向心式切割器、撞击式切割器、水平淘洗粉尘切割器进行粉尘分离的原理。

6. 掌握滤膜质量法测定总粉尘浓度的原理及基本操作。

7. 熟悉呼吸性粉尘浓度滤膜质量法测定与总粉尘浓度测定的相同点与不同点。掌握石英晶体差频粉尘测定仪、β 射线粉尘测定仪和光散射法测尘仪测定呼吸性粉尘浓度的原理，特别要了解光散射法测尘仪 $K$ 值的作用。

8. 了解检测粉尘分散度的意义，掌握滤膜溶解涂片法和自然沉降法测定粉尘分散度的原理与操作步骤。了解光散射法检测粉尘分散度的原理。

9. 了解检测粉尘中游离二氧化硅的意义，以及焦磷酸重量法、红外分光光度法、X 射线衍射法测定游离二氧化硅的原理。

10. 了解石棉纤维浓度检测的原理。

11. 了解光散射法、光吸收法和摩擦电法三种在线检测粉尘浓度方法仪器的传感器原理。

与环境监测中监测大气中的颗粒物(particulate matter)有所不同，职业卫生安全检测所测定的粉尘颗粒物主要是指作业场所的生产性粉尘。在生产过程中产生，并能够较长时间悬浮于空气中的固体微粒称为生产性粉尘。长期暴露于生产粉尘场所的劳动者，肺部将积累粉尘导致尘肺病，其结果是尘肺患者的两个肺叶产生进行性、弥漫性的纤维组织增生，逐渐发展到妨碍呼吸机能及其他器官的机能。在我国，尘肺病是最常见、危害最严重的一类职业病。粉尘检测主要包括空气中粉尘采集、分散度检测、浓度检测等。

## 5.1 生产性粉尘的来源与理化性质

生产性粉尘是在工厂和矿山的生产过程中产生的粉尘。含有游离二氧化硅的粉尘称为硅尘，它是对劳动者健康危害最严重的一种粉尘。根据化学成分的不同，粉尘可分为：金属尘、石棉尘、滑石尘、煤尘、碳黑尘、石墨尘、水泥尘、各种有机尘等几十种。另外，可燃性的有机和无机粉尘在生产车间空气中的积聚，也是造成粉尘爆炸的重大事故隐患。

### 5.1.1 生产性粉尘来源与分类

#### 5.1.1.1 粉尘的来源

在工业生产的物料加工与使用过程中都可能产生生产性粉尘，下面列举几个工艺过程来说明粉尘的来源。

① 固体物质的机械破碎，如钙镁磷肥熟料的粉碎，水泥粉的粉碎等；

② 物质的不完全燃烧或爆破，如矿石开采、隧道掘进的爆破，煤粉燃烧不完全时产生的煤烟尘等；

③ 物质的研磨、钻孔、碾碎、切削、锯断等过程的粉尘；

④ 金属熔化，如生产蓄电池电极时熔化铅的工序产生的铅烟尘；

⑤ 成品本身呈粉状，如炭黑、滑石粉、有机染料、粉状树脂等。

在工业过程中接触粉尘的工作很多。例如，矿山的开采、爆破、运输；冶金工业中的矿石粉碎、筛分、配料；机械铸造工业中原料破碎、清砂；钢铁磨件的砂轮研磨；石墨、珍珠岩、蛭石、云母、萤石、活性炭、二氧化钛等的粉碎加工；水泥包装；橡胶加工中的炭黑、滑石粉的使用等过程中，若防尘措施不完善，均有大量生产性粉尘外逸。

#### 5.1.1.2 粉尘的分类

根据粉尘的性质及来源，粉尘可以分为三类。

(1) 无机粉尘

① 矿物性粉尘，如石英、石棉和煤等粉尘。

② 金属性粉尘，如铜、铍、铅和锌等金属及其化合物粉尘。

③ 人工无机粉尘，如水泥、金刚砂和玻璃纤维粉尘。

(2) 有机粉尘

① 植物性粉尘，如棉、麻、甘蔗、花粉和烟草等粉尘。

② 动物性粉尘，如动物皮毛、角质、羽绒等粉尘。

③ 人工有机粉尘，如合成纤维、有机染料、炸药、表面活性剂和有机农药等粉尘。

(3) 混合性粉尘　上述各类粉尘中两种或两种以上粉尘的混合物称为混合性粉尘。生产过程中常见的是混合性粉尘。

还原性的有机和无机粉尘，如硫黄、煤、棉、麻、面粉等粉尘，在生产车间等相对密闭场所的空气中达到一定浓度范围时，可发生粉尘爆炸。煤矿的煤粉爆炸，棉麻加工厂的棉麻粉尘爆炸等都是非常严重的生产安全事故。

### 5.1.2 粉尘的理化特性

了解粉尘对职业健康的危害，应该考虑粉尘以下的理化性质：

① 化学成分及其浓度。化学成分不同的粉尘，即不同种类的粉尘对人体的作用性质和危害程度不同，例如，石棉尘可引起石棉肺和间皮瘤，棉尘则引起棉尘病；含有游离二氧化硅的粉尘可致矽肺。同一种粉尘，在空气中的浓度愈高，其危害也愈大；粉尘中主要有害成分含量愈高，对人体危害也愈严重，如含游离二氧化硅 10%以上的粉尘比含量在 10%以下的粉尘对肺组织的病变发展影响更大。游离二氧化硅是指结晶型的二氧化硅，不包括硅酸盐形态的硅。

② 粉尘的分散度。粉尘分散度是指物质被粉碎的程度，以大小不同的粉尘粒子的百分

组成表示。空气中粉尘颗粒中细小微粒所占比例越高，则称为分散度越大。粉尘分散度愈高，形成的气溶胶体系越稳定，在空气中悬浮的时间越长，被人体吸入的几率越大；粉尘分散度愈高，比表面积也越大，越容易参与理化反应，对人体危害也越大。

③ 粉尘的溶解度。若组成粉尘的物质对人体有毒，粉尘的溶解度越大，有毒物质越易被人体吸收，其毒性越大。无毒物质的粉尘，若溶解度大，则易被人体吸收、排出，毒性也较小；石英、石棉等难溶性粉尘在体内不能溶解，持续产生毒害作用，对人危害极其严重。总之，粉尘的溶解度与其对人体的危害程度，因组成粉尘的化学物质性质不同而异。

④ 粉尘的荷电性。在粉尘形成和流动过程中，由于互相摩擦、碰撞或吸附空气中的离子等原因而带电，空气中90%～95%的粒子带有电荷，同一种尘粒可能带正电、负电或呈电中性，与尘粒化学性质无关。荷电量取决于尘粒的大小、相对密度、温度和湿度。温度升高，湿度降低，尘粒荷电量增加；同电性尘粒相互排斥，粉尘稳定性增加，反之，粉尘颗粒相互吸引，形成大的尘粒加速沉降。一般认为，荷电尘粒易于阻留在人体内。

⑤ 粉尘的形状与硬度。在一定程度上，粉尘粒子的形状也影响它的稳定性(即在空气中飘浮的持续时间)。质量相同的尘粒，其形状越接近球形，则越容易降落。锐利、粗糙、硬的尘粒对皮肤和黏膜的刺激性比软的、球形尘粒更强烈，尤其是对上呼吸道粘膜的机械损伤或刺激更大。

⑥ 粉尘的爆炸性。一定浓度条件下，高度分散的可氧化粉尘，一旦遇到明火、电火花或放电，则可能发生爆炸。一些粉尘爆炸的浓度条件是：煤尘 30～40g/m$^3$；淀粉、铝及硫磺粉尘 7g/m$^3$；糖尘 10.3g/m$^3$。在采集这些粉尘样品时，必须注意防爆。由此可见，爆炸性粉尘不仅对职业安全有危害，而且对生产安全也是重大的危险源。

从粉尘对人体健康危害的角度考虑，粉尘的浓度及其分散度是最值得关注的两个参数。

## 5.2 粉尘粒径及其对人体健康危害的关系

粉尘颗粒物粒径不同，对人体健康的危害也不同。粒径较大的颗粒，自然沉降速度快，惯性也大，呼吸吸入人体的几率小，因而对人体危害小；而在空气中悬浮的细小微粒，不仅在空气中停留时间长，而且易被吸入人体内进入肺泡中。因此了解粉尘粒径分布，对研究粉尘对人体的危害及选择制定测定方法有重要意义。

### 5.2.1 呼吸道内不同部位对不同粒径粉尘的沉积作用

一般情况下，粉尘颗粒物并非呈球形，在显微镜下观察，其形状多种多样。大小不同的粉尘颗粒物，其光学、电学或气体动力学的性质也不相同。用直径表示其大小时，人们可选用颗粒的空气动力学当量直径、显微粒径、筛分粒径或沉淀粒径等多种表示方法。目前，国际上最常用的是采用空气动力学当量直径表示空气中悬浮粉尘颗粒物的粒径，这一表示方法又分为两种。

不同种类的粉尘，由于密度和形状不同，同一粒径的粉尘在空气中的沉降速度不同，沉积在呼吸道的部位也不同，为了便于比较，提出了空气动力学直径这一概念。颗粒空气动力学当量直径(PAD，particle aerodynamic equivatent diameter)，简称空气动力学直径(aerodynamic diameter)，是指在通常温度、压力和相对湿度的空气中，在重力作用下与实际颗粒物具有相同末速度、密度为 1g/cm$^3$球体的直径。也就是说，被测颗粒物的直径相当于在平静的气流中与其具有相同末速度、密度为 1g/cm$^3$ 的球形标准粉尘颗粒物的直径。同一空气动力学直径的尘粒具有如下共同特征：尘粒趋向于沉积在人体呼吸道的相同区域；在大气中具有相同的沉降速度；在进入粉尘采样系统后，具有相同的沉积概率。

扩散直径(PDD，particle diffusion diameter)是指在通常的温度、压力和相对湿度情况下，与实际颗粒物具有相同扩散系数的球形颗粒直径。当颗粒物的 PAD<0.5μm 时，它在空气中的扩散作用较重力沉降作用强，这种颗粒物处于布朗扩散运动状态，此时应当用 PDD 来表达颗粒的大小。

PAD、PDD 这两种粒径表示方法并不涉及颗粒物的密度和形状，使颗粒物进入人体呼吸系统时的撞击、沉降和扩散作用情形与采样时颗粒物的动力学特征一致，有利于研究和评价颗粒物的卫生和健康效应。

根据粉尘可沉积在呼吸道的部位，可将漂浮在空气中的粉尘分为可吸入粉尘、胸部粉尘和呼吸性粉尘三种。

可吸入粉尘(inhalable dust，或 inspirable dust)是指经口腔和鼻孔被吸入，并能达到鼻咽区的悬浮粉尘颗粒物。显然，可吸入粉尘的粒径范围与劳动场所的风速、风向及劳动者的呼吸急促程度有关。

胸部粉尘(thoracic dust)是指在可吸入颗粒物中，能穿过咽喉而到达气管和支气管的粉尘，其粒径小于 30μm。在粒径小于 30μm 的范围内，质量累积达该范围粉尘总质量的 50% 时的粒径通常在 10μm 左右，称为中值直径($D_{50}$)。在环境监测中，把胸部粉尘称为 PM10(PM，particulate matter)，它表示 $D_{50}=10\mu m$，且粒径小于 30μm 的可吸入颗粒物。注意，不能把 PM10 理解为粒径≤10μm 的可吸入颗粒物。

在胸部粉尘中，粒径较大(>10μm)的颗粒物质量相对较大，被人体吸入后具有较大的惯性，在鼻腔陡弯处和咽喉部位与呼吸道内壁碰撞，致使大部分颗粒沉积在上呼吸道，少量进入气管和支气管前段。

呼吸性粉尘(respirable dust)是指可吸入粉尘中能进入肺泡的粉尘。粒径在 5~10μm 范围内的颗粒物，由于重力作用，大部分在气管和支气管区发生沉降，5μm 左右的颗粒物进入肺泡，沉积率达到 50%左右。我国现行标准对呼吸性粉尘的定义是：按呼吸性粉尘标准测定方法所采集的可进入肺泡的粉尘粒子，其空气动力学直径均在 7.07μm 以下，空气动力学直径 5μm 粉尘粒子的采样效率为 50%，简称"呼尘"。

依据粉尘粒子的大小、密度、形状等因素的不同，被吸入到呼吸道内的粉尘，可以沉积在呼吸道的不同部位。一般可把呼吸道分为三个区域：①鼻咽区；②气管和支气管区；③肺泡区，如图 5-1 所示。

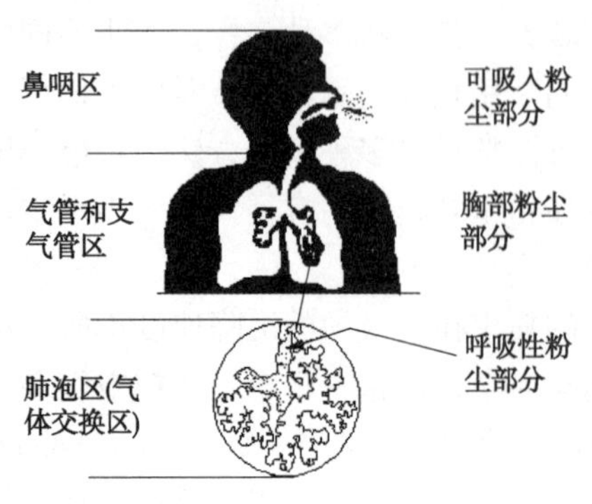

图 5-1　呼吸道分区示意图

肺分为气体传导部分和气体交换部分。气体传导部分包括：气管、支气管、细支气管、终末细支气管，这部分具有空气导管作用，而无呼吸作用。气体交换部分即肺的呼吸作用部分，包括：呼吸性细支气管、肺泡管、肺泡囊和肺泡，如图 5-2 所示。

根据前面的介绍，粉尘颗粒物被吸入呼吸道后，被阻留沉积在什么部位，关键因素是粉尘粒径，粒径越小，进入的深度越深。国内外大量实验和尸体解剖表明，尘肺病的起因不仅与吸尘量、吸尘时间、尘粒的成分有关，而且在很大程度上取决于粉尘粒径的大小(除人身自然抵抗力外)，只有沉积到肺泡的粉尘才能造成尘肺病。粒径为 5μm 左右的尘粒是导致人们产生尘肺病的危险粒径。

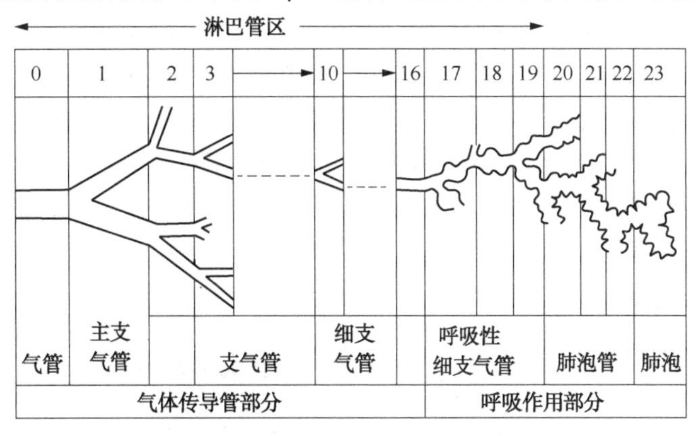


图 5-2　气管区和肺泡区示意图

人体的肺脏是由数十亿个肺泡组成的，每个肺泡的直径只有几十到几十微米。人肉眼能够看得见的粉尘颗粒，直径都有十几到几十个微米，这么大的粉尘颗粒一般是不能进到肺泡里去的。大的粉尘颗粒虽然可以从鼻孔或口腔吸入，但进入人体呼吸道时，上呼吸道鼻腔的鼻毛、呼吸道的生理弯曲、呼吸道黏膜的黏性分泌物等，使吸入的粉尘绝大部分通过撞击、黏附而被阻留在上呼吸道，这种方式阻留率与粉尘的分散度关系密切。由于气管和支气管的粗细不同，阻挡尘粒大小的能力也不一样。一般说来，直径在 50μm 以上的尘粒，阻留在细支气管，5~10μm 的尘粒多阻留在终末支气管，粒径大于 10μm 的粉尘，由于质量大，沉降速度快，在上呼吸道的阻留中很高，不能到达肺泡；2~10μm 的粒子，特别是 2~5μm 的粒子，由于重力沉降作用减小，可进入中小支气管，大部分可粘附、沉积在中小支气管黏膜壁上。气管和支气管内壁有带纤毛的上皮。这些纤毛能截留 2~5μm 的尘粒。被截留的绝大部分尘粒通过纤毛的活动有可能从口腔吐出，或在排向咽喉的未能吐出而咽下后进入肠胃系统，这部分尘粒最终经过肠道随粪便排出，含微量元素的尘粒，如含有有毒的砷，或放射性的铀时，有可能导致各种病变，甚至诱发癌症。进入肠胃系统的尘粒只占很小的比重，大部分尘粒被肺区阻留。2~5μm 尘粒的一部分及 2μm 以下的尘粒可以随气流进入呼吸道深部，到达肺泡，因此我们把直径小于 5μm 的粉尘颗粒叫做可吸入性尘粒。2μm 以下的尘粒，尤其是小于 0.5μm 的尘粒，由于扩散作用，大部分可呼出体外，小于 0.2μm 的粒子主要靠扩散作用沉积在肺泡内。在所吸入的粉尘中仅有 1%~2%存留在肺组织内，其余的都有可能排出。

### 5.2.2　BMRC 阻留曲线

粉尘被吸入人体呼吸道后，由于粒径的不同，具有的空气动力学特性也不同，不同部位阻留的粉尘粒径也不同。空气动力学直径较小的粉尘，不一定全部被阻留沉积到肺泡中，还有一部分还能随呼吸的气流再被呼出呼吸道。不同粒径粉尘在肺部的沉积率见图 5-3 中的左下曲线，可见在 2~7μm 范围内，随着粒径的减小，沉积率增加，且增加的很快。这也说明小粒径粉尘对人体危害大。

采集空气中粉尘颗粒物时，为了专门测定对人体危害较大的呼吸性粉尘，需要对吸入的粉尘进行预先分离，截留非呼吸性粉尘，只让呼吸性粉尘进入检测仪器，或只让粉尘滤膜截留呼吸性粉尘。这一过程称为预分离，或称为粉尘粒径切割，由粉尘预分离器或粉尘切割器完成。

预分离是对粉尘粒径分离，对不同粒径粉尘的分离效率是不相同的。英国医学研究委员会(BMRC，British Medical Research Council)于1959年在南非约翰内斯堡召开的第四次国际矽肺病会议上推荐了呼吸性粉尘标准采样曲线，简称BMRC曲线(亦称约翰内斯堡曲线)。美国国家工业卫生工作者协会(ACGIH)也推荐了呼吸性粉尘标准采样曲线，简称ACGIH曲线。曲线图见图5-3。我国呼吸性粉尘浓度测定的采样标准曲线是参照了英国BMRC曲线制定的。

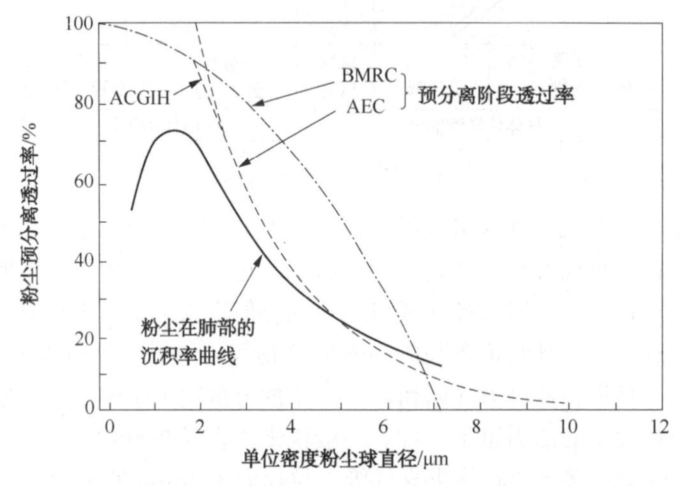


图5-3 BMRC曲线和ACGIH曲线

BMRC曲线的作用是规范预分离器对不同粒径粉尘的分离效率。下面是某粉尘采样器的商业宣传文字，“这种预捕集器能对危害人体的呼吸性粉尘和非呼吸性粉尘进行分离，一次采集可兼得呼吸性和非呼吸性两种粉尘样本，其分离效率达到国际公认的“BMRC”曲线标准，是一种较可靠的粉尘分离装置。”这里的预捕集器就是预分离器，说明所有商品预分离器的分离效能均应满足BMRC曲线的要求，这样才能使检测结果具有可比性，才能更真实地反映场所粉尘危害的实际。我国行业标准《呼吸性粉尘个体采样器》(AQ4204-2008)规定：呼吸性粉尘透过率与BMRC曲线对应值的标准差应小于±5%。表5-1列出了BMRC曲线和ACGIH曲线中粉尘透过率与空气动力学直径的对应数据。

**表5-1 呼吸性粉尘粒径与透过率的关系**

| 粉尘透过率/% | 空气动力学直径/μm | |
|---|---|---|
| | BMRC曲线 | ACGIH曲线 |
| 0 | 7. 1 | 10. 0 |
| 25 | 6. 1 | 5. 0 |
| 50 | 5. 0 | 3. 5 |
| 75 | 3. 5 | 2. 5 |
| 90 | 2. 2 | 2. 0 |
| 100 | — | — |

现在再分析我国现行标准对呼吸性粉尘的定义，“按呼吸性粉尘标准测定方法所采集的

可进入肺泡的粉尘粒子，其空气动力学直径均在 7.07μm 以下，空气动力学直径 5μm 粉尘粒子的采样效率为 50%”。我国呼吸性粉尘采样器国家标准对预分离器的技术要求是要满足标准采样曲线的要求，能把粒径 7.07μm 以上的粉尘要全部分离掉，对粒径 7.07μm 粉尘的采样效率应达到 100%，对粒径 5.0μm 粉尘的采样效率应达到 50%，粒度更小的粉尘采样效率就更低。标准方法中收集呼吸性粉尘还是采用滤膜截留法，可以想象，粒径特别小的粉尘能透过滤膜“跑掉”，而采用更细孔径的滤膜时，抽气阻力太大，空气流速太小，细小粉尘的布朗运动将导致部分粉尘扩散跑掉，采样效率也可能不高。

### 5.2.3 粉尘的危害

生产性粉尘的种类和性质不同，对人体的危害也不同。由粉尘引起的疾病和危害主要以下几种：

① 尘肺。尘肺是长期吸入高浓度粉尘所引起的最常见的职业病。引起尘肺的粉尘种类不同，尘肺的名称也不同，含二氧化硅粉尘——矽肺，炭黑粉尘——炭黑肺，滑石粉粉尘——滑石肺，铸造型砂粉尘——铸工尘肺，电焊焊药粉尘——电焊工尘肺，煤粉——煤肺等等。

② 中毒。粉尘中含有铅、镉、砷、锰等毒性元素，在呼吸道溶解被吸收进入血液循环引起中毒。有毒性粉尘在体内的溶解度越大，毒性作用越大。

③ 上呼吸道慢性炎症。毛尘、棉尘、麻尘等轻质粉尘，在被吸入呼吸道时，易附着于鼻腔、气管、支气管的黏膜上，长期局部刺激作用和继发感染引起慢性炎症。

④ 眼疾病。金属粉尘、烟草粉尘等，可引起角膜损伤。

⑤ 皮肤疾患。细小粉尘堵塞汗腺、皮脂腺而引起皮肤干燥、继发感染，发生粉刺、毛囊炎、脓皮病等，沥青粉尘可引起光感性皮炎。

⑥ 致癌作用。放射性粉尘的射线易引发肺癌，石棉尘可引起胸膜间皮瘤，铬酸盐、雄黄矿尘等也引发肺癌。

粉尘的危害很多，此处难以一一列举。

## 5.3 工作场所粉尘的采集

### 5.3.1 测尘点和采样位置的确定

测定粉尘的目的是确定劳动者受粉尘危害的程度，所以测尘点的选择要遵循一定的原则，否则不能反映出真实的情况。生产场所粉尘测定的采样点选择以能代表粉尘对人体健康的危害实况为原则。考虑粉尘发生源在空间和时间上的扩散规律，以及工人接触粉尘情况的代表性，测定点应根据工艺流程和工人操作方法而确定。在生产作业地点较固定时，应在工人经常操作和停留的地点，采集工人呼吸带水平的粉尘，距地面的高度应随工人生产时的具体位置而定，例如站立生产时，可在距地面 1.5m 左右尽量靠近工人呼吸带水平采样；坐位、蹲位工作时，应适当放低。为了测得作业场所的粉尘平均浓度，应在作业范围内选择若干点(尽可能均匀分布)进行测定，求得其算数或几何平均值和标准差。在生产作业不固定时，应在接触粉尘浓度较高的地点、接触粉尘时间较长的地点及工人和工人集中的地点分别进行采样。在有风流影响的作业场所，应在产尘点的下风侧或回风侧粉尘扩散较均匀地区的呼吸带进行粉尘浓度测定。移动式产尘点的采样位置，应位于生产活动中有代表性的地点，或将采样器架设于移动设备上。

(1) 工厂测尘点和采样位置的确定

一个厂房内有多台同类设备生产时，三台以下者选一个采样点，四台~十台者选2个采样点，十台以上者，至少选3个采样点；同类设备处理不同物料时，按物料种类分别设采样点；单台产尘设备设一个采样点。移动式产尘设备按经常移动范围的长度设采样点，20m以下者设1个，20m以上者在装卸处各设1个。在集中控制室内，至少设1个采样点，但操作岗位也不得少于一个测尘点。

固体散料常用皮带输送，也是常见的产尘点，皮带长度在10m以下者设1个采样点，10m以上者在皮带头、尾部各设1个测尘点。高式皮带运输转运站的机头、机尾各设一个采样点，低式转运站设1个采样点。

采样位置选择在接近操作岗位或产尘点的呼吸带(一般为1.5m左右)。

(2) 车站、码头、仓库产尘货物搬运存放时采样点和采样位置的确定

在车站、码头、仓库、车船等装卸货物作业处，应分别设一个采样点，皮带输送货物时，装卸处分别设一个采样点。车站、码头、仓库存放货物处，分别设一个采样点。如果是人工搬运货物，来往行程超过30m以上时，除装卸处设测尘点外，中途也应设一个采样点。

晾晒粮食的场所粉尘量也很大，所以也要设一个采样点。物品存放在仓库时，假如在包装、存放过程中产生粉尘，则应在包装、发放处各设一个测尘点。

采样位置一般设在距工人2m左右呼吸带高度的下风侧；粮食囤边采样，应距囤10m左右。

(3) 露天矿山采样点和采样位置的确定

① 采样点确定。每台钻机(潜孔钻、牙轮钻、冲击钻等)的司机室内设一个采样点，钻机处设一个采样点。台架式风钻(包括轻型、重型凿岩机)凿岩，按工作面设采样点。每台电铲、柴油铲的司机室内设一个采样点，司机室外设一个采样点。每台铲运机司机室内设一个采样点，司机室外设一个采样点。每个人工挖掘工作面设一个采样点。

车辆(汽车、电机车、内燃机车、推土机和压路机等)的司机室内设一个采样点。采用索道、皮带、斜坡道、板车、人工等其他运输方式时，在转运点或落料处设采样点。一条工作台阶路面设一个采样点。永久路面(采矿场到卸矿仓或废石场之间)设2~4个采样点。

二次爆破凿岩区及废石场、卸矿仓、转运站的作业处各设一个采样点。独立风源、溜矿井的倒矿和放矿处分别设采样点。计量房、移动式空压机站、保养场、材料库、卷扬机房、水泵房和休息室等处，均应分别设一个采样点。

② 采样位置。电铲、钻机、铲运机、车辆等司机室内的采样位置，设在司机呼吸带内。钻机外的采样位置，设在距钻机3~5m的下风侧。铲运机外的采样位置，设在距铲岩处1.5~3m的下风侧。台架式风钻凿岩的采样位置，设在距工人操作处1.5~3m的下风侧。

电铲外的采样位置，设在电铲铲斗装载和卸载中点的下风侧。铲斗容积为1m$^3$者，测点距中点15m左右；3~5m$^3$者，20~30m；大于8m$^3$者，为30~40m。装岩机及人工挖掘工作面的采样位置，设在距挖掘处1.5~3m的下风侧。

机动车辆以外的其他运输作业的采样位置，设在距转运点或落料处1.5~3m的下风侧。工作台阶路面，永久路面的采样位置，设在扬尘最大地段的下风侧，距路面中心线5~7m处。废石场、卸矿仓、转运站的采样位置，均设在卸载处的下风侧。其距离为：人力卸料，

3~5m；30t 以下机车拖运，5~10m；30t 以上机车拖运，15~20m。

二次爆破凿岩区的采样位置，设在距凿岩处 3~5m 的下风侧。独立风源的采样位置，设在采场的实际上风侧，而且不应受采场内任何含尘气流的影响。溜矿井倒矿、放矿作业的采样位置，设在距井口 5~10m 的下风侧。计量房、移动式空压机站、保养场、水泵房等场所的采样位置，设在工人操作呼吸带高度。

（4）地下矿山隧道工程采样点和采样位置的确定

① 采样点。掘进长度在 10m 以上的工作面、刷帮、拉底、挑顶和掘进硐室连续作业五个班以上的工作面，按工作面各设一个采样点。一班多循环的工作面，只按一个凿岩采样点计算。硐室型采场按作业类别设采样点。巷道型采场按作业的巷道数设采样点，切割工程量在 $50m^3$以上的采准工作面设一个采样点，开凿漏斗时以一个矿块作为一个采样点。漏斗放矿按采场设采样点，但在同一风流中相邻的几个采场同时放矿时，只设一个采样点，巷道型采矿法出矿按巷道数设采样点。使用皮带转载机运输时，每一皮带转载机、装车站、翻车笼等各设一个采样点。溜井的倒矿和放矿分别设一个采样点。主要运输巷道按中段数设采样点。破碎硐室设一个采样点。打锚杆、搅拌混凝土、喷浆当月在五个班以上时，分别设采样点。更衣室按房间数设采样点。

② 采样位置。凿岩作业的采样位置，设在距工作面 3~6m 回风侧的工人呼吸带。机械装岩作业、打眼与装岩同时作业和掘进机与装岩机同时作业的采样位置，设在距装岩机 4~6m 的回风侧；人工装岩在距装岩工约 1.5m 的下风流中。普通法掘进天井的采样位置，设在安全棚下的回风流中；吊罐或爬罐法掘进天井的采样位置，设在天井下的回风流中。硐室型、巷道型采场作业的采样位置，设在距产尘点 3~6m 的回风流中；多台凿岩机同时作业的采样位置，设在通风条件较差的一台处。电耙作业的采样位置，设在距工人操作地点约 1.5m 处。溜井和漏斗的倒矿和放矿作业的采样位置，设在下风侧约 3m 处。皮带转载机、装车站、翻罐笼等产尘点的采样位置，均设在产尘点下风侧 1.5~2m 处。主要运输巷道的采样位置，设在污染严重的地点。喷浆、打锚杆作业的采样位置，设在距工人操作地点下风侧 5~10m 处。

### 5.3.2 粉尘采样的类型和作用

《工作场所职业卫生接触限值》(GBZ 2.1—2007)对粉尘中的总尘和呼尘都分别规定了时间加权平均容许浓度(PC-TWA)，因此在安全检测中就是要检测工作场所空气中粉尘的时间加权平均接触浓度，同有毒气体检测一样，样品采集的方法也必须能满足检测目的的要求。

应根据粉尘测定的目的选择最合适的采样方法，粉尘采样方法的类型及目的如下：

（1）个体采样　是指劳动者携带个体粉尘采样器，采样头进气口处于呼吸带高度进行的采样。直接测定 PC-TWA，反映个体粉尘接触水平。

（2）定点采样　是指将粉尘采样器安置在选定的采样点，在劳动者呼吸带高度处进行的采样。定点采样也能测定 TWA，要求采集一个工作日内各时段的样品，按各时段的持续接触时间与其相应浓度乘积之和除以 8，得出 8h 工作日的时间加权平均浓度(TWA)。定点采样除了反映个体接触水平，也适用于评价工作场所环境的卫生状况。

（3）短时间采样　在采样点，将装好滤膜的粉尘采样夹，在呼吸带高度以 15~40L/min 流量采集 15min 空气样品。用于测定短时间粉尘浓度。

(4) 长时间采样　在采样点，将装好滤膜的粉尘采样夹，在呼吸带高度以 1~5L/min 流量采集 1~8h 空气样品，用于测定 PC-TWA。

以检测职业接触水平为目的的粉尘检测，必须测定粉尘的时间加权平均浓度(PC-TWA)。PC-TWA 是粉尘浓度的主体性限值，是评价工作场所环境卫生状况和劳动者接触水平的主要指标。现行检测标准提倡使用个体采样器，因为个体采样是测定 TWA 比较理想的采样方法，尤其适用于评价劳动者实际接触状况；提倡测定呼吸性粉尘浓度，对已经制定了总粉尘和呼吸性粉尘 PC-TWA 的粉尘，应同时测定总粉尘和呼吸性粉尘的时间加权平均浓度。短时间粉尘浓度主要用于控制工作场所 PC-TWA 的波动范围和过负荷的作用。粉尘的短时间超限接触浓度应小于等于其 PC-TWA 值的 2 倍。一个工作日内，超限接触的总时间不应超过 30min。

### 5.3.3　粉尘采样器的类型、规格和性能要求

粉尘采样器的基本功能是提供采集含尘气体的动力(抽气泵)，调节、控制和显示气体流量。粉尘收集器是整套粉尘采样装置的一部分，不包括在粉尘采样器中，但有些采样器和收集器是合并在一起的。

(1) 粉尘采样器。在测定空气中粉尘浓度、分散度、粉尘中游离二氧化硅、金属元素等化学有害物质时，都可使用携带式粉尘采样器采集粉尘。粉尘采样器的体积应小于 300mm×170mm×200mm，重量小于 5kg。气体流量 5~30L/min 或 0~15L/min 范围内连续可调，运行时的噪声小于 70dB(A)。连续运行 8h 以上时，温升小于 30℃。

粉尘采样器配有滤料采样夹，与滤膜配合使用。粉尘采样器又分为固定式和携带式两种。携带式粉尘采样器(图 5-4)在现场用三脚支架支撑，其高度 1.0~1.5m。它的两个采样夹可以进行平行采样。该仪器重量轻，易于携带，常用于采集作业场所粉尘。

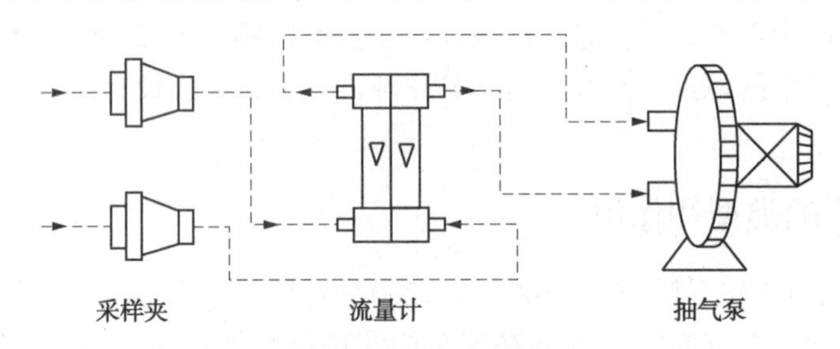


图 5-4　便携式粉尘采样器结构示意图

(2) 个体粉尘采样器。个体粉尘采样器的体积应小于 150mm×80mm×150mm，重量小于 1kg。抽气流量在 0~5L/min 或 0~10L/min 范围内连续可调，可不带流量计。运行时的噪声小于 60dB(A)。采样器连续运行 8h 以上时，温升小于 10℃。应有佩戴装置，并且使用方便安全，不影响工作。个体采样器主要由采样头(粉尘收集器)、采样泵、滤膜等构成。采样头是个体采样器收集粉尘的装置，由入口、粉尘切割器、过滤器三部分组成。测定呼吸性粉尘时才使用粉尘切割器(原理见 5.3.4)，否则测定的是悬浮性粉尘。采样头入口将呼吸带内满足总粉尘卫生标准的粒子有代表性地采集下来，切割器将采集的粉尘粒子中非呼吸性粉尘阻留，呼吸性粉尘由过滤器全部捕集下来。旋风切割器、向心式切割器和撞击式切割器是个体粉尘采样器中比较常用的切割器。无流量计时，在使用前要带负载测定采样流量。

(3)呼吸性粉尘采样器。呼吸性粉尘的粒径分布标准应符合英国医学研究协会所规定的

标准；呼吸性粉尘采样器的体积应小于 300mm×170mm×200mm，重量小于 5kg。抽气流量范围应与收集器所需流量匹配，运行时的噪声小于 70dB(A)。采样器连续运行 8h 以上时，温升小于 30℃。呼吸性粉尘采样器应有配套的固定装置，使用方便安全。

(4)个体呼吸性粉尘采样器。同气体采样一样，个体采样器都是为了反映劳动者个人受粉尘危害的情况，其他定点采样器则主要反映一个区域受粉尘危害的情况。呼吸性粉尘个体采样器(personal sampler for respirable dust，简称个体采样器)适用于个人佩带的采集呼吸性粉尘的装置，其主要由采样泵和呼吸性粉尘采样头组成。呼吸性粉尘采样头(collector for respirable dust)由两级组成。第一级为预分离器，分离性能符合 BMRC 曲线要求；第二级为滤膜采集器，采集呼吸性粉尘。个体呼吸性粉尘采样器体积应小于 150mm×80mm×150mm，重量小于 1kg。流量范围应与收集器所需流量匹配，可不带流量计。运行时的噪声小于 60dB(A)。采样器连续运行 8h 以上，温升小于 10℃。应有佩戴装置，并且使用方便安全，不影响工作。采样器不配置流量计，则其流量必须在带收集器负载的情况下，由适宜规格的皂膜流量计进行校准。

## 5.3.4 粉尘收集器

### 5.3.4.1 滤料采样夹

粉尘采样需要滤膜(又称为滤料)作为阻留材料，滤膜质地柔软，需要滤料采样夹支撑。根据制作材料、大小及用途，大体可分为三类。铝合金采样夹用硬质铝合金制造，密封圈的内直径为 35mm，使用的滤膜直径为 40mm。小型塑料采样夹用优质塑料制造，使用的滤料和滤料垫的直径为 25mm。粉尘采样夹用优质塑料制造，使用的滤料和滤料垫的直径为 40mm。采样夹的基本结构见图 5-5。采样夹由前盖、中层和底座三部分组成，可以安装一张或两张滤料。安装一张滤料时，只需连接前盖和底座；串联两张滤料时，则连接三部分，每两部分之间夹一张滤料，用抽气装置抽气，则空气中的颗粒物被阻留在滤料上。

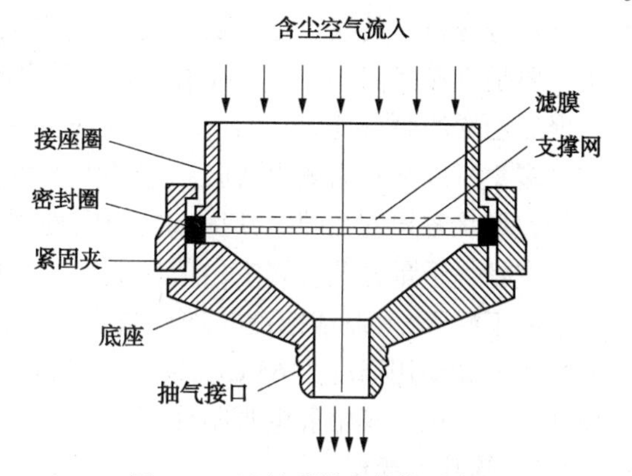

图 5-5　滤料采样夹结构示意图

为保证气体流量计量的准确性和采样效率，对采样夹密封性的要求是：采样夹内装上不透气的塑料薄膜，放于盛水的烧杯中，向采样夹内送气加压，当压差达到 1kPa 时，水中应无气泡产生。

### 5.3.4.2 纤维状滤料

由天然纤维素或合成纤维制成的各种滤纸和滤膜合称为纤维状滤料(fiber filter)，常用的有聚氯乙烯滤膜、玻璃纤维滤膜、定量滤纸等，石英玻璃纤维滤膜是一种高级玻璃纤维滤膜。滤料采集空气中气溶胶颗粒主要是基于直接阻截、惯性碰撞、扩散沉降、静电引力和重力沉降。

扩散沉降是细小颗粒在滤料表面处和孔隙内，因扩散作用而沉降在纤维上，颗粒越小，气流速度越小，浓度梯度越大，则扩散沉降的颗粒越多。静电吸引是带有电荷的滤料或气溶胶颗粒，产生相互的静电吸引，将颗粒吸附在滤料上。不同的滤料带有不同程度的电荷，通常合成纤维滤料多带很强的静电。一般直径在 0.1~1μm 的微粒的阻留，以静电作用为主；大于 1μm 的微粒的阻留，以惯性冲击作用和阻截作用为主；小于 0.1μm 的阻留，以扩散作用为主。

滤料的采集效率除与自身性质有关外，还与采样速率有关。低速采样以扩散沉降为主，对细小颗粒的采集效率高；高速采样，以惯性碰撞为主，对较大颗粒采集效率高。采样速度一定时，就可能使一部分粒径小的呼吸性粉尘颗粒采样效率低。在采样过程中还可能发生颗粒物从滤料弹回或吹走的现象，特别是在采样速率大的情况下，颗粒大，质量重的颗粒易发生弹回现象；颗粒小的粒子易穿过滤料被吹走，这些情况都是造成采集效率偏低的原因。

定量滤纸(quantitative filter paper)是由纯净的植物纤维素浆制成。它是由粗细不等的天然纤维素互相重叠在一起，形成大小和形状都不规则的孔隙，其厚度小于 0.25mm。由于滤纸纤维较粗，孔隙较小，因此，通气阻力大，适用于金属尘粒子采集。滤纸的吸湿性大，吸湿后机械强度下降，且不利于重量法测尘。定量滤纸采集气溶胶的机制主要是拦截、扩散和惯性冲击作用。

玻璃纤维滤膜(glass fiber filtration memberane)由纯净的超细玻璃纤维制成，厚度小于1mm，具有较小的不规则的孔隙。其优点是：耐高温、耐腐蚀、吸湿性小、通气阻力小、采集效率高，适于大流量采集低浓度的有害物质；并可用水、苯和稀硝酸等提取采集到它上面的组分进行分析。其缺点是：灰分高、金属空白值高、机械强度较差。玻璃纤维滤膜的采集机制主要是直接拦截、惯性碰撞和扩散沉降作用。

聚氯乙烯滤膜(polychlorovinyl filtration memberane，又称为过氯乙烯滤膜)在粉尘测定中使用最多，所以又称为测尘滤膜。它是由聚氯乙烯纤维互相交叉重叠而构成的，具有许多大小不等、形状各异的孔隙。其优点是静电性强、吸湿性小、通气阻力小、耐酸碱、孔径小、机械强度好、重量轻及金属空白值较低等。采样后的聚氯乙烯滤膜可用有机溶剂(如乙酸乙酯、乙酸丁酯等)等制成溶液，进行颗粒物分散度及颗粒物中有毒有害物质分析。其缺点是不耐热，最高使用温度为 65℃。聚氯乙烯滤膜采集气溶胶的机制是阻截、扩散、静电吸附和惯性冲击作用，其中静电吸附作用最强

#### 5.3.4.3 筛孔状滤料

筛孔状滤料(sieve mesh filter)与纤维滤料的采样机制相似，但其筛孔孔径较均匀。常用的筛孔状滤料有微孔滤膜、核孔滤膜、银薄膜和聚氨酯泡沫塑料等。

微孔滤膜(micro-pore filtration membrane)由硝酸纤维素及少量乙酸纤维素基质交联成筛孔状滤膜，其厚度约为 0.15mm，孔径细小且均匀，耐热性较好，最高可在 125℃下使用。常见孔径规格在 0.1~1.2μm，可根据需要选择不同孔径的滤膜，如采集气溶胶一般选用 0.8μm 孔径的微孔滤膜。微孔滤膜采样效率高，灰分低，特别适宜于采集和分析气溶胶中的金属元素。微孔滤膜能溶于丙酮、乙酸乙酯、甲基异丁酮等有机溶剂。由于微孔滤膜表面光滑，气溶胶粒子主要吸附在膜的表面或浅表层内，由于微孔滤膜几乎不溶于稀酸，这样就可方便地用酸把样品从滤膜上浸出后测定。微孔滤膜的缺点是通气阻力较大。其采集气溶胶的机制主要是惯性冲击作用和扩散作用。

聚氨酯泡沫塑料(polyrethane foam plastic)由无数的泡沫塑料细泡互相连通而成的多孔滤料，比表面积大，通气阻力小，适宜于较大流量采样。有些分子量较大的有机化合物，如有机磷、有机氮、有机氯等农药以及多氯联苯和多环芳烃等，常以气溶胶和蒸气两相共存于空

气中，使用聚氨酯泡沫塑料同时采集也可获得较高的采样效率。市售聚氨酯泡沫塑料在使用前需预处理，处理方法依采集不同物质而异，目的是除去干扰杂质，具体处理方法可参考有关文献。

核孔滤膜(nucleo-pore filtration membrane)是由聚碳酸酯薄膜覆盖铀箔后，放在核反应堆中，经中子流轰击，造成铀核分裂，产生的分裂碎片穿过薄膜形成核孔，再经化学腐蚀处理制成，通过控制腐蚀条件，包括溶液温度、浓度和腐蚀时间，可得到所需孔径。核孔滤膜薄而光滑、孔径均匀、机械强度高、不亲水、耐热性较好，最高使用温度可达140℃。又因为灰分低、质轻，特别适于重量分析。核孔滤膜厚度约为0.01mm，孔径0.2~12μm。因微孔呈圆柱状，核孔滤膜的采样效率比微孔滤膜低。其主要通过直接拦截作用和惯性冲击作用采集气溶胶。

银薄膜(silver membrane)由细微的银粒烧结而成，具有微孔滤膜相似的膜结构。膜厚0.05~0.1mm，孔径较均匀。银薄膜耐高温(400℃)，抗腐蚀，适于采集酸碱性气溶胶及有机污染物样品，如煤焦油沥青等挥发物。采样分析后，经过适当处理后，银薄膜可以重复使用。

### 5.3.5 粉尘预分离器

粉尘预分离器又称为可吸入粉尘切割器，粉尘中粒径不同的颗粒对人体的危害程度也不同，所以有时需要分粒径范围分别测定，可吸入粉尘的切割器就是能把粉尘分级分别采集的粉尘采样装置。按照现行国家标准，主要是把呼吸性粉尘与非呼吸性粉尘分离开。

#### 5.3.5.1 串联旋风切割器

旋风切割器的工作原理与旋风分离器基本相同，如图5-6所示。空气以高速度沿180°渐开线进入切割器的圆桶内，形成旋转气流，在离心力的作用下，将粗颗粒物摔到桶壁上并继续向下运动，粗颗粒在不断与桶壁撞击中失去前进的能量而落入大颗粒物收集器内，细颗粒随气流沿气体排出管上升，被过滤器的滤膜捕集，从而将粗、细颗粒物分开。切割器必须用标准粒子发生器制备的标准粒子进行校准后方可使用。

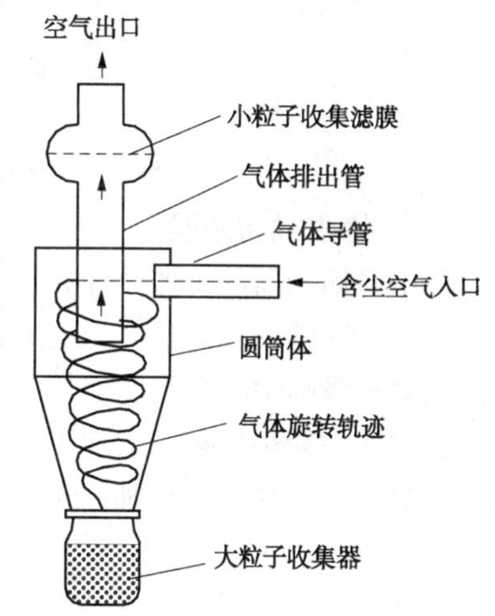

图5-6　旋风式切割器原理示意图

缩小旋风切割器的尺寸可以明显提高除尘效率，减小切割器的分割粒径 $d_{50}$。将具有不同分割粒径的旋风除尘器依序串联，就可以实现粉尘的分级切割，图5-7为五级串联旋风切割器。旋风切割器的分割粒径与自身尺寸和气流量大小有关。

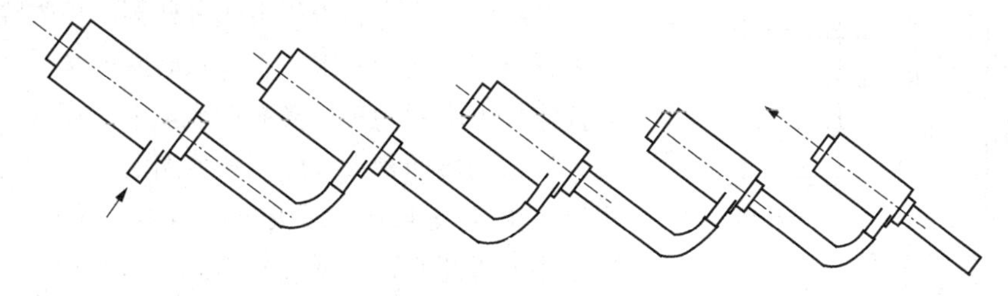
图5-7　五级串联旋风切割器示意图

#### 5.3.5.2 向心式切割器

向心式切割器原理如图 5-8 所示。当气流从小孔高速喷出时，因所携带的颗粒物大小不同，惯性也不同，颗粒质量越大，惯性越大。不同粒径的颗粒物各有一定运动轨线，其中质量较大的颗粒运动轨线接近中心轴线，最后进入锥形收集器被底部的滤膜收集；小颗粒物惯性小，离中心轴线较远，偏离锥形收集器入口，随气流进入下一级。第二级的喷嘴直径和锥形收集器的入口孔径变小，二者之间距离缩短，使小一些的颗粒物被收集。第三级的喷嘴直径和锥形收集器的入口孔径又比第二级小，其间距离更短，所收集的颗粒更细。如此经过多级分离，剩下的极细颗粒到达最底部，被夹持的滤膜收集。图 5-9 为三级向心式切割器的示意图。

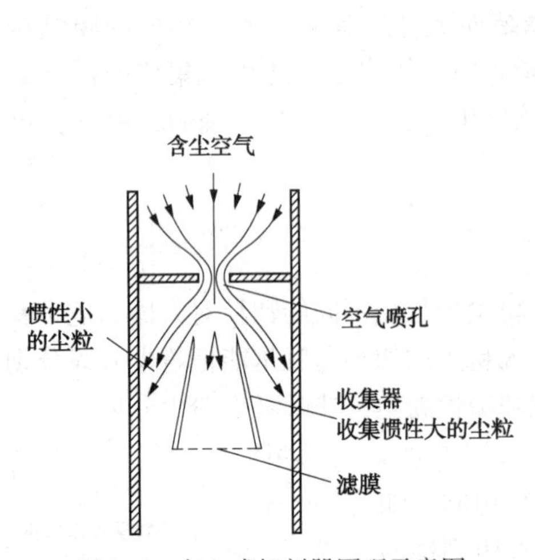

图 5-8 向心式切割器原理示意图

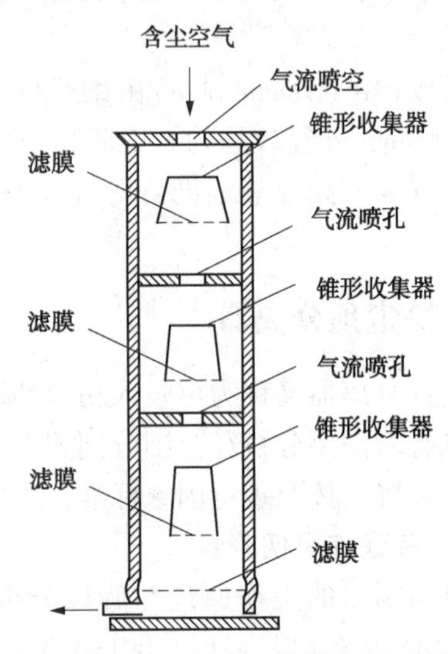

图 5-9 三级向心式切割器原理示意图

#### 5.3.5.3 撞击式切割器

撞击式切割器的工作原理如图 5-10 所示。当含颗粒物气体以一定速度由喷嘴喷出后，颗粒获得一定的动能并且有一定的惯性。在同一喷射速度下，粒径越大，惯性越大，因此，气流从第一级喷嘴喷出后，惯性大的大颗粒难于改变运动方向，与第一块捕集板碰撞被沉积下来，而惯性较小的颗粒则随气流绕过第一块捕集板进入第二级喷嘴。因第二级喷嘴较第一级小，故喷出颗粒动能增加，速度增大，其中惯性较大的颗粒与第二块捕集板碰撞而被沉积，而惯性较小的颗粒继续向下级运动。如此一级一级地进行下去，则气流中的颗粒由大到小地被分开，沉积在不同的捕集板上。最末级捕集板用玻璃纤维滤膜代替，捕集更小的颗粒。这种采样器可以设计为 3~6 级，也有 8 级的，称为多级撞击式采样器。单喷嘴多级撞击式采样器采样面积有限，不宜长时间连续采样，否则会因捕集板上堆积颗粒过多而造成损失。多级多喷嘴撞击式采样器捕集面积大，应用较普遍的一种称为安德森采样器，由 8 级组成，每级 200~400 个喷嘴，最后一级也是用纤维滤膜代替捕集板捕集小颗粒物。安德森采样器捕集颗粒物粒径范围为 0.34~11μm。

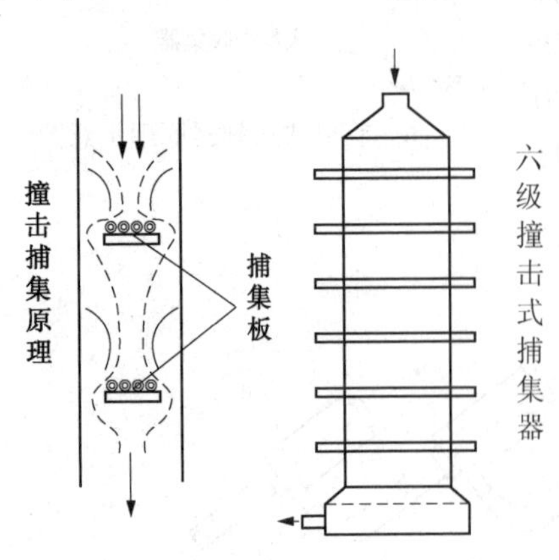

图 5-10 撞击式切割器原理示意图

#### 5.3.5.4 水平淘洗式切割器

水平淘洗法(elutriation)的分离粉尘原理如下：水平淘洗粉尘切割器主要由三部分构成，即水平淘洗槽、滤料夹和抽气系统。抽气系统抽动含粉尘的空气时，进入水平淘洗槽后平稳流动，近似层流状态。当粉尘颗粒悬浮在流动的流体中时，利用它们具有不同的沉降速度而将其分离的方法。呼吸性粉尘沉降慢，但漂浮性强，倾向于随气流流过水平淘洗槽，进入粉尘收集器而被收集。水平淘洗式切割器的构造原理示意图如图 5-11 所示。

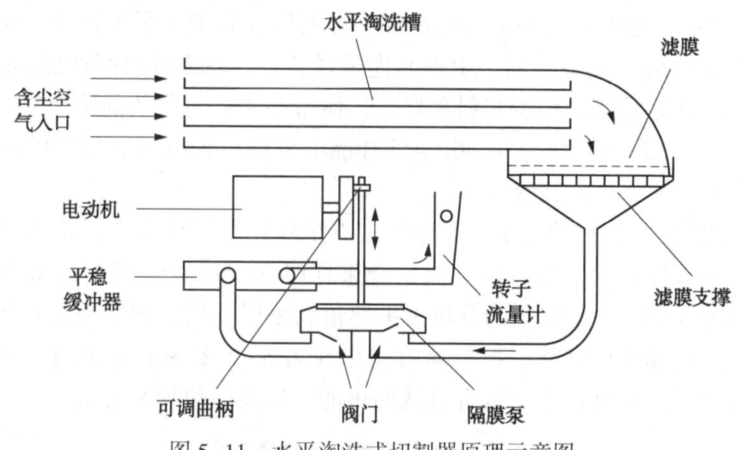


图 5-11 水平淘洗式切割器原理示意图

## 5.4 工作场所空气中总粉尘浓度的测定

（1）检测原理

总粉尘浓度的测定采用滤膜质量法，采样器采集一定体积的含尘空气，将粉尘阻留在已知质量的测尘滤膜上，由采样后的滤膜增量和采气量，计算出单位体积空气中总粉尘的质量。

（2）检测器材

粉尘采样器：包括采样器和采样夹两部分。进行定点采样时，在采样夹中安装直径40mm 和 75mm 的过氯乙烯滤膜或其他测尘滤膜；进行个体采样时，在小型塑料采样夹中安装直径≤37mm 的滤膜。滤膜的直径可根据粉尘浓度调整，空气中粉尘浓度≤50mg/m$^3$时，用直径 37mm 或 40mm 的滤膜，粉尘浓度>50mg/m$^3$时，用直径 75mm 的滤膜。进行长时间个体采样时，用流量在 1～5L/min 范围的粉尘采样器；进行定点采样时，用流量在 5～80L/min 范围的粉尘采样器；需要防爆的工作场所应使用防爆型粉尘采样器。连续采样时，泵及电机的持续运转时间应≥8h。分析天平(感量 0.1mg 或 0.01mg，滤膜增量≤1mg 时，应用感量为 0.01mg 分析天平称量)；秒表；干燥器(内装变色硅胶)；镊子；除静电器。

（3）滤膜的准备和安装

滤膜的干燥　称量前，将滤膜在干燥器内放置 2h 以上。

滤膜的称量　用镊子取下滤膜两面的衬纸，将滤膜通过除静电器，除去滤膜的静电，在分析天平上准确称量，记录滤膜的质量 $m_1$。在衬纸上和记录表上记录滤膜的质量和编号。将滤膜和衬纸放入相应的容器中备用，或者是将滤膜直接安装在采样夹上。

滤膜的安装　滤膜的毛面应朝进气方向装入采样头中，拧紧固定环后，务使滤膜无褶皱或裂隙；粉尘浓度>50mg/m$^3$时，用直径 75mm 的滤膜，并做成漏斗状装入滤膜夹，再放入采样头中。

(4) 样品采集

分为定点采样和个体采样两种情况。

根据检测粉尘的目的，定点采样可以采用短时间采样或长时间采样。

短时间采样　在采样点，将装好滤膜的粉尘采样夹放在呼吸带高度，以 15~40L/min 流量采集 15min 空气样品。

长时间采样　在采样点，将装好滤膜的粉尘采样夹放在呼吸带高度，以 1~5L/min 流量采集 1~8h 空气样品。根据现场粉尘的浓度和采样器性能确定一个采样夹一次采样的持续时间，如一次不能持续 8h，则应无间隙更换其他采样装置，总采样时间达到 8h。

个体采样　将装好滤膜的小型塑料采样夹，佩带在采样对象的前胸上部，进气口尽量接近呼吸带，以 1~5L/min 流量采集 1~8h 空气样品。同样，根据现场粉尘的浓度和采样器性能确定一个采样夹一次采样的持续时间。

滤膜上总粉尘增量($\Delta m$)的要求　无论是定点采样还是个体采样，都要根据现场空气中粉尘的浓度、所用采样夹的大小、采样流量及采样时间，估算滤膜上总粉尘的增量($\Delta m$)。滤膜粉尘 $\Delta m$ 量的要求与称量使用的分析天平感量和采样使用的测尘滤膜直径有关。采样时要通过调节采样流量和采样时间，控制滤膜粉尘在表 5-2 要求的范围内。否则，有可能因过载造成粉尘脱落。采样过程中，若有过载的可能，应及时更换采样夹。

**表 5-2　滤膜总粉尘的增量要求**

| 分析天平感量 | 滤膜直径/mm | $\Delta m$ 的要求/mg |
|---|---|---|
| 0. 1mg | ≤37 | $1\leqslant\Delta m\leqslant5$ |
| | 40 | $1\leqslant\Delta m\leqslant10$ |
| | 75 | $\Delta m\geqslant1$，最大增量不限 |
| 0. 01mg | ≤37 | $0.1\leqslant\Delta m\leqslant5$ |
| | 40 | $0.1\leqslant\Delta m\leqslant10$ |
| | 75 | $\Delta m\geqslant0.1$，最大增量不限 |

(5) 样品的运输与保存

采样后，取出滤膜，将滤膜的接尘面朝里对折两次，置于清洁容器内运输和保存。运输和保存过程中应防止粉尘脱落或污染。

(6) 样品的称量

称量前，将采样后的滤膜置于干燥器内 2h 以上，除静电后，在分析天平上准确称量，记录滤膜和粉尘的质量 $m_2$。

(7) 空气中总粉尘浓度的计算

空气中总粉尘短时间浓度的计算：

根据两次称量的质量和采集空气的体积，依据式(5-1)来计算空气中总粉尘的浓度。

$$c=\frac{m_2-m_1}{Ft}\times1000 \tag{5-1}$$

式中　$c$——空气中总粉尘的浓度，$mg/m^3$；

$m_2$——采样后的滤膜质量，mg；

$m_1$——采样前的滤膜质量，mg；

$F$——采样流量，L/min；

$t$——采样时间，min。

空气中总粉尘时间加权平均浓度的计算：

如果是用一个采样夹一次连续采集 8h，按照式(5-2)计算。

$$c_{TWA}=\frac{m_2-m_1}{Ft}\times1000 \tag{5-2}$$

式中 $c_{TWA}$——空气中 8h 总粉尘时间加权平均浓度，mg/m³；

$m_2$——采样后的滤膜质量，mg；

$m_1$——采样前的滤膜质量，mg；

$F$——采样流量，L/min；

$t$——采样时间(min)，480min。

如果是分时段采样，时间加权平均浓度按式(5-3)计算。

$$c_{TWA}=\frac{C_1T_1+C_2T_2+\cdots+C_nT_n}{8} \tag{5-3}$$

式中 $c_{TWA}$——空气中 8h 总粉尘时间加权平均浓度，mg/m³；

$C_1$、$C_2$、$C_n$——各时段空气中总粉尘平均浓度，mg/m³；

$T_1$、$T_2$、$T_n$——劳动者在相应浓度下的工作时间，h；

8——时间加权平均容许浓度规定的 8h。

(8) 有关检测方法的说明

当采集的空气样品量为 500L、称量所用分析天平的感量为 0.01mg 时，本法的最低检出浓度为 0.2mg/m³。所用分析天平的感量和采样流量及采样时间等因素，都是方法适用的空气中粉尘浓度范围的决定因素。表 5-3 是本方法在个体采样情况下适用的空气中粉尘浓度的参考范围。

**表 5-3 空气中粉尘浓度的参考范围**

| 分析天平感量 | 采样流量/(L/min) | 采样时间/min | 空气中粉尘浓度范围/(mg/m³) |
|---|---|---|---|
| 0.01mg | 2 | 480 | 0.1~5.2 |
| | 3.5 | 480 | 0.06~3 |
| 0.1mg | 2 | 480 | 1.0~5.2 |
| | 3.5 | 480 | 0.6~3 |

过氯乙烯滤膜为合成纤维制品，不耐高温，当现场温度高(如高于 55℃)时，可用玻璃纤维滤膜。在采样过程中，空气流过合成纤维滤膜时易产生静电电荷，因滤膜具有憎水性，所以静电电荷易积累而不易泄放，其电场影响称量的准确性，因此，每次称量前应除去静电。已采样的滤膜还可留作测定粉尘分散度。采样前后滤膜称量应使用同一台分析天平，称量前，滤膜应在天平室内放置 2h 以上，室内湿度控制在 30%~60%，尽量保持温度与湿度稳定。采样后，滤膜上粉尘增重若小于 0.1mg 或大于 5mg，应重新采样。

采样前必须用同样的未称重滤膜模拟采样，调节好采样流量，检查仪器密封性能。具体方法是：在抽气条件下，用手掌堵住滤膜进气口，若流量计转子立即回到零刻度，表示采样系统不漏气。单独检查采样头的气密性，可将滤膜夹上装有塑料薄膜的采样头放于盛水的烧杯中，向采样头内送气加压，当压差达到 1000Pa 时，水中应无气泡产生。

若现场空气中含有油雾，必须先用石油醚或航空汽油浸洗采样后具尘后的滤膜，除油、晾干后再称重。

## 5.5 工作场所空气中呼吸性粉尘浓度的测定

### 5.5.1 呼吸性粉尘浓度的滤膜质量法测定

(1) 检测原理

空气中粉尘通过采样器上的预分离器，分离出的呼吸性粉尘颗粒采集在已知质量的测尘滤膜上，由采样后的滤膜增量和采气量，计算出单位体积空气中呼吸性粉尘的质量。除了对粉尘进行预分离外，其他操作原理均与总尘测定相同。

(2) 检测所需仪器

滤膜采用过氯乙烯滤膜或其他测尘滤膜；呼吸性粉尘采样器(包括预分离器、泵和流量计)，预分离器对粉尘粒子的分离性能应符合粉尘粒子空气动力学直径均在 7.07μm 以下，且直径 5μm 的粉尘粒子的采集率为 50%的要求；分析天平(感量 0.01mg)；其余器材同总粉尘浓度测定。

(3) 滤膜的准备与安装

滤膜的干燥滤膜在干燥器内放置 2h 以上。

滤膜的称量用镊子取下滤膜两面的衬纸，将滤膜通过除静电器，除去滤膜的静电，在分析天平上准确称量。在衬纸上和记录表上记录滤膜的质量 $m_1$ 和编号。将滤膜和衬纸放入相应的容器中备用，或者将滤膜直接安装在预分离器内。

滤膜的安装安装时，滤膜毛面应朝着进气方向，滤膜放置应平整，不能有裂隙和褶皱。

(4) 预分离器的准备

按照所用预分离器的技术要求，做好准备和安装。

(5) 样品采集

分为定点采样和个体采样两种情况。

根据检测粉尘的目的，定点采样可以采用短时间采样或长时间采样。

短时间采样在采样点，将连接好的呼吸性粉尘采样器，在呼吸带高度，以预分离器要求的流量采集 15min 空气样品。

长时间采样在采样点，将连接好的呼吸性粉尘采样器，在呼吸带高度，以预分离器要求的流量采集 1~8h 空气样品。根据现场粉尘的浓度和采样器性能确定一个采样夹一次采样的持续时间，如一次不能持续 8h，则应无间隙更换其他采样装置，总采样时间达到 8h。

个体采样将连接好的呼吸性粉尘采样器，佩带在采样对象的前胸上部，进气口尽量接近呼吸带，以预分离器要求的流量采集 1~8h 空气样品。同样，根据现场粉尘的浓度和采样器性能确定一个采样夹一次采样的持续时间。

滤膜上总粉尘增量($\Delta m$)的要求无论是定点采样还是个体采样，都要根据现场空气中粉尘的浓度、所用采样夹的大小、采样流量及采样时间，估算滤膜上粉尘的增量($\Delta m$)。滤膜粉尘$\Delta m$ 的要求与称量使用的分析天平感量和采样使用的测尘滤膜直径有关。采样时要通过调节采样时间，控制滤膜粉尘$\Delta m$ 数值在 0.1~5mg 的要求。否则，有可能因滤膜过载造成粉尘脱落。采样过程中，若有过载的可能，应及时更换呼吸性粉尘采样器。

(6) 样品的运输与保存

采样后，从预分离器中取出滤膜，将滤膜的接尘面朝里对折两次，至于清洁容器内运输和保存。运输和保存过程中应防止粉尘脱落或污染。

（7）样品的称量

称量前，将采样后的滤膜置于干燥器内 2h 以上，除静电后，在分析天平上准确称量，记录滤膜和粉尘的质量 $m_2$。

（8）空气中呼吸性粉尘浓度的计算

空气中呼吸性粉尘短时间浓度的计算根据两次称量的质量和采集空气的体积，依据式(5-4)来计算空气中总粉尘的浓度。

$$c = \frac{m_2 - m_1}{Ft} \times 1000 \tag{5-4}$$

式中　$c$——空气中呼吸性粉尘的浓度，mg/m$^3$；

$m_2$——采样后的滤膜质量，mg；

$m_1$——采样前的滤膜质量，mg；

$F$——采样流量，L/min；

$t$——采样时间，min。

空气中呼吸性粉尘时间加权平均浓度的计算：

如果是用一张滤膜一次连续采集 8h，按照式(5-5)计算。

$$c_{TWA} = \frac{m_2 - m_1}{Ft} \times 1000 \tag{5-5}$$

式中　$c_{TWA}$——空气中 8h 呼吸性粉尘时间加权平均浓度，mg/m$^3$；

$m_2$——采样后的滤膜质量，mg；

$m_1$——采样前的滤膜质量，mg；

$F$——采样流量，L/min；

$t$——采样时间(min)，480min。

如果是分时段采样，时间加权平均浓度按式(5-6)计算。

$$c_{TWA} = \frac{C_1T_1 + C_2T_2 + \cdots + C_nT_n}{8} \tag{5-6}$$

式中　$c_{TWA}$——空气中 8h 呼吸性粉尘时间加权平均浓度，mg/m$^3$；

$C_1$、$C_2$、$C_n$——各时段空气中呼吸性粉尘平均浓度，mg/m$^3$；

$T_1$、$T_2$、$T_n$——劳动者在相应浓度下的工作时间，h；

8——时间加权平均容许浓度规定的 8h。

（9）有关检测方法的说明

本方法为测定呼吸性粉尘的基本方法，如果使用其他仪器或方法测定呼吸性粉尘浓度时，须以本方法为基准。

本方法的最低检出浓度为 0.2mg/m$^3$(以感量 0.01mg 天平，采集 500L 空气样品计)，采样前后，滤膜称量应使用同一台天平。每次称量前均应除去静电。

要按照所使用的呼吸性粉尘采样器的要求，正确应用滤膜和采样流量及粉尘增量，不要任意改变采样流量。

必须采用技术合格的呼吸性粉尘采样器，呼吸性粉尘采样器的预分离器对粉尘颗粒的分离率应符合 BMRC(British Medical Research Council)曲线。呼尘的空气动力学直径应在 7.07μm 以下，其中空气动力学直径 5μm 粉尘颗粒的采集率为 50%。

在高温或存在有机溶剂的环境中，可改用玻璃纤维滤膜。

采样泵最好能连续工作 8h 以上，采样泵具有恒定流量的能力。

### 5.5.2 压电晶体差频法测定呼吸性粉尘浓度

石英晶体差频粉尘测定仪以石英谐振器为测尘传感器其工作原理示意图见图 5-12。空气样品经粒子切割器剔除粒径大的颗粒物，欲测粒径范围的小的颗粒物进入测量气室。测量气室内有高压放电针、石英谐振器及电极构成的静电采样器，气样中的粉尘因高压电晕放电作用而带上负电荷，继之在带正电荷的石英谐振器表面放电并沉积，除尘后的气样流经参比室内的石英谐振器排出。因参比石英谐振器没有集尘作用，当没有气样进入仪器时，两振荡器固有震荡频率相同($f_1=f_2$)$\Delta f=f_1-f_2=0$，无信号输出到电子处理系统，数显屏幕上显示零。当有气样进入仪器时，则测量石英振荡器因集尘而质量增加，使其振荡频率($f_1$)降低，两振荡器频率之差($\Delta f$)经信号处理系统转换成粉尘浓度并在数显屏幕上显示。测量石英谐振器集尘越多，振荡频率($f_1$)降低也越多，二者具有线性关系，即

$$\Delta f=K\cdot\Delta M \tag{5-7}$$

式中 $K$——由石英晶体特性和温度等因素决定的常数；

$\Delta M$——测量石英晶体质量增值，即采集的粉尘质量，mg。

如空气中粉尘浓度为 $c$(mg/m$^3$)，采样流量为 $Q$(m$^3$/min)，采样时间为 $t$(min)，则：

$$\Delta M=cQt \tag{5-8}$$

代入式(5-7)得：

$$c=(1/K)\cdot(\Delta f/Qt) \tag{5-9}$$

因实际测量时 $Q$、$t$ 值均已固定，故可改写为：

$$c=A\cdot\Delta f \tag{5-10}$$

可见，通过测量采样后两石英谐振器频率之差($\Delta f$)，即可得知粉尘浓度。当用标准粉尘浓度气样校正仪器后，即可在显示屏幕上直接显示被测气样的粉尘浓度。

为保证测量准确度，应定期清洗石英谐振器，已有采样程序控制自动清洗的连续自动石英晶体测尘仪。

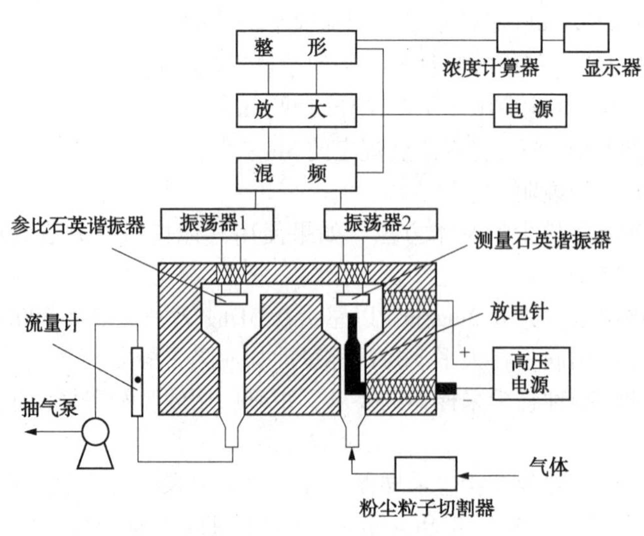


图 5-12 石英晶体粉尘测定仪工作原理

### 5.5.3 β射线吸收法测定呼吸性粉尘浓度

该测量方法基于的原理是：让β射线通过特定物质后，其强度将衰减，衰减程度与所穿过的物质厚度有关，而与物质的物理、化学性质无关。β射线测尘仪的工作原理如图5-13所示。它是通过测定清洁滤带（未采尘）和采尘滤带（已采尘）对β射线吸收程度的差异来测定采尘量的。因采集含尘空气的体积是已知的，故可得知空气中含尘浓度。

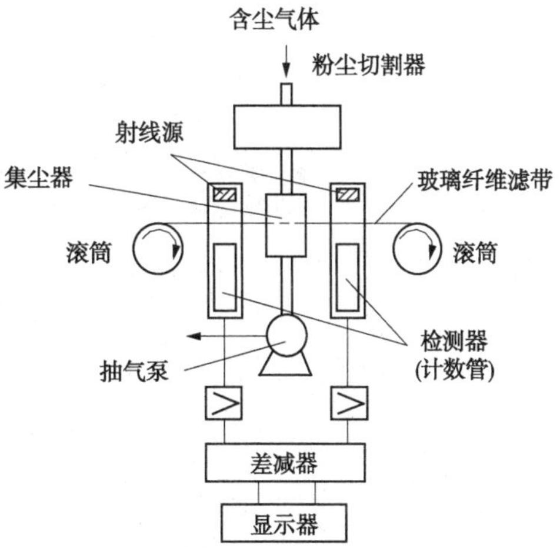

图5-13 β射线粉尘测定仪工作原理

设两束相同强度的β射线分别穿过清洁滤带和采尘滤带后的强度为$N_0$（计数）和$N$（计数），则二者关系为：

$$N = N_0^{-K \cdot \Delta M} \text{ 或 } \ln\frac{N_0}{N} = K \cdot \Delta M \quad (5-11)$$

式中 $K$——质量吸收系数，$cm^2/mg$；

$\Delta M$——滤带单位面积上粉尘的质量，$mg/cm^2$。

式（5-11）经变换可写成如下形式：

$$\Delta M = \frac{1}{K}\ln\frac{N_0}{N} \quad (5-12)$$

设滤带采尘部分的面积为$S$，采气体积为$V$，则空气中含尘浓度（$c$）为：

$$c = \frac{\Delta M \cdot S}{V} = \frac{S}{VK}\ln\frac{N_0}{N} \quad (5-13)$$

上式说明当仪器工作条件选定后，气样含尘浓度只决定于β射线穿过清洁滤带和采尘滤带后的两次计数的比值。从公式可以看出，其工作原理与双光束分光光度计有相似之处。

β射线源可用$^{14}C$、$^{60}Co$等；检测器采样计数管，对放射性脉冲进行计数，反映β射线的强度。

为研究粉尘的物理化学性质、形成机理和粉尘粒径对人体健康的危害关系，需要测定粉尘的粒径分布。粒径分布有两种表示方法，一种是不同粒径的数目分布，另一种是不同粒径的重量浓度分布。前者用光散射粒子计数器测定，后者用根据撞击捕尘原理制成的采样器分级捕集不同粒径范围的颗粒物，再用重量法测定。这种方法设备较简单，应用比较广泛，所用采样器为多级喷射撞击式或安德森采样器。

### 5.5.4 光散射法测定呼吸性粉尘浓度

光散射法测尘仪是基于粉尘颗粒对光的散射原理设计而成的，如图5-14所示。在抽气动力作用下，将空气样品连续吸入暗室，平行光束穿过暗室，照射到空气样品中的细小粉尘颗粒时，发生光散射现象，产生散射光。颗粒物的形状、颜色、粒度及其分布等性质一定时，散射光强度与颗粒物的质量浓度成正比。散射光经光电传感器转换成微电流，微电流被放大后再转换成电脉冲数，利用电脉冲数与粉尘浓度呈正比的关系便能测定空气中粉尘的浓度。

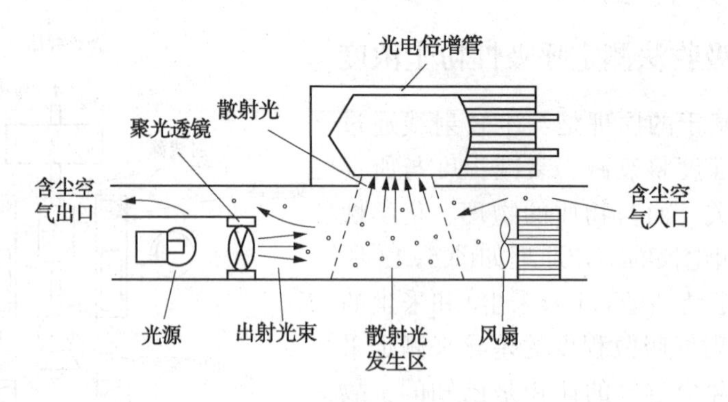


图 5-14　光散射法测尘仪检测原理示意图

$$c = K(R-B) \tag{5-14}$$

式中　$c$——空气中 PM10 质量浓度，$mg/m^3$，采样头装有粒子切割器；

$R$——仪器测定颗粒物的测定值—电脉冲数；$R$=累计读数/$t$，即 $R$ 是仪器平均每分钟产生的电脉冲数，$t$ 为设定的采样时间，min；

$B$——仪器基底值(仪器检查记录值)，又称暗计数，即无粉尘的空气通过时仪器的测定值，相当于由暗电流产生的电脉冲数；

$K$——颗粒物质量浓度与电脉冲数之间的转换系数。

当被测颗粒物质量浓度相同，而粒径、颜色不同时，颗粒物对光的散射程度也不相同，仪器测定的结果也就不同。因此，在某一特定的采样环境中采样时，必须先用重量法与光散射法所用的仪器相结合，测定计算出 $K$ 值。这相当于用重量法对仪器进行校正。光散射法仪器出厂时给出的 $K$ 值是仪器出厂前厂方用标准粒子校正后的 $K$ 值，该值只表明同一型号的仪器 $K$ 值相同，仪器的灵敏度一致，不是实际测定样品时可用的 $K$ 值。

实际工作中 $K$ 值的测定方法是：在采样点将重量法、光散射法测定所用相同采样器的采样口放在采样点的相同高度和同一方向，同时采样 10min 以上，根据式(5-14)，用两种仪器所得结果或读数如下计算 $K$ 值：

$$K = \frac{C}{R - B} \tag{5-15}$$

式中　$C$——重量法测定 PM10 的质量浓度值，$mg/m^3$；

$R$——光散射法所用仪器的测量值，电脉冲数。

例如，用滤膜重量法测得某现场颗粒物质量浓度 $C=1.5mg/m^3$，用 P-5 型光散射法仪器同时采样测定，仪器读数为 1260(电脉冲数)，已知采样时间为 10min，$B=3$(电脉冲数)，则：

$$R=1260/10=126(\text{电脉冲数})$$

$$K=1.5/(126-3)=0.012$$

有时，可能由于颗粒物诸多性质不同，在同一环境中反复测定的转换系数 $K$ 值也有差异，这主要是由于粉尘颗粒的性质随机发生变化，及仪器显示值本身的随机误差造成的。因此，应该取多次测定 $K$ 值的平均值作为该特定环境中的 $K$ 值。只要环境条件不变，该 $K$ 值就可用于以后的测定计算。产生粉尘的环境条件及物料变化时，要重新测定 $K$ 值。

## 5.6 工作场所空气中粉尘分散度测定

粉尘分散度(dust dispersity)是指各粒径区间的粉尘数量或质量分布的百分比。根据分散度可以反映场所粉尘危害的大小。

### 5.6.1 用物镜测微尺标定目镜测微尺

物镜测微尺(图 5-15)是一标准尺度，总长 1mm，100 等分刻度，每一分度值为 0.01mm (10μm)。

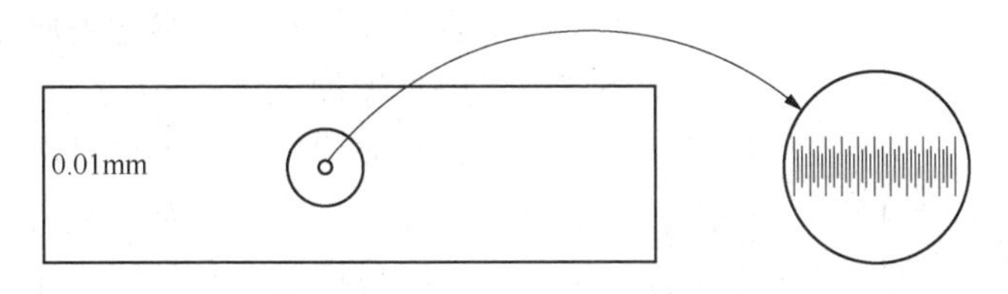


图 5-15 物镜测微尺

目镜测微尺放在显微镜的目镜内(有刻度的一面向下)，其刻度间距是固定不变的，测定中用它测量粉尘颗粒大小。但是当物镜倍数改变时，被测粉尘在视野中的大小随之改变，目镜测微尺的刻度间距不能反映粉尘颗粒的真实粒径。因此，必须用物镜测微尺对目镜测微尺进行标定，确定其在所选定光学条件下，目镜测微尺刻度间距代表的真实长度，

测定分散度时，一般用高倍物镜配合 10 倍目镜进行测定，有特殊要求时可用油镜。标定时，将待标定目镜测微尺放入目镜筒内，物镜测微尺放在显微镜的载物台上，先在低倍镜下找到物镜测微尺的刻度线，将其移到视野中央，然后换成高倍镜(400~600 放大倍率)，调节焦距至刻度线清晰；移动载物台，使物镜测微尺的任意一条刻度线与目镜测微尺的任意一条刻度线(例如 0 刻度线)相重合，然后找出两尺另外一条重合的刻度线(图 5-16)；分别数出重合刻度线间物镜测微尺刻度数 $a$ 和目镜测微尺的刻度数 $b$。

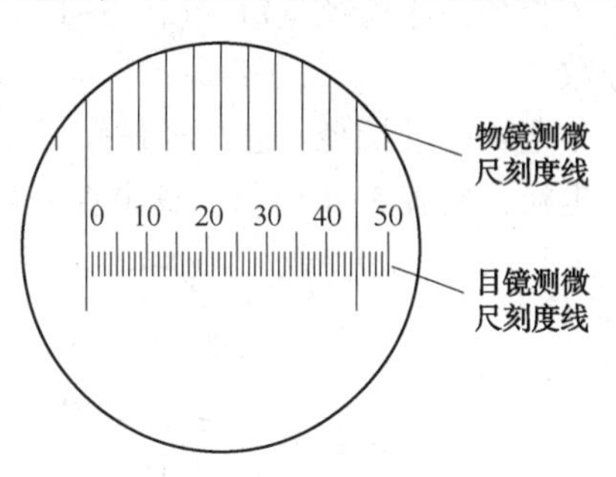


图 5-16 目镜测微尺的标定

目镜测微尺每一刻度数间距用式(5-16)计算。

$$D=10a/b \tag{5-16}$$

式中 $D$——目镜测微尺刻度的间距数值，μm；

$a$——物镜测微尺刻度数；

$b$——目镜测微尺刻度数；

10——物镜测微尺每个刻度间距数值，μm。

在图 5-16 的视野中，目镜测微尺的 45 个刻度与物镜测微尺的 10 个刻度相重合，在该光学条件下，目镜测微尺 1 个刻度相当于(10÷45)×10μm = 2.2μm。标定完成后，在后面的测量过程放大倍数不能再改变。

### 5.6.2 滤膜溶解涂片法

滤膜溶解涂片法又简称滤膜法。其原理是把采样后的过氯乙烯滤膜溶解于有机溶剂中，形成粉尘粒子的混悬液，制成标本，在显微镜下测量和计数粉尘的大小及数量，计算不同大小粉尘颗粒的百分比。

检测所用仪器及有机溶剂：25mL 瓷坩埚或烧杯；载物玻片，75mm×25mm×1mm；显微镜；目镜测微尺；物镜测微尺，它是一标准尺度，其总长为 1mm，分为 100 等分刻度，每一分度值为 0.01mm，即 10μm(见图 5-15)；乙酸丁酯，化学纯。使用前，所用仪器必须擦洗干净。

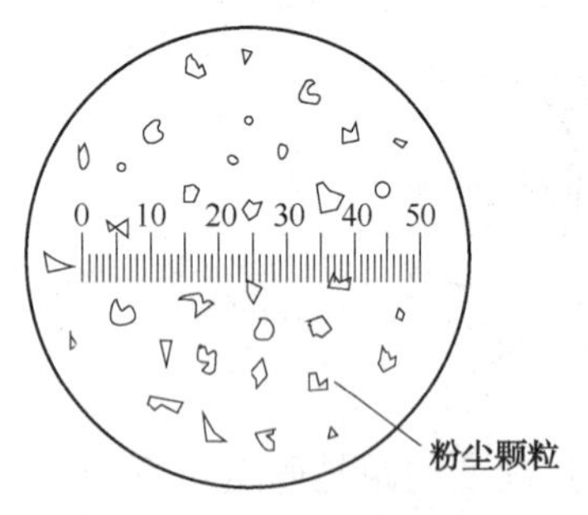

图 5-17 粉尘分散度的测量

将采集粉尘后的聚氯乙烯纤维滤膜放在洁净干燥的瓷坩埚或小烧杯中，用吸管加入 1～2mL 乙酸丁酯，再用玻璃棒轻轻地充分搅拌，制成均匀的粉尘混悬液，立即用滴管吸取一滴，滴于载物玻片上，用另一载物玻片成 45°角推片，贴上标签、编号、注明采样地点及日期。如不能即时检测，应把制好的标本保存在玻璃平皿中，避免外界粉尘的污染。测定时，先对目镜测微尺进行标定。

分散度的测定方法：取下物镜测微尺，将粉尘标本放在载物台上，先用低倍镜找到粉尘粒子，然后用 400～600 倍观察(倍数与标定时相同)。用目镜测微尺依次测量粉尘颗粒的大小。测量时移动标本(即移动载物台)，使粉尘粒子依次进入目镜测微尺范围，遇长径量长径，遇短径量短径(图 5-17)。每个样本至少测量 200 个尘粒，并计算出尘粒数的百分数。

遇长径量长径，遇短径量短径的测量方法称为垂直投影法，见图 5-18。至少测量 200 个尘粒，按表 5-4 记录，算出百分数。

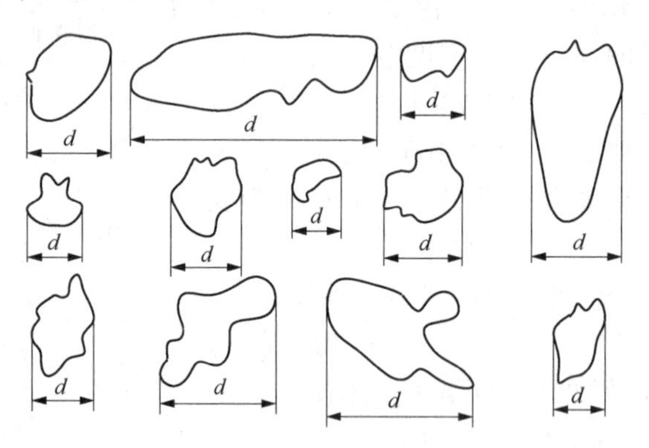

图 5-18 垂直投影法测量粉尘粒径

**表 5-4 粉尘数量分散度测量记录表**

| 粒径/μm | <2 | 2～ | 5～ | ≥10 |
|---|---|---|---|---|
| 尘粒数/个 | | | | |
| 百分数/% | | | | |

该法尘样经溶剂稀释、搅拌等操作，部分大颗粒，特别是因荷电性凝集的尘粒可能破

碎；可溶于有机溶剂的粉尘，在乙酸丁酯中溶解变形。因此，它反映尘样在空气中的真实性较沉降法差。对可溶于有机溶剂中的粉尘和纤维状粉尘本法不适用，此时采用自然沉降法。镜检时，如发现涂片上粉尘密集而影响测量时，可向粉尘悬液中再加乙酸丁酯稀释，重新制备标本。制好的标本应放在玻璃培养皿中，避免外来粉尘的污染。

### 5.6.3 自然沉降法

自然沉降法又称格林氏沉降法或沉降法。自然沉降法的原理是：将现场含尘空气采集到格林氏沉降器(图 5-19)的金属圆筒中，使尘粒自然沉降在盖玻片上，在显微镜下测定，按粒径分组计算其尘粒数的百分率。对于可溶于乙酸丁酯的粉尘选用本法。

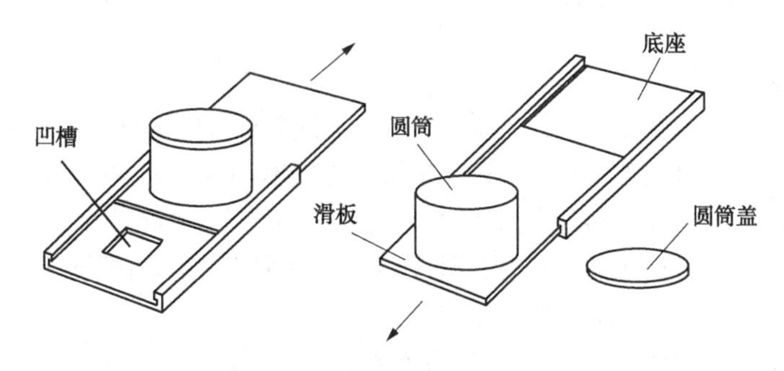


图 5-19 格林氏沉降器的结构

检测所用仪器：格林沉降器；盖玻片，18mm×18mm；载物玻片，75mm×25mm×1mm；显微镜；目镜测微尺；物镜测微尺。

采样前的准备：将盖玻片用洗涤液(如铬酸洗液)浸泡清洗，用水冲洗后，再用95%乙醇擦洗干净晾干。然后放在沉降器的凹槽内，推动滑板至与底座平齐，盖上圆筒盖以备采样。

采样：采样时将滑板向凹槽方向推动，直至圆筒位于底座之外，取下筒盖，上下移动数次，使含尘空气进入圆筒内，盖上圆筒盖，推动滑板至与底座平齐。然后将沉降器水平静置不少于3h，使尘粒自然降落在盖玻片(18mm×18mm)上。

制备测定标本：将滑板推出底座外，取出盖玻片贴在载物玻片(75mm×25mm×1mm)上，编号，注明采样日期及地点。

分散度测定：然后在显微镜下测量和计算。粉尘分散度的测量及计算与滤膜溶解涂片法相同。

本法测定的是自然沉降的尘粒，其形状没有变化，测定结果能较真实地反映现场粉尘的状态。采样前应洗净载玻片和盖玻片，保证无尘；采样时要用采样点的气样充分置换沉降器中原有气体；采样后在尘样的送检、存放过程中要避免震动和污染，特别是静放采样时必须保证不受震动，温度变化小，以利尘粒的自然沉降；应在空气清洁场地安放和取出盖玻片，以免污染。测定时必须选择标定时光学条件，测定200个以上尘粒，若测定尘粒数太少，则代表性差，粉尘分散度结果误差大。

### 5.6.4 粉尘分散度的动态光散射仪检测

(1) 空气中粉尘颗粒布朗运动的“涨落”现象

即使是在静止的空气中，空气分子也在不停的运动，由于在运动过程中不断发生碰撞，分子运动的方向没有确定性，这种杂乱无章的运动可称为布朗运动，布朗运动的速度分布遵从正态分布。在空气中漂浮的粉尘颗粒也受空气分子或其他颗粒的碰撞，同样也作布朗运动，但运动速度的均值小于气体分子。

漂浮粉尘颗粒的布朗运动速度与颗粒大小有关。颗粒越小，每一瞬间受到空气分子撞击的数目少，受力极易不平衡，由于质量小，惯性小，所以布朗运动速度快。颗粒越大，同时跟它撞击的分子数多，受力相对均衡一些，加之质量大，惯性大，运动状态难改变，所以布朗运动速度慢。

粒径大小不同的粉尘颗粒运动速度有快慢之分，这种现象称为“涨落”。无论颗粒大小，其布朗运动的方向都是不确定的，是随机的。布朗运动的激烈程度与气体的温度有关，温度越高，布朗运动越激烈

（2）激光的特点

激光的最初中文名叫做“镭射”、“莱塞”，是它的英文名称 LASER 的音译，是取自英文 light amplification by stimulated emission of radiation 的各单词的头一个字母组成的缩写词。意思是“受激辐射的光放大”。与普通光不同，激光在产生过程中有一个粒子数反转过程，即处于某一亚稳激发态的分子数多于基态，处于该亚稳激发态的物质受激发射激光。正因为激光发光原理的特点决定了激光具有如下特点：

① 高单色性。激光器输出的光，波长分布范围非常窄，因此颜色极纯。以输出红光的氦氖激光器为例，其光的波长分布范围可以窄到 $2\times10^{-9}$nm。氖灯只发射红光，单色性很好，被誉为单色性之冠，波长分布的范围仍有 $10^{-5}$nm，其红光波长分布范围是氦氖激光器 5000 倍。由此可见，激光器的单色性远远超过任何一种单色光源。

② 高相干性。激光的频率、振动方向、相位高度一致，使激光光波在空间重叠时，重叠区的光强分布会出现稳定的强弱相间现象。这种现象叫做光的干涉，所以激光是相干光。也就是说，激光是偏振光。

③ 高方向性。激光器发射的激光，天生就是朝一个方向射出，光束的发散度极小，大约只有 0.001 弧度，接近平行。

④ 亮度极高。激光亮度极高的主要原因是定向发光。大量光子集中在一个极小的空间范围内射出，能量密度自然极高。

（3）粉尘对光的散射作用

光束通过光学性质不均匀的介质时，光线向四面八方传播的现象就称为光的散射。光的散射不能简单的理解为光的反射与折射。光的散射可以分为瑞利散射(Rayleigh scattering)和米氏散射(Mie light scattering)。瑞利散射遵从瑞利定律，即分子或极细小颗粒的散射光强度与入射光波长的四次方成反比，且个方向的散射光强度是不一样的。当颗粒的粒径稍大一点时，就不再遵从瑞利定律，而遵从米氏散射规律。瑞利散射和米氏散射适用范围和特点见图 5-20，对于呼吸性粉尘，其散射主要遵从米氏散射定律，且散射光强度变化幅度已较小。在一定浓度范围内，散射光强度与粉尘浓度成正比，这是定量测定的基础。

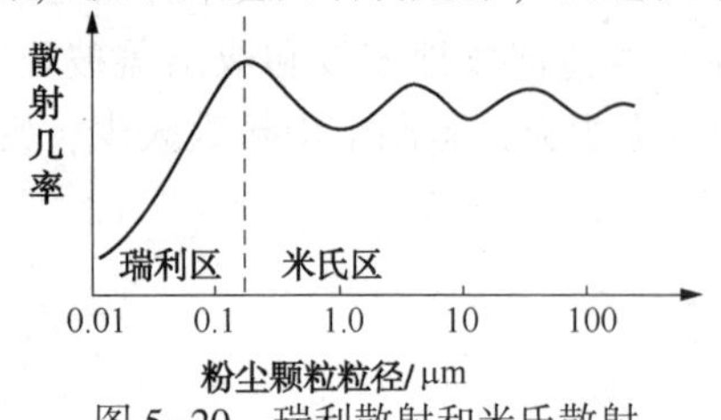

图 5-20　瑞利散射和米氏散射适用范围和特点

（4）多普勒效应

所谓多普勒效应就是当发射源与接收体之间存在相对运动时，接收体接收到的发射源发射信息的频率

与发射源发射信息频率不相同，这种现象称为多普勒效应，接收频率与发射频率之差称为多普勒频移。

声音的传播也存在多普勒效应，当声源与接收体之间有相对运动时，接收体接收的声波频率$f'$与声源频率$f$存在多普勒频移$\Delta f$( doppler shift)，即$\Delta f=f'-f$。当接收体(如人)与声源(如鸣笛且驶向人的火车)相互靠近时，接收频率$f'$大于发射频率$f$，即：$\Delta f>0$，人感觉火车由远而近时汽笛声变响，音调变尖。当接收体与声源相互远离时，接收频率$f'$小于发射频率，即：$\Delta f<0$，人感觉火车由近而远时汽笛声变弱，音调变低。音调是由声波频率决定的，当声源离观测者而去时，声波的频率降低，音调变得低沉，相反，当声源接近观测者时，声波的频率增加，音调就变高。

多普勒效应认为：在运动的波源前面，波被压缩，波长变得较短，频率变得较高(蓝移 blue shift)；当运动在波源后面时，会产生相反的效应。波长变得较长，频率变得较低（红移 red shift)。波源的速度越高，所产生的效应越大。根据光波红(蓝)移的程度，可以计算出波源循着观测方向运动的速度

同样，光波也有多普勒效应。呼吸性粉尘粒子不停地在做杂乱无章的布朗运动时，有时朝向检测器运动，有时逆向检测器运动，粉尘在作布朗运动时发生光散射，就相当于运动着的光源，而接收光的检测器(如光电转换器件)是不动的，这就具备发生多普勒效应的条件。当发生散射光的粒子朝向检测器运动时，检测器感受到的能量已不是$h\nu$，而是增大为$h(\nu+\Delta\nu)$，也就是在检测器看来散射光的频率增大了；如果发生散射光的粒子逆向检测器运动时，检测器感受到的能量也不是$h\nu$，而是减小为$h(\nu-\Delta\nu)$，也就是在检测器看来散射光的频率降低了。光波频率的变化量$\Delta\nu$与粉尘的相对运动速度有关，速度越快，$\Delta\nu$越大。由于粉尘粒子运动速度与其粒径成反比，粒径越小，运动速度越快，引起的频移越大。因此，在接收到的散射光中包含了粉尘粒径的信息。因为布朗运动速度较小，所以$\Delta\nu$值，这就要求入射光必须是真正的单色光，所以激光能够满足要求。由于激光的光强度大，所以获得散射光强度也大，灵敏度也高。

（5）光散射粉尘分散度检测仪

基于光散射原理的粉尘分散度检测仪原理示意图见图5-21。由于多种粒径与检测到的光信号关系复杂，需要计算机按照专用的程序进行甄别计算，之后把各粒径(小范围)的散射光强度转变成浓度。由于粉尘粒子粒径不同时其散射光较强的角度有变化，不是在一个角度就能较好地检测到所有粒径的粉尘，所以检测角是反映仪器性能的重要参数。

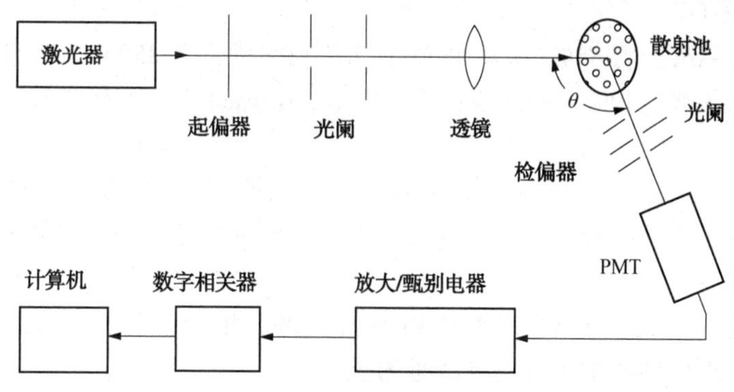


图5-21　光散射粉尘分散度检测仪原理示意图

## 5.7 工作场所空气中粉尘游离二氧化硅含量的测定

现代医学研究表明，只有呼吸性粉尘才能被吸入到人体肺的深部，且不易被排出，沉积在肺泡内的量和其中石英含量的多少是造成矽肺病的关键因素。由于石英硬度较大，不易被碾碎，在矿物粉尘的粗粉尘中，石英含量会比在细粉尘(如呼尘)中的含量高，且石英粉尘极易造成矽肺病。因此，只有检测作业场所的呼吸性粉尘浓度并检测其中的石英含量的呼吸性粉尘检测方法才能相对准确的反映工人粉尘接触剂量，以它来评价作业场所粉尘危害程度才是科学合理的。石英的主要成分是游离二氧化硅(free silicon dioxide)，游离二氧化硅是二氧化硅结晶体，不包括以硅酸盐形式存在的硅化合物。游离二氧化硅是地壳的主要成分之一，如其在石英中含97%以上、砂岩中含80%左右、花岗岩中含65%，其他大部分岩石中也都含有游离二氧化硅。在采掘作业的凿岩、爆破、运输，在修建铁路、水利工程、开挖隧道、采石等工程作业中常常产生大量含石英岩尘。在石粉厂、玻璃厂和耐火材料等厂的原料破碎、研磨、筛分和配料等工序也都产生大量粉尘。若作业场所通风除尘条件差，防护措施不得当，人们长期吸入含有游离二氧化硅的粉尘，可引起以肺组织纤维化为主的职业性疾病——矽肺。检测和控制含游离二氧化硅粉尘在空气中的污染，对保障工人的职业安全具有重要意义。

在现行的粉尘游离二氧化硅标准检测方法中，包括焦磷酸重量法、红外光谱法、X射线衍射法三种方法，由于碱熔钼蓝比色法和氟硼酸重量法不是国家标准方法，所以不再予以介绍。

### 5.7.1 焦磷酸重量法

(1) 焦磷酸重量法依据的原理

粉尘中的金属氧化物、硅酸盐能溶解于加热到245~250℃的焦磷酸中，而石英(即游离二氧化硅)几乎不溶，形成溶解残渣，以重量法测定粉尘中游离二氧化硅的含量。

(2) 检测所需仪器、物品和化学试剂

仪器和物品：采样器；恒温干燥箱；干燥器，内盛变色硅胶；分析天平，感量为0.1mg；锥形瓶，50mL；可调电炉；高温电炉；瓷坩埚或铂坩埚，25mL，带盖；坩埚钳或铂尖坩埚钳；量筒，25mL；烧杯，200~400mL玛瑙研钵；慢速定量滤纸；玻璃漏斗及其架子；温度计，0~360℃。

化学试剂：焦磷酸，将85%(w/w)的磷酸加热到沸腾，至250℃不冒泡为止，放冷，贮存于试剂瓶中；氢氟酸，40%；硝酸铵；盐酸溶液，0.1mol/L。所有试剂均为分析纯。

(3) 采样

本法需要的粉尘样品量一般应大于0.1g，可用直径75mm滤膜大流量采集空气中的粉尘，也可在采样点采集呼吸带高度的新鲜沉降尘，并记录采样方法和样品来源。

(4) 测定步骤

将采集的粉尘样品放在105℃±3℃烘箱中烘干2h，稍冷，贮于干燥器中备用。如粉尘粒子较大，需用玛瑙研钵研细到手捻有滑感为止。

准确称取0.1000~0.2000g($G$)粉尘样品于25mL锥形瓶中，加入15mL焦磷酸及数毫克硝酸铵，搅拌，使样品全部湿润。将锥形瓶放在可调电炉上，迅速加热到245~250℃，同时用带有温度计的玻璃棒不断搅拌，保持 15min。

若粉尘样品含有煤、其他碳素及有机物，应放在瓷坩埚或铂坩埚中，在 800~900℃下灰化 30min 以上，使碳及有机物完全灰化。取出冷却后，将残渣用焦磷酸洗入锥形瓶中。若含有硫化矿物(如黄铁矿、黄铜矿、辉铜矿等)，应加数毫克结晶硝酸铵于锥形瓶中。再按照上一步骤加焦磷酸及数毫克硝酸铵加热处理。硝酸盐可将硫化物氧化成硫酸盐，防止形成硫化物沉淀。

取下锥形瓶，在室温下冷却至 40~50℃，加 50~80℃的蒸馏水至约 40~45mL，一边加蒸馏水一边搅拌均匀。将锥形瓶中内容物小心转移入烧杯，并用热蒸馏水冲洗温度计、玻璃棒和锥形瓶，洗液倒入烧杯中，加蒸馏水约至 150~200mL。取慢速定量滤纸折叠成漏斗状，放于漏斗并用蒸馏水湿润。将烧杯放在电炉上煮沸内容物，稍静置，待混悬物略沉降，趁热过滤，滤液不超过滤纸的 2/3 处。过滤后，用 0.1mol 盐酸洗涤烧杯，并移入漏斗中，将滤纸上的沉渣冲洗 3~5 次，再用热蒸馏水洗至无酸性反应为止(用 pH 试纸试验)。如用铂坩埚时，要洗至无磷酸根反应后再洗 3 次。上述过程应在当天完成。

将有沉渣的滤纸折叠数次，放入已称至恒量($m_1$)的瓷坩埚中，在电炉上干燥、炭化；炭化时要加盖并留一小缝，让烟逸出。然后放入高温电炉内，在 800~900℃灰化 30min；取出，室温下稍冷后，放入干燥器中冷却 1h，在分析天平上称至恒量($m_2$)，并记录。

(5) 粉尘中游离二氧化硅含量的计算

按式(5-17)计算粉尘中游离二氧化硅的含量。

$$c_{SiO_2} = \frac{m_2 - m_1}{G} \times 100 \tag{5-17}$$

式中 $c_{SiO_2}$——游离二氧化硅含量,%；

$m_1$——坩埚质量，g；

$m_2$——坩埚加沉渣质量，g；

$G$——粉尘样品质量，g。

(6) 焦磷酸难溶物质的处理

若粉尘中含有焦磷酸难溶的物质时，如碳化硅、绿柱石、电气石、黄玉等含硅物质，需用氢氟酸在铂坩埚中处理，将硅转化成气体四氟化硅($SiF_4$)。方法如下：将带有沉渣的滤纸放入铂坩埚内，灼烧至恒量($m_2$)，然后加入数滴 9mol/L 硫酸溶液，使沉渣全部湿润。在通风柜内加入 5~10mL40%氢氟酸，稍加热，使沉渣中游离二氧化硅溶解，继续加热至不冒白烟为止(要防止沸腾)。再于 900℃下灼烧，称至恒量($m_3$)。氢氟酸处理后游离二氧化硅含量按式(5-18)计算：

$$c_{SiO_2} = \frac{m_2 - m_3}{G} \times 100 \tag{5-18}$$

式中 $c_{SiO_2}$——游离二氧化硅含量,%；

$m_2$——氢氟酸处理前坩埚加沉渣(游离二氧化硅+焦磷酸难溶的物质)质量，g；

$m_3$——氢氟酸处理后坩埚加沉渣(焦磷酸难溶的物质)质量，g；

$G$——粉尘样品质量，g。

(7) 注意事项

① 焦磷酸溶解硅酸盐时温度不得超过 250℃，否则容易形成胶状物。温度低、时间短时，硅酸盐等化合物溶解不彻底，可能残留在二氧化硅中，使测定结果偏高；时间过长时，

已溶解的硅酸盐可能脱水形成胶体。

② 酸与水混合时应缓慢并充分搅拌，避免形成胶状物。

③ 样品中含有碳酸盐时，遇酸产生气泡，宜缓慢加热，以免样品溅失。

④ 用氢氟酸处理时，必须在通风柜内操作，注意防止污染皮肤和吸入氢氟酸蒸气。

⑤ 用铂坩埚处理样品时，过滤沉渣必须洗至无磷酸根反应，否则会损坏铂坩埚。

用热蒸馏水洗涤残渣时，检验磷酸根是否被洗涤完全可用下述方法。配制 pH＝4.1 的乙酸盐缓冲液(把 0.025mol/L 乙酸钠溶液与 0.1mol/L 乙酸溶液等体积混合)、1%抗坏血酸溶液(于 4℃保存)和钼酸铵溶液(取 2.5g 钼酸铵溶于 100mL 的 0.025mo/L 硫酸中，因溶液稳定性差，最好临用时配制)。检验时分别将 1%抗坏血酸溶液和钼酸铵溶液用乙酸盐缓冲液各稀释 10 倍。取 1mL 洗涤滤液加上述溶液各 4.5mL 混匀，放置 20min，如有磷酸根离子则显蓝色。其原理是：磷酸和钼酸铵形成的磷钼杂多酸，在 pH＝4.1 时被抗坏血酸还原后显蓝色。

## 5.7.2 红外分光光度法(红外光谱法)

在石英族矿物中，都是包括同一 $SiO_2$成分的一系列同质多相变体，其中主要的矿物有 α-石英、β-石英、β-鳞石英和β-方石英等，它们形成时的温度和压力有所不同。α-石英在自然界最为常见。β-石英是 $SiO_2$在 573℃以上的一种同质多相变体，见于酸性喷出岩或浅成岩石。由于α-石英和β-石英之间的转变是可逆的，因而β-石英在常温条件下已转变为α-石英，但可保持β-石英六方双锥的外形。β-鳞石英和β-方石英很少见，仅发现于高温低压形成的酸性喷出岩中。在天然矿物粉尘中，二氧化硅主要以α-石英形式出现，所以检测α-石英含量即可反映石英总含量。

(1) 检测原理

α-石英在红外光谱中于 12.5μm($800cm^{-1}$)、12.8μm($780cm^{-1}$)及 14.4μm($694cm^{-1}$)三个波长(波数)处出现特异性强的吸收带，在一定含量范围内，其吸光度值与α-石英质量成线性关系。通过测量吸光度，进行定量测定。其原理与分光光度法相同，但所入射的光线为红外线，定量依据仍然是朗伯-比尔定律。

在红外光谱区内，溴化钾对光线不产生吸收，溴化钾在红外光谱法中的作用就相当于“溶剂”，用于稀释样品，并与被测样品一起被研磨，压制成锭片。

(2) 检测所用仪器、器具及化学试剂

仪器、器具：瓷坩埚和坩埚钳；箱式电阻炉或低温灰化炉；分析天平，感量为 0.01mg；干燥箱及干燥器；玛瑙乳钵；压片机及锭片模具；200 目粉尘筛；红外分光光度计。以 X 轴横坐标记录 900～$600cm^{-1}$的谱图，在 $900cm^{-1}$处校正零点和 100%，以 Y 轴纵坐标表示吸光度。

化学试剂：溴化钾，优级纯或光谱纯，过 200 目筛后，用湿式法研磨，于 150℃干燥后，贮于干燥器中备用；无水乙醇，分析纯；标准α-石英尘，纯度在 99%以上，粒度<5μm。

(3) 样品的采集

根据测定目的，分别依据短时间采样、长时间采样或个体采样的要求，用滤膜法采集总尘或呼吸性粉尘，为满足测定对样品量的要求，滤膜上采集的粉尘量大于 0.1mg 时，可直接用于本法测定游离二氧化硅含量。

（4）测定步骤

样品处理：准确称量采有粉尘的滤膜上粉尘的质量（$G$）。然后放入瓷坩埚内，置于低温灰化炉或电阻炉（低于600℃）内灰化，冷却后，放入干燥器内待用。称取250mg溴化钾和灰化后的粉尘样品一起放入玛瑙乳钵中研磨混匀后，连同压片模具一起放入干燥箱（110℃±5℃）中10min。将干燥后的混合样品置于压片模具中，加压25MPa，持续3min，制备出的锭片作为测定样品。同时，取空白滤膜一张，同上处理，制成样品空白锭片。

石英标准曲线的绘制：精确称取不同质量（0.01～1.00mg）的标准$\alpha$-石英尘，分别加入250mg溴化钾，置于玛瑙乳钵中充分研磨均匀，按上述样品处理方法，制成“透明”的标准系列锭片。将不同质量的标准石英锭片置于样品室光路中进行扫描，以800$cm^{-1}$、780$cm^{-1}$及694$cm^{-1}$三处的吸光度值为纵坐标，以石英质量（mg）为横坐标，绘制三条不同波长的$\alpha$-石英标准曲线，并求出标准曲线的回归方程式。在无干扰的情况下，一般选用800$cm^{-1}$标准曲线进行定量分析。

样品测定：分别将样品锭片与空白对照样品锭片置于样品室光路中进行扫描，记录800$cm^{-1}$（或694$cm^{-1}$）处的吸光度值，重复扫描测定3次，测定样品的吸光度均值减去空白的吸光度均值后，由$\alpha$-石英标准曲线得样品中游离二氧化硅的质量（$m$）。

（5）计算粉尘中游离二氧化硅的含量

按式（5-19）计算粉尘中游离二氧化硅的含量。

$$c_{SiO_2} = \frac{m}{G} \times 100 \tag{5-19}$$

式中　$c_{SiO_2}$——粉尘中游离二氧化硅（$\alpha$-石英）的含量，%；

$m$——测得的粉尘样品中游离二氧化硅的质量，mg；

$G$——粉尘样品质量，mg。

（6）注意事项

① 本法的$\alpha$-石英检出量为0.01mg；相对标准差（RSD）为0.64%～1.41%。平均回收率为96.0%～99.8%。

② 粉尘粒度大小对测定结果有一定影响，因此，样品和制作标准曲线的石英尘应充分研磨，使其粒度小于5μm者占95%以上，方可进行分析测定。

③ 灰化温度对煤矿尘样品定量结果有一定影响，若煤尘样品中含有大量高岭土成分，在高于600℃灰化时发生分解，于800$cm^{-1}$附近产生干扰，如灰化温度小于600℃时，可消除此干扰带。

④ 在粉尘中若含有黏土、云母、闪石、长石等成分时，可在800$cm^{-1}$附近产生干扰，则可用694$cm^{-1}$的标准曲线进行定量分析。

⑤ 为降低测量的随机误差，实验室温度应控制在18～24℃，相对湿度小于50%为宜。湿度会影响锭片中溴化钾的红外透明度。

⑥ 制备石英标准曲线样品的分析条件应与被测样品的条件完全一致，以减少误差。

## 5.7.3　X射线衍射法

（1）检测原理

X射线衍射法是一种研究晶体结构的分析方法，通常不直接研究试样内含有元素的种类及含量的方法。当X射线照射晶态结构时，将受到晶体点阵排列的不同原子或分子所衍射，晶体的作用就像光栅，晶面距为 $d$ 相当于光栅的刻槽间距。X 射线照射两个晶面距为 $d$ 的晶面时，受到晶面的反射，两束反射 X 射线光程差为 $2d\sin\theta$，当光程差为入射波长的整数倍时，即 $2d\sin\theta=n\lambda$（$n$ 为整数），两束光的相位一致，发生相长干涉，这种干涉现象称为衍射，晶体对 X 射线的这种折射规则称为布拉格规则，公式称为布拉格方程。$\theta$ 称为衍射角（入射或衍射 X 射线与晶面间夹角）。$n$ 相当于相干波之间的位相差，$n=1$，2…时各称 0 级、1 级、2 级……衍射线。反射级次不清楚时，均以 $n=1$ 求 $d$。晶面间距一般为物质的特有参数，对一个物质若能测定数个 $d$ 及与其相对应的衍射线的相对强度，则能对物质进行鉴定。对于测定 α-石英，晶面间距 $d$ 是确定的，在相应 $2\theta$ 角方向接受到的衍射线强度与 α-石英的含量成正比。X 射线衍射仪的原理示意图见图 5-22。

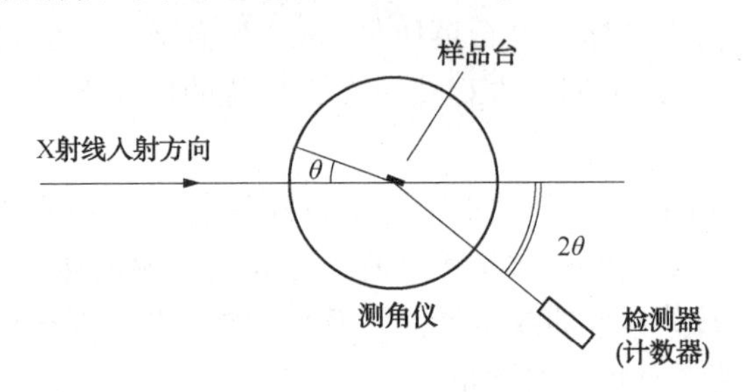


图 5-22　X 射线衍射仪的原理示意图

当 X 线照射游离二氧化硅结晶时，将产生 X 线衍射；在一定的条件下，衍射线的强度与被照射的游离二氧化硅的质量成正比。利用测量衍射线强度，对粉尘中游离二氧化硅进行定性和定量测定。

（2）检测所用仪器、器具和化学试剂

仪器与器具：测尘滤膜；粉尘采样器；滤膜切取器；样品板；分析天平，感量为 0.01mg；镊子、直尺、秒表、圆规等；玛瑙乳钵或玛瑙球磨机；X 线衍射仪。

化学试剂：盐酸溶液，6mol/L；氢氧化钠溶液，100g/L；实验用水为双蒸馏水。

（3）样品的采集

根据测定目的，分别依据短时间采样、长时间采样或个体采样的要求，用滤膜法采集总尘或呼吸性粉尘，为满足测定对样品量的要求，滤膜上采集的粉尘量大于 0.1mg 时，可直接用于本法测定游离二氧化硅含量。

（4）测定步骤

样品处理：准确称量采有粉尘的滤膜上粉尘的质量（$G$）。按旋转样架尺度将滤膜剪成待测样品 4~6 个。

标准曲线：包括标准 α-石英粉尘制备和标准曲线的制作。

标准 α-石英粉尘制备：将高纯度的 α-石英晶体粉碎后，首先用盐酸溶液浸泡 2h，除去铁等杂质，再用水洗净烘干。然后用玛瑙乳钵或玛瑙球磨机研磨，磨至粒度小于 10μm 后，于氢氧化钠溶液中浸泡 4h，以除去石英表面的非晶形物质，用水充分冲洗，直到洗液呈中性（pH=7），干燥备用。或用符合本条要求的市售标准 α-石英粉尘制备。

标准曲线的制作：将标准 α-石英粉尘在发尘室中发尘，用与工作环境采样相同的方法，将标准石英粉尘采集在已知质量的滤膜上，采集量控制在 0.5~4.0mg，在此范围内分别采集 5~6 个不同质量点，采尘后的滤膜称量后记下增量值，然后从每张滤膜上取 5 个标样，标样大小与旋转样台尺寸一致。在测定 α-石英粉尘标样前，首先测定标准硅在(111)面网上的衍射强度(CPS)。然后分别测定每个标样的衍射强度(CPS)。计算每个点 5 个 α-石英粉尘样的算术平均值，以衍射强度(CPS)均值对石英质量(mg)绘制标准曲线。

样品测定：包括定性和定量两部分。

定性分析　在进行物相定量分析之前，首先对采集的样品进行定性分析，以确认样品中是否有 α-石英存在。仪器操作参考条件见表 5-5。

**表 5-5　定性分析 α-石英时 X 射线衍射仪操作条件**

| 项　目 | 参　数 | 项　目 | 参　数 |
|---|---|---|---|
| 靶 | CuKα | 扫描速度 | 2°/min |
| 管电压 | 30kV | 记录纸速度 | 2cm/min |
| 管电流 | 40mA | 发散狭缝 | 1° |
| 量程 | 4000CPS | 接收狭缝 | 0.3mm |
| 时间常数 | 1s | 角度测量范围 | $10° \leqslant 2\theta \leqslant 60°$ |

物相鉴定：将待测样品置于 X 线衍射仪的样架上进行测定，将其衍射图谱与《粉末衍射标准联合委员会(JCPDS)》卡片中的 α-石英图谱相比较，当其衍射图谱与 α-石英图谱相一致时，表明粉尘中有石英存在。

定量分析：X 线衍射仪的测定条件与制作标准曲线的条件完全一致。首先测定样品(101)面网的衍射强度，再测定标准硅(111)面网的衍射强度。测定结果按式(5-20)进行计算：

$$I_B = I_i \times \frac{I_s}{I} \tag{5-20}$$

式中　$I_B$——粉尘中石英的衍射强度，CPS；

$I_i$——采尘滤膜上石英的衍射强度，CPS；

$I_s$——在制定石英标准曲线时，标准硅(111)面网的衍射强度，CPS；

$I$——在测定采尘滤膜上石英的衍射强度时，测得的标准硅(111)面网衍射强度，CPS。

如仪器配件没有配标准硅，可使用标准石英(101)面网的衍射强度(CPS)表示 $I$ 值。

由计算得到的 $I_B$ 值(CPS)，从标准曲线查出滤膜上粉尘中石英的质量($m$)。

(5) 粉尘中 α-石英含量的计算

按式(5-21)计算粉尘中 α-石英(游离二氧化硅)的含量。

$$c_{SiO_2} = \frac{m}{G} \times 100 \tag{5-21}$$

式中　$c_{SiO_2}$——粉尘中游离二氧化硅(α-石英)含量,%；

$m$——滤膜上粉尘中游离二氧化硅(α-石英)的质量，mg；

$G$——粉尘样品质量，mg。

(6) 注意事项

① 本法测定的粉尘中游离二氧化硅系指 α-石英，其检出限受仪器性能和被测物的结晶状态影响较大；一般 X 线衍射仪中，当滤膜采尘量在 0.5mg 时，α-石英含量的检出限可达 1%。

② 粉尘粒径大小影响衍射线的强度，粒径在 10μm 以上时，衍射强度减弱；因此制作标准曲线的粉尘粒径应与被测粉尘的粒径相一致。

③ 单位面积上粉尘质量不同，石英的 X 线衍射强度有很大差异。因此滤膜上采尘量一般控制在 2～5mg 为宜。

④ 当有与 $\alpha$-石英衍射线相干扰的物质或影响 $\alpha$-石英衍射强度的物质存在时，应根据实际情况进行校正。

## 5.8 工作场所空气中石棉纤维浓度测定

(1) 滤膜/相差显微镜检测法的原理

用滤膜采集空气中的石棉纤维粉尘，滤膜经透明固定后，在相差显微镜下计数石棉纤维数，计算单位体积空气中石棉纤维根数。

相差显微镜是一种将光线通过透明标本细节时所产生的光程差(即相位差)转化为光强差的特种显微镜。光线通过比较透明的标本时，光的波长(颜色)和振幅(亮度)都没有明显的变化。因此，用普通光学显微镜观察未经染色的标本(如活的细胞)时，其形态和内部结构往往难以分辨。然而，由于细胞各部分的折射率和厚度的不同，光线通过这种标本时，直射光和衍射光的光程就会有差别。随着光程的增加或减少，加快或落后的光波的相位会发生改变(产生相位差)。光的相位差人的肉眼感觉不到，但相差显微镜能通过其特殊装置——环状光阑和相板，利用光的干涉现象，将光的相位差转变为人眼可以察觉的振幅差(明暗差)，从而使原来透明的物体表现出明显的明暗差异，对比度增强，使我们能比较清楚的观察到普通光学显微镜和暗视野显微镜下都看不到或看不清的活细胞及细胞内的某些细微结构。

相差显微镜的成像原理：镜检时光源只能通过环状光阑的透明环，经聚光器后聚成光束，这束光线通过被检物体时，因各部分的光程不同，光线发生不同程度的偏斜(衍射)。由于透明圆环所成的像恰好落在物镜后焦点平面和相板上的共轭面重合。因此，未发生偏斜的直射光便通过共轭面，而发生偏斜的衍射光则经补偿面通过。由于相板上的共轭面和补偿面的性质不同，它们分别将通过这两部分的光线产生一定的相位差和强度的减弱，两组光线再经后透镜的会聚，又复在同一光路上行进，而使直射光和衍射光产生光的干涉，变相位差为振幅差。这样在相差显微镜镜检时，通过无色透明体的光线使人眼不可分辨的相位差转化为人眼可以分辨的振幅差(明暗差)。

(2) 检测所用仪器、器具和化学试剂

仪器与器具：滤膜，微孔滤膜或过氯乙烯滤膜，孔径 0.8μm；石棉纤维采样器，包括采样头和采样器两部分，采样头为采集纤维的采样头，采样器的采样流量按照采集石棉纤维的要求确定，在有爆炸危险的场所，其防爆规格应满足要求；相差显微镜，带有 X-Y 方向移位的推片器，总放大倍率为 500×～600×，至少应具有 10×及 40×两个相差物镜，目镜可采用 10×或 15×，应能放入目镜测微尺，图示见图 5-23；目镜测微尺，在显微镜下能测量纤维的长度和宽度；物镜测微尺，每个刻度的间距为 10μm；载物玻片，75mm×25mm×0.8mm；盖玻片 22mm×22mm×0.17mm，使用前放在无水乙醇中浸泡，蒸馏水冲洗后，用清洁的绸布擦干净；无齿小镊子；剪刀或手术刀片；带盖玻璃瓶，规格 25～50mL；滴管；计时器或秒表；丙酮蒸气发生器(见图 5-24)；1mL 注射器，带皮内注射针头。

化学试剂：分析纯丙酮；三乙酸甘油酯；邻苯二甲酸二甲酯；草酸二乙酯；酯溶液——将邻苯二甲酸二甲酯和草酸二乙酯 1∶1 混合，每毫升溶液中加入 0.05g 洁净滤膜，摇匀，放置 24h 后离心，除去杂质。取上清液置于带盖玻璃瓶中备用，可使用一个月。

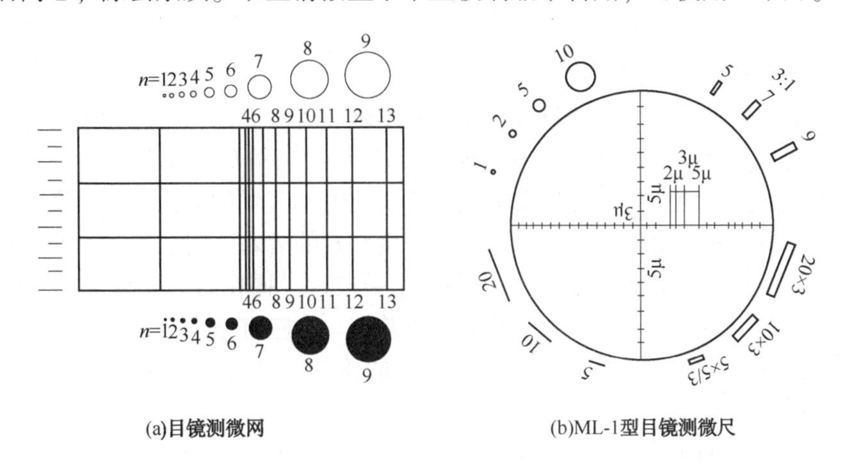


图 5-23　纤维观测用目镜测微尺

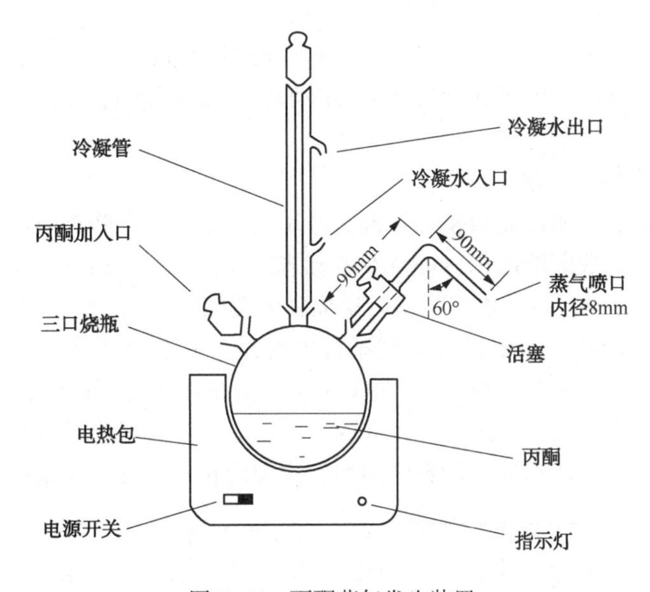


图 5-24　丙酮蒸气发生装置

（3）采样

采样流量：由石棉纤维采样器决定，一般个体采样可采用 2L/min，定点采样可采用 2~5L/min。

采样时间：可采用 8h 连续采样或分时段采样。每张滤膜的采样时间应根据空气中石棉纤维的浓度及采样流量来确定，要求在每 100 个视野中，石棉纤维应不低于 20 根，每个视野中不高于 10 根。当工作场所石棉纤维浓度高时，可缩短每张滤膜的采样时间或及时更换滤膜。

采样结束后，小心取下粉尘采样头，取出滤膜夹，使受尘面向上置于滤膜盒中，不可将滤膜折叠或叠放！在运输过程中，应避免振动，以防止石棉纤维落失而影响测定结果。

(4) 测定

样品处理　用无齿小镊子小心取出采样后的滤膜，粉尘面向上置于干净的玻璃板或白瓷板上，用手术刀片或用剪子将测尘滤膜剪成楔形小块。取 1/8～1/6 楔形小块滤膜，放在载玻片上。

滤膜的透明固定　方法如下：

丙酮蒸气法：用于微孔滤膜。打开丙酮蒸气发生装置的活塞，将载有楔形滤膜的载玻片置于丙酮蒸气之下。由远至近移动到丙酮蒸气出口 15～25mm 处，熏制 3～5s，使滤膜透明。同时频频移动载玻片，使滤膜全部透明为止。不要使丙酮蒸气过多，也不要将丙酮液滴到滤膜上。处理完毕后，先关电源，再关丙酮蒸气发生装置的活塞。用装有三乙酸甘油酯的注射器立即向已透明的滤膜滴上 2～3 滴，并小心盖上盖玻片。操作时，先将盖玻片的一边与载玻片接触，再与液滴接触，使它扩散，然后放下盖玻片，应避免发生气泡。

用记号笔在载玻片的背面画出楔形小块滤膜的轮廓，以免镜检时找不到透明的滤膜边缘，同时做好样品编号。

如果透明效果不好时，可将载玻片放入 50℃左右的烘箱中加热 15min，以加速滤膜的清晰过程。

苯-草酸透明溶液法：用于过氯乙烯滤膜。用滴管加 2～3 滴酯溶液于载玻片的中央，将滤膜的粉尘面向上放在酯溶液上，滤膜慢慢湿解变透明，30min 后，放上盖玻片。应避免生成气泡。如有气泡，可用小镊子在盖玻片上轻轻加压，排除气泡，不能用力过大，以防止滤膜的面积扩大。

石棉纤维的计数测定　方法如下：

按使用说明书调节好相差显微镜。目镜测微尺的校正：利用物镜测微尺对目镜测微尺的刻度进行校正，算出计数区的面积($mm^2$)及各标志的实际尺寸(μm)。将样品先放在低倍镜(10×)下，找到滤膜边缘，对准焦点，然后换成高倍镜(40×)，用目镜测微尺观察计数。

石棉纤维的计数规则：计数符合下列条件的纤维，其长度大于 5μm，宽度小于 3μm，长度与宽度之比大于 3：1 的石棉纤维。一根纤维完全在计数视野内时计为 1 根；只有一端在计数视野内者计为 0.5 根；纤维在计数区内而两端均在计数区之外计为 0 根，但计数视野数应统计在内；弯曲纤维两端均在计数区内而纤维中段在外者计为 1 根(见图 5-25)。

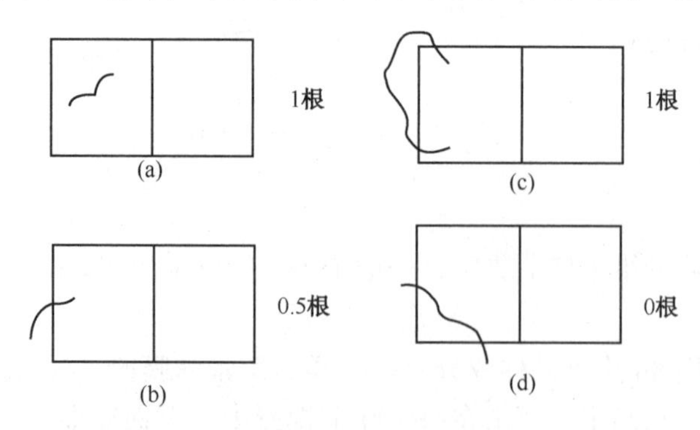


图 5-25　石棉纤维在测微尺中的位置及计数法

不同形状和类型纤维的计数：按照如下规则计数。

单根纤维按“长度大于 5μm，宽度小于 3μm，长度与宽度之比大于 3：1 的石棉纤维”的规则，并参照图 5-26(a)进行计数。

分裂纤维按 1 根计数，参照图 5-26(b)。

交叉纤维或成组纤维，如能分辨出单根纤维者按单根计数原则计数；如不能分辨者则按一束计，束的宽度小于 3μm 者按单根法判断并计为 1 根，大于 3μm 者不计，见图 5-26(c)。

纤维附着尘粒时，如尘粒小于 3μm 者计为 1 根，大于 3μm 者不计，见图 5-26(d)。

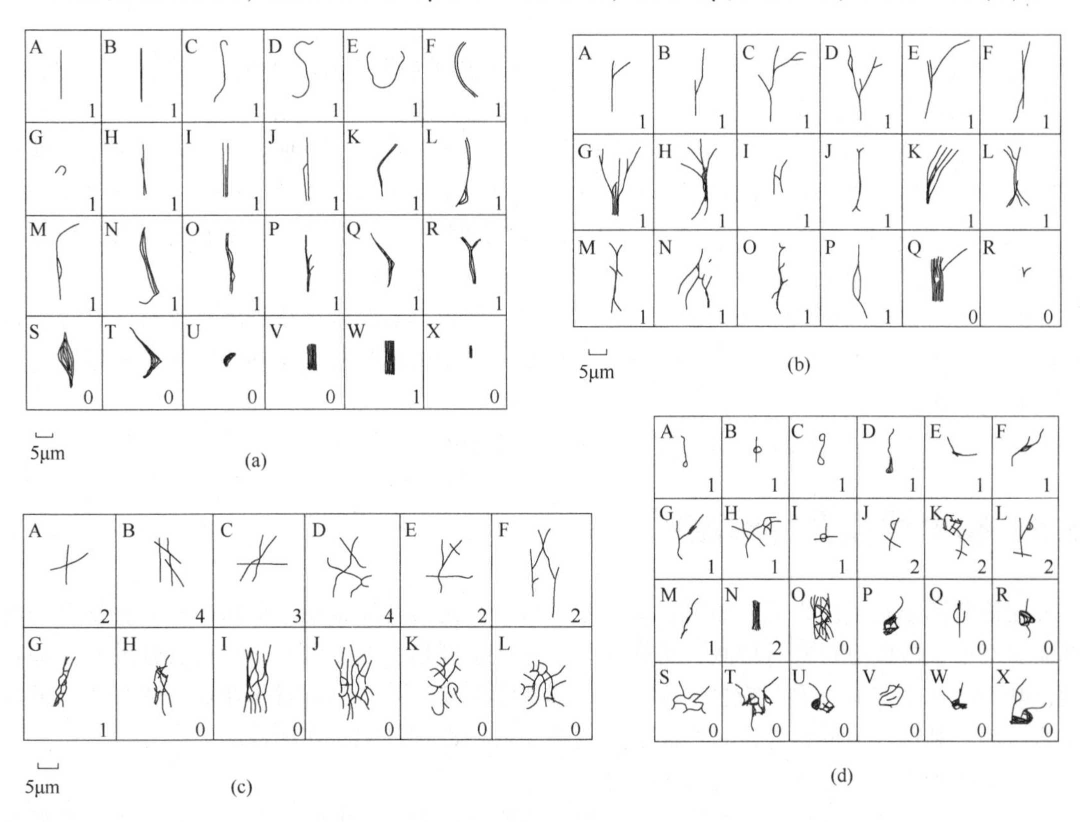


图 5-26　各种类型石棉纤维的计数规则

计数指标：随机计数测定 20 个视野，当纤维数达到 100 根时，即可停止计数。如纤维数不足 100 根时，则应计数测定到 100 个视野。

计数完一个视野后，移动推片器找下一个视野。移动时应按行列顺序，不能挑选，要随时停留在视野上，以避免重复计数测定和减少系统误差。

计数时，滤膜上的纤维分布数量应合适，每 100 个视野中不应低于 20 根纤维，每个视野中不应多于 10 根。如不符合此要求，应重新制备样品计数测定；如仍不符合时，应重新采样进行计数测定。

(5)结果计算

石棉纤维计数浓度按式(5-22)计算：

$$c = \frac{AN}{1000anFt} \tag{5-22}$$

式中　$c$——空气中石棉纤维的数量浓度，f/cm³；

$A$——滤膜的采尘面积，mm²；

$N$——计数测定的纤维总根数，单位为根(f)；

$a$——目镜测微尺的计数视野面积，$mm^2$；

$n$——计数测定的视野总数；

$F$——采样流量，L/min；

$t$——采样时间，min。

空气中石棉纤维的 8h 时间加权平均计数浓度按标准定义规定的要求计算。

(6) 注意事项

① 为了确定滤膜是否可以使用，在每盒滤膜中随机抽取 1 张按上述方法进行计数测定，在 100 个视野中不超过 3 根纤维为清洁滤膜，证明此盒滤膜可以使用。

② 本法有系统误差和随机误差存在于采样和分析过程中，这种误差可用相对标准偏差(RSD)来衡量；RSD 与计数的纤维总数有关，当纤维总数达 100 根时，RSD 应<20%；当纤维总数只有 10 根时，RSD 应<40%。检测人员应定期对同一滤膜切片按本法要求计数测定 10 次以上，并求出各自的测定 RSD，并要达到上述要求。

③ 本法不能区别纤维的性质。若要区别不同纤维，需采用电子显微镜观测。呈链状排列的颗粒粉尘和其他纤维会干扰记数，若非纤维状粉尘浓度过高，会使视野内的纤维变得模糊，观测困难。

④ 石棉总尘质量浓度的测定方法同其他总尘检测法。

## 5.9 粉尘浓度在线检测

无论是防止粉尘危害工人健康，避免尘肺病，还是防止发生粉尘爆炸事故，在许多场所都需要对粉尘浓度进行实时检测，这样才能更好地掌握粉尘浓度状况，进行有效的除尘和降尘，减少由此带来的损失。粉尘采样器和直读式测尘仪还不能实现对作业场所粉尘浓度进行实时检测。利用在线的粉尘传感器和监控网络，就可以实现实时在线检测。

(1) 各种在线粉尘浓度检测技术简介

国外对粉尘浓度在线检测技术研究较早，主要有电容法、β 射线法、光散射法、光吸收法、摩擦电法、超声波法、微波法等粉尘浓度在线测量方法。电容法的测量原理简单，但电容测量值与浓度之间并非一一对应的线性关系，电容的测量值易受相分布及流型变化的影响，导致较大的测量误差；β 射线法虽然测量准确，但需要对粉尘进行采样后对比测量，很难实现真正的粉尘浓度在线检测；超声波法、微波法测量粉尘浓度还处于试验研究阶段，市场上成型产品较少。目前市场上主要采用光散射法、光吸收法、摩擦电法进行粉尘浓度在线检测，形成的产品较多，这些产品已成功地应用于烟道粉尘浓度测量和煤矿井下粉尘浓度测量上。国内的产品主要是采用光散射原理的在线检测仪器。下面主要对光散射法、光吸收法和摩擦电法三种方法的传感器原理进行介绍。

(2) 光散射法粉尘浓度传感器

在线光散射法检测传感器的检测原理与其他基于光散射的仪器相似，气流被抽动而连续流过，含尘气流可以认为是空气中散布着固体颗粒的气溶胶，当光束通过含尘空气时，会发生光的吸收和散射，从而使光在原来传播方向上的光强减弱，散射光被探测器接受并转化成电信号，散射光强度与粉尘浓度成正比，传感器的光信号也与粉尘浓度成正比，经过换算而实现粉尘浓度测量的，其结构原理如图 5-27 所示。

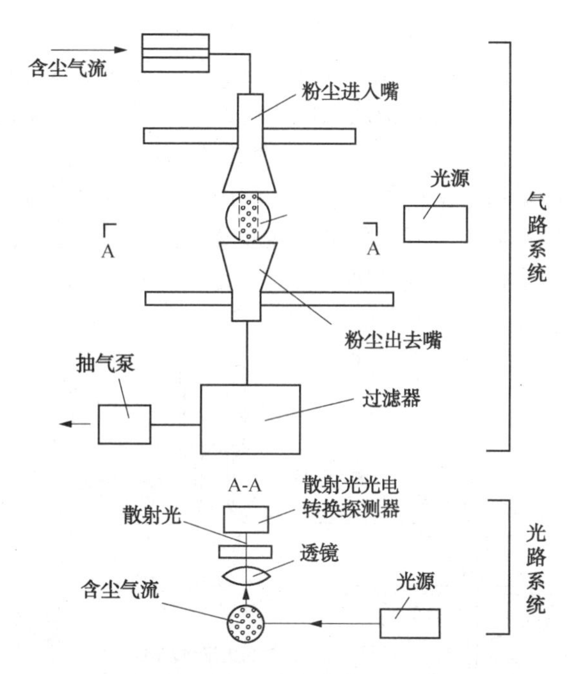


图 5-27　光散射法粉尘浓度传感器结构原理示意图

采用光散射法测量空气中的粉尘浓度，具有快速、简便、连续测量的特点。

采用光散射原理的粉尘浓度传感器中有抽风机和其他耗电部分，因此工作电流较大，达 250mA，在矿井中使用时，一般距地面监控系统在 2000m 以上，线路损耗电压较大，而监控站提供的电流有限。如果能降低传感器工作电流，则有利于正常使用。

在矿井或其他高粉尘场所，粉尘的沾污将使光学系统透光性降低，导致零点漂移严重，虽然定时清洁有效，但维护工作量较大。

因此，传感器的优化设计是解决问题的根本措施。

(3) 光吸收法粉尘浓度传感器

当光线穿过含粉尘空气时，发生散射和吸收作用，在光路方向上光强度减弱，透过光被接受并转化成电信号，这个过程类似于分光光度法的吸收过程，在一定的粉尘浓度范围内，透过部分的光强与入射光强之间符合朗伯-比尔定律。光吸收型粉尘浓度传感器就是以朗伯-比尔定律为基础，通过测量入射光强与出射光强，经过计算得到粉尘浓度，其原理如图 5-28 所示。该法具有在高粉尘浓度情况下测量准确的特点。由于光吸收型粉尘浓度传感器只有在高浓度时，即在 8000~15000mg/$m^3$ 内测量较为准确，在低粉尘浓度范围内，测量精度差，并且光学系统易受污染，需要经常维护，因此该类传感器大多应用于烟道粉尘浓度监测中，在煤矿井下使用该类仪器较少。

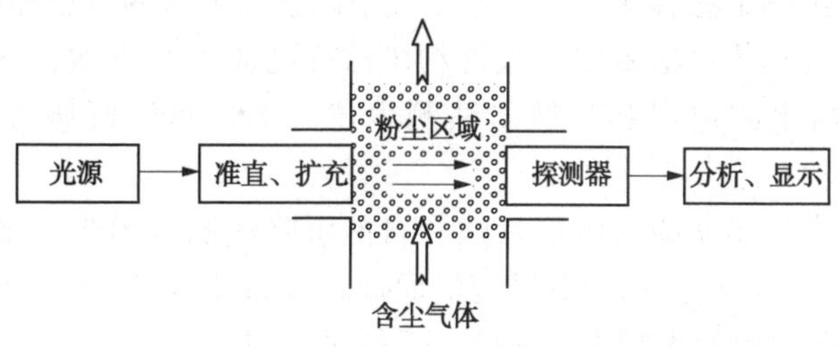


图 5-28　光吸收法粉尘浓度检测仪原理示意图

(4) 摩擦电法粉尘浓度传感器

摩擦电法测量粉尘浓度是近些年来国际上受重视的一种粉尘浓度在线测量方法。该方法是对运动的颗粒与插入流场的金属电极之间由于碰撞、摩擦产生等量的符号相反的静电荷进行测量，来考察与粉尘浓度的关系，其原理如图 5-29 所示。其特点是灵敏度高、结构简单、免维护。摩擦电法测量粉尘浓度技术较新，国内研究较少，国外主要集中在美国、澳大利亚、芬兰等少数国家进行研究，其主要应用在布袋除尘器泄漏检测上。但该方法受风速、粉尘颗粒粒径、磁场、粉尘性质等因素影响较大，要达到准确的测量，必须找出风速、粉尘粒径、磁场等因素对其影响。

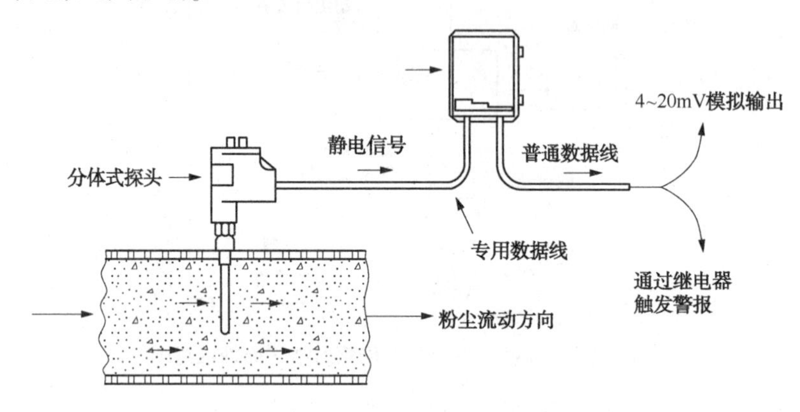


图 5-29　摩擦电法粉尘浓度检测仪原理示意图

## 本章小结

1. 第 1 节简要地介绍了生产性粉尘的来源、分类及粉尘特性。

2. 第 2 节首先介绍了表征粉尘粒度大小的参数，即空气动力学直径，并介绍了国家粉尘检测标准中对呼吸性粉尘所下的定义；通过人体呼吸系统的介绍和粉尘粒径与沉积部位的关系，表明了呼吸性粉尘的危害，进而表明了测定呼吸性粉尘的重要性；通过 BMRC 曲线的介绍，说明了粉尘预分离器应具有的基本性能。

3. 第 3 节根据国家粉尘检测标准中的规定，介绍了各类产尘工作场所粉尘采样点设置的要求，目的是让读者了解工作场所粉尘采样点选择的基本规律；根据《工作场所职业卫生接触限值》(GBZ 2. 1—2007) 的粉尘浓度限值，对长时间采样和短时间采样的要求进行了介绍；分别介绍了个体粉尘采样器、呼吸性粉尘采样器、个体呼吸性粉尘采样器的性能要求；介绍了粉尘采样夹的基本结构，并详细地介绍了各种粉尘滤膜的特性；系统地介绍了旋风切割器、向心式切割器、撞击式切割器、水平淘洗粉尘切割器四种粉尘预分离器的分离原理。

4. 第 4 节系统地讲解了滤膜质量法测定空气中总粉尘浓度的方法和原理。

5. 第 5 节介绍了滤膜质量法测定呼吸性粉尘浓度的原理和方法；介绍了石英晶体差频粉尘测定仪、$\beta$ 射线粉尘测定仪和光散射法测尘仪三类便携式呼吸性粉尘浓度测定仪的原理。

6. 第 6 节详细地介绍了滤膜溶解涂片法和自然沉降法测定粉尘分散度的原理与操作步骤。简要地介绍了光散射法检测粉尘分散度的原理，该原理所需要的基础知识较多，特别是多普勒效应及粉尘粒径与散射光频率变化的关系较难掌握。

7. 第7节讲述了检测粉尘中游离二氧化硅的意义，以及焦磷酸重量法、红外分光光度法、X射线衍射法测定游离二氧化硅的原理，其中红外分光光度法和X射线衍射法所需基础知识是安全工程专业课程设置所缺少的。

8. 第8节介绍了工作场所空气中石棉纤维浓度的测定方法，滤膜/相差显微镜检测法的原理，对石棉纤维的显微镜观测计数法进行了详细介绍。了解检测粉尘分散度的意义，掌握滤膜溶解涂片法和自然沉降法测定粉尘分散度的原理与操作步骤。

9. 第9节简要介绍了光散射法、光吸收法和摩擦电法三种在线检测粉尘浓度方法的传感器原理，目的是让读者了解目前对产尘场所粉尘浓度进行检测的方法，为了解粉尘监控奠定基础。

## 复习思考题

1. 生产性粉尘分为哪几类？

2. 能反映粉尘危害的理化特性有哪几种？生产性粉尘的主要危害有哪些？

3. 为什么用空气动力学直径来表征粉尘的粒度大小？简述其定义。

4. 可吸入粉尘、胸部粉尘、呼吸性粉尘都能到达沉积在人体呼吸系统的哪一部分？为什么说粉尘粒径越小危害越大？

5. BMRC曲线制定的依据是什么，制定BMRC曲线有什么用途？粉尘预分离器要满足什么要求，其作用是什么？

6. 在工厂，如何确定粉尘采样点？你认为确定粉尘采样点应满足什么原则？

7. 在粉尘检测中，长时间采样和短时间采样的方式与气体检测时有无区别？

8. 聚氯乙烯滤膜和玻璃纤维滤膜是采集粉尘常用的滤膜，二者的特性有何区别？

9. 在采集粉尘样品时，粒子切割器的作用是什么？简述向心式和撞击式切割器的工作原理。

10. 如果用多级粉尘预分离器采样，能否进行粉尘分散度测定？

11. 滤膜重量法测定总粉尘浓度和呼吸性粉尘浓度时，影响结果准确度的因素有哪些？

12. 简述压电晶体差频法、β射线法和光散射法三种检测粉尘浓度的仪器的检测原理。

13. 何谓粉尘分散度？如何在显微镜目镜中准确测量粉尘粒径？

14. 滤膜重量法测定粉尘浓度时，采样量太少常导致相对误差增大，说明原因。

15. 滤膜溶解涂片法检测粉尘分散度时，是如何在载玻片上制备溶解涂膜的？

16. 简述光散射法检测粉尘分散度的原理。

17. 为什么要测定粉尘中游离二氧化硅的含量？简述焦磷酸重量法测定游离二氧化硅含量的原理。

18. 红外分光光度法测定游离二氧化硅的原理是什么？溴化钾在测定起什么作用？其标准系列是如何配制的？

19. 简述含石棉纤维滤膜的透明固定方法。

20. 简述在线光散射法粉尘浓度传感器的检测原理。

# 6 空气中危险气体的快速检测

本章学习目标

1. 了解空气中可燃气体和有毒气体快速检测的含义与作用。

2. 掌握气体检测管的基本组成和使用方法，熟悉其检测原理和特点。

3. 了解手持式气体检测仪、便携式气体检测仪、便携式分析仪器的区别与关系。

4. 掌握催化燃烧式可燃气体检测仪、光离子化气体检测仪、半导体气敏气体检测仪、定电位电解气体检测仪、红外吸收式气体检测仪、伽伐尼电池气体检测仪、离子选择性电极式气体检测仪等7种检测仪中传感器的响应原理、适用范围、使用条件。

5. 了解复合式气体检测仪的基本组成和特点，掌握检测仪的两种采样方式及其对响应时间的影响。

6. 能根据各类气体检测仪检测原理的特点，结合检测现场的实际情况，选择合适的检测仪。

7. 能根据受限空间的特点和被测物质的特性来确定检测点，了解受限空间快速检测的基本程序。

## 6.1 气体快速检测的含义与作用

在正常的生产过程中，作业场所有毒有害气体浓度一般不太高，浓度变化也不太大，所以在日常安全检测、有毒作业分级及防毒设施效果检验中主要采用常规的检测方法，所用实验室型分析仪器就可以满足要求。实验室型分析仪器适应面广，结果准确度较高，但采样和样品分析花费的时间比较长。现场采样、实验室分析的检测方式不能实时地给出检测结果，这一类检测属于慢速检测。

在有些特殊情况下，必须立即知道有毒气体和可燃气体的实际浓度有多高？氧气的浓度又是多少？有无危险？例如要进入某化工设备内进行检修，就必须首先测定其残存的有毒气体是否排除干净？是否还需要继续通风？此检测必须在不早于工人进入前30min之内完成，中间还要定时检测，甚至连续检测。又如化工生产设备发生故障，怀疑有毒气体泄漏时，必须马上向抢修人员通报有毒气体是否超标？抢修过程中浓度是否有变化？再如工人要临时进入某地下场所工作，就必须随时检测氧气、有毒气体是否处于安全浓度范围内？如果某一场所可能存在可燃气体，又需要动火作业，就必须检测可燃气体的浓度，判断其有无爆炸的危险？如果作业时间较长，就必须随时知道可燃气体的浓度是否增加？在进行这些特殊作业环境检测时，就必须采用快速检测(rapid analysis)方法。快速检测就是使用手持式气体检测仪、便携式气体检测仪(或分析仪器)、气体检测管等检测工具，对现场空气中的氧气、可燃气体、有毒气体实施检测，实时或近似实时显示检测结果的检测。

在可能发生泄漏的场所，一旦发现可燃或有毒气体(或液体的蒸气)异常，就必须快速、准确地找到泄漏源，需要使用能够实时显示浓度数据的便携式或手持式检测仪，在移动中观察浓度的变化，追踪浓度最高点，确认泄漏点。

如果工人需要随时知道其工作的车间中，危险气体是否达到报警浓度（可燃气体不高于25%LEL，有毒气体不高于其最高容许浓度的一半或短时间接触容许浓度的一半），也需要佩戴小型的或袖珍的检测报警仪。

在发生泄漏、火灾、爆炸等生产安全事故时，大量的危险气体释放进入空气中，其扩散的后果可能会造成大量人员受到伤害，尤其是有毒的气体，例如：液氯、HCl、HF、光气（$COCl_2$）、$NH_3$、$H_2S$、$PH_3$、CO、HCN、苯、甲苯等，这时需要检测人员检测危险气体的危害范围、浓度的变化趋势、气体扩散的主要方向，为制定人员疏散、确定戒严范围的决策提供依据。这些检测是在发生重大事故时，为了完成某种特定的应急任务而进行的检测，所以叫做应急检测。很显然，应急检测采用的手段也是快速检测的技术手段。

同常规检测相比，快速检测具有如下特点：

① 快速检测主要用于现场分析，速度快，因此检测仪器必须具备操作简便、便于携带、响应快速、采样量少等特点，同时具有足够的准确度；

② 受仪器或方法本身条件的限制，多数不能完全达到常规测定方法的灵敏度、准确度，甚至有些快速检测通常是定性或半定量测定方法；

③ 有些检测仪器只能给出某一种或几种气体是否达到报警浓度，而不能显示浓度值。尽管如此，这些仪器对于保障劳动者的人身安全、减少生产事故的发生仍具有十分重要的作用。

便携的报警式检测仪器和浓度检测仪器可以随时反映毒气的安全状况，应是今后为保证受限空间或密闭空间作业过程的安全而应重点发展的方向，尤其是具有检测报警功能的手持式气体检测仪。

目前，快速检测方法主要有以下四种：

① 仪器检测法（instrument method）　仪器检测法是利用便携式或手持式气体检测仪进行现场检测的方法，通常能进行连续检测，一般灵敏度和准确度均较高，但有些仪器价格较贵。通常，便携式检测仪是指能够用手提方式携带到现场，能对现场空气进行检测，立即显示检测结果，或较短时间内显示检测结果的检测仪器，如便携式气相色谱仪；手持式检测仪的体积都较小，使用者就像手持对讲机一样，方便地携带到任何需要检测的场所使用。手持式检测仪器分为两类：一类是只能在浓度达到或超过预定的阈值时发出报警信号，但不能显示出浓度值；另一类则能够实时给出浓度指示值，达到阈值时也能发出报警信号。目前，后者使用的最多。本章主要介绍手持式气体检测仪。

② 气体检测管法（detector tube method）　它具有现场使用简便、快速、便于携带、灵敏和成本低廉的优点。为了携带方便，气体检测管和手动式采样器都放置在应急检测箱中。由于批量化生产，商品气体检测管在灵敏度、准确度、重现性等方面都已能满足一般要求。

③ 试纸比色法（test paper method）　它是用试纸条浸渍试剂，在现场放置，或置于试纸夹内抽取被测空气，显色后比色定量，类似于pH试纸的使用。

④ 溶液比色法（solution method）　它是使被测空气中有毒有害物质与显色液作用，显色后用标准管或人工标准管比色定量。

现在，后两种方法应用的较少，本书不再介绍。

固定式（点型）可燃气体和有毒气体检测报警系统是企业使用非常普遍的检测系统，这部分内容将在第 7 章专门介绍。

## 6.2 气体检测管法

### 6.2.1 气体检测管法的原理

气体检测管法所用的装置很简单，主要由气体检测管和气体采样器组成。检测管是一种填充有显色指示粉的细玻璃管，显色指示粉就是用某种化学试剂溶液浸泡过的粉状颗粒载体。气体采样器是使被测气体进入并通过气体检测管的装置。当被测空气以一定的流速流过气体检测管时，被测物质与颗粒载体上的化学试剂发生显色或变色反应，根据指示粉变色部分的长短，可以确定有毒有害气体的浓度。如果反应为特征反应，还可以定性。定性的依据是变成的颜色类型，定量的依据是变色长度，所以定量气体检测管又称为比长度气体检测管。用于定量检测的气体检测管的基本结构见图 6-1。

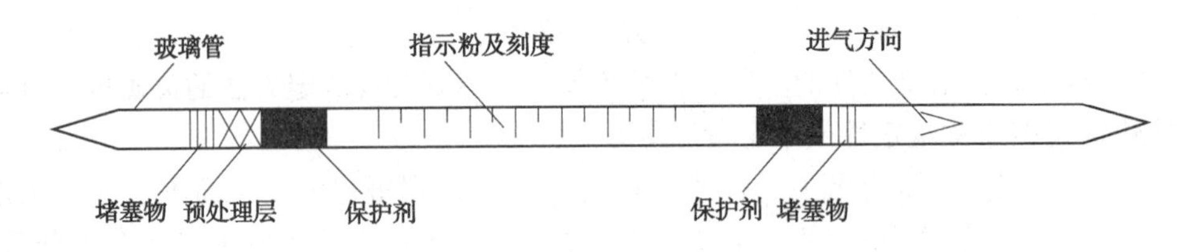


图 6-1　气体检测管的基本结构

使被检测空气进入气体检测管的方式有两种，一种是用手动抽气筒(也称为手动采样器)或电动抽气泵把空气抽过气体检测管；另一种是把气体检测管放在被检测空气中，让空气中被测气体在浓度差的作用下，扩散进入气体检测管，这种气体检测管称为被动式气体检测管。现在使用最普遍的是手动抽气筒方式，其基本结构见图 6-2。手动抽气筒就像一个注射器的针管，气体检测管与抽气筒配合时就像一个针头，拉动手柄时可以根据档位刻度的声响定量采气，推进手柄时，气体可以从旁孔泄出，实现一个检测管多次采气的目的。如果配置一根专用的远距离采样管，也可以测定人不方便进入或不能贸然进入的场所，比如受限作业空间，采样管一端可插入手动采样器的检测管插孔，另一端可与气体检测管连接。

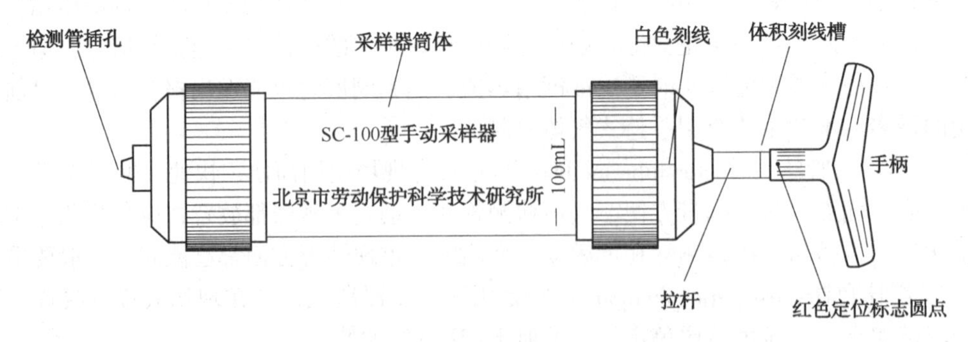


图 6-2　手动抽气筒(采样器)基本结构

定性用的气体检测管是在一根玻璃管内装入浸渍不同指示剂的颗粒载体，形成不同的色段。将气体引入玻璃管内，通过不同色段颜色的变化确定被测气体的性质(种类)，当一种气体通过玻璃管内的指示粉后，其中一个色段变成某种颜色，而其他各色段均不变化，即可确定该种气体为何种气体。同理，还可以确认使其他色段变色的气体的种类。例如，北川式131型无机气体定性检测管由A、B、C、D、E五个色段构成，色段间用白色硅胶隔开，色段指示粉是涂附有显色剂的硅胶，色段颜色见图6-3。当含有有毒气体的空气通过气体检测管时，依次与各色段指示剂发生变色反应，呈现不同的颜色变化，根据变化的组合，即可确认气体的种类。气体检测管内的主要化学反应如下：

A色段：$NH_3 + H_3PO_4 \longrightarrow$ 黄色物质 + $(NH_4)_3PO_4$

B色段：$SO_2 + 2NaOH \longrightarrow$ 黄色物质 + $H_2O + Na_2SO_3$

C色段：$Cl_2$ + 联氨 $\longrightarrow$ 黄色物质

D色段：$H_2S + PbSO_4 \longrightarrow PbS + H_2SO_4$

E色段：$CO + I_2O_5 + H_2SO_4 \longrightarrow I_2$

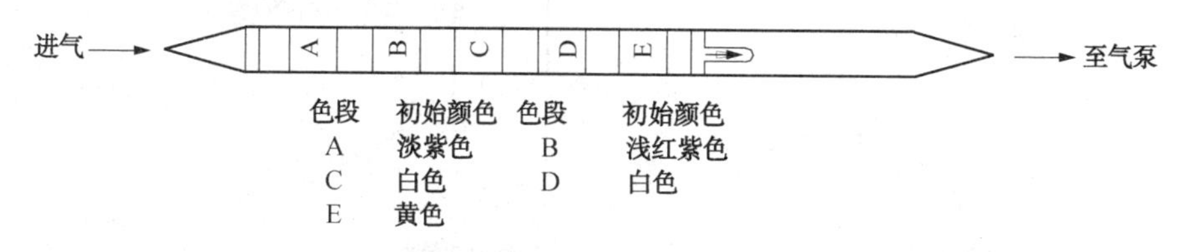


图6-3 131型气体定性检测管示意图

除无机气体气体检测管外，还有有机气体气体检测管，同样是针对几种常见有毒气体设计的，有时需要有机、无机气体气体检测管联合使用。应用实例：某热力公司检修工进入检查井检修时，突然晕厥，疑为气体中毒。事故发生后，检测人员迅速赶到现场，用抽气泵抽出井内气体，使用北川式131型无机气体定性检测管和186B型有机气体定性检测管测定。131型A段呈黄色，其余各段不变色，186B型没有变化。表明井内有氨气，用氨气定量检测管检测，氨气浓度为25mg/m$^3$，可以确定晕厥是由氨气中毒引起。

到目前为止，绝大部分较常见的气体都可以用检测管检测，其中包括：$NH_3$、$AsH_3$、$PH_3$、CO、$Cl_2$、HCl、HCN、HF、$H_2S$、$SO_2$、$NO_x$、$NO_2$、$O_3$、$COCl_2$、$CS_2$、$CCl_4$、$CHCl_3$、甲醇、乙醇、丙酮、氯苯、环己烷、正己烷、苯、甲苯、二甲苯、环氧乙烷、乙苯、苯乙烯、苯胺、二乙醚、硫醇、硫醚、汽油、煤油、柴油、辛烷、三氯乙烷、氯乙烯等。

气体检测管检测具有如下特点：

① 操作步骤简单、容易掌握。

② 测定迅速　气体检测管可以在几分钟之内测出工作环境中有害物质的浓度。

③ 灵敏度高　最高灵敏度可达0.01mg/m$^3$。

④ 采气量小　一般采样体积在几十毫升。

⑤ 应用范围广　可用于评价作业场所空气的急性中毒可能性，也可以用于空气污染研究，能够测定无机和有机的物质。

### 6.2.2 气体检测管的分类

按照用途来分类，气体检测管分为定量检测管和定性检测管两类；如果按照采气时间长短来分类，又可把气体检测管分为短时检测管(short-term tube)和长时检测管(long-term tube)两类。短时检测管和长时检测管示意图见图6-4。

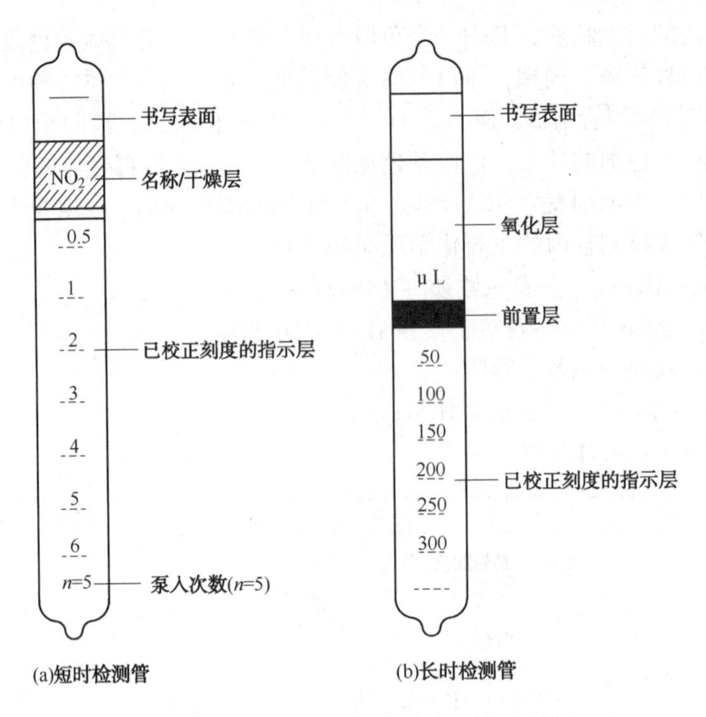


图 6-4　短时检测管和长时检测管示意图

短时检测管的采样时间短，用于短时间内被测气体化合物平均浓度测定，与手动采样器配合使用，可在现场快速准确地完成对气体或蒸气的快速检测。目前已有 160 多种短时检测管，每一种又有多种规格，用于不同浓度范围的测量，可用于管道、容器、设备、储罐等处泄漏及火灾时气体的现场检测。

长时检测管用于长时间内(如 8h)连续检测，8h 吸气积累的采样量可给出时间加权平均浓度(TWA，time-weighted average)，它也是基于变色长度指示的刻度管(scaled tube)，这需要与可连续操作的低流速采样泵相配合，Drager 公司的 Drager Polymeter 就是性能较好的低流速采样泵。长时检测管的校正单位(刻度)是“μL”，将检测管的读数(μL)除以吸入管中空气样品的体积(L)，得到 μL/L，该浓度单位与许多进口仪器的浓度单位“ppm”相等。由于采气时间长，所以受短时波动影响小。这种检测管已经不属于快速检测仪器。

长时检测管有时也采用被动采样方式，详见第 3 章无泵采样法部分。

## 6.2.3　载体

载体的作用是在其表面均匀负载指示剂，增大反应面积，利于气体与指示剂迅速接触反应；提供均匀的气体通道，使空气均匀穿过显色粉。气体检测管中的载体应具备如下条件：① 化学惰性，不与显色试剂及被测物质发生化学反应；② 具有足够的强度，能被粉碎成一定粒度的颗粒，一般筛分成 20~40 目、40~60 目、60~80 目、80~100 目的颗粒；③ 本身呈白色，利于观察颜色变化；④ 多孔或表面粗糙，与溶解显色剂的溶剂能很好浸润，利于分散和吸附显色剂。常用的载体有硅胶和素陶瓷，粗孔和中孔硅胶的表面积大，素陶瓷的表面积小。细孔硅胶的吸附性太强，不适合于作载体。石英砂的表面太光滑，不能均匀吸附显色剂。

市售硅胶中常含有无机或有机杂质，先将其磨碎筛分后，用 1+1 的硫酸和硝酸溶液在回流装置中回流 8~16h，之后用水浸泡除去余酸，再用蒸馏水浸泡抽滤至浸泡过夜的水 pH>5，并无硫酸根为止。在 110℃烘箱中干燥后，于 320~400℃高温炉中活化 24h，装入干燥玻璃瓶中密封保存。

素陶瓷(不带釉子的)磨碎筛分后，用蒸馏水浸泡，抽滤后于 110℃烘干密封保存。

### 6.2.4 显色剂和保护剂

显色剂与被测气体快速反应，反应产物颜色变化明显，是对显色剂的基本要求，如果显色剂的变色反应具有较高的选择性更适用。单位重量载体上负载显色剂的量对显色长度和颜色深浅影响很大，一般显色剂的量增加，变色长度缩短或颜色加深，反之则增长或变浅。载体粒度的影响同色谱柱，粒度大，抽气阻力小，变色长度增大，但界限不明显；粒度小，抽气阻力大，变色长度短，界限清晰，这是因为粒度小时，气体通路变细，组分扩散至显色剂的距离小。常见气体的检测管变色原理见表 6-1。

**表 6-1 几种常见气体检测管的显色原理与检测范围**

| 气体 | 显 色 原 理 | 检测浓度范围/($mg/m^3$) |
|---|---|---|
| CO | CO 气体通过检测管时，在发烟硫酸作用下，五氧化二碘将 CO 氧化，自身被还原成碘，指示份由白色变成褐色，由色环长度定量。$CO+I_2O_5+H_2SO_4$(发烟)$\rightarrow I_2$ | 5~100、10~200、30~500、100~2000、200~4000、0.1%~2% |
| $H_2S$ | 硫化氢气体与醋酸铅反应，生成硫化铅沉淀，指示粉由白色变成棕色。$H_2S+Pb^{2+}\rightarrow PbS_2$ | 0.2~5、2.5~50、5~100、10~200、50~1000、200~5000 |
| $H_2S$ | 硫化氢与硫酸铜氧化还原反应，生成铜，指示粉由蓝色变为黑色。$H_2S+Cu^{2+}\rightarrow Cu$ | 0.1%~2%、0.2%~4%、1%~20%、2%~40% |
| $NH_3$ | 氨气与磷酸发生中和反应，使酸碱指示剂由酸型色变色为碱型色。 | 1~30、5~100、10~300、50~1000、0.1%~2%、1%~15% |
| $Cl_2$ | 氯气与邻联甲苯胺反应生成黄色产物。 | 1~30、5~100 |
| HCN | 氢氰酸气体与氯化汞反应生成氯化氢，氯化氢使酸碱指示剂变色。 | 5~100 |
| 苯 | 苯蒸气通过检测管时，碘酸钾在浓硫酸作用下与碘发生反应生成碘，白色指示粉变成褐色。<br>$C_6H_6+KIO_3+H_2SO_4\rightarrow I_2$ | 2~40、10~100、20~400 |
| $NO_x$ | 三氧化铬将一氧化氮氧化成二氧化氮，二氧化氮与邻联甲苯胺反应生成黄色产物。 | 5~100、10~300 |

保护剂的作用是防止水蒸气进入气体检测管或阻止干扰物质对显色剂的干扰作用。经活化处理的硅胶吸水性极强，可作为保护剂。制作好的气体检测管常常热熔封口或加橡胶帽的方法保护。用时在两端断开或取下橡胶帽。

### 6.2.5 气体检测管的标定

在事先确定好的制作条件下，制作出大量相同的气体检测管后，需要随机抽取样品，对其进行标定。每批气体检测管的载体粒径、显色剂负载量、溶剂含量、玻璃管径、管长度要一致。管径为 2~6mm，长度为 120~180mm。

标定前先配制一系列已知浓度的被测气体的标准气体，标定时用同一个手动采样器，并控制相同的抽气速度，以一定的速度抽取一定体积的标准气体，反应显色后测量其变色长度，以变色长度(mm)对被测组分浓度($mg/m^3$)绘制标准曲线(图6-5)，根据标准曲线，以整数浓度的变化长度制成浓度标尺(图6-6)，也可印在玻璃管上。在平衡状态下，浓度与变色长度呈近似直线关系[图6-5(a)]，而在非平衡状态下，呈近似对数关系[图6-5(b)]。

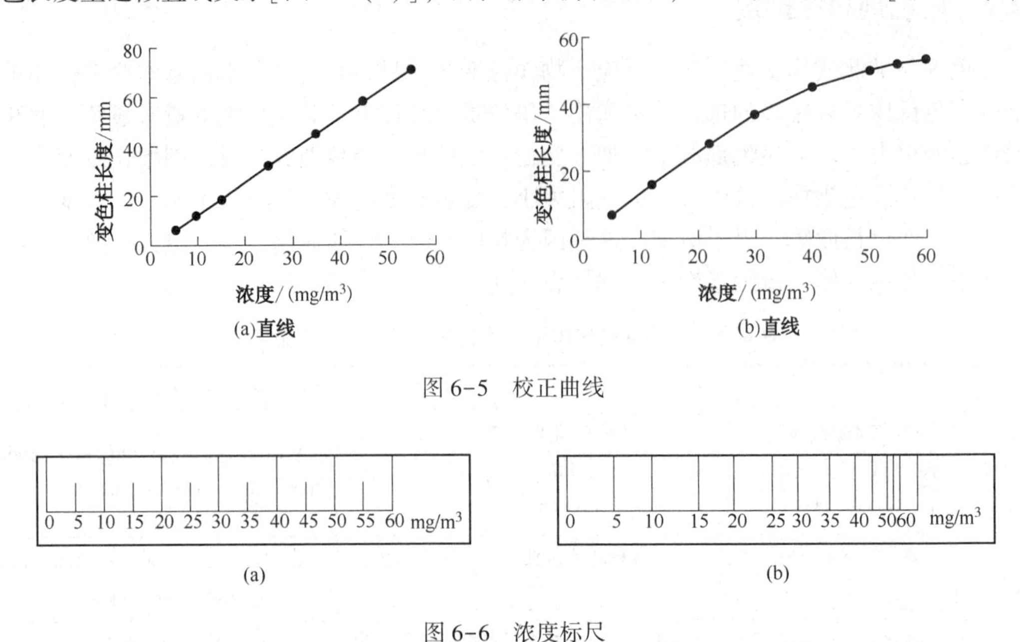


图6-5 校正曲线

图6-6 浓度标尺

## 6.2.6 影响气体检测管变色长度的因素

(1) 抽气速度

如其他条件相同，抽气速度的快慢将影响变色柱的长短和界限是否清晰。待测气体在通过气体检测管时，待测组分在气-固两相间传质需要时间，一部分先到达显色剂，另一部分后到达，先与后到达组分的显色位置前后不同。当抽气速度快时，部分待测组分来不及与试剂反应就又往前移动，使变色柱部分加长，有明显的颜色过度区，变色界限不清楚；抽气速度慢时，先后反应的时间差小，颜色过度区窄，变色界限清楚，但变色柱变短。

由于采样速度直接影响测定结果，因此必须按照标准浓度表上规定的速度进行操作，采样速度误差不超过标定值的10%。同时，用推气式或抽气式都对指示粉的吸附量有影响，因此也应按照浓度标尺上的进气方式进行操作，尽量减少操作误差。

(2) 抽气体积

其他条件不变，采样体积增加时，被测物质总量也会增加，变色柱长度增加，反之则缩短。变色长度与被测物质浓度、采样体积不一定是呈线性关系。所以当被测物质的浓度不在检测管测定范围内时，不能随意增加或减少气样体积，然后再将测定结果按同样比例增加或减少的方法测定。当实际浓度超过可测范围时，应将空气样品加以稀释后再测定，将测出的浓度乘以稀释倍数。

(3) 显色试剂的浓度

单位体积载体附着显色试剂的量就是其浓度。当气体浓度和体积不变时，显色试剂浓度越大则变色的长度越短，而浓度越小则变色长度越长。这是因为浓度不同时，单位长度的指示粉"消耗"被测气体的体积随显色试剂浓度的增加而增加。

(4) 环境温度

温度对有气体参加的化学反应的影响是不言而喻的。因被测组分、显色剂、载体有区别，温度对不同气体检测管的影响程度也不一样。温度对气体检测管测定结果造成误差的主要原因是由于现场测定温度与气体检测管标定时温度不同，在吸附平衡过程、化学反应速度和气体密度三个方面有变化。当温度升高时平衡吸附常数和气体密度变小，而化学反应速度加快。因此，当实际测定时的温度与制备标准浓度表或标准比色板时的温度不一致时，需要进行校正。比色型气体检测管颜色深浅决定于反应的程度，而温度对反应速度影响很大，所以对温度最敏感。

(5) 采样器的影响

采样体积的误差决定于采样器的体积准确度和气密性好坏。最常用的是手动采样器，也可使用专用的电动抽气泵。使用采样器时应注意采样器每分钟的泄漏量不得大于其容积的3%；采样器必须与同规格的气体检测管配套使用；用于现场测定的采样器应与标定检气测管时使用的采样器性能相同。

(6) 显色粉颗粒

显色粉颗粒直径要尽量均匀，装填要紧密，保证抽气时颗粒不松动，紧密程度必须一致，否则抽气阻力不一致，变色柱长短有变化，颜色界面易偏斜。选用玻璃管的内径应相同，管径不均造成的结果偏差可达4%。显色粉的装填量(装填长度)也应基本相同，否则同一批气体检测管也会产生误差。

## 6.3 手持式气体检测仪及其传感器响应原理

手持式气体检测仪的主要外观特征是体积小，用手拿着可以到达人员可以到达之处进行检测，有些狭小场所人不能进入，或者是人不能贸然进入时，也可以将采样头探入，由检测仪内置的吸气泵通过采气管吸气采样检测。有一些检测仪是复合式的，检测仪内设置 3 至 5 个传感器，体积稍大些，为了携带方便设置了提手把，习惯上称为便携式检测仪。本章所讲的手持式检测仪包括上述两种类型，统称为便携式气体检测仪(portable gas detector)，为了与安全检测中常用的便携式气相色谱仪、便携式气-质联用仪区别开，本书特采用手持式气体检测仪名称。检测仪内都有传感器，传感器将空气中被测物的浓度信号转变为电信号。所有传感器都是根据物质的物理、电化学、光学等特性来实现信号转换的。检测都属于相对测量法，即都需要用标准物质，定期对检测仪产生的信号进行校正(标定)，而不需要像实验室型分析仪器哪样，每次测定都进行校正。手持式检测仪大多都能随时直接显示被测气体的瞬时或近似瞬时检测数据结果，也称为直读式气体检测仪(direct-reading gas detectors)，有些还有远程传输功能，所以都属于快速检测仪器。手持式检测仪的基本功能是检测浓度，由于使用灵活，还可以完成事故应急检测、泄漏源追踪定位、确认场所安全与否、根据设定的阈限值超限报警等工作。根据检测的气体类别，气体检测仪可以分为可燃气体检测仪、有毒气体检测仪、氧气检测仪等三大类，由于传感器都不具有很强的响应选择性，所以上述分类法只是相对的。有些检测仪功能较简单，只能根据设定的报警值判断是否超标，超标时发出报警信号，所以称为报警仪。

目前，根据所用传感器响应原理分类，手持式气体检测仪中主要有催化燃烧式检测仪、光离子化检测仪、半导体气敏检测仪、定电位电解检测仪、红外吸收式检测仪、伽伐尼电池检测仪、离子选择性电极式检测仪等，本节主要介绍这几种检测仪的响应原理。

### 6.3.1 催化接触燃烧式检测仪

接触燃烧式检测仪分为直接接触燃烧式检测仪和催化接触燃烧式检测仪两种，其实现浓度信号向电信号转换的过程都是在惠斯顿平衡电桥上完成的，因其响应过程都与热敏电阻温度变化有关，所以又称为热学式检测仪器。为了更方便地介绍催化接触燃烧式检测仪的响应原理，首先介绍直接接触燃烧式检测仪的原理，其原理示意图如图 6-7 所示。

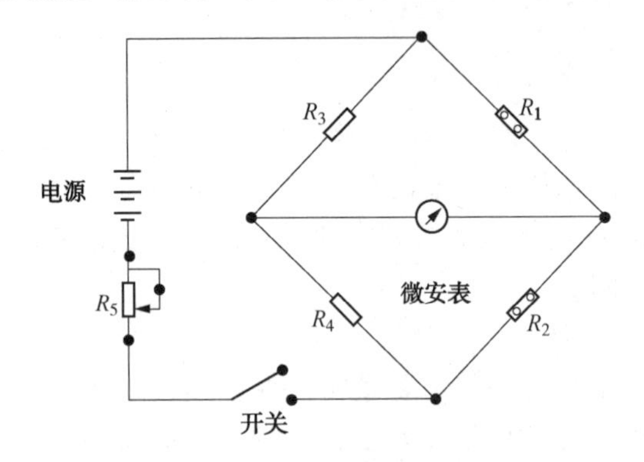


图 6-7　直接接触燃烧式检测仪原理示意图

检测仪传感器由 $R_1$、$R_2$、$R_3$、$R_4$、四个桥臂电阻构成惠斯顿电桥，其中 $R_1$ 和 $R_2$ 为热敏电阻，其电阻值随温度的变化而变化，温度越高电阻越大，$R_1$ 为测量桥臂，$R_2$ 为参比桥臂。在通电的条件下，电流流过电阻，同时产生焦耳热，当产热和散热速率达到平衡时，电阻温度稳定，阻值不变，电桥处于平衡状态，即 $R_1 : R_2 = R_3 : R_4$，电桥没有输出。

通电时电流加热测量电阻，可燃气体到达高温的测量臂电阻丝表面，受热发生燃烧反应，释放出的热量加热测量电阻，使其温度升高，阻值增大，电桥偏离平衡状态，电桥输出电信号，电信号的大小与可燃气体的浓度成正比。这种气体检测仪也称为热学式气体检测仪。

直接接触燃烧式检测仪响应灵敏度稍低，对低浓度可燃气体的检测受到限制，所以在实际使用的检测仪中多采用催化接触燃烧式检测仪。在催化接触燃烧式检测仪中，热敏电阻由直径 0.03~0.05mm 的铂(Pt)丝制成，在测量臂的热敏 Pt 丝电阻上涂敷经活性催化剂 Rh(铑)、Pd(钯)等稀有金属处理过的氧化铝，对燃烧反应具有很强的催化作用，在低于燃气燃点的温度下，浓度也低于 LEL(爆炸极限下限)时，可燃气体即可被催化燃烧(无焰燃烧，即与氧气的氧化反应)，燃烧反应释放的热量又加热了测量电阻，其电阻的增大导致电桥失去平衡输出电信号。铂丝线圈既是催化剂的加热器，又是检测表面的热敏传感器。如催化燃烧式一氧化碳检测仪可用触媒试剂“霍加拉脱”(活性 CuO、$MnO_2$、$Ag_2O$、$Co_2O_3$ 混合试剂)作为催化剂，使空气中微量 CO 与 $O_2$ 结合产生 $CO_2$ 及热。测量臂铂丝电阻的变化，或者说是电桥输出电信号大小的变化，直接反映了可燃气体浓度的变化。

催化燃烧检测仪传感器的原理示意图见图 6-8。气体分子通过烧结圆片渗透扩散与铂丝线圈接触。

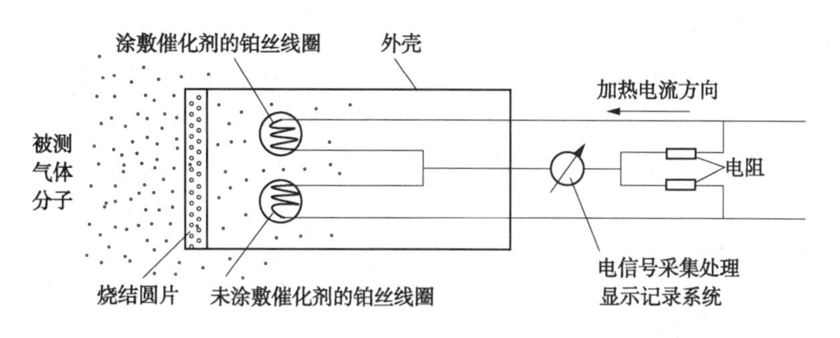


图 6-8　催化燃烧检测仪传感器的原理示意图

环境温度变化时，测量电阻和参比电阻的阻值都改变，$R_1$：$R_2$的比值不变化，从而消除了环境温度的影响，所以 $R_2$起到温度补偿作用。

催化燃烧检测仪只能对可燃气体产生信号响应，对不燃的气体几乎不响应，在环境温度下稳定性好，并能对爆炸下限浓度以下的绝大多数可燃性气体进行检测，普遍应用于石油化工厂、造船厂、矿井隧道、浴室、厨房等所有可能出现可燃性气体的场所进行检测和报警。

此类传感器不仅仅适用于手持式检测仪，也同样适用于固定式连续稳态检测仪器，是目前使用最多的可燃气体检测仪器的传感器。同其他的催化剂一样，铂丝上的催化剂也会“中毒”失去催化作用，导致检测器无响应，硅的化合物、硫的化合物和氯等是比较常见的“毒性”物质。为了使催化燃烧式可燃气体检测仪能够在有上述“有毒”气体存在的场所使用，现在已经开发出抗毒型催化燃烧式可燃气体传感器。

催化燃烧检测式传感器最初是为检测矿井中的甲烷气体设计的，对其他的可燃气体的响应灵敏度可能稍低，对不同的气体灵敏度也不相同。有两个因素直接影响到信号的大小，一是气体燃烧时释放的热量多少；二是蒸气分子扩散到催化热铂丝的快慢。气体扩散进入传感器必须穿过防火屏蔽金属网，汽油、煤油、溶剂等“较重”气体穿过这个金属网要比甲烷、乙烷、丙烷等“较轻”气体慢的多，因此选用时要注意生产商提供的使用说明，并定期使用标准气体进行标定，避免出现系统误差。部分有机物的检测灵敏度见表 6-2。

**表 6-2　部分有机物的检测灵敏度**

| 名　称 | LEL(体积分数)/% | 灵敏度/% |
|---|---|---|
| 甲烷 | 5.0 | 100 |
| 丙烷 | 2.0 | 53 |
| 丙酮 | 2.2 | 45 |
| 苯 | 1.2 | 40 |
| 甲苯 | 1.2 | 40 |
| 甲乙酮 | 1.8 | 38 |
| 柴油 | 0.8 | 30 |

催化燃烧检测仪是检测可燃气体或易燃液体蒸气的主要检测仪器，其检测浓度范围一般是 0~100%LEL，显示数据为被测气体的实际浓度值占其爆炸下限 LEL 值的百分数，如当甲烷浓度为 2%(v/v)时，其显示值不是 2%而是(2%/5.3%)×100=37.74%，所以又称为 LEL 检测仪，其显示数据直接表明了场所的危险程度，也就是说此类检测仪主要用于检测气体的

爆炸性，而不是毒性。如汽油的爆炸下限是1.4%，因而100%LEL的蒸气浓度为14000mL/m³。溶剂汽油的TWA值(时间加权平均值)是300mL/m³，STEL值(短时间接触容许浓度)是500mL/m³，而汽油在LEL检测仪上可以检测到的最小蒸气量为140mL/m³，如果再考虑LEL检测仪具有较差的分辨率，都说明LEL检测仪不适合于检测人员频繁出现场所的汽油泄漏。

在可燃气体存在的场所安装的检测仪必须为防爆型，防爆等级宜为$IICT_6$水平。

## 6.3.2 光离子化检测仪

光离子化检测仪(photo ionization detector PID)检测的原理如图6-9所示。待测分子(RH)被检测仪的内置微型气泵吸入检测仪内时，待测分子在紫外光源发出的紫外光照射下，吸收紫外光光子(一个光子的能量为$h\nu$)，由基态分子变成激发态分子($RH^*$)，如果紫外光子的能量大于待测分子的电离电位(IP)，则分子的一个电子获得较高能量，具有足够的动能，就能脱离分子的束缚而变成自由电子，从而使分子被电离，变成离子态化的正离子($RH^+$)和电子($e^-$)，反应式如下：

$$RH + h\nu \longrightarrow RH^* \longrightarrow RH^+ + e^-$$

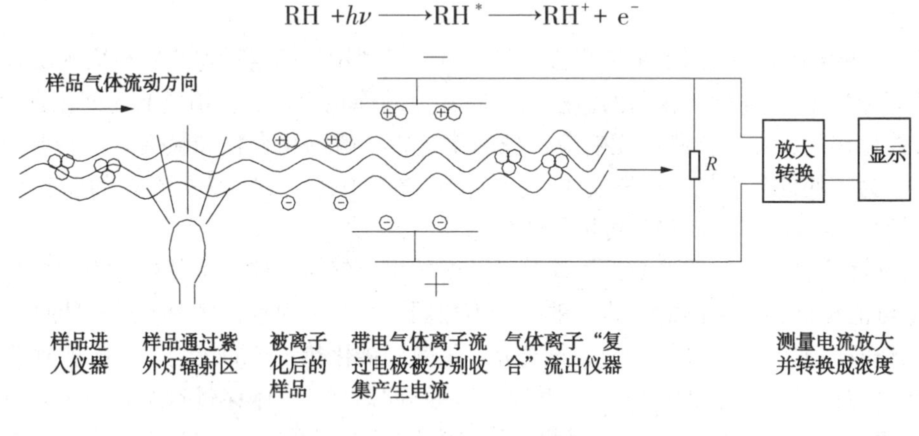


图6-9 光离子化检测仪检测原理示意图

此种紫外光光致离子化过程称为光离子化。离子化的位置是离子室(又称为离子腔)，离子室内有一对电极，分别为正极和负极，其中正极为收集极。在电场的作用下，光离子化产生的正离子移向负极，而电子被加速移向阳极，带电荷的离子流被分别收集后形成的微电流就是被采集的电信号，其与离子浓度成正比，微电流经转化放大后，在屏幕上显示出浓度。

离子室内的紫外光源一般采用真空紫外放电灯或无极放电灯，根据灯内使用的工作气体的不同及工作条件的不同，发出的光子能量可分别为9.8eV、10.6eV和11.7eV，可根据需要选择发射波长，以满足检测不同电离电位分子的需要。“eV”是光谱学中常用的一种能量单位(electronvolt 电子伏特，$1eV=1.602\times10^{-19}J$)。

根据检测原理可知，只有光子的能量大于分子的电离电位时，气体才能够被电离，否则就不能被电离，更不能产生电信号。检测时，通过改变所使用紫外光源发出光子的能量(也可以是波长、频率)，可以增大或缩小能够检测的气体的种类范围。如使用9.8eV的光源时，只能测定电离电位低于9.8eV的气体，而使用11.7eV的光源时，就能够检测电离电位低于11.7eV的气体，能够检测的气体数量远多于前者。有时利用此特点可以实现混合组分的分别检测。能够用光离子化检测仪检测的有机气体或液体蒸气包括：脂肪族(甲烷除外)、芳香族、多环芳烃、醛类、酮类、醇类、酯类、胺类、有机磷化合物、有机硫化合物、杂环化合物及某些金属有机物等。此外，能够检测的无机气体有：$NH_3$、$H_2S$、$CS_2$、$AsH_3$、$PH_3$、$SeH_3$、$Br_2$、$I_2$。据报道，实际上只有千分之几的分子被离子化，尽管如此，其灵敏度仍可达 $10^{-9}$ 级，检测范围在 0～0.2%，分辨率在 $10^{-7}$ 级。图 6-10 反映了选用不同能量紫外光源时能够检测的物质类型，箭头向左表示能量再高的紫外线能够电离之，即可检测之。

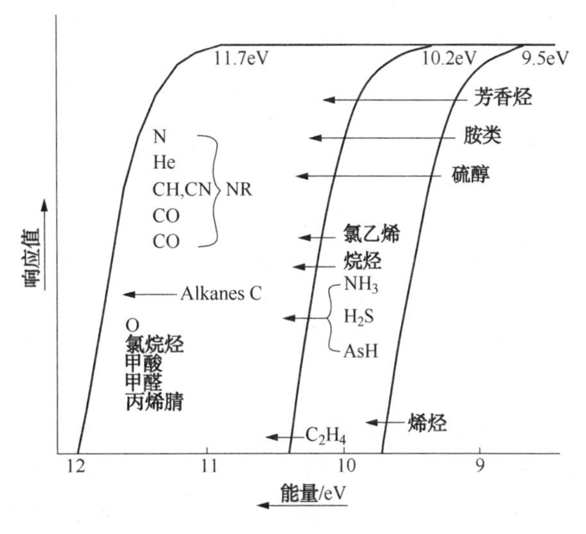

图 6-10　使用不同能量紫外灯时 PID 检测仪的响应范围

部分物质的电离电位(IP)见表 6-3。

**表 6-3　部分常见物质的电离电位**

| 序号 | 化合物 | IP/eV | 序号 | 化合物 | IP/eV | 序号 | 化合物 | IP/eV |
|---|---|---|---|---|---|---|---|---|
| 1 | 苯 | 9.25 | 22 | 环戊烯 | 9.01 | 43 | 氯甲烷 | 11.28 |
| 2 | 甲苯 | 8.82 | 23 | 环己烯 | 8.95 | 44 | 二氯甲烷 | 11.35 |
| 3 | 邻、间二甲苯 | 8.56 | 24 | 乙炔 | 11.41 | 45 | 三氯甲烷 | 11.42 |
| 4 | 对二甲苯 | 8.45 | 25 | 氯乙烯 | 9.84 | 46 | 四氯化碳 | 11.47 |
| 5 | 乙苯 | 8.76 | 26 | 三氯乙烯 | 9.45 | 47 | 氯乙烷 | 10.98 |
| 6 | 甲胺 | 8.97 | 27 | 甲烷 | 12.98 | 48 | 1，2-二氯乙烷 | 11.12 |
| 7 | 乙胺 | 8.86 | 28 | 乙烷 | 11.65 | 49 | 溴甲烷 | 10.53 |
| 8 | 正丙胺 | 8.78 | 29 | 丙烷 | 11.07 | 50 | 溴乙烷 | 10.29 |
| 9 | 二甲胺 | 8.24 | 30 | 正丁烷 | 10.63 | 51 | $NH_3$ | 10.15 |
| 10 | 二乙胺 | 8.01 | 31 | 正戊烷 | 10.35 | 52 | HCN | 13.91 |
| 11 | 二正丙胺 | 7.84 | 32 | 己烷 | 10.18 | 53 | $H_2S$ | 10.46 |
| 12 | 三甲胺 | 7.82 | 33 | 环戊烷 | 10.53 | 54 | $H_2O$ | 12.59 |
| 13 | 三乙胺 | 7.50 | 34 | 环己烷 | 9.88 | 55 | $CS_2$ | 10.08 |
| 14 | 三正丙胺 | 7.23 | 35 | 吡啶 | 9.32 | 56 | $CO_2$ | 13.79 |
| 15 | 甲硫醇 | 9.44 | 36 | 四氢呋喃 | 9.54 | 57 | CO | 14.01 |
| 16 | 乙硫醇 | 9.29 | 37 | 甲酸乙酯 | 10.61 | 58 | $O_2$ | 12.08 |
| 17 | 甲硫醚 | 8.69 | 38 | 乙酸乙酯 | 10.11 | 59 | $N_2$ | 15.58 |
| 18 | 乙硫醚 | 8.43 | 39 | 甲醛 | 10.87 | 60 | $H_2$ | 15.43 |
| 19 | 乙烯 | 10.52 | 40 | 丙酮 | 9.69 | 61 | $NO_2$ | 9.78 |
| 20 | 丙烯 | 9.73 | 41 | 甲基异丁基酮 | 9.30 | 62 | NO | 9.24 |
| 21 | 1-丁烯 | 9.58 | 42 | 环己酮 | 9.14 | 63 | $SO_2$ | 12.34 |

从表中数据可以说明，空气中的主要气体和常见污染气体，如 $N_2$、$O_2$、$CO_2$、$SO_2$、

$H_2O$，以及甲烷、HCN、CO 等物质的电离电位高于 11.7eV，不能被光离子化检测仪测定，作为背景气体也基本不干扰测定。同时也说明，光离子化检测仪比较适合于多种挥发性有机化合物(VOC volatile organic compound)的现场测定。

根据不同的需要，仪器有通用型、专用型和固定式三种，分别用于不同的目的，固定式用于固定地点的检测。

在使用光离子化检测仪时要注意以下几个方面的问题：

① 根据化合物的电离电位，判断其是否小于 PID 的灯能量，来选择合适的 PID 检测仪。单一的 PID 气体检测仪一般配置 9.8eV、10.6eV 和 11.7eV 三种光源，复合式气体检测仪就只能选择一种能量的光源。虽然仪器配置 11.7eV 紫外灯时，其能够测定的气体数目最多，但配置 9.8eV 和 10.6eV 灯的寿命更长、更专用、更精确、价格更低。由于 11.7eV 等的窗口材料是由特殊的氟化锂做成的，氟化锂很难同玻璃密封，很容易从气体样品中吸收水分，受潮膨胀后其透光率降低。另外，可检测的物质种类多，也表明受共存气体干扰的可能性也大。使用时，要先了解检测场所空气可能存在的气体种类，根据电离电位判断是否有干扰。

② 使用或选用 PID 检测仪时，还要特别注意校正系数(CF)。同气相色谱仪中的火焰离子化检测器一样，不同化合物在光离子化检测仪上的响应灵敏度不同，即浓度相同时其响应值却不同，所以需要校正。因为检测的气体种类很多，如果用户配备多种标准气体是不可能的。一般用一种灵敏度适中的标准气体，如异丁烯作为基准气体，其响应的电信号值直接与检测仪的浓度显示值相对应，即仪器根据基准气体浓度与电信号之间的定量关系来显示浓度。之后经过精确的实验和计算，给出其他气体各自的校正系数，所有灵敏度低于标准气体的气体，校正系数都大于 1；相反，所有灵敏度高于标准气体的气体，校正系数都小于 1，标准气体的校正系数等于 1。检测仪中的电信号与校正系数相乘后再显示出来，这样检测仪就可以只用标准气体校正即可。检测时，通过输入被测气体的校正系数，就可以直接显示被测气体的浓度。如果不输入校正系数，则显示值就是相当于多大浓度的标准气体。通常，仪器可储存很多种组分的校正系数，只要输入(或选定)测定气体的名称，在仪器中就能自动对不同组分的响应值进行校正，显示屏幕上直接显示出被测物质浓度值。RAE 公司的产品储存 102 种气体的校正系数，同时为用户提供各种检测物质的 CF 值，其检测范围在 $0.001 \sim 10mg/m^3$。通常情况下，PID 可以很好地测定 CF 为 10 以下的气体。

仪器读数的校正分两部分，吸入清洁空气时(氧气为正常值 20.9)，仪器指示值为零，吸入标准气体应指示其标准值，否则就要调整到正确值。总之，仪器用标准气体校正时是对整体准确度的校正，如对放大倍数、离子化度等影响电信号大小的因素的校准；而用校正系数的校正是解决不同组分灵敏度差异造成的误差，使仪器在经一种标准气体校正后就能实现多种气体的准确测定。

③ 光离子化检测仪不具有明显的选择性，区分不同类型化合物的能力较差。PID 能够在 $10^{-6}$(相当于 ppm)级的水平上告诉使用者有无可被光离子化的气体或蒸气，浓度是多少，究竟是什么物质则需要检测者根据现场实际情况判断。为了判断被测物质的种类而可资利用的信息包括：生产原料、产物、中间产物、储存物料、标签、货物清单等，向生产技术人员询问是最直接的确定物质种类的方法。

④ 用 PID 测定一种单独存在的气体是很容易的，基本步骤是：确认气体或蒸气的种类、查出该气体的校正系数 CF、根据暴露极限阈值确定报警浓度，最后实施测定即可。对于一些生产过程、储罐和仓库等场所可能只有一种气体，但是在突发事故中，往往空气中不是一

种，而是几种气体同时存在，这时要根据实际情况判断哪一种物质可能最先达到浓度极限阈值，可燃无毒的气体主要根据 25% LEL 或 50% LEL 确定，有毒气体根据最高允许浓度(MAC)或短时间接触容许浓度(STEL)确定，既可燃又有毒的气体根据最高允许浓度确定。如果“具有决定意义”的最危险气体不能使用 PID 测定，或不知道 CF 值，就应该选用其他类型的检测仪。实际上，在突发事故中，总有一种有毒的气体最先达到阈限值或者是可燃气体最先达到 25%LEL，这些气体就是“具有决定意义”的一种气体决定了整个混合气体的报警浓度。“具有决定意义”的含义见第 7 章探测器设置部分。

### 6.3.3 半导体气敏检测仪

半导体气敏检测仪传感器的气敏元件主要由金属氧化物半导体材料或高分子半导体材料制成，气敏元件接触待测气体时，其电阻或导电性发生改变，其变化值与气体浓度相关。

自从 1962 年半导体金属氧化物气体传感器问世以来，由于具有灵敏度高、响应快等优点，得到了广泛的应用。半导体检测器种类繁多，分类也很复杂。按照基体材料来分，可分为：金属氧化物系、有机高分子半导体系和固体电解质系；按照制作方法和结构形式可分为：烧结型、薄膜型、厚膜型等；按照产生信号的机理分为：电阻型、电容型、二极管特性型、晶体管特性型、频率型、浓差电池型等。有些资料中简称的 MOS 传感器是指金属氧化物半导体检测器(metallic oxide semiconductor detector)。目前使用比较广泛的是电阻型半导体气敏检测器，下面主要介绍其响应原理。

测定时，半导体气敏元件被加热到某一稳定状态，气体接触气敏元件表面被物理吸附，失去其运动动能，其中一部分分子蒸发，剩下的分子被吸附在固定处，同时发生电子转移。如果气敏元件的功函数小于吸附分子的电子亲和力时，被吸附的分子将从气敏元件夺取电子，分子带有负电荷，此种吸附称为负离子吸附，$O_2$ 和 $NO_x$ 是具有负离子吸附倾向的气体，称为氧化性气体或电子接收性气体。相反，如果气敏元件的功函数大于吸附分子的电子亲和力时，气敏元件将从被吸附的分子夺取电子，分子带有正电荷，此种吸附称为正离子吸附，$H_2$、CO、碳氢化合物、醇类等是具有正离子吸附倾向的气体，称为还原性气体或电子给与性气体。半导体材料吸附气体后形成的双电层见图 6-11。

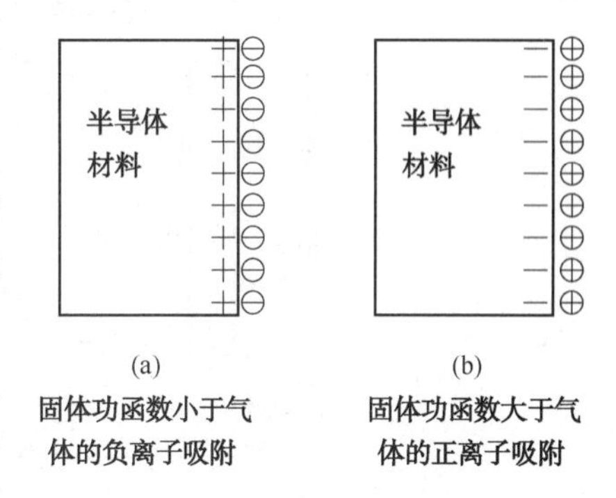


图 6-11　半导体材料吸附气体后形成的双电层示意图

半导体都具有 P-N 结，$SnO_2$、ZnO、$TiO_2$、$W_2O_3$ 等属于 N 型材料，$MoO_2$、$CrO_3$ 等属于 P 型材料。当氧化性气体吸附到 N 型半导体上，或者是还原性气体吸附到 P 型半导体上时，N 型半导体材料载流子-自由电子减少，P 型半导体材料载流子-空穴减少，从而使电阻增大。相反，当还原性气体吸附到 N 型半导体上，或者是氧化性气体吸附到 P 型半导体上时，N 型半导体材料载流子-自由电子增多，P 型半导体材料载流子-空穴增多，从而使电阻下降，半导体材料中载流子密度变化情况见图 6-12 和图 6-13。图 6-14 为气体接触到 N 型半导体时气敏元件阻值的变化，可见其阻值发生变化所需时间，即响应时间小于 1min。

大气中氧气浓度较高，氧气的影响已趋于稳定，其他气体是在此基础上产生响应的。半

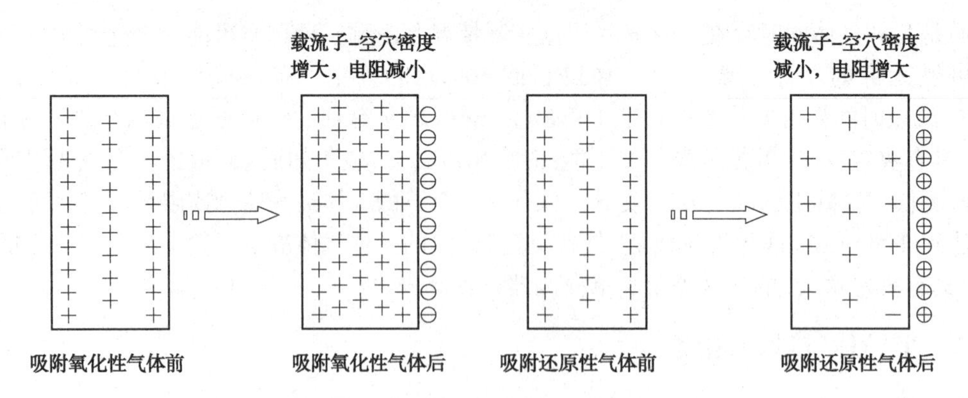


图 6-12　P 型半导体吸附气体后载流子密度变化

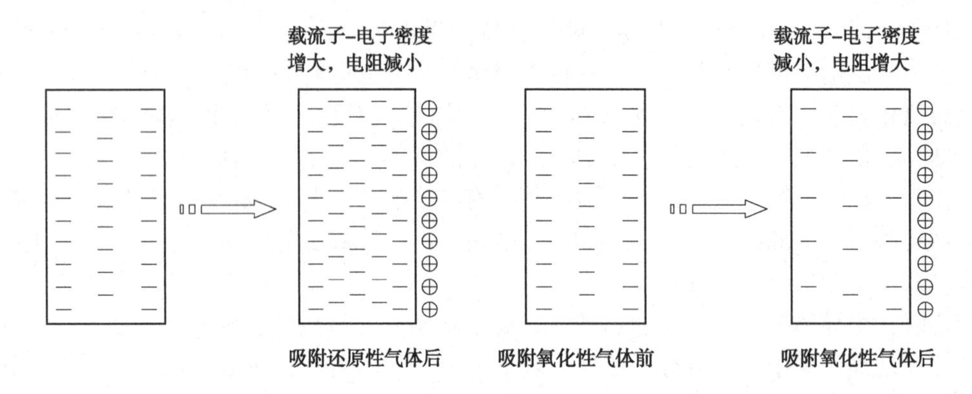


图 6-13　N 型半导体吸附气体后载流子密度变化

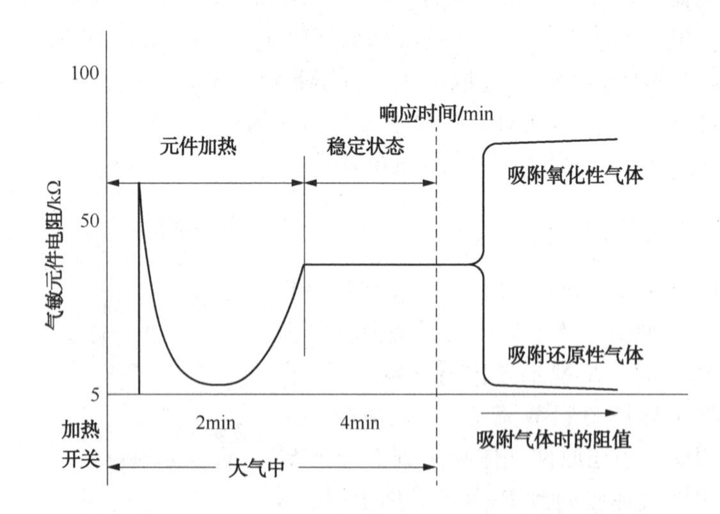


图 6-14　N 型半导体接触气体时气敏元件阻值的变化

导体气敏检测器所检测的气体大致分为以下几类：

可燃气体类：液化石油气(其主要成分是丙烷)、天然气(主要是甲烷)、煤气(包括焦化煤气和半水煤气，主要成分是 CO 和 $H_2$)、丙烷、$H_2$、CO、$CH_4$、丁烷、乙醇、丙酮、乙烯、甲苯、二甲苯、汽油等。

有毒气体类：$H_2S$、CO、$Cl_2$、HCl、$AsH_3$(砷化氢或砷烷)、$PH_3$(磷化氢或磷烷)等。

大气污染气体类：形成酸雨的 $NO_x$、$SO_x$、HCl；引起温室效应的 $CO_2$、$CH_4$、$NO_2$、$O_3$；破坏臭氧层的碳氟化合物、卤化碳。

半导体气敏检测仪既可以检测可燃气体，也可以检测有毒气体。检测可燃气体时，其灵敏度通常不如催化燃烧式检测仪高，但很适合常规检测；而检测有毒气体时，其灵敏度又不如定电位电解式检测仪高。虽然如此，在被测气体浓度不是特别低的情况下，仍然是一种优良的传感器。通过向半导体材料中掺杂特殊的稀有元素，可以显著提高其对某些物质的相应灵敏度，因此，半导体气敏检测仪也可以成为极限低浓度的气体检测仪。另外，在催化燃烧式传感器有可能“中毒”的环境下，半导体材料仍然能正常工作。

在有机高分子半导体电阻式气敏检测器中，所采用的气体敏感材料有酞菁、卟啉、卟吩和它们的衍生物、络合物等。这类化合物具有环状共轭结构，也具有半导体性质。同样，这些有机半导体与其吸附的气体分子之间也产生电子的授受关系，电阻值也随着气体浓度，确切地说是吸附气体量的变化而变化。与金属氧化物半导体材料相比，有机高分子半导体材料具有便于修饰的特点，经化学反应接枝引入特定基团，并可以按照功能的需要进行分子设计和合成。有机高分子气体传感器对特定的分子有高灵敏度、高选择性、结构简单等特点，可以在常温条件下使用。现在已有测定 $NH_3$、$NO_2$、$H_2S$、$O_2$、$Cl_2$、$H_2$等气体的高分子半导体检测器。

## 6.3.4 定电位电解式气体检测仪

定电位电解气体检测仪的传感器属于电化学传感器类别，在有毒气体检测中应用最广泛，其工作原理见图 6-15。其核心部件是电解池，电解池中充装有电解质溶液，如稀硫酸，含有有毒气体的被测气体通过多孔隔膜渗透进入电解池，多孔隔膜为透气憎水膜。电解池中安装了三个电极，即工作电极(working electrode)、对电极(counter electrode)和参比电极(reference electrode)，工作电极表面涂有一层重金属催化剂薄膜，测定时在工作电极和对电极之间加上足够的电压，被测气体在工作电极上发生氧化反应。

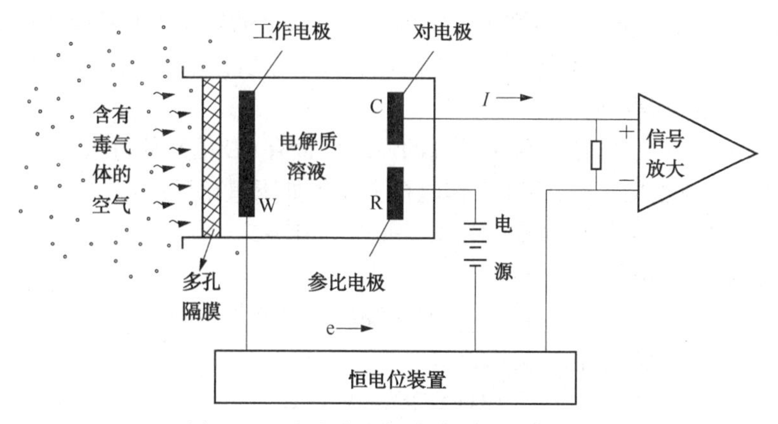


图 6-15　定电位电解式检测器工作原理

具有电化学活性的气体渗透进入电解池后，在工作电极上被氧化或者被还原，发生氧化反应或还原反应都需要满足一定的条件。每一种物质的氧化态与还原态构成的电对在工作电极上产生的电极电位都符合能斯特(Nernst)公式，即式(6-1)。

$$E = E^0 + \frac{RT}{zF}\ln\frac{[\text{氧化态}]}{[\text{还原态}]} \tag{6-1}$$

式中　　　　　　　$E$——电对在某一浓度时的电极电位；

$E^0$——电对的标准电极电位；

[氧化态]、[还原态]——分别表示电极反应中在氧化态、还原态的平衡浓度；

$R$——摩尔气体常数；

$T$——热力学温度；

$F$——法拉第常数；

$z$——电极反应式中转移的电子数。

当电极电位单位用V、浓度单位用mol/L、压力用Pa表示时，则$R$=8.314J/(K·mol)。

当工作电极为阳极，对电极为阴极，施加在工作电极和对电极之间的电压高于电极电位时，工作电极上发生氧化反应；而当工作电极为阴极，对电极为阳极，施加在工作电极和对电极之间的电压高于电极电位时，工作电极上发生还原反应。

$E$主要由$E^0$决定高低，$E^0$是由物质的特性决定的，氧化态和还原态的平衡浓度也对电极电位产生影响。当溶解气体在工作电极上发生氧化反应时，电极表面处[还原态]浓度降低，[氧化态]浓度增加，电极电位升高；相反，当溶解气体在工作电极上发生还原反应时，电极表面处[还原态]浓度增加，[氧化态]浓度降低，电极电位降低。在电解过程中，由于电极表面上平衡浓度(不是溶液本体浓度)变化，电对的电极电位也发生变化。

为了使工作电极上发生反应的物质有选择性，需要事先设定工作电极的电极电位，使电极反应发生在固定电位，避免其他物质发生反应。“定电位电解”就由此而来。由于电解过程电极电位变化，就需要对工作电极的电极电位进行监控。监控是由恒电位系统来实现的，它将工作电极与参比电极组成原电池，参比电极的电极电位是恒定的，不随本体溶液组成的变化而变化，恒电位系统随时监测工作电极与参比电极之间的电位差(即电动势)，并与事先设定的电位差值进行比较，当发生偏离时，恒电位系统调节施加在工作电极与对电极之间的直流电压，改变电解速度，使工作电极表面被测物浓度决定的工作电极的电极电位与设定值保持一致。

在满足上述工作条件下，发生在工作电极和对电极上的氧化还原反应所产生的电流，即电解电流$i$反映了气体浓度的大小。电解电流经放大后输出，用于指示仪表的推动力输入信号，或者经控制器启动报警装置。

下面以检测CO为例，介绍其测定过程的原理。含有CO的气体进入气室后，CO气体透过隔膜(如多孔聚四氟乙烯膜等)，在工作电极上发生如下氧化反应：

$$CO+H_2O \longrightarrow CO_2+2H^++2e$$

在对电极上溶解氧被还原，

$$1/2O_2+2H^++2e \longrightarrow H_2O$$

总的反应是CO被氧气氧化成为$CO_2$，

$$CO+1/2O_2 \longrightarrow CO_2$$

电解所需要的电量与被电解的CO的量成正比，电解电流与CO的浓度成正比，电解电流与CO浓度符合式(6-2)的关系：

$$i = nFADc/\delta \tag{6-2}$$

式中　$i$——电解电流，A；

$n$——一个分子气体电解转移的电子数；

$F$——法拉第常数，96500C/mol，$C$为电量单位——库伦；

$A$——气体扩散面积，$cm^2$；

$D$——扩散系数，$cm^2/s$；

$c$——电解质溶液中被电解气体的浓度，mol/L；

$\delta$——扩散层的厚度，cm。

检测仪中工作电极的电位高低由被测气体的性质决定，如测定 $SO_2$、CO、$H_2S$、NO 等气体时发生氧化反应，而测定 $NO_2$、$Cl_2$等气体时发生还原反应。

商品定电位电解检测仪多数是专用检测仪，如一氧化碳检测仪、氯气检测仪等，这些检测仪中的参数，如电解电位值(恒电位值)、施加电压的极性等都是针对特定的气体设置的，不需要使用者调节。

定电位电解气体检测仪主要用于具有一定电化学活性的气体检测，其传感器不仅适用于手持式气体检测仪，也适用于点型气体检测系统。

定电位电解式检测仪检出限低、灵敏度高，适合于检测 $10^{-6}$级的威胁人员安全的有毒有害无机气体，但不适合于检测可燃气体，能用其检测的主要气体有 CO、$H_2S$、NO、$NO_2$、$H_2$、$Cl_2$、$NH_3$、HCN 等。其可检测的气体种类和检测浓度范围见表 6-4。

**表 6-4　定电位电解气体检测仪可检测的气体种类和检测浓度范围**

| 气 体 种 类 | 检测浓度范围/($mL/m^3$) |
|---|---|
| $AsH_3$、乙硼烷、锗烷、$SeH_4$、$PH_3$ | 0~1 |
| 溴气、$ClO_2$、氟气、$O_3$、光气 | 0~2 |
| 氯气 | 0~11 |
| HCl、HF、HCN、$NO_2$、$SO_2$、硅烷 | 0~20 |
| $H_2S$ | 0~50 |
| $NH_3$、CO、NO | 0~100 |

注：$mL/m^3$有时也用 $10^{-6}$表示，指重量或体积的百万分之一，与 ppm 单位相等。

## 6.3.5　红外吸收式气体检测仪

由两种或两种以上原子组成的分子，两种元素原子间电负性存在差异，使分子具有永久性偶极矩，具有永久性偶极矩的分子能够吸收特定波长的红外光线。红外光由红外光源发出，通过滤光器件滤除能产生共吸收干扰的红外线后，剩下只能被待测气体吸收的红外线，其穿过被测气体时部分被吸收，透过的红外线由接受器转化成电信号。透过光强度与入射光强度的关系符合朗伯-比尔定律(lambert-beer Law)：

$$I = I_0 e^{-\mu l c} \tag{6-3}$$

式中　$I$——透过光强度；

$I_0$——入射光强度；

$\mu$——吸收系数；

$c$——吸收红外光气体组分的浓度；

$l$——光线穿过被测气体的光程长度。

式(6-3)变化整理得：

$$c = \frac{1}{\mu l}\ln\frac{I_0}{I} = \frac{2.303}{\mu l}\log\frac{I_0}{I} = \frac{2.303}{\mu l}A \tag{6-4}$$

式中$A$就是吸光度，也是仪器的测量值。入射光波长不变时吸收系数$\mu$不变，测量光程$l$在一定条件下是常数，因此通过测定吸光度就能够测定气体浓度。

红外吸收式检测仪分为点式和开路式两种。点式即一体式，光源和检测器都设在一台仪器中。开路式检测器的红外线光源与红外线接受器分开设置，或者是用反射镜将红外光反射回到检测器，再由光电转换元件接收，二者间距可达50m，用于广阔的开放区域或无法安装点式检测器的场所。开路式红外吸收检测装置也称为线型检测仪。图6-16是一种典型的点式红外气体检测仪气室结构示意图。

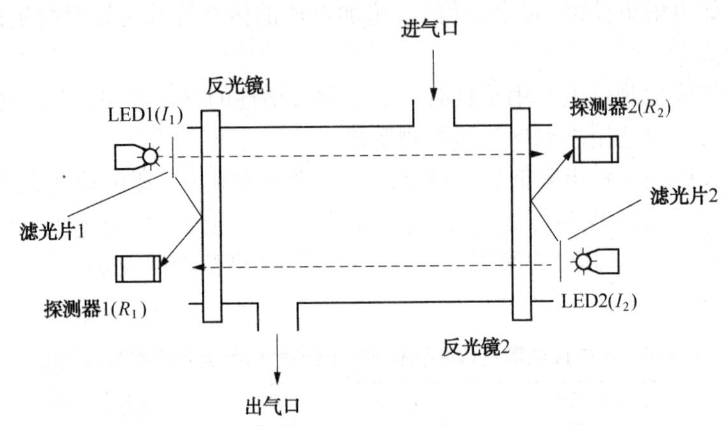


图6-16　双光源双探测器气室结构

图中LED是发光二极管，探测器(光电转换器)采用钽酸锂($LiTaO_3$)热释探测器，反光镜1和反光镜2分别反射LED1和LED2的部分光至探测器1和探测器2，滤光片1和滤光片2都是待测气体滤光片，其只能透过所需波长的光，气体采样泵带动气体进出气室。$I_1$和$I_2$分别表示LED1和LED2的发光强度，两个探测器的灵敏度(探测器响应电压$V$与光强度$I$线性关系的比例系数)分别由$S_1$和$S_2$表示。红外光线穿过气室和气体的透光率为$\tau$。两个发光二极管交替发光。

当LED1发出光脉冲时，探测器1接收到的是LED1直接发出的光，探测器2接收到的是LED1发出的光经气室吸收后透过的光。探测器1和探测器2产生的电压信号分别为：

$$V_{11}=I_1S_1 \tag{6-5}$$

$$V_{12}=I_1S_2\tau \tag{6-6}$$

当LED2发出光脉冲时，探测器2接收到的是LED2直接发出的光，探测器1接收到的是LED2发出的光经气室吸收后透过的光。探测器1和探测器2产生的电压信号分别为：

$$V_{21}=I_2S_1\tau \tag{6-7}$$

$$V_{22}=I_2S_2 \tag{6-8}$$

整个气室系统透射比$T$由(6-9)式表示：

$$T=\frac{V_{12}V_{21}}{V_{11}V_{22}} \tag{6-9}$$

$T$值与LED发光强度及探测器灵敏度无关，只与气体浓度有关，依据吸收定律即可进行定量测定。

红外吸收检测器主要用于$CO_2$和高浓度烃类气体的检测，但不如催化燃烧检测器应用广泛。

### 6.3.6 迦伐尼电池式气体检测仪

手持式氧气检测仪多采用迦伐尼电池原理的传感器，也属于电化学传感器类。下面就以迦伐尼电池式氧气检测仪为例，介绍其工作原理。图 6-17 为隔膜迦伐尼电池式氧气检测仪传感器结构原理示意图，电池就像小的塑料容器，在塑料容器的下面或侧面装有对氧气透过性良好的聚四氟乙烯透气膜(厚度 10~30 μm)，膜的内侧紧贴着由铂、金、银等贵金属制成的阴电极，另一侧或其他空余部分构成阳极，由铅、镉等金属构成，电池内充装的电解质溶液是氢氧化钾、氢氧化钠等强碱性物质的溶液。

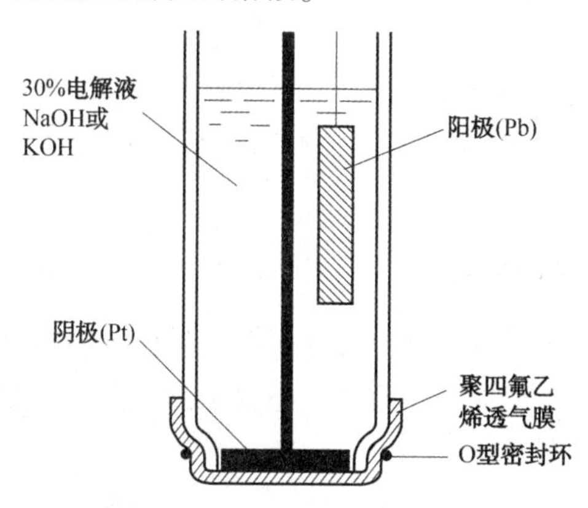


图 6-17 隔膜迦伐尼电池式氧气检测仪原理示意图

氧气通过隔膜后溶解在隔膜与阴极之间的电解质溶液薄层中。在阳极和阴极之间通过负载电阻形成回路时，氧气在阴极上自发产生还原反应，反应式如下：

$$O_2+2H_2O+4e \longrightarrow 4OH^-$$

铅(或镉)金属阳极自身自发地被氧化成离子，离子又形成氢氧化物，反应式如下：

$$2Pb \longrightarrow 2Pb^{2+}+4e$$

$$2Pb^{2+}+4OH^- \longrightarrow 2Pb(OH)_2$$

两个电极的总反应就相当于氧气把铅氧化，生成了氢氧化铅，阳极被消耗，总反应式如下：

$$O_2+2Pb+2H_2O \longrightarrow 2Pb(OH)_2$$

氧化还原反应自发进行，表明测定是基于原电池的原理，而不是像定电位电解那样在外加电压下发生电解反应。氧化还原过程中电子转移所形成电流的大小受氧气浓度大小的制约，即电流与氧气浓度成正比关系，氧气浓度越大，单位时间内透过透气膜的数量越多，电流在标准负载电阻的两端形成的电压越大，电压正比于电流，电压被放大后就是输出电信号。除氧化性的腐蚀气体以外，其他气体不产生干扰，可以对氧气进行准确而快速的测定。由于测定过程中消耗金属阳极，所以要定期更换。在多数这类检测仪中，传感器都是制作成即插即用的组件，需要更换时，取下旧的插上新的即可。

这种传感器不仅用于测定气体中的氧气，也广泛用于溶解氧的测量，和酶组合也可作为生物传感器的转换元件。如果改变电极材料和电解液的组合，并优化改进气体透过膜，便可被广泛用于测定$Cl_2$、HCN、HCl、$H_2S$、$F_2$、HF、$SO_2$、$NH_3$、$NO_2$、$PH_3$等气体。

正常人体只需要一定浓度的氧气，氧的浓度过高或过低都对人体有害。氧气的分压过低会导致缺氧症，这一点人们熟知，但氧的分压过高也会引起氧中毒。在GB8958—2006《缺氧危险作业安全规程》中规定：空气中氧气浓度低于19.5%为缺氧状态。如果氧气浓度低于6%，将导致人立即死亡，犹如电击一样；常压下氧气浓度超过40%就会发生氧气中毒。人吸入气体中氧浓度在40%~60%时所导致的肺水肿属于肺中毒，吸入浓度高于80%所导致的昏迷、呼吸衰竭甚至死亡属于神经型中毒。密闭或相对密闭的受限空间，或者是由于消耗氧气过多导致氧气浓度过低，或者是通入其他气体导致氧气流出受限空间，是缺氧窒息的多发场所。

通常检测仪中氧气浓度用体积百分数表示，报警的下限缺氧值是19.5%（原先规定为18%），上限富氧值是23%。富氧不仅对人体有害，富氧的作业环境还容易发生火灾，在受限作业空间不允许通入纯氧。

### 6.3.7 隔膜电极式气体检测仪

隔膜电极式检测仪是由离子选择性电极与疏水透气性的隔膜复合而成的检测仪。气体透过隔膜溶解于电解质溶液中，形成离子化的气态离子，气态离子在电极上产生电位。典型的隔膜电极式检测仪的原理见图6-18。

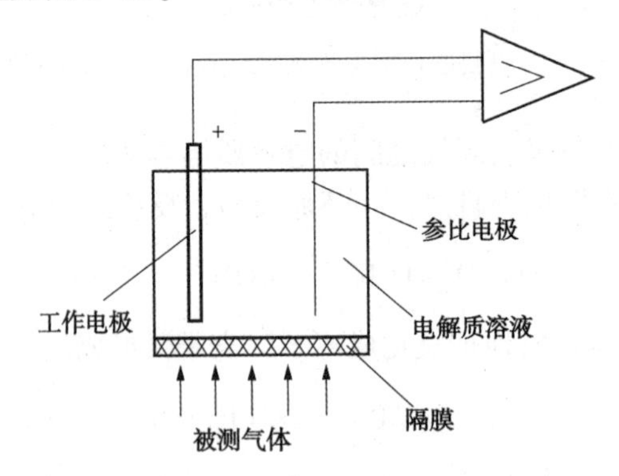


图6-18 隔膜电极式检测仪的原理示意图

测定氨气的隔膜电极式检测仪中的工作电极是pH玻璃电极，参比电极是银-氯化银电极，内充$NH_4Cl$溶液作为电解质溶液，其发生如下离解反应：

$$NH_4Cl \longrightarrow NH_4^+ + Cl^- \text{和} NH_4^+ \rightleftharpoons NH_3 + H^+$$

水分子也发生如下离解反应：

$$H_2O \longrightarrow H^+ + OH^-$$

因此$NH_4^+$、$NH_3$及$H^+$保持如下平衡：

$$NH_4^+ \rightleftharpoons NH_3 + H^+$$

空气中的氨气进入电解质溶液后，打破平衡，降低$H^+$的浓度，pH升高。

工作电极的电极电位符合能斯特（Nernst）公式，其在25℃时电位$E$的简化表达式为：

$$E = K + 0.059\lg[H] = K - 0.059\text{pH} \tag{6-10}$$

工作电极与参比电极的电极电位之差即为两电极组成的原电池的电动势，其随着 pH 玻璃电极电位的变化而变化，所以就随着与电解质溶液中 $NH_3$ 平衡的被测气体中氨气浓度的变化而变化。

隔膜电极法比较适合于测定 $NH_3$ 和 $CO_2$。

## 6.4 复合式气体检测仪及采样方式

无论如何，一种传感器的适用范围是有限的，为了扩展检测仪的适用范围、提高使用效率，把几种传感器集中在一个检测仪中就是复合式检测仪。复合式检测仪的体积往往也很小，经常是做成手持式或袖珍式检测仪，携带极为方便。复合式检测仪的采样方式既有扩散式，也有抽气式。现举例如下：

(1) PGM-7800 型手持式五合一气体检测仪　内置吸气泵，检测器采用催化检测器或热导检测器(用于测定 LEL)、电化学传感器(用于测定 $O_2$ 和有毒气体)；测量范围($10^{-6}$，mL/$m^3$ 相等)分别为：0~500(CO)、0~100($H_2S$)、0~20($SO_2$)、0~250(NO)、0~30($NO_2$)、0~10($Cl_2$)、0~100(HCN)、0~50($NH_3$)、0~5($PH_3$)、0~100%(LEL)、0~30%($O_2$)；分辨率($10^{-6}$)分别为：1(CO)、1($H_2S$)、0.1($SO_2$)、1(NO)、0.1($NO_2$)、0.1($Cl_2$)、1(HCN)、1($NH_3$)、0.1($PH_3$)、1%(LEL)、0.1($O_2$)；响应时间(s)分别为：40(CO)、30($H_2S$)、35($SO_2$)、30(NO)、25($NO_2$)、60($Cl_2$)、200(HCN)、150($NH_3$)、60($PH_3$)、15~20(LEL)、15($O_2$)。检测仪质量 568g。

(2) GAS Alert Max 型四种气体检测仪　内置气泵，采用电化学传感器($H_2S$/CO 组和电极)、$O_2$ 电极和催化珠燃烧探头；测量范围($10^{-6}$)分别为：0~100($H_2S$)、0~300(CO)、0~30%($O_2$)、0~100%(LEL)。低报警水平($10^{-6}$)分别为：10($H_2S$)、35(CO)、19.5%($O_2$)、10%(LEL)；TWA 报警水平($10^{-6}$)分别为：10($H_2S$)、35(CO)；高报警水平($10^{-6}$)分别为：15($H_2S$)、200(CO)、23.5%($O_2$)、20%(LEL)；检测仪质量不足 400g。

(3) PGM-50 超小型复合式气体检测仪　内置气泵，采用电化学传感器(用于测定有毒气体和 $O_2$)、触媒小球传感器(用于测定 LEL)、PID 传感器(用于测定 $VOC_s$，挥发性有机化合物)；测量范围($10^{-6}$)分别为：0~500(CO)、0~100($H_2S$)、0~20($SO_2$)、0~250(NO)、0~20($NO_2$)、0~10($Cl_2$)、0~100(HCN)、0~50($NH_3$)、0~5($PH_3$)、0~20(环氧乙烷)、0~30%($O_2$)、0~100%(LEL)、0~2000($VOC_s$)。

(4) Mini Warn Ⅱ智能型多种气体检测仪　可同时对 5 种气体进行检测和报警，5 个检测通道可配备 1 个催化燃烧传感器(用于测定可燃气体/蒸气，可以测量%LEL 和%体积)、一个红外传感器(用于测定可燃气体/蒸气或 $CO_2$)和 1~3 个电化学传感器(用于测定有毒气体，共有 23 种)，显示器可同时显示 5 个测量值，具有 50h 的数据储存器。

气体检测仪的采样方法有两种，一种是泵吸式，另一种是扩散式。泵吸式检测仪内置吸气泵，在检测时，强制性地让空气进入传感器。扩散式检测仪的传感器外面有一层气体可穿过的扩散膜，被测气体由于浓度梯度的作用，扩散进入膜内。泵吸式检测仪的传感器能迅速接触到空气组成的变化，所以响应速度快，而扩散式检测仪受分子扩散速度的限制，响应速度稍慢。反映检测仪对外部气体浓度变化快慢的技术参数是响应时间，时间越短，表明检测仪显示数据达到稳定值所需的时间越短。

图 6-19 和图 6-20 分别为泵吸式气体检测仪和扩散式气体检测仪的外观轮廓示意图。

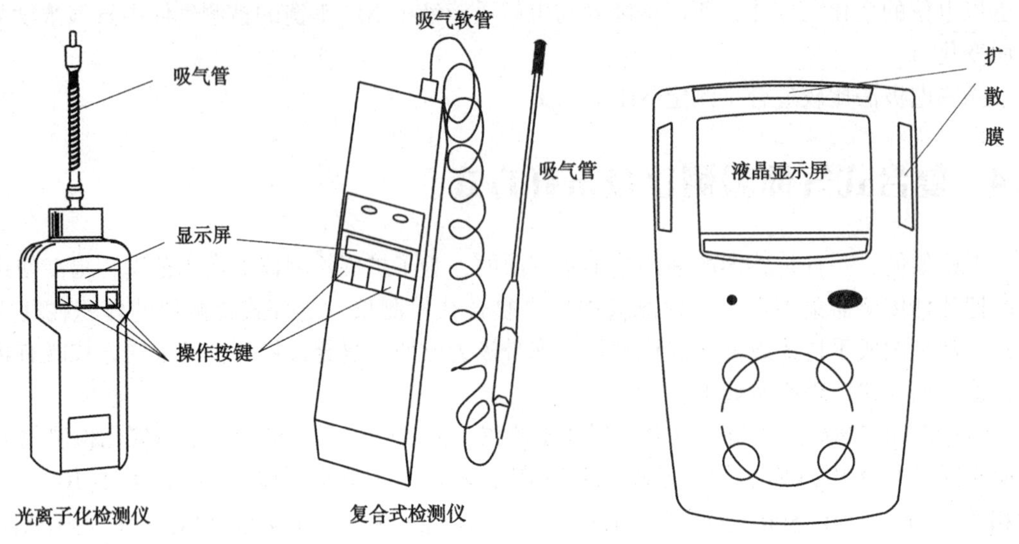


图 6-19 泵吸式气体检测仪示意图　　图 6-20 扩散式气体检测仪示意图

根据检测气体的种类和目的，可以灵活地选择扩散式/泵吸式、单气体/多气体、无机气体/有机气体等多种多样的组合，选定最适合于预定检测任务的检测仪。

## 6.5 气体检测仪的选用

在固定的需要进行气体检测的场所，一般都设置固定式(点型)气体检测报警系统的探测器，手持式气体检测仪主要用在受限空间和其他临时工作场所，而受限空间一般是不设置点型检测装置的，必须用手持式检测仪进行检测。所谓受限空间是指封闭或部分封闭、进出口较为狭窄有限、未被设计为固定工作场所、自然通风不良，易造成有毒有害、易燃易爆物质积聚或氧含量不足的空间。受限空间包括密闭设备和地下受限空间两类，密闭设备包括：船舱、贮罐、车载槽罐、反应塔(釜)、冷藏箱、压力容器、管道、烟道、锅炉等；地下受限空间包括：地下管道、地下室、地下仓库、地下工程、暗沟、隧道、涵洞、地坑、废井、污水池(井)、沼气池、化粪池、下水道等。

### 6.5.1 直读式气体检测仪的选用原则

进行某受限空间场所的气体检测前，首先进行现场的调查研究，分析、判断受限空间可能存在的有毒有害气体的种类及浓度范围，有害气体释放源及其特点，空间内环境条件以及有无对传感器有害的物质，作为选择检测仪的基础依据。

(1) 有毒气体检测仪的选用原则

① 空间中有共存无干扰时，应选择特异性检测仪；如没有特异性检测仪，应采取吸附过滤、化学吸收等必要措施消除干扰，以保证检测的准确性；

② 检测常见的无机有毒气体时，应首先选用电化学式气体检测仪；

③ 存在多种挥发性有毒物质时，可选用光离子化检测仪或火焰离子化检测仪检测挥发的有毒气体。这里说的火焰离子化检测仪是指带有此种检测器的便携式气相色谱仪。也有利

用光离子化检测仪原理设计的气相色谱检测器。

④ 对于受限空间有毒气体种类明确，且风险性较小的情况，可选用相应的气体检测管或其他类型的气体检测仪。

（2）可燃气体检测仪的选用原则

① 一般情况下，应首选催化燃烧式可燃气体检测仪，应与测氧仪同时检测氧气和可燃气体；

② 在受限空间缺氧或存在传感器中毒物质（硫、磷、硅和卤素化合物等）时，可选用红外式可燃气体检测仪或火焰离子化检测仪；

③ 对于受限空间可燃气体种类明确，可选用相应的半导体式或其他类型的气体检测仪，但应确保其检测准确可靠。

（3）对于可燃的有毒气体，应按照有毒气体选择检测仪。

（4）直读式气体检测仪最好选择复合式气体检测仪（包括氧气、可燃气体和几种有毒气体的传感器），当然，也可以选用分立式测氧仪、有毒气体检测仪和可燃气体检测仪。

（5）泵吸式气体检测仪和扩散式气体检测仪都可以选用，但在外部检测受限空间内的气体时，泵吸式检测仪必须具有延长采样管，扩散式检测仪必须具有记录最大值的功能。延长采样管不应有吸附、反应等影响。

（6）具有爆炸危险的场所，必须选用满足防爆要求的检测仪。

### 6.5.2 气体检测仪的选用

在确定了场所被测气体的种类后，可大体依照表 6-5 选用检测仪。

**表 6-5 气体检测仪的选用**

| 检测对象 | 检测仪类型 | 适用的场所 | 选择性 |
|---|---|---|---|
| 氧气 | 电化学型测氧仪 | 任何工作场所 | 有 |
| 可燃气体 | 催化燃烧式可燃气体检测仪 | 空间氧含量≥19.5%（v/v），无催化元件中毒的工作场所 | 无 |
| | 红外式可燃气体检测仪 | 任何工作场所（无检测响应的可燃气体除外） | 无 |
| | 便携式 FID 或 PID 气相色谱仪 | 任何工作场所 | 有 |
| 无机有毒气体 | 电化学型有毒气体检测仪 | 存在 CO、$H_2S$、$Cl_2$、HCl、$NH_3$、$SO_2$、NO、HCN 等工作场所 | 有 |
| | 光离子化有毒气体检测仪 | 存在 $CS_2$、$Br_2$、As、Se、$I_2$等工作场所 | 无 |
| 有机有毒气体 | 光离子化有毒气体检测仪 | 存在芳香烃类、醇类、酮类、胺类、卤代烃、不饱和烃和硫代烃等工作场所 | 无 |
| | FID 有毒气体检测仪 | 存在烃类化合物工作场所 | 无 |
| 多种混合气体 | 多种气体复合式检测仪 | 同时存在可燃气、两三种有毒气体和氧气的工作场所 | 有 |
| | MOS 气体检测仪 | 存在能够检测的某些可燃气体或有毒气体的场所 | 无 |
| | 便携式 FID 或 PID 气相色谱仪 | 同时存在多种可燃气体和有毒气体的工作场所 | 有 |
| 多种有毒气体 | 比长式气体检测管 | 有毒气体的检测精度要求较低的场所 | 有 |

注：1. 除色谱仪以外，其他列有“选择性”的，都是相对的且有条件的，其选择性受干扰气的影响。

2. 表内例举了几种有毒气体检测仪，也可以根据情况选用符合要求的其他类型检测仪。

用电化学检测仪检测无机有毒气体时，具有选择性好、精度高等优点，一般为首选检测仪。

PID 和 FID 有毒气体检测仪虽然没有选择性，但由于其灵敏度高、可靠性好和操作简便等优点，适合于有毒气体检测。特别是表中所列有毒气体，在已知组成的情况下，该气体检测仪应作为首选。增加了其他分离措施后，PID 和 FID 也可成为具有选择性的检测仪器，例如在采样头增加过滤管，可使 PID 选择性地检测苯蒸气。

便携式 PID 或 FID 气相色谱仪可在现场进行近似直读检测，依据气体组成选择色谱柱后，可具有良好的选择性，但需要注意，很多便携式气相色谱仪不具有防爆性能。

催化燃烧式可燃气体检测仪对可燃气体都有响应，而对非可燃气体无响应，体现出检测可燃气体的优越性，特别是用爆炸下限的百分数作为各类可燃气体的统一刻度，可实现对多种可燃气体的总量检测，直接得到可燃气体爆炸的危险程度。另外，该类检测仪结构简单成本低，一般可作为可燃气体检测的首选，但检测过程需要氧气，所以不能用于缺氧的场所，也不能存在使传感器中毒的场所。

红外式可燃气体检测仪虽无缺氧和传感器中毒问题，但检测范围有局限性，对有些可燃气体无吸收响应，如果对空间所存在的可燃气体都有响应，也可选用。

也可选用半导体气体检测仪，但其受环境影响相对大，检测精度较差。

气体检测管仪适用于检测精度要求不高的场所。

## 6.6 受限空间气体的检测

### 6.6.1 受限空间气体检测的种类

根据检测的目的，受限空间气体检测可分为如下三类：

（1）准入检测

人员进入密闭空间前，对有害有毒气体进行的检测，为准入密闭空间提供依据。

（2）监护检测

人员进入密闭空间后，对空气中有毒有害气体进行的连续或定时检测，以保障准入者的安全。

（3）事故检测

发生事故后对密闭空间进行的检测，为处理事故、抢救人员和保障抢修提供有害有毒气体浓度的信息。

### 6.6.2 受限空间内气体检测检测点的确定

根据《密闭空间直读式仪器气体检测规范》(GBZ/T 206—2007)的规定，进行受限空间气体检测时，依据下列要求确定检测点：

① 根据密闭空间的实际情况确定检测点的数量和位置，两个检测点之间的距离不超过 8m。

② 圆柱形密闭空间水平直径在 8m 以内、纵向高度在 8m 以内，检测点距离密闭空间顶部和底部均不超过 1m，设上、下一组两个检测点；

水平直径在 8m 以内、纵向高度在 8m 以上的密闭空间，上下两点距顶部和底部不超过

1m，设上、中、下一组三个检测点；

水平直径在8m以上，增设一组或多组检测点。两个相邻检测点之间的距离不超过8m。

③ 非圆柱形的密闭空间，根据实际情况参照上述规定确定检测点。

④ 检测点的设定应考虑可燃气体或有毒气体的密度。比空气重的气体，应在密闭空间的底部适当增加检测点，比空气轻的气体，应在密闭空间的上部适当增加检测点。

⑤ 检测点应避免设置在密闭空间的开口通风处，应深入密闭空间开口通风处1m以上，以避免外部气流和内部对流对检测结果的影响。

⑥ 在有害气体的释放源和空间的死角、拐角部位应增设检测点。

⑦ 若所进入密闭空间中的空气是分层的，在进入方向和进入两侧1.2m范围内进行检测。

### 6.6.3 受限空间内气体检测的检测程序

对组成未知的空间进行检测时，通常按测氧→测爆→测毒的顺序进行检测。对于毒性较高的可燃气体，要首先测毒。复合式仪器和便携式气相色谱仪可同时检测氧气、可燃气体和有毒气体。

(1) 准入检测的检测程序

① 初测：首先打开密闭空间的门(或窗)，或者利用已有的进出口，将仪器的采样管伸入到空间内1m处，采样和检测内部的有毒有害气体。根据检测数据，决定后面的检测或采用相应的措施。

② 检测：延长采样管至密闭空间内部检测点，进行常规检测。每点检测时间要求大于仪器的响应时间(要增加延长采样管的通气时间)。

一般情况下，每个检测点都要求按程序检测至少三类气体(氧气、可燃气体、有毒气体)，每种气体进行三次相同的检测，以检测数据的最高值作评价，有一种气体超标即认为该密闭空间超标。

检测时，若发现检测值严重超标，应立刻将仪器脱离采样管，到新鲜空气中抽气冲洗检测器2~5min，以免传感器损坏。指示回零后，才能进行下一次检测。

检测时，检测仪器若发生故障报警，应立即停止检测，检测数据无效。

③ 检测结束后，仪器要通入零气体2~5min，清洗仪器，使指示回零。

零气体是指清洁的空气，即不含有被测气体和干扰气体的空气。

④ 气体检测管检测时，按其说明书要求进行操作，重复检测2~3次，读取数据，以检测数据的最高值作评价。

注意：检测工作要在作业人员进入之前的30min之内完成，检测时间不能早于30min，防止情况有变化。

(2) 监护检测

进行连续自动检测或定时检测时，检测点设置在作业人员的呼吸带。根据防护级别设置报警点，检测浓度高于报警点时发出报警信号。

(3) 事故检测

根据事故现场需要，确定检测点和检测有毒有害气体，进行实时检测，至空气中有毒有害气体浓度低于最高容许浓度或短时间接触容许浓度为止。

### 6.6.4 受限空间气体检测的注意事项

检测时要注意空间环境的影响，包括温度、湿度和粉尘等，要根据不同影响，采用过滤、干燥和降温等措施，排除这些影响。

根据仪器的干扰特性和被测空间的气体组成，排除其他组分对检测结果的干扰。使用的采样管不能影响检测，既不能吸附被测物，也不能污染样品。

每次检测的通气时间要大于仪器响应时间，两次检测的间隔时间要大于仪器恢复时间。

检测人员要有安全防护措施，配备防护设备，一般采取非进入检测(如图 6-21 所示)；当密闭空间较大时，采取边进入边检测的方式，进入速度要根据仪器的响应速度来确定。

检测仪最好有内置气泵，通过采样头和采气延长管把气体吸进检测仪，采样头的位置就是测定位置，使用具有吸气功能的检测仪是实现非接触、分部检测的必要条件。由于气体分布的不均匀性，必须对空间内上、中、下三个不同高度分别检测。一些可燃气体(如氢气、甲烷)的密度比空气小，主要分布于空间的上部；一氧化碳与空气的密度相近，多分布于空间的中部；像硫化氢、液态烃类的蒸气等密度大于空气的气体，多分布于空间的下部。不同密度气体分布与人员检测见图 6-21。氧气浓度是人员进入有限空间之前必须检测的项目之一。

人员进入有限空间后，还要对空间的气体成分进行连续不断地检测，以避免管道阀门泄漏、人员搅动气体、温度增加等因素导致挥发性有机物气体或有毒气体浓度增加。

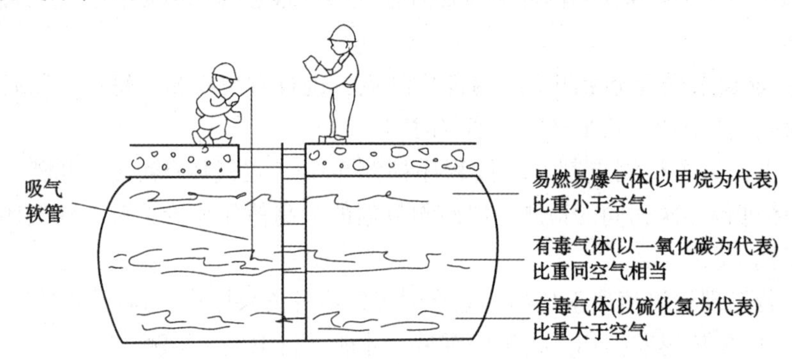


图 6-21　不同密度气体分布与人员检测示意图

## 本章小结

1. 介绍了气体快速检测的含义、特点和用途，说明了快速检测的不可替代性。

2. 介绍了气体检测管的类型、结构、定量检测与定性检测的原理，并对检测管标定及影响比长型检测准确度的因素进行了阐述。介绍了几种有毒气体检测管的变色原理和测定浓度范围。

3. 催化燃烧式可燃气体检测仪的响应原理及适用范围，阐述了其为检测可燃气体的专用检测仪。根据其原理，表明了此类检测仪有“中毒”和受氧气浓度限制的缺点。

4. 光离子化检测仪适用范围广，在讲述其响应原理的基础上，介绍了被测气态物质电离电位与检测仪使用紫外线光子能量的关系，详细讲解了校正系数及其作用，说明了光离子化检测仪适用检测的气态物质种类多。

5. 半导体气敏检测仪传感器多为电阻型，详细介绍了不同类型被测气体产生检测信号的机理。此类传感器在手持式检测仪中应用较少，主要用于在线式(即固定式)可燃或有毒气体检测报警系统的探测器中。

6. 定电位电解气体检测仪的传感器属于电化学传感器类别，在有毒气体检测中应用最广泛。电解产生电流是气体浓度转化成电信号的基础，定电位是实现选择性电解基础，内容介绍中以测定一氧化碳为例，说明了电解电流与浓度之间的定量关系。

7. 红外吸收式气体检测仪是以郎白-比尔定律为定量基础的光吸收式检测方法，介绍了吸收传感器的基本结构，推导了透光率的表达式，也说明了哪些物质能够产生吸收信号。

8. 介绍了迦伐尼电池式气体检测仪用于检测空气中氧气浓度的原理，方法属于电位分析法的范畴，传感器可以做成组件，即插即用，弥补了电极消耗寿命短的缺点。

9. 隔膜电极式检测仪是由离子选择性电极与疏水透气性的隔膜复合而成的检测仪，以氨气检测为例介绍了检测原理。

10. 在第 4 节复合式气体检测仪及采样方式部分，以举例的形式介绍了复合式气体检测仪，在实际的手持式气体检测仪中，复合式检测仪使用的最多，其原理与分立式完全相同，只是将多种传感器组合在一起，能够检测的气体种类多，实用性强。在这部分中，还介绍了检测仪采气方式及其与响应时间的关系。

11. 在第 5 节，主要介绍了检测仪选用的基本原则和选用方法，要恰当地选用检测仪，需要熟悉各类检测仪的特点，且要了解检测场所的气体组成，二者结合才能正确地选择。因不是一种检测仪就能完成所有检测工作，所以选择检测仪的种类对实现准确检测十分重要。

12. 在第 6 节，根据国家标准要求，介绍了受限空间检测点确定的方法和检测工作的基本程序。准入检测是安全检测重要任务之一，本节详细地介绍了准入检测的检测程序和注意事项。

## 复习思考题

1. 在哪些情况下的气体检测需要快速检测？为什么使用便携式气体检测仪是不可替代的？

2. 气体检测管检测气体浓度的原理是什么？其检测结果的准确性与哪些因素有关？

3. 定量检测管和定性检测管有何区别？

4. 根据检测气体的种类，手持式气体检测仪可以分成哪三大类？

5. 催化燃烧式可燃气体检测仪的工作原理与气相色谱仪中的热导池检测器在响应原理上有哪些相同点和不同点？

6. 为什么不同可燃气体用催化燃烧式可燃气体检测仪检测时，灵敏度有差异？

7. 简述光离子化检测仪的工作原理及与 FID 工作原理的异同点。

8. 使用光子能量为 9.8eV 的紫外光线时，可检测的物质种类比使用 11.7eV 光线时少，阐述其原因。

9. 使用光离子化检测仪检测时，为什么要设置校正系数？使用校正系数有何优点？

10. 阐述电阻型半导体气敏元件电阻随接触气体种类变化的原理。

11. 简述定电位电解气体检测仪中传感器的工作原理。“定电位”的作用是什么？是如何实现“定电位”的？

12. 为什么定电位电解气体检测仪主要用于有毒气体检测？

13. 红外吸收式检测仪的双光源双探测器气室结构有何优点？哪些气体可用红外吸收式检测仪检测？

14. 简述迦伐尼电池式气体检测仪检测氧气的原理。

15. 你认为气体报警仪、气体检测仪、气体检测报警仪三者的区别是什么？

16. 检测仪有哪两种采样方式？简述各自的优缺点。

17. 选择气体检测仪时，应遵循哪些原则？

18. 解释准入检测、监护检测、事故检测三个概念。

19. 在密闭受限空间，检测密度大于或小于空气的成分时，检测仪的采样点应设置在什么部位？

20. 为什么检测受限空间内气体时，人尽量站在外面实施检测？

# 7　固定式气体检测报警系统

本章学习目标

1. 本章的内容是针对所有存在、生产、使用可燃气体、易燃液体及有毒气体的场所，在所有可能发生泄漏并能形成爆炸性混合气体，或者有毒气体浓度有可能达到接触限值的场所都应无间隙地检测目标气体浓度，防止事故发生。安全工程专业的读者要清楚地了解常用气体检测报警系统的基本组成、作用，并能准确掌握国家相关专业标准的基本要求，为以后在实际工作中履行安全工程师的职责奠定基础。

2. 通过本章内容的学习，要明确气体检测仪和气体探测器应用场所的区别，要明确气体探测器的作用就像“哨兵”的含义及设置固定式气体探测器的必要性。

3. 掌握气体探测器的概念和基本构成，与传感器的概念区分开。了解哪些场所应该设置气体探测器。掌握设置气体探测点的基本原则。

3. 掌握现行国家标准中对可燃气体和有毒气体报警值设置的规定，明确各级报警的含义和作用。

4. 关于气体探测器的选用部分，首先要清楚固定式气体探测器和手持式气体检测仪所使用的气体传感器其响应原理是相同或相近的，只有开路式红外气体探测器是手持式检测仪所没有的。要明确一个基本思路，即必须要在了解各类气体探测器的原理和特点的基础上，结合欲检测现场的实际情况来选用气体探测器。

5. 掌握气体检测控制器的作用和主要组成，要清楚一台控制器所接入的多路探测器就像是气体检测报警系统的“鼻子”，控制器就像是“大脑”，其作用是对来自探测器的信息进行分析，并能记录浓度信息和发出是否报警的指令。

6. 掌握气体探测器“标定”的含义和作用，并懂得标定的基本操作。

7. 了解控制系统的基本作用和特点。

手持式或便携式气体检测仪的特点之一是携带方便，可灵活地在临时工作场所或受限空间进行检测，但是在工业装置和储运设施区域使用时，不能做到无间隙检测。无间隙检测是指在时间和空间上都没有空档的检测。采用固定式气体检测报警系统才能实现无间隙检测，且能实时显示、记录检测结果，并能在浓度超标时进行报警。一般的固定式气体检测报警系统由探测器、报警控制器和报警器三部分构成，有时把探测器纳入控制系统(如集散型控制系统 DCS)，实现利用检测数据(不仅包括气体检测数据)对生产装置进行控制。本章主要介绍可燃气体和有毒气体的固定式气体检测报警系统。

## 7.1　气体探测器及探测点的确定

### 7.1.1　气体探测器

固定式气体检测报警系统又称为点型气体检测报警系统，其中报警控制器(或称为检测控制器)是核心，它携带若干探测器和若干报警器。探测器设置在被检测现场的固定位置，检测气体浓度，并输出电信号，控制器接收(采集)各个探测器的检测信号，在控制器上显示、记录，并对信号进行处理，当某一个或几个探测器的信号达到或超过设定的浓度值时，控制器向相应报警器发出指令，发出声、光报警信号。探测器的作用就像是固定岗的“哨兵”，随时检测其所在位置空气中某种或某一类气体的浓度。

气体探测器(detectors)是由采样装置、传感器和前置放大线路组成的气体检测部件。由于多数探测器是采用扩散采样方式，所以采样装置和传感器一般都合称为传感器。前置放大线路将从传感器输入的电信号进行放大，并输出控制器所能接收的规定类型的信号，如模拟的 4 ~20mA 输出或数据总线输出。当探测器的输出为规定的标准信号时，则称为变送器(transmitter)，如模拟的 4 ~20mA 输出。气体探测器的外形见图 7-1 所示。

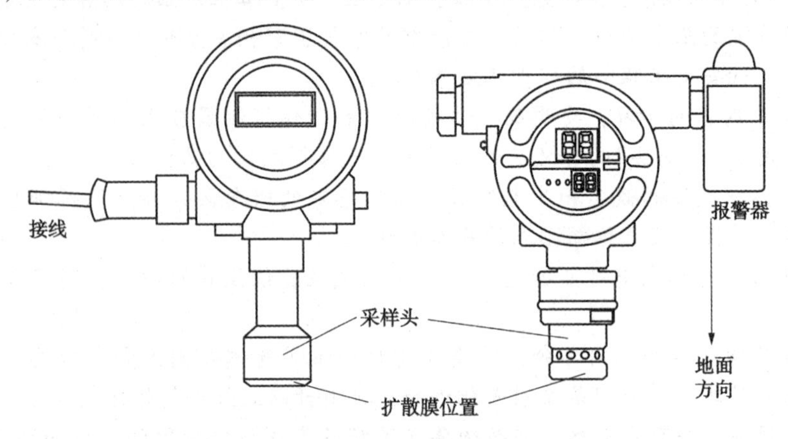


图 7-1　两种气体探测器外形示意图

同手持式气体检测仪相似，气体探测器可大致分为有毒气体探测器、可燃气体探测器和氧气探测器，但固定场所很少专门设置氧气探测器。

气体探测器使用场所的气体种类是基本固定的，所以多数气体探测器都是专用型气体探测器，如一氧化碳探测器、环氧乙烷探测器、氢气探测器、氯气探测器、硫化氢探测器、甲苯探测器等等，但可燃气体浓度检测探测器一般不是专用的。

探测器中所使用的传感器类型与手持式气体检测仪基本相同，主要有催化燃烧式气体探测器、电化学有毒气体探测器、红外线检测探测器、光离子化气体探测器、半导体气体探测器、热导型气体探测器等。

有些探测器上还配有报警器，接收检测控制器报警信号后，就地发出报警信号，现场工作人员很容易地就知道是什么位置发出了报警信号。

可燃气体探测器要满足场所防爆的要求，在有粉尘的场所还要满足防尘和防水(室外安装)的要求。

### 7.1.2　需要设置气体探测器的场所

从原则上讲，在生产、使用甲类气体或甲、乙$_A$类液体的工艺装置、系统单元和储运设施区内，都应按区域控制和重点控制相结合的原则，设置可燃气体探测器。甲类气体是指爆炸极限下限<10%的可燃气体。乙$_A$类液体是指闪点在“28℃ ≤闪点≤45℃”范围内的易燃液体，甲类液体是指闪点<28℃的液体和液化的可燃气体。多数情况下，自然环境下液体的温

度不超过45℃，这样闪点高于45℃的液体一般不会形成爆炸性混合气体，但在环境温度可能高于45℃的场所，被检测液体的闪点应适当提高。凡是闪点有可能低于或等于场所所在地最高温度的可燃液体都应当列入被检测的范畴。

对于有毒气体，如果场所区域内不可能存在剧毒、高毒气体及液体蒸气，或不可能发生大量泄漏及积聚高浓度的其他有毒气体及液体蒸气的场所，就不需要设置点型探测器，因为定期的安全检测就可以保障人体不受职业伤害。但存在或使用、生产剧毒、高毒气体及液体蒸气的场所，或可能大量释放或易于聚集其他有毒气体的工作场所，就有可能发生急性职业中毒事故，这些场所就应该设置有毒气体探测器。

由于实际场所空气中可能出现的气体往往不止一种，可能是可燃气体与有毒气体同时出现，也可能是一种既属于可燃气体又属于有毒气体的“两性”气体出现，究竟要设置可燃气体探测器还是设置有毒气体探测器，其考虑的关键是确定场所的“最危险气体”。通常，选择设置气体探测器的种类应该满足下列要求：

① 可燃气体或含有毒气体的可燃气体泄漏时，可燃气体浓度可能达到25%爆炸下限，但有毒气体不能达到低报警值上限浓度时，应设置可燃气体探测器。此时可燃气体就是“最危险气体”。

② 有毒气体或含有可燃气体的有毒气体泄漏时，有毒气体浓度可能达到低报警值上限浓度，但可燃气体浓度不能达到25%爆炸下限时，应设置有毒气体探测器。此时有毒气体就是“最危险气体”。

③ 可燃气体与有毒气体同时存在的场所，可燃气体浓度可能达到25%爆炸下限，有毒气体的浓度也可能达到低报警值上限浓度时，应分别设置可燃气体和有毒气体探测器。此时可燃气体和有毒气体都是“最危险气体”。

④ 同一种气体，既属可燃气体又属有毒气体时，应只设置有毒气体探测器。原因是气体的接触限值浓度值肯定低于其25%爆炸下限，必须按照有毒气体对待。

### 7.1.3 气体探测点的确定

气体探测点(简称探测点)就是指设置气体探测器的位置。固定式探测器一经安装就位就只能被动接受扩散到检测器的浓度，不能主动寻找高浓度区域，其能否及时检测到泄漏气体，与气体扩散过程及安装位置有关，所以选定安装场所位置的问题十分重要。确定检测点的基本原则是尽快尽早地检测到泄漏的气体，所以检测点要靠近可能的泄漏源，并处于气体扩散的主要方向。对于要监测一个三维空间且规模较大的工业生产装置，往往不是少数几个监测点就能确保其效果的。因此，对于布点的疏密程度、上下高度以及与可能泄漏点的距离等，都是比较复杂的问题。既要考虑投资的合理性和可接受程度，更要考虑投资的切实效果，以确保安全生产。

#### 7.1.3.1 确定探测点的一般原则

为有效发挥点式可燃气体和有毒气体探测器的作用，保证其检测数据的准确性，确保装置生产安全和工作人员的安全，设置的探测点要符合一般的要求。

对于可燃气体探测点，应根据可燃气体的理化性质、释放源的特性、生产场地布置、地理条件、环境气候、操作巡检路线等条件，并选择气体易于积累和便于采样检测之处布置。对于开路式红外气体探测器等非点式探测器，其检测布置及覆盖范围，应按产品技术文件要求设计。

对于有毒气体探测点，要考虑被检测物质的理化特性、毒性、易燃易爆性、气象条件、生产条件、职业卫生状况及可能造成事故的严重程度等因素。

气体检测主要是针对释放源来进行的，在下列可能泄漏可燃气体、有毒气体的主要释放源应布置探测点：

① 气体压缩机和液体泵的密封处；

② 液体采样口和气体采样口；

③ 液体排液(水)口和放空口；

④ 设备和管道的法兰和阀门组。

总之，可燃气体释放源就是指可能释放出形成爆炸性气体混合物的位置或点；而有毒气体释放源是指可释放出对人体健康产生危害的物质的位置或点。因此，在有毒液体装卸口或可能溢出口、有毒物质设备易损坏部位也应设置探测器。在与有毒气体释放源场所相关联并有人活动的沟道、排污口以及易聚集有毒气体的死角、坑道等场所，也要考虑设置探测点。

假如某场所空气中有毒气体的浓度经常或持续超过报警设定值，且情况已经清楚，该场所就不必再设置检测点啦，但需要人员进入时，必须配备便携式有毒气体检测报警仪以及个体防护用品。

根据易燃物质的释放频繁程度和持续时间长短，可燃气体释放源分为连续释放源、一级释放源和二级释放源三类。一级释放源是指在正常运转时周期性或偶然释放的释放源，例如：①在正常运行时，会释放易燃物质的泵、压缩机和阀门等的密封处；②在正常运行时会向空间释放易燃物质，安装在储有易燃液体的容器上的排水系统；③在正常运行时会向空间释放易燃物质的取样点。二级释放源是指预计在正常情况下不会释放，即使释放也仅是偶尔短时释放源，例如：①在正常运行时不可能出现释放易燃物质的泵、压缩机和阀门的密封处；②在正常运行时不能释放易燃物质的法兰等连接件；③在正常运行时不能向空间释放易燃物质的安全阀、排气孔和其他开口处；④在正常运行时不能向空间释放易燃物质的取样点。可燃气体探测器所检测的主要对象是属于二级释放源的设备或场所。

#### 7.1.3.2 探测点位置的确定

(1) 在工艺装置处

根据《石油化工可燃气体和有毒气体检测报警设计规范》(GB 50493—2009)的规定，如果可燃气体释放源处于露天或半露天布置的设备内，当检测点位于释放源的最小频率风向的上风侧时，可燃气体检测点与释放源的距离不宜大于15m，有毒气体检测点与释放源的距离不宜大于2m；当检测点位于释放源的最小频率风向的下风侧时，可燃气体检测点与释放源的距离不宜大于5m，有毒气体检测点与释放源的距离不宜大于1m。有关资料报道的试验表明，在泄放量为5~10L/min，连续释放5min，探测器与泄放点间的最灵敏区范围为10m以内；有效检测距离是20m。

如果可燃气体释放源处于密闭或半密闭厂房内时，可每隔15m设一个检测器，但检测器距离任何一个释放源都不宜大于7.5m，有毒气体检测器距离释放源不宜大于1m。当密闭或半密闭的厂房内布置不同火灾危险类别的设备时，检测器应设置在释放源的7.5m范围之内。在室内，探测器的检测半径小于室外，其原因是室内空气流动慢、泄漏气体扩散速度慢，扩散到探测器所需时间长。

封闭厂房是指有门、有窗、有墙、有顶棚的厂房，半敞开式厂(库)房是指设有屋顶、建筑外围护结构局部采用墙体构造的生产性或储存性建筑物，通常多为局部通风不良场所。布置在封闭式厂房内的设备，属于室内布置；布置在半敞开式厂房内的设备，应根据具体的布置情况确定，如果通风不良，也可视为室内布置。

封闭或半敞开厂房内有一层或二层。如果可燃气体或有毒气体压缩机布置在厂房的第二层，为安全起见，尽快检测出泄漏的可燃气体或有毒气体，在二层应按本条规定设置探测器。二层以下(即一层)，在无释放源情况下，属比空气重的可燃气体或有毒气体的沉积，所以在一层按要求设置探测器。有释放源的情况，仍按上述要求设置探测器。

比空气轻的可燃气体或有毒气体释放源处于封闭或局部通风不良的半敞开厂房内，除应在释放源上方设置探测器外，还应在厂房内最高点气体易于积聚处设置可燃气体或有毒气体检(探)测器。当释放源处封闭或半敞开厂房内，通风不如露天或敞开式厂房，且在最高点死角易于积聚可燃气体，为安全起见，尽快检测泄漏出的可燃气体，所以规定在释放源上方0.5~2m处设探测器。在最高点易于积聚处设探测器主要目的是检测泄漏出可燃气体与有毒气体经扩散后滞留此处，经一定时间积聚后达到报警设定值而报警。

有毒气体检(探)测器与释放源距离一般是探测器距释放源的距离室外不大于2m，室内不大于1m，多为靠近释放源0.5~0.6m设置，其安装高度：对于比空气轻的有毒气体，检(探)测器设在释放源上方不大于1.5m处；对于比空气重的有毒气体，检(探)测器设在距地面约0.3~0.6m处。

(2) 储运设施处

当探测点位于释放源的全年最小频率风向的上风侧时，可燃气体探测点与释放源的距离不宜大于15m，有毒气体检(探)测点与释放源的距离不宜大于2m。

当探测点位于释放源的全年最小频率风向的下风侧时，可燃气体探测点与释放源的距离不宜大于5m，有毒气体检(探)测点与释放源的距离不宜大于1m。

液化烃、甲$_B$、乙$_A$类液体的装卸设施，探测器的设置应符合下列要求：小鹤管铁路装卸栈台，在地面上每隔一个车位宜设一个探测器，探测器与装卸车口的水平距离不应大于15m；大鹤管铁路装卸栈台宜设一个探测器；汽车装卸站的装卸车鹤位与探测器的水平距离不应大于15m，如果设置缓冲罐，则应该按照露天布置的可燃气体装置的要求设置探测器。

在液化烃灌装站设置的检测器应符合下列要求：在封闭或半封闭的灌瓶间，罐装口与探测器的距离宜为5~7.5m；在封闭或半封闭式储瓶库，可每隔15m设一个探测器，但探测器距离任何一个释放源都不宜大于7.5m；半露天储瓶库四周每15~30m设置一个探测器，如果四周长度小于15m，则设置一个即可；缓冲罐排水口或阀组与探测器的距离宜在5~7.5m。

封闭或半封闭的氢气灌瓶间，应在灌装口上方的室内最高点易于滞留气体处设置检测器。

可能散发可燃气体的装卸码头，距输油臂水平平面15m内，应设一台探测器。

有毒气体储运设施的有毒气体检测器，如果是露天布置，当检测点位于释放源的最小频率风向的上风侧时，其与释放源的距离不应大于2m，当检测点位于释放源的最小频率风向的下风侧时，有毒气体检测点与释放源的距离不宜大于1m；如果处于密闭或半密闭厂房内时，有毒气体检测器距离释放源不宜大于1m。

(3) 其他可燃气体、有毒气体的扩散与积聚场所

明火加热炉与可燃气体释放源之间，距加热炉炉边5m处应设探测器。当明火加热炉与可燃气体释放源之间设有不燃烧材料实体墙时，实体墙靠近释放源的一侧应设检(探)测器。

设在爆炸危险区域2区范围内的在线分析仪表间，无论再现分析仪表是防爆型还是非防爆型，都应设可燃气体探测器。这样既可检测采样管道系统泄漏出的可燃气体，还可检测2区可燃气体，防止其进入仪表间。即使在线分析仪表间采取了正压通风措施，为安全起见，也应设有探测器作为第二道保险。检测比空气轻的可燃气体，因气体比重轻于空气，易于聚积在仪表间顶部死角，所以探测器应设在顶部易于积聚处。

控制室、机柜间、变配电所的空调引风口、电缆沟和电缆桥架进入建筑物的洞口处，且可燃气体和有毒气体有可能进入时，宜设置探测器。

装置发生泄漏时，比空气重的可燃气体和或有毒气体，可能积聚在通风不良的工艺阀井、地坑及排污沟等场所，形成局部0区，危及生产操作安全和环境安全。所以，工艺阀井、地坑及排污沟等场所，且可能积聚比重大于空气的可燃气体、液化烃或有毒气体时，应设探测器。

## 7.2 气体报警值的设定

报警值设定单元是仪表本体上配置的单元之一，它可以设置在探测器上，也可以设置在报警控制器和报警设定器上，同样也可以设置在专用的数据采集系统上。

《石油化工可燃气体和有毒气体检测报警设计规范》(GB 50493—2009)规定，报警设定值应符合下列规定：

① 可燃气体的一级报警设定值小于或等于25%爆炸下限；

② 可燃气体的二级报警设定值小于或等于50%爆炸下限；

③ 有毒气体的报警设定值宜小于或等于100%最高容许浓度/短时间接触容许浓度，当试验用标准气调制困难时，报警设定值可为200%最高容许浓度/短时间接触容许浓度以下。当现有探测器的测量范围不能满足测量要求时，有毒气体的测量范围可为0~30%直接致害浓度；有毒气体的二级报警设定值不得超过10%直接致害浓度值。直接致害浓度(IDLH immediately dangerous to life or health concentration)是指环境中空气污染物浓度达到某种危险水平，如可致命或永久损害健康，或使人立即丧失逃生能力。苯的短时间接触容许浓度为10mg/m$^3$，如果现有的苯探测器还不能在10mg/m$^3$浓度下正常检测，为尽量做到保护现场工作人员的安全，苯蒸气的二级报警(高高限)设定值不得超过10%直接致害浓度值。《呼吸防护用品的选择、使用与维护》(GB/T 18664—2002)规定苯的IDLH值为9800mg/m$^3$(3000ppm)。

从上述规定可以看出，可燃气体和易燃液体蒸气的报警值是根据各自的爆炸极限下限(LEL，lower explosive limit)确定的，常见的可燃气体及易燃液体的爆炸极限见表7-1。

**表7-1 常见的可燃气体及易燃液体在空气中的爆炸极限** %(体积分数)

| 物质名称 | 爆炸极限 | 物质名称 | 爆炸极限 | 物质名称 | 爆炸极限 |
|---|---|---|---|---|---|
| 甲烷 | 5.0~15.0 | 环氧乙烷 | 3.6~100 | 氯乙烷 | 3.8~15.4 |
| 乙烷 | 3.0~15.5 | 环氧丙烷 | 2.8~37 | 溴乙烷 | 6.7~11.3 |
| 丙烷 | 2.1~9.5 | 甲基醚 | 3.4~27.0 | 氯丙烷 | 2.6~11.1 |
| 丁烷 | 1.9~8.5 | 乙醚 | 1.9~36 | 氯丁烷 | 1.8~10.1 |
| 戊烷 | 1.4~7.8 | 乙基甲基醚 | 2.0~10.1 | 溴丁烷 | 2.6~6.6 |

续表

| 物质名称 | 爆炸极限 | 物质名称 | 爆炸极限 | 物质名称 | 爆炸极限 |
|---|---|---|---|---|---|
| 己烷 | 1.1~7.5 | 二甲醚 | 3.4~2.7 | 氯乙烯 | 3.6~33 |
| 庚烷 | 1.1~6.7 | 二丁醚 | 1.5~7.6 | 烯丙基氯 | 2.9~11.1 |
| 辛烷 | 1.0~6.5 | 甲醇 | 6.7~36 | 氯苯 | 1.3~7.1 |
| 壬烷 | 0.7~5.6 | 乙醇 | 33~19 | 1，2-二氯乙烷 | 6.2~16 |
| 环丙烷 | 2.4~10.4 | 丙醇 | 2.1~13.5 | 1，1-二氯乙烯 | 7.3~16 |
| 环戊烷 | 1.4~— | 丁醇 | 1.4~11.2 | 硫化氢 | 4.3~45.5 |
| 异丁烷 | 1.8~8.4 | 戊醇 | 1.2~10 | 二硫化碳 | 1.3~5.0 |
| 环己烷 | 1.3~8.0 | 异丙醇 | 2.0~12 | 乙硫醇 | 2.8~10.0 |
| 异戊烷 | 1.4~7.6 | 异丁醇 | 1.7~19.0 | 乙腈 | 4.4~16.0 |
| 异辛烷 | 1.0~6.0 | 甲醛 | 7.0~73 | 丙烯腈 | 3.0~17.0 |
| 乙基环丁烷 | 1.2~7.7 | 乙醛 | 4.0~60 | 硝基甲烷 | 7.3~63 |
| 乙基环戊烷 | 1.1~6.7 | 丙醛 | 2.9~17 | 硝基乙烷 | 3.4~5.0 |
| 乙基环己烷 | 0.9~6.6 | 丙烯醛 | 2.8~31 | 亚硝酸乙酯 | 3.0~50 |
| 甲基环己烷 | 1.2~6.7 | 丙酮 | 2.6~12.8 | 氰化氢 | 5.6~40 |
| 乙烯 | 2.7~36.0 | 丁醛 | 2.5~12.5 | 甲胺 | 4.9~20.1 |
| 丙烯 | 2.0~11.1 | 甲乙酮 | 1.8~10 | 二甲胺 | 2.8~14.4 |
| 1-丁烯 | 1.6~10.0 | 环己酮 | 1.1~8.1 | 吡啶 | 1.7~12 |
| 2-丁烯(顺) | 1.7~9.0 | 乙酸 | 5.4~16 | 氢 | 4.0~75 |
| 2-丁烯(反) | 1.8~9.7 | 甲酸甲酯 | 5.0~23 | 天然气 | 3.8~13 |
| 丁二烯 | 2.0~12 | 甲酸乙酯 | 2.8~16 | 城市煤气 | 4.0~— |
| 异丁烯 | 1.8~9.6 | 醋酸甲酯 | 3.1~16 | 液化石油气 | 1.0~1.5 |
| 乙炔 | 2.5~100 | 醋酸乙酯 | 2.2~11.0 | 轻石脑油 | 1.2~— |
| 丙炔 | 1.7~— | 醋酸丙酯 | 2.0~3.0 | 重石脑油 | 0.6~— |
| 苯 | 1.3~7.1 | 醋酸丁酯 | 1.7~7.3 | 汽油 | 1.1~5.9 |
| 甲苯 | 1.2~7.1 | 醋酸丁烯酯 | 2.6~— | 喷气燃料 | 0.6~— |
| 乙苯 | 1.0~6.7 | 丙烯酸甲酯 | 2.8~25 | 煤油 | 0.6~— |
| 邻-二甲苯 | 1.0~6.0 | 呋喃 | 2.3~14.3 | 一氧化碳* | 12.5~74.2 |
| 间-二甲苯 | 1.1~7.0 | 四氢呋喃 | 2.0~11.8 | 氨；氨气* | 15.7~27.4 |
| 对-二甲苯 | 1.1~7.0 | 氯代甲烷 | 10.7~17.4 | | |

注：表中数据除带*者取自《常用化学危险品安全手册》(中国医药科技出版社，1992)，其他数据取自《石油化工可燃气体和有毒气体检测报警设计规范》GB 50493—2009。

可燃气体和有毒气体检测的一级报警为常规的气体泄漏警示报警，提示操作人员及时到现场巡检。当可燃气体和有毒气体浓度达到二级报警值时，提示操作人员应采用紧急处理措施。当需要采取联动保护时，二级报警的输出接点信号可供使用。

现场发生可燃气体和有毒气体泄漏事故时，为了保护现场工作人员的身体健康，以便操作人员及时处理，对同时发出的有毒气体和可燃气体的检测报警信号的处理，应遵循二级报警优先于一级报警；属同一报警级别时，有毒气体的报警级别优先的原则。

《工作场所有毒气体检测报警装置设计规范》(GBZ/T 223—2009)规定：

① 报警值分级设定，可设预报、警报、高报3级，不同级别的报警信号应有明显差异。用人单位应根据有毒气体的毒性及现场情况，至少设定警报值和高报值两级，或者设定预报值和警报值两级。

② 预报值为《工作场所有害因素职业接触限值 第1部分：化学有害因素》(GBZ2.1—2007)规定的最高容许浓度(MAC)的1/2或短时间接触容许浓度(PC-STEL)的1/2，无PC-STEL的物质，为超限倍数的1/2。超限倍数(excursion limit)是指对未制定PC-STEL的有毒气体(蒸气)或粉尘，在符合8h时间加权平均容许浓度(PC-TWA)的前提下，任何一次短时间(15min)接触的浓度均不得超过的PC-TWA的倍数。预报的含义是提示该场所可能发生有毒气体释放，应对相关设备进行检查，采取有效的预防控制措施。

③ 警报值为标准所规定的MAC或PC-STEL值，无PC-STEL的物质，为超限倍数值。警报的含义是提示该工作场所空气中有毒气体已达到或超过国家职业卫生标准，应立即寻找释放点，采取相应的防止释放、通风排风和人员防护等措施。

④ 高报值可根据有毒气体及其毒性、人员情况、事故后果、工艺和设备以及气象条件等，企业综合考虑现场各种因素后确定。高报的含义是提示该场所有毒气体大量释放，已达到危险程度，应迅速启动应急救援预案，做好工作人员的防护和相关人员的疏散。

《石油化工可燃气体和有毒气体检测报警设计规范》(GB 50493—2009)中所指的有毒气体系指《高度物品目录》列入的54种物质中的30种气体或液体的蒸气，如：*N*-甲基苯胺、*N*-异丙基苯胺、氨、苯、苯胺、丙烯腈、二甲基苯胺、二硫化碳、二氯代乙炔、二氧化氮、甲苯-2，4-二异氰酸酯(TDI)、氟化氢、氟及其化合物、汞、光气(碳酰氯)、甲(基)肼、甲醛、肼(联胺)、磷化氢、硫化氢、硫酸二甲酯、氯甲基甲醚、氯气、氯乙烯、偏二甲基肼、氰化氢、砷化氢、羰基镍、硝基苯、一氧化碳等。

《工作场所有毒气体检测报警装置设计规范》(GBZ/T 223—2009)中的有毒气体主要是指可能释放高毒、剧毒气体的场所，或可能大量释放或易于聚集的其他有毒气体的工作场所，其判定标准是有可能导致劳动者发生急性职业中毒的工作场所。可见除了高毒和剧毒气体之外，其他有毒气体要根据其是否有可能大量释放或聚集的浓度，其需考虑的物质范围应该是《工作场所有害因素职业接触限值 第1部分：化学有害因素》(GBZ 2.1—2007)中规定的物质，由于没有具体的规定，据需要对场所进行危险因素进行辨识，并评价其危险程度，在此基础上确定某场所是否应设置探测器。《剧毒化学品目录》中包括了335种物质。从上述可知，《工作场所有毒气体检测报警装置设计规范》中有毒气体的范围宽，数量多。因此，在考虑某场所是否需要设置固定式探测器时，首先要查表确定场所内物质是否为高毒物品和剧毒物品，之后根据物质的理化特性判定其在常温范围内或工作条件下是否是气体或是否易易挥发，是则设置，对高毒物品和剧毒物品之外的物质，除考虑其是否易以气态形式存在外，还考虑其是否大量释放。部分高毒物质的职业接触限值参数见表7-2。

**表7-2 部分高毒物质的职业接触限值参数**

| 序号 | 名称 | MAC/(mg/m$^3$) | PC-TWA/(mg/m$^3$) | PC-STEL/(mg/m$^3$) | 超标倍数 | IDLH/(mg/m$^3$) |
|---|---|---|---|---|---|---|
| 1 | *N*-甲基苯胺 | — | 2 | — | 2.5 | — |
| 2 | *N*-异丙基苯胺 | — | 10 | — | 2 | — |

续表

| 序号 | 名称 | MAC/(mg/m³) | PC-TWA/(mg/m³) | PC-STEL/(mg/m³) | 超标倍数 | IDLH/(mg/m³) |
|---|---|---|---|---|---|---|
| 3 | 氨 | — | 20 | 30 | — | 360 |
| 4 | 苯 | — | 6 | 10 | — | 9800 |
| 5 | 苯胺 | — | 3 | — | 2.5 | 390 |
| 6 | 丙烯腈 | — | 1 | 2 | — | 1100 |
| 7 | 二甲基苯胺 | — | 5 | 10 | — | — |
| 8 | 二硫化碳 | — | 5 | 10 | — | — |
| 9 | 二氯代乙炔 | 0.4 | — | — | — | — |
| 10 | 二氧化氮 | — | 5 | 10 | — | 96 |
| 11 | 甲苯-2，4-二异氰酸酯(TDI) | — | 0.1 | 0.2 | — | — |
| 12 | 氟化氢 | 2 | — | — | — | 25 |
| 13 | 氟及其化合物 | — | 2 | — | 2.5 | 40/500 |
| 14 | 汞 | — | 0.02 | 0.04 | — | 28 |
| 15 | 光气(碳酰氯) | 0.5 | — | — | — | 8 |
| 16 | 甲(基)肼 | 0.08 | — | — | — | 96 |
| 17 | 甲醛 | 0.5 | — | — | — | 37 |
| 18 | 肼(联胺) | — | 0.06 | 0.13 | — | 110 |
| 19 | 磷化氢 | 0.3 | — | — | — | 280 |
| 20 | 硫化氢 | 10 | — | — | — | 430 |
| 21 | 硫酸二甲酯 | — | 0.5 | — | 3.0 | 52 |
| 22 | 氯甲基甲醚 | 0.005 | — | — | — | — |
| 23 | 氯气 | 1 | — | — | — | 88 |
| 24 | 氯乙烯 | — | 10 | — | 2.0 | — |
| 25 | 偏二甲基肼 | — | 0.5 | — | 3.0 | 120 |
| 26 | 氰化氢 | 1 | — | — | — | 50 |
| 27 | 砷化氢 | 0.03 | — | — | — | 20 |
| 28 | (四)羰基镍 | 0.002 | — | — | — | 50 |
| 29 | 硝基苯 | — | 2 | — | 2.5 | 1000 |
| 30 | 一氧化碳 | — | 20 | 30 | — | 1700 |

有毒物质的超限倍数是按照表7-3的规律计算出的。

**表7-3 化学物质超限倍数与PC-TWA的关系**

| PC-TWA/(mg/m³) | PC-TWA<1 | 1≤PC-TWA<10 | 10≤PC-TWA<100 | PC-TWA≥100 |
|---|---|---|---|---|
| 最大超限倍数 | 3.0 | 2.5 | 2.0 | 1.5 |

在有毒气体检测仪及有毒气体探测器性能参数介绍时，经常使用的浓度单位是ppm，其含义是百万分之几(part per million)，有时也用$10^{-6}$表示，但它不是我国的法定计量单位，其与$mg/m^3$单位的换算关系是：

0℃时：$mg/m^3 = ppm \times M/22.4$　或 $ppm = mg/m^3 \times 22.4/M$

25℃时：$mg/m^3 = ppm \times M/24.45$　或 $ppm = mg/m^3 \times 24.45/M$

$M$ 是气体的分子量；22.4 和 24.45 分别是 1mol 有毒气体分子在 1 大气压、0℃和 25℃时的体积($m^3$)。

## 7.3 气体探测器的选用

要保证可燃气体和有毒气体检测报警系统工作的可靠性，除探测器的整体质量外，还与另外三大要素密切相关：一是正确地选择探测器的种类；二是检测报警系统的正确配置；三是检测报警仪表的正确安装。

选择探测器种类的步骤如下：

① 确定要检测气体的种类；

② 明确检测的目的；

③ 了解各类探测器的性能特点；

④ 了解探测器所处环境情况；

⑤ 确定所用探测器的种类；

⑥ 确定探测器的生产厂家。

### 7.3.1 确定欲检测气体的种类和检测目的

固定式气体检测报警系统的探测器部分是安装在可能发生泄漏的设备处的，所以被检测的气体种类不难确定。

对于储气柜和液体储罐来说，其中的物料就是检测对象，比如：甲醇储罐旁的检测气体就是甲醇蒸气，其易燃有毒；苯、甲苯、二甲苯等储罐的检测对象也是其蒸气，同样是易燃有毒；液化气储罐处检测的是低碳烷烃气体，易燃无毒；煤气气柜中气体主要是 CO、甲烷和 $H_2$，易燃有毒；液氯储罐处检测对象是剧毒的氯气。仓库中可能的气体也决定于储存物质的种类。

生产装置或设备处要检测气体的种类除要考虑原料和产物外，还要考虑工艺流程中的中间产物，只要是设备内存在的气体和挥发性液体物质都是检测的对象。

对于混合气体，如化肥厂水煤气气柜内，气体中的 CO 和 $H_2$ 含量都较高，需要确定是设置一氧化碳探测器还氢气探测器，还是二者都设置。

另外，还需要了解与被测气体共存的气体，在确定有无干扰和传感器中毒时使用。

实际生产过程中，常用的可燃气体和有毒气体检(探)测器多为催化燃烧型探测器、热传导型探测器、红外气体探测器、半导体型探测器、电化学型探测器、光致电离型探测器等，有关可燃气体和有毒气体探测器的选用要求也是针对上述常用气体探测器的。对于其他特殊形式的气体探测器，如高分子气体传感器和开路式红外气体探测器等，其选型及适用范围，应按产品技术文件要求进行。

有毒及可燃气体检探测器是常用的精密检测分析仪表，为了保证现场检测数据的可靠性，在进行设计选型时，应根据现场的环境条件提出对产品的技术性能要求。探测器的选用，应考虑使用环境温度以及被检测的气体同安装环境中可能存在的其他气体的交叉影响，并结合现场环境特征，考虑探测器的防水、防腐、防潮、防尘、防爆和抗防电磁干扰等要求。

有毒气体的浓度范围常常为 ppm 级。检测环境条件对仪表的工作性能的影响尤为严重。有毒气体探测器的选用更应综合考虑气体的物性、腐蚀性、探测器的适应性、稳定性、可靠性，检测精度、环境特性及使用寿命等，并根据探测器安装场所中的各种气体成分的交叉反应的情况和制造厂提供的仪表抗交叉影响的性能，选择合适的检(探)测器。

使用电化学型检(探)测器时，由于温度过高过低都会引起电解质的物理变化，应注意使用温度不超过制造厂所规定的使用环境温度。当环境温度不适合时，应采取措施或改用其他型式的检(探)测器。

常用的有毒气体检(探)测器使用寿命如下：

电化学式：1~3 年；

半导体式：3~4 年；

红外线式：不小于 2 年。

对同一种原理的探测器，制造厂对检测不同的有毒气体采取了不同的样品处理措施，用以消除气体测量中的交叉反应，因此，在采购有毒气体探测器时应注明要检测的气体及安装环境中存在的其他气体。

检测目的是根据可能泄漏的气体的性质决定的。如果气体只是可燃但无毒，检测的目的就是防止其在空气中的浓度接近爆炸极限的下限，告诉人们是否达到报警值，危险程度如何；如果泄漏的是有毒的气体，不管是否可燃，检测的目的都应是防止达到或超过允许的极限浓度，保证工作人员的人身安全，使职业危害降低到国家标准能接受的程度。比如使用煤气的车间，CO 既是可燃气体，也是剧毒气体，检测的目的必须是保证人员不受伤害，而不是防止爆炸。

### 7.3.2 了解各类检测器的性能特点

在明确了需要检测器要完成的任务后，接下来就要考虑什么探测器能够完成这个任务。探测器的种类较多，各自的检测原理不同，性能各异，适用的范围也不同。正确地选择检测器的前提是熟悉各类检测器的特性特点。

接触燃烧式探测器、气敏半导体式探测器和红外吸收式探测器主要应用于可燃气体的检测，电化学型探测器主要应用于无机有毒气体检测，光离子化探测器对有毒气体和可燃气体都适用，其主要性能见表 7-4。

**表 7-4 常用气体探测器的性能比较**

| 项目 | 催化燃烧型检测器 | 热传导型检测器 | 红外气体检测器 | 半导体型检测器 | 电化学型检测器 | 光致离子化型检测器 |
|---|---|---|---|---|---|---|
| 被测气的含氧量要求 | 需要 $O_2>10\%$ | 无 | 无 | 无 | 无 | 无 |
| 可燃气测量范围 | ≤爆炸下限 | 爆炸下限~100% | 0~100% | ≤爆炸下限 | ≤爆炸下限 | ≤爆炸下限 |
| 不适用的被测气体 | 大分子有机物 | — | $H_2$ | — | 烷烃 | $H_2$,CO,$CH_4$① |
| 相对响应时间 | 与被测介质有关 | 中等 | 较短 | 与被测介质有关 | 中等 | 较短 |
| 检测干扰气体 | 无 | $CO_2$,氟利昂 | 有 | $SO_2$,$NO_x$,$H_2O$ | $SO_2$,$NO_x$ | ② |
| 使检测元件中毒的介质 | Si,Pb,卤素,$H_2S$ | 无 | 无 | Si,$SO_2$,卤素 | $CO_2$ | 无 |
| 辅助气体要求 | 无 | 无 | 无 | 无 | 无 | 无 |

① 为离子化能级高于所用紫外灯的能级的被测物；

② 为离子化能级低于所用紫外灯的能级的被测物。

定电位电解式检测器对低浓度有毒气体能产生比较稳定的响应，检测浓度范围包括允许极限浓度范围。隔膜电极式检测器和半导体式检测器对某些有毒气体有较高的灵敏度，检出极限也较低。

### 7.3.3 了解检测器所处环境情况

接触燃烧式检测器，尤其是催化燃烧式检测器，受环境气体中的硫化物、氟氯溴碘等卤化物、以及硅烷和含硅类化合物影响而中毒，环境气体中这些气体浓度过高会使检测器性能降低，缩短使用寿命。根据有关资料报道，当空气中 $H_2S$ 含量达到 0.03 μL/L 时，催化元件在 80h 内其灵敏度降低 26%；$SO_2$ 达 0.1 μL/L 时，在 70h 内灵敏度降低 17%；硅氧烷在 0.06 μL/L 时，1.5h 就使灵敏度丧失 70%；灭火剂 $CBrF_3$ 达到 0.33 μL/L 时，也能使灵敏度在 33h 内由 100%下降至 80%。为了使检测器能够在恶劣环境下使用，近些年国内也生产出了抗毒性气体的催化燃烧式检测器，一般是利用碱性化合物吸收酸性的 $SO_2$、$H_2S$ 和 $Cl_2$，用活性炭吸附硅氧基化合物。根据使用环境的具体情况，决定选用普通型或抗中毒型催化燃烧式检测器。

气敏半导体检测器的敏感元件是半导体，半导体中掺入不同的杂质后，对特定气体的灵敏度和选择性可明显提高，但也局限了其适用范围。对 $SnO_2$ 半导体：掺杂 $ThO_2$（二氧化钍）则提高对 CO 的灵敏度，对丙烷则几乎无响应；掺杂 RbCl（氯化铷）、Pt、CuO 也改善对 CO 的响应；掺杂 Ag 可实现对 $H_2$ 的选择性响应；在 $SnO_2$ 烧结元件表面涂敷 $Pt-Al_2O_2$ 可以实现对醇类无响应。对于 ZnO 半导体：掺杂 Pt 对烷烃类气体的敏感度提高，对 CO 和 $H_2$ 敏感度下降；掺杂 Pd 对 CO 和 $H_2$ 的敏感度提高，对烃类气体的敏感度下降；在烧结体表面加 $V_2O_5-MoO_3-Al_2O_3$ 催化层后，可实现对氟里昂（$CCl_2F_2$，$CHClF_2$）的选择性检测；表面涂 $Pt-Al_2O_2$ 则对液化石油气选择性响应，而对醇类和氢气无响应。通过掺杂或烧结表面涂层，可以实现对 $H_2S$、CO、$H_2$、NO、$NO_2$、$C_6H_6$、$C_2H_4O$（环氧乙烷）、氰化氢等气体的选择性检测，部分有毒气体可以用半导体检测器检测的原因也在于此。

从定电位电解检测器原理可知，凡是在选定电位下能够氧化或还原的气体都能够产生相应信号，所共存气体有可能发生交叉响应的影响。所以不能在有交叉影响的气体共存的场所使用，测定的气体浓度值是虚假的。比如氰化氢气体和硫化氢气体、二氧化硫和一氧化氮气体都有可能互相干扰。

综上所述，选择检测器要充分考虑环境共存气体的干扰问题。

### 7.3.4 确定所用检测器的种类

接触燃烧式检测器、气敏半导体式检测器和红外吸收式检测器主要应用于检测可燃气体，定电位电解检测器、隔膜电极式检测器主要用于检测有毒气体，这是比较笼统地结论，有时具体情况并不一定如此。催化燃烧式检测器最适合于可燃气体检测，但有硫化物、卤化物、含硅类化合物存在的场所，选择气敏半导体式检测器可能更合适，因为其不受其干扰。

从定电位电解式检测器几乎适用于所有无机有毒气体，而催化燃烧式检测器则基本不适合于作为有毒气体时的可燃气体检测。现将检测器选用规则总结如下。

一般情况下，选用可燃气体的检测器应遵守下列规定：

① 烃类可燃气体可选用催化燃烧型检测器或红外气体探测器；

② 当使用场所空气中含有少量能使催化燃烧型检测元件中毒的硫、磷、硅、铅、卤素

化合物等介质时，应选用抗毒性催化燃烧型探测器或半导体型探测器；

③ 在缺氧或高腐蚀性等场所，适宜选用红外气体探测器；

④ 氢气的检测宜选用催化燃烧型、电化学型、热传导型或半导体型探测器；

⑤ 检测组分单一的可燃气体，适宜选用热传导型探测器。

要根据被测有毒气体的特性来选用有毒气体检测器的类型，一般的规定是：

① 硫化氢、一氧化碳气体可选用定电位电解型或半导体型；

② 氯气可选用隔膜电极型、定电位电解型或半导体型；

③ 氨气适宜选用隔膜电极式电化学检测器，丙烯腈气体可选用半导体型或定电位电解型检测器；

④ 氰化氢气体可选用凝胶化电解(电池式)型、隔膜电极型或定电位电解型检测器；

⑤ 氯乙烯气体、苯气体可选用半导体型或光致电离型检测器；

⑥ 碳酰氯(光气)可选用电化学型或红外气体检测器。

由于检测器制造技术不断的发展，新型检测器不断出现，原有检测器也不断完善，其性能也因制造厂家不同而有差异，所以在选择检测器时要特别了解其产品的技术参数。

光离子化检测器具有检出限低、灵敏度高、检测浓度范围宽、适用的气体种类多等优点，即可作为可燃气体检测器，也可作为有毒气体检测器。

表 7-5 列出了常见有毒气体和易挥发有毒液体蒸气适用的探测器。表中内容既适合于固定式气体探测器，也适合于手持式、便携式气体检测仪，表中 FID 代表便携式气相色谱仪的火焰离子化检测器，PID 代表光离子化气体检测仪和便携式气相色谱仪的光离子化气体检测器。响应时间(response time)是指在试验条件下，从探测器接触被测气体到达到稳定指示值的时间。通常，达到稳定指示值 90%的时间作为响应时间；恢复到稳定指示值 10%的时间作为恢复时间。

**表 7-5　常见有毒气体和易挥发性有毒液体蒸气适用的探测器**

| 序号 | 有毒气体 | 警报值 | | 探测器 | 检测误差/%F. S. | 响应时间/s | 探测器的选择性 |
|---|---|---|---|---|---|---|---|
| | | MAC/($mg/m^3$) | PC-STEL/($mg/m^3$) | | | | |
| 1 | 一氧化碳 | — | 30 | ECD 或 MOS | ≤5 | ≤30 | 有 |
| 2 | 二氧化氮 | — | 10 | ECD | ≤5 | ≤30 | 有 |
| 3 | 二氧化硫 | — | 10 | ECD | ≤5 | ≤60 | 有 |
| 4 | 氨 | — | 30 | ECD、PID、FID | ≤5 | ≤160 | ECD 有，PID 和 FID 无 |
| 5 | 丙烯腈 | — | 2 | ECD、MOS | ≤5 | ≤60 | 有 |
| 6 | 异氰酸甲酯 | — | 0.08 | ECD、FID | ≤5 | ≤60 | 有 |
| 7 | 肼 | — | 0.13 | PID、FID | ≤5 | ≤5 | 无 |
| 8 | 二异氰酸甲苯酯 | — | 0.2 | PID、FID | ≤5 | ≤5 | 无 |
| 9 | 二氧化氯 | — | 0.8 | ECD | ≤5 | ≤60 | 有 |
| 10 | 环氧氯丙烷 | — | 2 | PID、FID | ≤5 | ≤5 | 无 |
| 11 | 丙烯醇 | — | 3 | PID、FID | ≤5 | ≤5 | 无 |
| 12 | 氯丙稀 | — | 4 | PID、FID | ≤5 | ≤5 | 无 |
| 13 | 丁醛 | — | 10 | PID、FID | ≤5 | ≤5 | 无 |

续表

| 序号 | 有毒气体 | 警报值 | | 探测器 | 检测误差/%F. S. | 响应时间/s | 探测器的选择性 |
|---|---|---|---|---|---|---|---|
| | | MAC/(mg/m³) | PC-STEL/(mg/m³) | | | | |
| 14 | 二甲胺 | — | 10 | PID、FID | ≤5 | ≤5 | 无 |
| 15 | 二硫化碳 | — | 10 | PID、FID | ≤5 | ≤5 | 无 |
| 16 | 乙二胺 | — | 10 | PID、FID | ≤5 | ≤5 | 无 |
| 17 | 苯 | — | 10 | PID、FID | ≤5 | ≤5 | 有 |
| 18 | 乙醇胺 | — | 15 | PID、FID | ≤5 | ≤5 | 无 |
| 19 | 乙酸乙烯酯 | — | 15 | PID、FID | ≤5 | ≤5 | 无 |
| 20 | 乙胺 | — | 18 | PID、FID | ≤5 | ≤5 | 无 |
| 21 | 环己胺 | — | 20 | PID、FID | ≤5 | ≤5 | 无 |
| 22 | 甲酸 | — | 20 | PID、FID | ≤5 | ≤5 | 无 |
| 23 | 甲醇 | — | 50 | PID、FID | ≤5 | ≤5 | 无 |
| 24 | 萘 | — | 75 | PID、FID | ≤5 | ≤5 | 无 |
| 25 | 甲苯 | — | 100 | PID、FID | ≤5 | ≤5 | 无 |
| 26 | 邻二氯苯 | — | 100 | PID、FID | ≤5 | ≤5 | 无 |
| 27 | 苯乙烯 | — | 100 | PID、FID | ≤5 | ≤5 | 无 |
| 28 | 二甲苯 | — | 100 | PID、FID | ≤5 | ≤5 | 无 |
| 29 | 乙苯 | — | 150 | PID、FID | ≤5 | ≤5 | 无 |
| 30 | 正己烷 | — | 180 | PID、FID | ≤5 | ≤5 | 无 |
| 31 | 乙酸戊酯 | — | 200 | PID、FID | ≤5 | ≤5 | 无 |
| 32 | 乙酸甲酯 | — | 200 | PID、FID | ≤5 | ≤5 | 无 |
| 33 | 乙酸丁酯 | — | 300 | PID、FID | ≤5 | ≤5 | 无 |
| 34 | 乙酸乙酯 | — | 300 | PID、FID | ≤5 | ≤5 | 无 |
| 35 | 乙酸丙酯 | — | 300 | PID、FID | ≤5 | ≤5 | 无 |
| 36 | 丙酸 | — | 300 | PID、FID | ≤5 | ≤5 | 无 |
| 37 | 丙酮 | — | 450 | PID、FID | ≤5 | ≤5 | 无 |
| 38 | 乙醚 | — | 500 | PID、FID | ≤5 | ≤5 | 无 |
| 39 | 丁酮 | — | 600 | PID、FID | ≤5 | ≤5 | 无 |
| 40 | 异丙醇 | — | 700 | PID、FID | ≤5 | ≤5 | 无 |
| 41 | 砷化氢(胂) | 0. 03 | — | PID | ≤5 | ≤5 | 无 |
| 42 | 甲基肼 | 0. 08 | — | PID、FID | ≤5 | ≤5 | 无 |
| 43 | 磷化氢 | 0. 3 | — | PID、ECD | ≤5 | ≤5 | 无 |
| 44 | 丙烯醛 | 0. 3 | — | PID、FID | ≤5 | ≤5 | 无 |
| 45 | 甲醛 | 0. 5 | — | ECD、FID | ≤5 | ≤5 | 有 |
| 46 | 碘 | 1 | — | PID | ≤5 | ≤5 | 无 |
| 47 | 氯气 | 1 | — | ECD、MOS | ≤5 | ≤60 | 有 |
| 48 | 氟化氢 | 2 | — | ECD | ≤5 | ≤60 | 有 |
| 49 | 苄基氯 | 5 | — | PID、FID | ≤5 | ≤5 | 无 |

续表

| 序号 | 有毒气体 | 警报值 | | 探测器 | 检测误差/%F. S. | 响应时间/s | 探测器的选择性 |
|---|---|---|---|---|---|---|---|
| | | MAC/(mg/m³) | PC-STEL/(mg/m³) | | | | |
| 50 | 氯化氢及盐酸 | 7.5 | — | ECD | ≤5 | ≤60 | 有 |
| 51 | 巴豆醛 | 12 | — | PID、FID | ≤5 | ≤5 | 无 |
| 52 | 正丁胺 | 15 | — | PID、FID | ≤5 | ≤5 | 无 |
| 53 | 乙醛 | 45 | — | PID、FID | ≤5 | ≤5 | 无 |
| 54 | 硫化氢 | 10 | — | ECD、MOS | ≤5 | ≤60 | 有 |
| 55 | 一氧化氮 | — | — | ECD | ≤5 | ≤60 | 有 |
| 56 | 氢氰酸 | 1 | — | ECD | ≤5 | ≤60 | 有 |

注：1. ECD：电化学探测器；PID：光离子化探测器；FID：火焰离子化探测器；MOS：金属氧化物半导体探测器；F.S.：仪器的全量程。

2. 可燃气体和有毒气体共存的情况下，可燃、有毒检测报警装置同时设置。

3. 为保证仪器的检测报警精度，检测量程不宜大于报警值的10倍，对于大量程的仪器，也要按报警值的10倍作量程计算误差。

4. 表中所列探测器(或者其传感器)适用于固定式、移动式和便携式仪器，应根据现场需要选择探测器及其仪器的不同结构形式。

5. 表中所列技术指标是探测器所能达到的指标，也可选择更高指标的仪器。

6. 可以选择表中未列但符合要求的其他检测报警仪。

### 7.3.5 气体探测器及手持式检测仪的防爆和采样方式

(1) 探测器及检测仪的防爆

检测器安装在可能泄漏可燃气体的场所时，或者携带手持检测仪进入爆炸危险区检测时，检测仪器都有可能成为引爆源，所以检测仪器必须具备可靠的防爆性能，避免成为引火源。根据使用场所爆炸危险区域的划分来选择检测器的防爆类型，检测器的防爆等级、组别要与被检测可燃气体的类别、级别、组别相对应或更高。催化燃烧检测器宜选择隔爆型，电化学型检测器和半导体检测器宜选用隔爆型或本质安全防爆型，电动吸入式采样器应该选择隔爆型结构。为使检测仪在所有爆炸危险场所都能使用，防爆型号应为$IICT_6$，或者说所选用的检(探)测器的级别和组别不应低于安装环境中的爆炸性气体混合物的级别和组别。

(2) 检测器的采样方式

根据被检测气体到达检测响应元件的方式不同，采样方式分为扩散式被动采样和吸气式主动采样两类。扩散式采样是利用泄漏气体的浓度差，扩散迁移进入检测器，即检测器是被动地接受气体，气体扩散速度对响应时间影响较大，但检测器结构简单。主动式采样是由电动吸气泵采气，被测气体在动力作用下流经响应元件，此类采气方式能缩短检测器的响应时间，但相对于扩散式结构复杂。

一般情况下宜采用扩散式探测器，但在一些特殊情况下应该选用吸入式检测器，这些特殊情况包括：

① 只有少量泄漏就有可能引起严重后果的场所；

② 由于受安装条件和环境条件的限制，难于使用扩散式检测器的场所；

③ 属于极度危害有毒气体(I级)的释放源；

④ 有毒气体释放源较集中的场所。

采用吸入式采样时，其采样半径会略有减小。手持式检测仪采用吸气采样时，对气体浓度变化较大的场所较适用，比如在污水处理厂的厌氧消化池上方检测沼气浓度时，沼气逸出就时快时慢，要检测到真实的最高浓度和最低浓度，就必须使用吸气采样装置。

## 7.4 指示报警设备及其选用

在气体检测报警系统中，指示报警设备(indication apparatus)是指接收探测器的输出信号、发出指示、报警、控制信号的电子设备。在有毒气体检测报警系统中，常称为报警控制器(alarm controller)，它是接收并处理探测器的信号，具有显示、报警或控制功能的电器设备。探测器的输出信号宜选用数字信号、触点信号、毫安信号或毫伏信号，其与指示报警设备必须相互匹配。石油化工企业可燃气体和有毒气体的检测，除了极个别的对象有特殊的联动要求以外，大量的应该是用于报警。报警控制器分为总线制和多线制两大类。

报警器和指示报警器，常用的有蜂鸣器、指示灯、指示仪等常规仪表，也有可编程控制器(PLC)、分散型控制系统，数据采集系统，工业控制计算机以及专用报警显示设备等电子设备。报警器包括信号设定器和闪光报警两个基本单元。指示报警器至少具有信号设定、信号指示、闪光报警三个基本功能，也可以是由指示器和报警器两部分构成。

为保证检测报警系统的可靠性，报警控制器或信号设定器应与检(探)测器一对一相对独立设置，闪光报警单元可与其他仪表系统共用，但对重要的报警与自动保护有关的报警应独立设置。

(1) 指示报警设备应具有的基本功能

① 能为可燃气体或有毒气体探测器及所连接的其他部件供电；

② 能直接或间接地接收可燃气体和有毒气体探测器及其他报警触发部件的报警信号，发出声光报警信号，并予以保持。声光报警信号应能手动消除，再次有报警信号输入时仍能发出报警；

③ 可燃气体的测量范围：0~100%爆炸下限；

④ 有毒气体的测量范围宜为0~300%最高容许浓度或0~300%短时间接触容许浓度；当现有探测器的测量范围不能满足上述要求时，有毒气体的测量范围可为0~30%直接致害浓度；

⑤ 指示报警设备(报警控制器)应具有开关量输出功能；

⑥ 多点式指示报警设备应具有相对独立、互不影响的报警功能，并能区分和识别报警场所位号；

⑦ 指示报警设备发出报警后，即使安装场所被测气体浓度发生变化恢复到正常水平，仍应持续报警。只有经确认并采取措施后，才能停止报警；

⑧ 在下列情况下，指示报警设备应能发出与可燃气体或有毒气体浓度报警信号有明显区别的声、光故障报警信号：

a) 指示报警设备与探测器之间连线断路；

b) 探测器内部元件失效；

c) 指示报警设备主电源欠压；

d) 指示报警设备与电源之间连接线路的短路与断路。

⑨ 指示报警设备应具有以下记录功能：

a）能记录可燃气体和有毒气体报警时间，且日计时误差不超过30s；

b）能显示当前报警点总数；

c）能区分最先报警点。

（2）指示报警设备设置方式

根据工厂（装置）的规模和特点，指示报警设备可按下列方式设置：

① 可燃气体和有毒气体检测报警系统与火灾检测报警系统合并设置。当可燃气体和有毒气体检测点数量较少（≤30）时，指示报警设备可采用独立的工业PC机、PLC或常规的模拟仪表。对于大型联合装置、区域控制中心和全厂中心控制室等的可燃及有毒气体检测报警系统可优先考虑与火灾检测报警系统合并设置。

② 指示报警设备采用独立的工业程序控制器、可编程控制器等。

③ 指示报警设备采用常规的模拟仪表；

④ 当可燃气体和有毒气体检测报警系统与生产过程控制系统[包括DCS（分散控制系统），SCADA（数据采集与监视控制系统）等]合并设计时，应考虑相应的安全措施，保证装置生产过程控制系统出现故障或停用时，可燃气体及有毒气体检测报警系统仍能保持正常工作状态。采用独立设置的I/O卡件就是措施之一。也可以考虑同时采用其他的安全措施，如：独立设置的DCS控制器和操作站；配备足够的移动式可燃气体及有毒气体检测报警仪等。

## 7.5 探测器和指示报警设备的安装、维护

### 7.5.1 探测器的安装与维护

（1）探测器的安装高度

探测器在现场的安装高度主要被测气体密度相关。相对气体密度大于0.97kg/m$^3$（标准状态下）的即认为比空气重；相对气体密度小于0.97kg/m$^3$（标准状态下）的即认为比空气轻。

检测密度大于空气的可燃气体或有毒气体探测器，其安装高度应距地坪（或楼地板）0.3~0.6m。有毒气体探测器的安装位置必须靠近泄漏点。位置过低易造成因雨水淋、溅，对检探测器的损害，也不方便后期的维护；过高则超出了比空气重的气体易于积聚的高度。

检测比空气轻的可燃气体（如甲烷和城市煤气时），探测器高出释放源所在高度0.5~2m，且与释放源的水平距离适当减小至5m以内，可以尽快地检测到可燃气体。当检测指定部位的氢气泄漏时，探测器宜安装于释放源周围及上方1m的范围内，太远则由于氢气的迅速扩散上升，起不到检测效果。

检测与空气分子量接近且极易与空气混合的有毒气体（如一氧化碳和氰化氢）时，探测器应安装于距释放源上下1m的高度范围内；有毒气体比空气稍轻时，探测器安装于释放源上方，有毒气体比空气稍重时，探测器安装于释放源下方；探测器距释放源的水平距离不超过1m为宜。

探测器应安装在无冲击、无振动、无强电磁场干扰、易于检修的场所，安装探头的地点

与周边管线或设备之间应留有不小于 0.5m 的净空和出入通道。

(2) 探测器的安装固定及接线方式

探测器设置点确定后，其在现场安装固定方式通常采用抱管式安装，支撑管直径 50mm 左右，最好采用双管箍固定，确保安装牢固。也可以采用壁挂式安装，墙壁应有足够强度，用膨胀螺栓固定。探测器的传感器要朝向地面方向，减少粉尘对扩散膜的堵塞。图 7-2 为探测器的抱管式安装方式示意图。

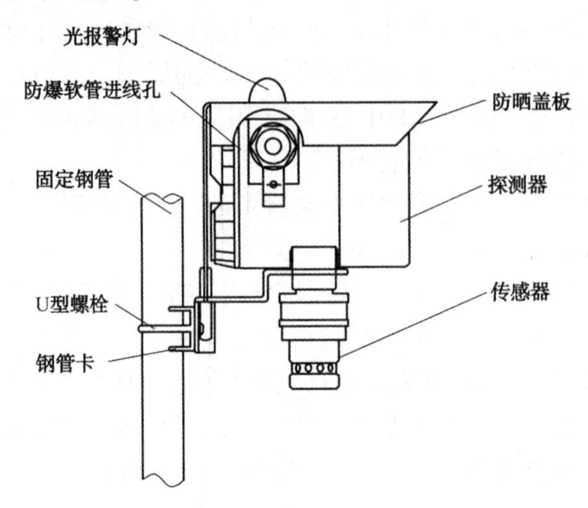


图 7-2 探测器抱管式安装方式示意图

图 7-3 为探测器与控制器的接线示意图，在实际检测系统中，一台控制器可控制多个甚至一百多个探测器，其连接线传输的信号不仅有监测数据信号，还要有代表探测器设置位置的信号(即位号)。

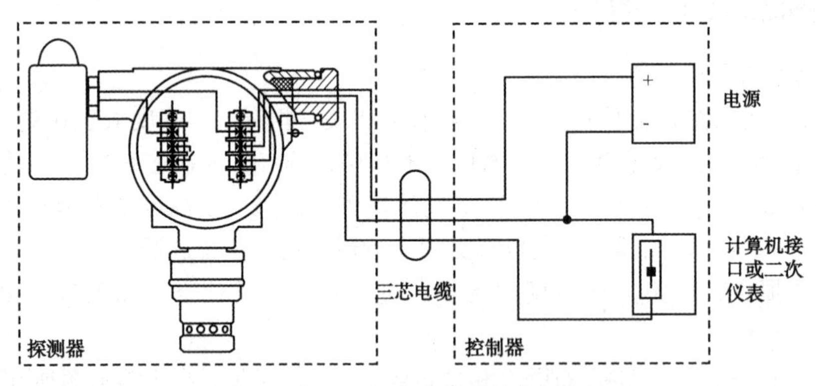


图 7-3 探测器与控制器的接线示意图

(3) 探测器的定期标定

所有探测器都是相对的测定仪器，即其响应信号随着时间有一定的变化，信号大小与浓度之间没有固定的定量关系，同样的浓度，在一段时间的前后，其信号大小不一定相同。因此，每半年应进行一次标定，而且要随时进行校零，这样可以保证测定的准确性。标定就是指校准操作，让探测器检测已知浓度标准气体的浓度，显示出的浓度数值与真实浓度不一致时，将显示值调整至真实浓度。所以凡是使用气体探测报警仪器的企业，都应配备必要的标定设备和标准气体。标定装置见图 7-4。

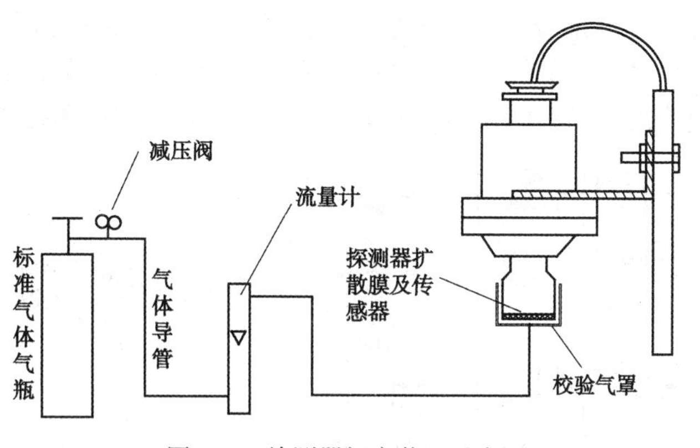


图 7-4　检测器标定装置示意图

### 7.5.2　指示报警设备和现场报警器的安装

指示报警设备(探测控制器)应安装在有人值守的控制室、现场操作室等内部。工艺有特殊需要或在正常运行时人员不得进入的危险场所，宜对可燃气体和有毒气体释放源进行连续检测、指示、报警，并对报警进行记录或打印。为保证生产和操作人员的安全，在正常运行时人员不得进入的危险场所，检(探)测器应对可燃气体和有毒气体释放源进行连续检测、指示、报警，并对报警进行记录或打印，以便随时观察发展趋势和留作档案资料。

现场报警器应就近安装在探测器所在的区域和控制室。报警信号应发送至现场报警器和有人值守的控制室或现场操作室的指示报警设备，并且进行声光报警。通常情况下，工艺装置或储运设施的控制室、现场操作室是操作人员常驻和能够采取措施的场所。现场发生可燃气体和有毒气体泄漏事故时，报警信号应使现场报警器报警，提示现场操作人员采取措施。同时，报警信号发送至有人值守的控制室、现场操作室的指示报警设备进行报警，以便控制室、现场操作室的操作人员及时采取措施。

装置区域内现场报警器的布置应根据装置区的面积、设备及建构筑物的布置、释放源的理化性质和现场空气流动特点等综合确定。现场报警器可选用音响器或报警灯。当现场仅需要布置数量有限的可燃和/或有毒气体检(探)测器时，在不影响现场报警效果的条件下，现场警报器可与可燃及有毒气体报警器探头合体设置。当现场需要布置数量众多的可燃和/或有毒气体检(探)测器，此时现场报警器应与可燃及有毒气体检(探)测器分离设置，并根据现场情况，提出声光警示要求，分区布置。

为了提示现场工作人员，现场报警器常选用声级为 105dB(A)的音响器，在高噪声区[噪声超过 85dB(A)]以及生产现场主要出入口处，通常还设立旋光报警灯。

## 7.6　气体检测报警系统

气体安全检测报警系统就是测试系统在安全检测领域的应用，现代测试系统以计算机为中心，采用数据采集与传感器相结合的方式，既能实现对信号的检测，又能对所获信号进行分析处理求得有用信息，能最大限度地完成测试工作的全过程。

(1) 基本型测试系统

计算机控制的基本型测试系统如图 7-5 所示，主要由传感器、信号调理、数据采集卡

(板)、计算机控制中枢等几部分组成。该系统能完成对多点、多种随时间变化参量的快速、实时测量，并能排除信号噪声干扰，进行数据处理、信号分析，由测得的信号求出与研究对象有关信息的量值或给出其状态的判别。该类系统又称为多线制检测控制系统。

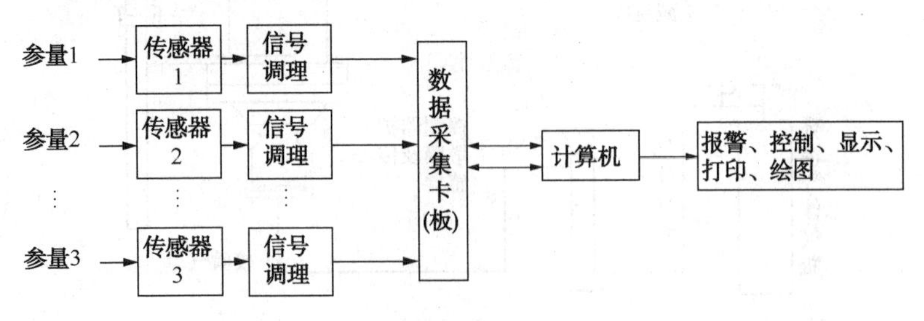


图 7-5　现代测试系统的基本形式框图

各组成部分的功能分别为：

① 传感器　传感器的作用是将被检测的参量转换成相应的可用输出信号。被测参量可以是各种非电气参量，也可以是电气参量，如气体浓度、噪声分贝、流体流量等，将被测参量信号转换成电信号。

② 信号调理　信号调理的其作用有两个，一是将来自传感器的输出信号放大，放大到与数据采集卡(板)中的 A/D 转换器相适配。A/D 转换器即模数转换器(analog to digital converter)，将模拟信号转换成数字信号的电路，如果信号调理电路输出的是规范化的标准信号，即 4~20mV 电流信号，则称这种信号调理电路为变送器。二是预滤波，抑制干扰噪声信号的高频分量，将频带压缩以降低采样频率，避免产生混淆。此外，根据需要还可进行信号隔离与变换等。

③ 数据采集卡(板)主要起到三个作用，其一是由衰减器和增益可控的放大器进行量程自动改换；其二是由多路切换开关完成对多点多通道信号的分时采样，将时间连续信号[$x(t)$]经过采样后变为离散时间序列[$x(n)$，$n=0, 1, 2, \cdots$]；其三是将信号的采样值由 A/D 转换器转换为幅值离散化的数字量，或由 V/F 转换器转换为脉冲频率，以适应计算机工作。

④ 计算机控制中枢的作用就像神经中枢，按预定的程序自动进行信号采集与存储，自动进行数据的运算分析与处理，指令附属设备以适当形式输出、显示或记录测量结果。可燃气体和有毒气体检测报警系统还应该具有历史事件的记录功能。

通常，传感器部分与变送器安装在检测现场，其他部分安装在控制室。以上检测系统属于传统型测试控制系统。

(2) DCS 系统

现在应用较普遍的测试与控制系统是 DCS 系统。DCS 系统是分散控制系统(distributed control system)的简称，一般习惯称为集散控制系统。它是一个由过程控制级和过程监控级组成的以通信网络为纽带的多级计算机系统，综合了计算机(computer)、通讯(communication)、显示(CRT)和控制(control)4C 技术，其基本思想是分散控制、集中操作、分级管理、配置灵活、组态方便。

所谓的分散式控制系统是相对于集中式控制系统而言的一种新型计算机控制系统，它是在集中式控制系统的基础上发展、演变而来的。DCS 的骨架，即系统网络是 DCS 的基础和核心。系统满足实时性的要求，即在确定的时间限度内完成信息的传送。这里所说的“确定”的时间限度，是指在无论何种情况下，信息传送都能在这个时间限度内完成，而这个时间限度则是根据被控制过程的实时性要求确定的。系统网络还必须非常可靠，无论在任何情况下，网络通信都不能中断，因此多数 DCS 系统均采用双总线、环形或双重星形的网络拓扑结构。系统网络还须满足系统扩充性的要求，系统网络上可接入的最大节点数量应比实际使用的节点数量大若干倍，一方面可以随时增加新的节点，另一方面也可以使系统网络运行于较轻的通信负荷状态，以确保系统的实时性和可靠性。

（3）标准通用接口型测试系统

标准通用接口型测试系统与现代开放型控制系统一样，采用了现场总线(Field bus)技术。它是 80 年代末以后发展起来的，用于监测控制自动化、过程自动化、楼宇自动化等领域的现场智能设备互连通讯网络。现场总线系统由于采用了智能现场设备，能够把原先 DCS 系统中处于控制室的控制模块、各输入输出模块置入现场设备。现场设备具有通信能力，现场的测量变送仪表可以与阀门等执行机构直接传送信号，因而控制系统功能能够不依赖控制室的计算机或控制仪表，直接在现场完成，实现了彻底的分散控制。现场控制总线系统与传统控制系统结构的区别见图 7-6 所示。由于现场总线系统中分散在设备前端的智能设备能直接执行多种传感器、控制、报警和计算功能，因而减少了变送器的数量，不再需要单独的控制器、计算单元等，也不需要 DCS 系统的信号调理、转换、隔离技术等功能单元及其复杂连线。由于与总线连接的接口都采用国际标准化的接口，各厂家的产品规格统一，具有互换性，所以称为标准通用接口。

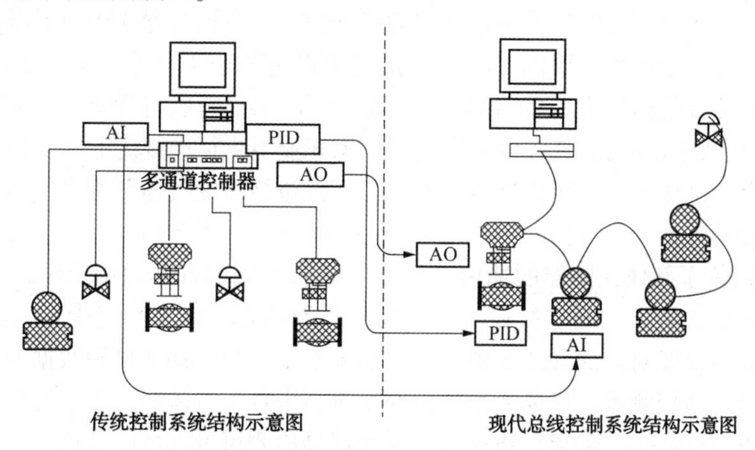


图 7-6　现场控制总线系统与传统控制系统结构的比较

由于具有一定功能的各模块千差万别，与总线连接的接口可能不通用，组成系统时相互间接口十分麻烦，而且模块是系统不可分割的一部分，不能单独使用，缺乏灵活性。标准通用接口型也是由模块(如台式仪器或插件板)组合而成，所有模块的对外接口都按规定的国际标准设计。组成系统时，若模块是台式仪器，用标准的无源电缆将各模块接插连接起来就构成系统。若模块为插件板，只要将各插件板插入标准机箱即可。组建这类系统非常方便，如 GPIB 系统、VXI 系统就是这类系统，虽然首次投资大，但有利于组建大、中型测量系统。GPIB 通用接口测试系统示意图见图 7-7。

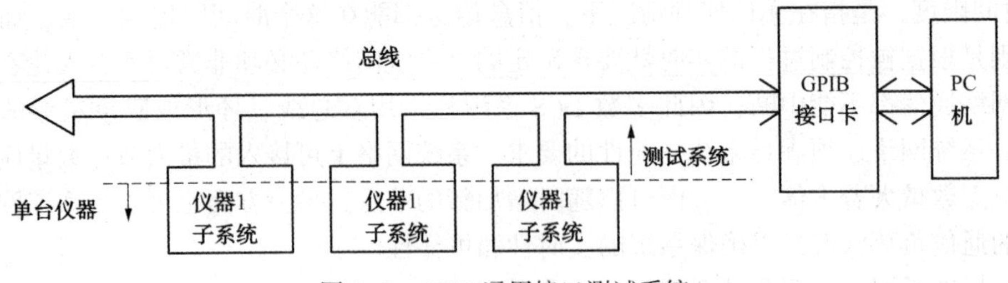


图 7-7　GPIB 通用接口测试系统

应用现场总线技术构成的测试系统在技术上具有开放性、互可操作性与互用性、现场设备的智能化与功能自治性、系统结构的高度分散性、对现场环境的适应性等特点。由于现场总线的以上特点，特别是现场总线系统结构的简化，使测试、控制系统从设计、安装、投运到正常生产运行及其检修维护，都体现出优越性。

## 本章小结

1. 第 1 节首先介绍了气体探测器的概念、作用和类型；讨论了需要设置气体探测器的场所和设置原则；根据国家标准的要求，介绍了确定具体探测点的方法。

2. 在第 2 节中，分别介绍了可燃气体和有毒气体报警值的确定方法。可燃气体分为一级报警设定值和二级报警设定值，各种气体的报警值都是根据其爆炸极限下限确定的，一级报警设定值小于或等于爆炸下限的 25%，二级报警设定值小于或等于爆炸下限的 50%，目的是防止爆炸性混合气体形成。《工作场所有毒气体检测报警装置设计规范》规定的报警值分为预报、警报、高报 3 级，其浓度值是依据国家职业卫生标准规定的职业接触限值来确定的。本节还对有毒气体范围的界定进行了介绍，不仅包括高度气体和剧毒气体，还包括能导致人体急性中毒的其他有毒气体。

3. 第 3 节讨论了气体探测器的选用。各类气体探测器都有其适用范围，在选用时要首先了解被检测现场的情况，确定被检测气体的种类和特性，以及空气中共存其他气体的种类，气体探测器不仅要对被测气体灵敏度高，还要不受干扰，保证检测数据的可靠性。对于催化燃烧式可燃气体探测器，还要考虑催化剂是否会中毒。具体介绍了常见有毒气体探测器的选用。重点要掌握的是：催化燃烧式气体探测器是检测可燃气体的首选，定电位电解式气体探测器是检测无机有毒气体的首选，光离子化探测器对可燃气体和有毒气体都有较高的灵敏度。

4. 第 4 节简要介绍了气体检测指示报警设备及其选用，详细地介绍了指示报警设备应该具有的功能。

5. 第 5 节重点介绍了气体探测器的安装与维护。由于气体密度与空气密度的差别，使气体泄漏后分布位置有区别，本节“重气”和“轻气”划分的方法，细致介绍了安装位置的竖向设计要求，其基本原测是尽早发现泄漏出的气体。气体探测器的定期标定是保证检测准确度的维护操作，介绍了标定的基本方法。此处要明确“标准气体”和“零气”两个概念，在实际标定工作中，二者同样重要。

6. 第 6 节简要介绍了检测报警系统，介绍的内容不仅仅是针对气体检测报警系统，如 DCS 系统，在企业控制系统中应用广泛，具有数据自动采集和对关键部件进行控制的功能，气体检测系统也可以作为其中的一部分。

## 复习思考题

1. 气体探测器由哪几部分组成？其作用是什么？探测器中的传感器为什么朝下？常用的气体探测器有哪些类型？

2. 气体探测器向控制器输出的信号还包括“位号”信息，其作用是什么？

3. 可燃气体气体探测器检测的是哪些可燃气体？

4. 场所存在哪些有毒气体时需要设置有毒气体探测器？

5. 可燃气体和有毒气体同时出现时，应该选用可燃气体探测器还是有毒气体探测器？请分别简述。

6. 你认为确定气体探测点的最基本原则是什么？

7. 可燃气体探测器和有毒气体探测器的控制范围分别是多大？

8. 可燃气体分为哪几级报警？各自的含义是什么？可燃气体检测报警值是如何确定的？

9. 有毒气体分为哪几级报警？各自的含义是什么？有毒气体检测报警值是如何确定的？

10. 选定气体探测器的依据之一是了解现场被测气体种类和共存气体的种类及其大致浓度，请说明其道理。

11. 依据什么来确定气体探测器的安装高度？如何确定？检测“重气”时，探测器位置越低越易探测到泄漏物，但不能安装在地面上。说明原因。

12. 定期进行气体探测器标定的作用是什么？

# 8 工业过程参数检测

**本章学习目标**

在流体物料的生产、使用、储存、输送等过程中，温度、压力、流量、物位等工业过程参数的测量与控制，既是稳定生产过程的需要，也是保证生产过程安全的需要。本章教学的主要目标要求是：掌握相关的基本知识和上述参数的测量原理，熟悉各类常用检测仪器仪表的测定原理和基本测量方法。

工业生产过程中较常见的参数有温度、压力、流量、物位等。对工业过程参数进行检测，是生产过程自动控制系统的重要组成部分。过程参数的检测结果对保证工业产品的质量与产量，以及保障企业的安全生产，都起着十分重要的作用。

## 8.1 温度检测

温度是表征物体冷热程度的物理量，是工业生产和科学实验中最普遍、最重要的热工参数之一。大多数生产过程都是在一定温度范围内进行的，当温度超过某一极限值后就会有燃烧、爆炸等危险。因此，温度检测对确保安全生产具有非常重要的意义。

### 8.1.1 温度检测的基本原理与分类

温度参数是不能直接测量的，一般只能根据物质的某些特性参数值与温度之间的函数关系，通过对这些特性参数的测量间接地获得。

#### 8.1.1.1 温度检测的基本原理

工业生产过程中测温的基本原理主要有：

① 热膨胀原理。利用液体或固体受热时产生热膨胀的原理，可制成膨胀式温度计。玻璃温度计属于液体膨胀式温度计；而双金属温度计属于固体膨胀式温度计。

② 压力随温度变化的原理。利用封闭在固定体积中的气体、液体或某种液体的饱和蒸汽受热时，其压力会随着温度的变化而变化的性质，可以制成压力计式温度计。一般称充以气体、液体或饱和蒸汽的容器为温包，因此，该类温度计又称为温包式温度计。

③ 热阻效应。利用导体或半导体的电阻随温度变化的性质，可制成热电阻式温度计。根据所使用的热电阻材料的不同，有铂热电阻、铜热电阻和半导体热敏电阻温度计等。

④ 热电效应。利用金属的热电性质制成热电偶温度计。根据使用热电偶材料的不同，有铂铑-铂热电偶、镍铬-镍硅热电偶、镍铬-考铜热电偶、铂铑$_{30}$-铂铑$_{6}$热电偶等。

⑤ 热辐射原理。利用物体辐射能随温度而变化的性质，制成辐射高温计。测温元件不与被测介质相接触，故属于非接触式温度计。

#### 8.1.1.2 温度检测仪表的分类

根据测温方式的不同，温度测量可以分为接触式测温与非接触式测温两大类。

① 接触式测温　任意两个冷热程度不同的物体相接触，必然要发生热交换现象。热量将由较热的物体传到较冷的物体，直到两物体的冷热程度完全一致，即达到热平衡状态为止。接触法测温就是利用这一原理，选择某一物体与被测物体相接触，并进行热交换。当两者达到热平衡状态时，选择物体与被测物体温度相等，于是，可以通过检测选择物体的某一物理量(例如液体的体积、热电偶的热电势、导体的电阻等)，得出被测物体的温度数值。当然，为了得到温度的精确检测，要求用于测温的物体的物理性质必须是连续、单值地随着温度变化，并且要复现性好。

接触式测温的优点是：较直观、可靠；系统结构相对简单；测量准确度高。其缺点是：测温时有较大的滞后(因为要进行充分的热交换)，在接触过程中易破坏被测对象的温度场分布，从而造成测量误差；不能测量移动的或太小的物体；测温上限受到温度计材质的限制，所检测的温度不能太高。

接触式测温仪表主要有：膨胀式温度检测仪表、压力式温度检测仪表、热电阻温度检测仪表、热电偶温度检测仪表等。

② 非接触式测温　非接触法测温时，测温元件是不与被测物体直接接触的。它是利用物体的热辐射(或其他特性)，通过对辐射能量(或亮度)的检测来实现测温的。它的优点是：测温范围广(理论上没有上限限制)；测温过程中不破坏被测对象的温度场分布；能测运动的物体；测温相应速度快；缺点是：所测温度受物体发射率、中间介质和测量距离等的影响。

非接触式测温仪表应用较广的有：全辐射温度计、红外测温仪、比色温度计等。

## 8.1.2　接触式温度检测

接触式温度检测本章主要介绍热电偶温度计和热电阻温度计。

### 8.1.2.1　热电偶温度计

热电偶温度计是以热电效应为基础将温度变化转换为热电势变化进行温度测量的仪表，属于接触式测温。它的测温范围很广，可检测生产过程中-200~2000℃范围内液体、蒸汽和气体介质以及固体表面的温度。这类仪表结构简单、使用方便、测温准确可靠、便于远传、自动记录和集中控制，因此，普遍应用在工业生产和科学研究领域中。

1）测温原理

(1) 热电效应

热电偶的测温原理是基于1821年塞贝克(Seebeck)发现的热电现象。将两种不同的导体或半导体如图8-1所示的闭合回路，如果两个接点的温度不同($t>t_0$)，则在该回路内就会产生热电动势(简称热电势)，这种物理现象称为塞贝克热电效应。导体A、B称为热电极，一端采用焊接或绞接的方式连接在一起，见图8-2，感受被测温度，称为热电偶的热端或工作端；另一端通过导线与显示仪表相连，称为热电偶的冷端或自由端。

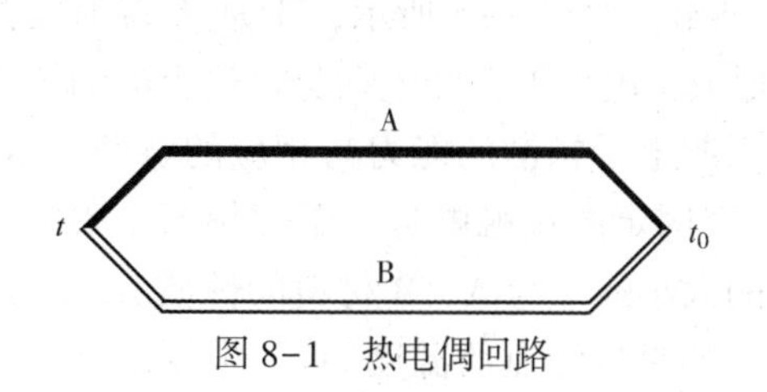

图8-1　热电偶回路

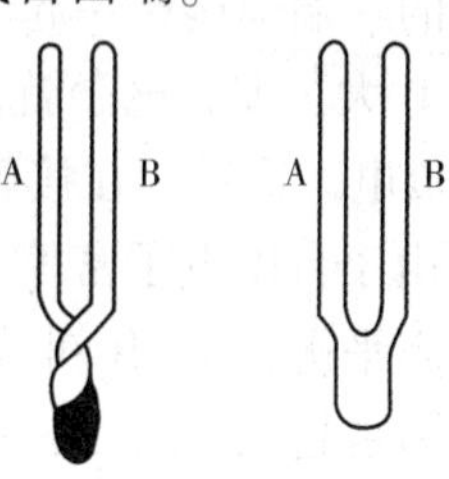

图8-2　热电偶示意图

图 8-3 是热电偶测温系统的简单示意图，它主要由三部分组成：热电偶 1 是系统中的测温元件；显示仪表 3 是用来检测热电偶产生的热电势信号的，可以采用动圈式仪表或电位差计；导线 2 用来联接热电偶与显示仪表，为了提高检测精度，一般都要采用补偿导线和考虑冷端温度补偿。

在热电偶回路中，当存在温差时将出现塞贝克热电动势，产生的热电势是由温差电势和接触电势两部分所组成。

（2）温差电势

温差电势也称为汤姆逊(W. Thomson)电势。它是在同一导体或半导体材料两端因其温度不同而产生的一种热电势。由于导体两端温度不同，例如 $t>t_0$，见图 8-4，则两端电子的能量也不同；温度越高电子能量越大，能量较大的电子会向低温端扩散，这就会形成一个由高温端向低温端的静电场；静电场又阻止电子继续向低温端迁移，最后达到动平衡状态。温差电势的方向是由低温端指向高温端，并与两端温差有关。

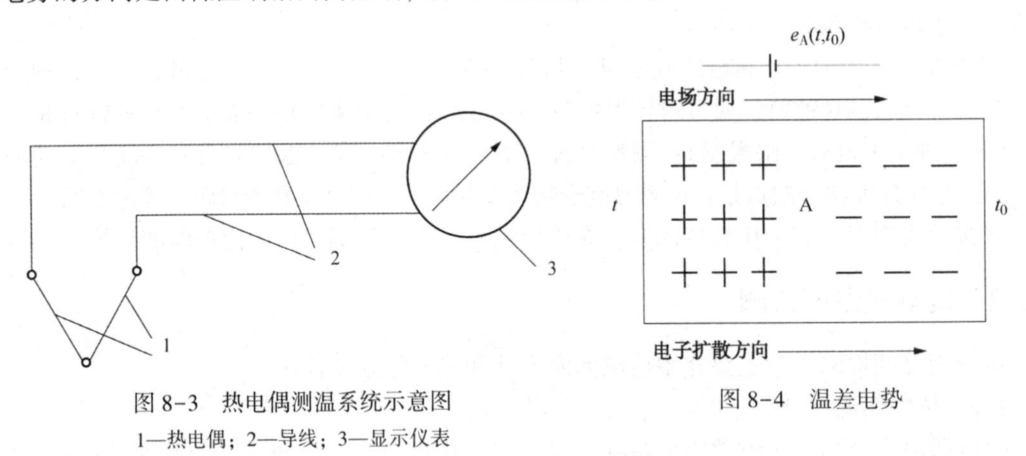


图 8-3　热电偶测温系统示意图

1—热电偶；2—导线；3—显示仪表

图 8-4　温差电势

当导体 A 两端温度分别为 $t$ 和 $t_0$，且 $t>t_0$时，其温差电势记为 $e_A(t,\ t_0)$，可用下式表示：

$$e_A(t,\ t_0)=\int_{t_0}^{t}\sigma_A \mathrm{d}t \tag{8-1}$$

式中　$\sigma_A$——导体 A 的汤姆逊系数，表示温度为 1℃（或 1K）时所产生的电动势数值，其大小与材料性质和导体两端的温差有关。

由式(8-1)可见，温差电势只与导体材料的性质和导体两端的温度有关，而与导体长度、截面大小及沿导体长度上的温度分布无关。

（3）接触电势

接触电势也称珀尔帖(J. C. Peltier)电势。由于不同导体材料中的自由电子密度不同，当把两种导体的一端焊接在一起时，在接触面处将发生电子的扩散；假如导体 A 的自由电子密度比导体 B 大，那么电子就由 A 扩散到 B，如图 8-5 所示，于是 A 将因失去电子而带正电，B 则带负电。这样，在接触面处就形成了电位差，即电动势。这个电动势将阻止电子由 A 流向 B。由于自由电子密度不同，当引起电子扩散的能力与相应的电动势阻力相等时，扩散就达到动态平衡，A、B 间就建立了一个固定的接触电势。温度越高，激发的自由电子越多，扩散能力也越强。所以，接触电势的大小除了与 A、B 材料的性质有关，还与接触点的温度有关；但与导体的形状和尺寸无关。如果接触点的温度为 $t$，根据电子理论，接触点

的接触电势记为 $e_{AB}(t)$，可用下式表示：

$$e_{AB}(t)=\frac{kt}{e}\ln\frac{N_A}{N_B} \tag{8-2}$$

式中　$k$——波尔兹曼常量；

$e$——电子电量；

$N_A$，$N_B$——导体 A 和 B 的自由电子密度；

$t$——接触点的温度。

综上所述，由 A、B 两种不同导体组成热电偶回路中，如果两个接触点的温度和两个导体的电子密度不同，假如 $t>t_0$，$N_A>N_B$，则整个回路中会存在两个温差电势 $e_A(t, t_0)$ 和 $e_B(t, t_0)$，两个接触电势 $e_{AB}(t)$ 和 $e_{AB}(t_0)$，各电势的方向见图 8-6 所示。

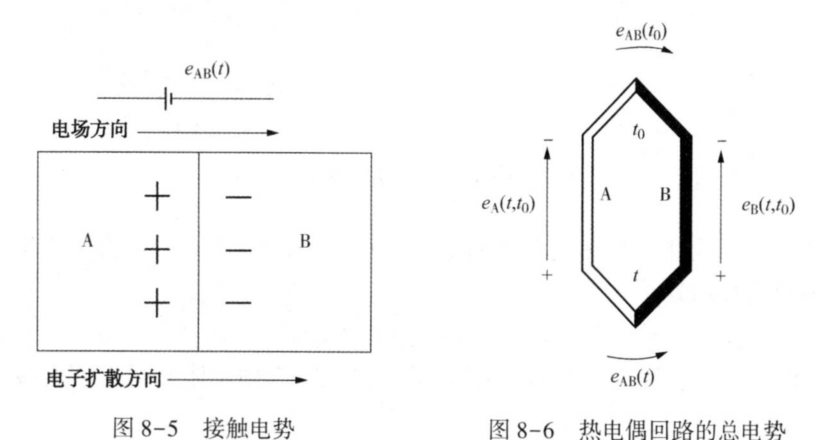


图 8-5　接触电势　　　　图 8-6　热电偶回路的总电势

由图中可知，两个温差电势方向相反，两个接触电势的方向也相反，回路中的总电势 $E_{AB}(t, t_0)$ 可以表示为：

$$E_{AB}(t, t_0)=e_{AB}(t)+e_B(t, t_0)-e_{AB}(t_0)-e_A(t, t_0)$$

$$=\frac{kt}{e}\ln\frac{N_{At}}{N_{Bt}}+\int_{t_0}^{t}\sigma_B\mathrm{d}t-\frac{kt_0}{e}\ln\frac{N_{At_0}}{N_{Bt_0}}-\int_{t_0}^{t}\sigma_A\mathrm{d}t \tag{8-3}$$

式中下标 A、B 的顺序表示热电势的方向，因温差电势往往远小于接触电势，则回路总电势 $E_{AB}(t, t_0)$ 的方向取决于 $e_{AB}(t)$ 的方向。A 表示为正极（电子密度大的）导体，B 表示为负极（电子密度小的）导体，$t$ 表示热端（测量端）温度，$t_0$ 表示冷端（参考端）温度。如果次序改变，则热电势前面的符号也应随之改变，即 $e_{AB}(t)=-e_{BA}(t)$。所以

$$E_{AB}(t, t_0)=-E_{BA}(t, t_0)=-E_{AB}(t_0, t) \tag{8-4}$$

因此，当 A、B 两种导体材料确定之后，热电势仅与两接点的温度 $t$ 和 $t_0$ 有关，如果 $t_0$ 端温度保持不变，即 $e_{AB}(t_0)$ 为常数，则热电偶回路中的总电势就成为热端温度 $t$ 的单值函数。只要测出 $E_{AB}(t, t_0)$ 的大小，就能得到被测温度 $t$，这就是利用热电现象来测温的原理。

另外，如果组成热电偶回路的 A、B 导体材料相同（即 $N_A=N_B$），则无论两接点温度如何，热电偶回路中的总电势为零。如果热电偶两端温度相同（即 $t=t_0$），尽管 A、B 两导体材料不同，热电偶回路内的总电势也为零。热电偶回路中的热电势除了与两接点处的温度有关外，还与热电极的材料有关，不同热电极材料制成的热电偶在相同温度下产生的热电势是不同的。

2）热电偶的基本定律

采用热电偶测温度时，经常要用到以下几条基本定律。

（1）均质导体定律

用均匀导体(即导体成分处处一样)组成闭合回路，则不论此导体是否存在温度梯度，均不产生电动势，即回路中无电流(可见热电偶必须由两种不同的均匀导体组成)；反之，此导体定是非均质的。利用这一定律可以检查热电偶材料的均匀性。

（2）中间导体定律

在热电偶回路中加入第3种导体材料时，如果两接点的温度相同，则对整个回路的热电势无影响。下面进行简单的推导。

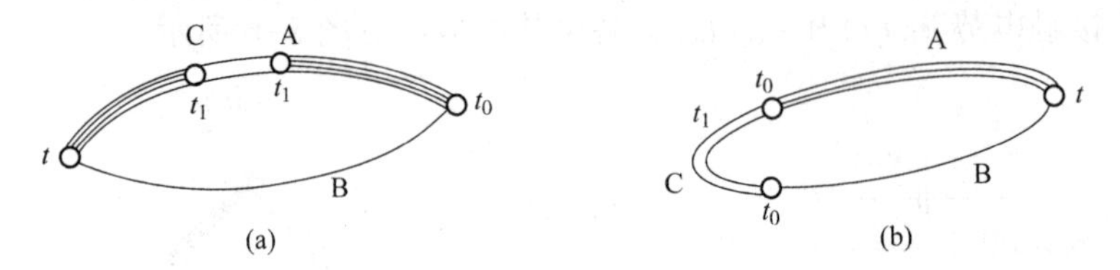


图 8-7　第3种材料接入热电偶回路

在图8-7(a)、(b)中，设热电偶热端温度为 $t$，冷端温度为 $t_0$。当没加入第3种导体 $C$ 时，回路中的总电势均为

$$E_{AB}(t,\ t_0)=e_{AB}(t)-e_{AB}(t_0) \tag{8-5}$$

在图8-7($a$)中，将热电偶中一种导体断开，接入第3种导体 $C$ 后，使两接点温度均为 $t_1$，总电势为

$$E_{ABC}(t,\ t_0)=e_{AB}(t)+e_{BA}(t_0)+e_{AC}(t_1)+e_{CA}(t_1) \tag{8-6}$$

因为 $e_{AC}(t_1)=-e_{CA}(t_1)$、$e_{BA}(t_0)=-e_{AB}(t_0)$，所以

$$E_{ABC}(t,\ t_0)=e_{AB}(t)-e_{AB}(t_0)=E_{AB}(t,\ t_0) \tag{8-7}$$

总电势不变。

在图8-7(b)中，是将热电偶的一个接点断开，接入第3种导体 $C$ 之后，使两接点温度均为 $t_0$，总电势为

$$E_{ABC}(t,\ t_0)=e_{AB}(t)+e_{BC}(t_0)+e_{CA}(t_0) \tag{8-8}$$

因为当 $t=t_0$ 时，回路总电势为零，即

$$e_{AB}(t_0)+e_{BC}(t_0)+e_{CA}(t_0)=0 \tag{8-9}$$

则有
$$e_{BC}(t_0)+e_{CA}(t_0)=-e_{AB}(t_0)$$

所以
$$E_{ABC}(t,\ t_0)=e_{AB}(t)-e_{AB}(t_0)=E_{AB}(t,\ t_0) \tag{8-10}$$

以上所示两种情况都证明，在热电偶回路中接入中间导体，只要中间导体两接点温度相同，就不会影响回路原来的热电势。根据此定律，可以在热电偶回路中接入连接导线、各种测试仪表等，引入的方式如图8-8所示。只要保证它们与连接热电偶的接点温度相等，就不会影响热电偶原来的输出结果。

（3）中间温度定律

如图8-9所示，在热电偶测温回路中，常会遇到热电极的中间连接问题，如果连接点的温度为 $t_n$，连接导体A′或B′的热电特性相同，则总的热电势等于热电偶与连接导体的热电势的代数和。即

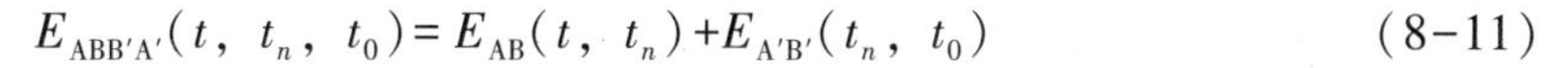

$$E_{ABB'A'}(t,\ t_n,\ t_0)=E_{AB}(t,\ t_n)+E_{A'B'}(t_n,\ t_0) \tag{8-11}$$

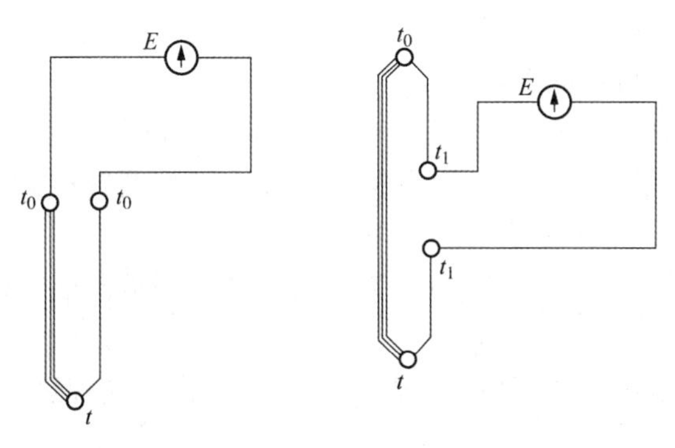


图 8-8　电位计接入热电偶回路

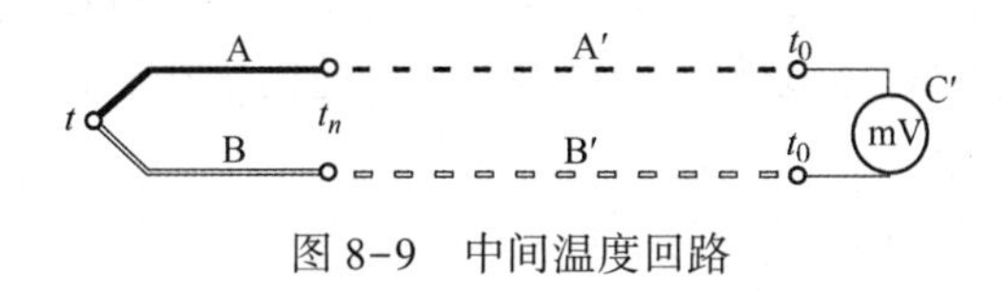


图 8-9　中间温度回路

根据这个定律，在实际测温中按照现场的安装情况，可以连接热电特性相同的导体 A′或 B′，起到延伸加长热电极的作用，以适用于不同的安装要求。

（4）标准热电极定律

标准热电极定律也称为相配定律。此定律说明，任意 3 种导体 A，B，C 组成 AB，AC，CB 三种热电偶，在相同测温条件下，AB 热电偶产生的热电势等于 AC 和 CB 热电偶产生的热电势的代数和。用公式表示为

$$E_{AB}(t,\ t_0)=E_{AC}(t,\ t_0)+E_{CB}(t,\ t_0) \tag{8-12}$$

这里采用的导体 C 称为标准电极，一般所用材料为纯铂。因为铂容易提纯，物理化学性能稳定，熔点较高。热电偶分度表上给出的多是各种材料与铂构成热电偶的特性数据。一般在选择热电偶丝材料时，希望它既能满足测温范围，又能有较高的热电势输出。根据此定律，就可以按实际需要很方便地选择两种结合在一起输出热电势较大，又能满足测量温度范围的导体做热电偶。

3）常用的热电偶材料

对于不同的测温范围，不同的环境条件，应选择不同的热电极材料。国际上公认的热电极材料只有几种，已把它们列入标准化文件中。用它们制作的热电偶，称为标准热电偶。

标准化文件中对同一型号的热电偶规定了统一的热电偶材料及其化学成分、热电性质和允许误差，所以同一型号的热电偶具有互换性。按照国际计量委员会规定的《1990 年国际温标》的标准，规定了 8 种通用热电偶。下面简单介绍我国工业常用的四种标准热电偶：

（1）铂铑$_{10}$-铂热电偶（分度号 S）：正极：铂铑合金丝（用 90%铂和 10%铑冶炼而成）；负极：铂丝。

特点：材料性能较稳定，测量准确度高，可做成标准热电偶。一般用在实验室或用来校验其他热电偶。测量温度高，长期使用可测量到 1300℃，短期可测到 1600℃。

主要缺点是，材料属贵金属，成本较高，热电势较弱，而且热电势与温度呈非线性关系。在高温还原性气体（如气体中含 CO，$H_2$等）中易被侵蚀，引起变质，使测量准确度受到

影响，应加上保护套管。

(2) 镍铬-镍硅热电偶(分度号为K)

正极：镍铬合金；负极：镍硅合金。

特点：价格比较便宜，在工业上广泛应用。测量温度范围为-270~1300℃，测温上限长期可到1000℃，短期可达1300℃。高温下抗氧化能力和抗腐蚀能力强，复现性好，热电势与温度的关系近似直线，热电势大(比S型大4~5倍)。

主要缺点是在还原性气体和含有 $SO_2$，$H_2S$ 等气体中易被侵蚀，精度不如S型号。

(3) 镍铬-康铜热电偶(分度号为E)

正极：镍铬合金；负极：康铜(铜、镍合金冶炼而成)。这种热电偶也称为镍铬-铜镍合金热电偶。

特点：价格比较便宜，工业上广泛应用。在常用热电偶中它产生的热电势最大。测量温度范围为-200~800℃，测温上限长期可达600℃，短期可达800℃。

主要缺点是气体硫化物对热电偶有腐蚀作用，只适用于在氧化或惰性气体中使用。负极难加工，热电均匀性比较差。

(4) 铂铑$_{30}$-铂铑$_6$热电偶(分度号为B)

正极：铂锗合金(70%铂和30%铑冶炼而成)；负极：铂铑合金(94%铂和6%铑炼而成)。

特点：测量温度长期为1600℃，短期可达1800℃。材料性能稳定，测量精度高。低温热电势极小，当 $t \leq 50$℃时，热电势不大于3μV。所以冷端温度在50℃以下可以不加补偿。

主要缺点是成本高，在还原性气体中易被侵蚀。

4) 热电偶测温的主要优点

用热电偶测温主要有如下优点：

① 结构简单，使用方便，容易制造，热电偶的大小和形状可按照需要自行配置；

② 测量温度范围广，低温用热电偶可达-270℃，高温用热电偶可达3000℃；

③ 测量精确度较高；

④ 因为它是自发电型传感器，因此，测量时无须外加电源；

⑤ 易于实现远距离传输和测量。

#### 8.1.2.2 热电阻温度计

热电阻温度计是将温度变化转换为电阻变化进行温度测量的仪表，属于接触式测温。其特点是性能稳定，测量准确度高，不需冷端温度处理。在-200~500℃温度范围内，测温效果较好。在特殊情况下低温可测至1K，高温达1200℃。热电阻输出的是电阻信号，便于远距离显示或传送信号。其缺点是热电阻温度计的感温元件——电阻体的体积较大，因此热容量较大，动态特性则不如热电偶，而且抗机械冲击与振动性能较差。

1) 热电阻的测温原理

(1) 热电阻的温度特性

通常以电阻温度系数来描述电阻与温度的关系。电阻温度系数的定义为：某一温度间隔内，当温度变化1℃时，电阻值的相对变化量，常用 $\alpha$ 表示，即

$$\alpha=\frac{R_t-R_{t0}}{R_{t0}(t-t_0)}=\frac{1}{R_{t0}}\frac{\Delta R}{\Delta t} \tag{8-13}$$

式中 $R_t$、$R_{t0}$——在温度为 $t$℃或 $t_0$℃时的电阻值。一般取 $t_0=0$℃和 $t=100$℃，则式(8-13)变为

$$\alpha=\frac{R_{100}-R_0}{100R_0} \tag{8-14}$$

由式(8-14)可看出，$\alpha$ 是在 $t_0\sim t$ 的平均电阻温度系数。对于金属热电阻有：$\alpha_{金}>0$，即电阻随温度升高而增加；对于半导体热敏电阻有：温度系数 $\alpha$ 可正可负，对于常用的 NTC 型热敏电阻 $\alpha_{金}<0$，即电阻随温度升高而降低。

（2）测温原理

热电阻温度计是基于金属导体或半导体电阻值与温度呈一定函数关系的原理实现温度测量的。

金属导体电阻与温度的关系一般可表示为

$$R_t=R_{t_0}[1+\alpha(t-t_0)] \tag{8-15}$$

一般金属材料的电阻与温度的关系并非线性，故 $\alpha$ 值也随温度而变化，并非常数，但在某个范围内可近似为常数。

大多数半导体电阻与温度的关系为

$$R_T=A\mathrm{e}^{B/T} \tag{8-16}$$

式中　$R_T$——温度为 $T$ 时的电阻值；

$T$——热力学温度，K；

e——自然对数的底，2.71828；

$A$、$B$——常数，其值取决于半导体材料和结构，$A$ 的量纲为电阻，$B$ 的量纲为温度。

多数金属当温度升高 1℃时，其阻值约增加 0.4%～0.6%，称它具有正的温度系数；多数半导体当温度升高 1℃时，阻值减小 2%～6%，称它具有负的温度系数；也有少数半导体具有正的温度系数。由于阻值随温度的变化基本上呈线性关系或者有确定的函数关系，所以阻值的变化能反映温度的变化。根据这一特性，制成热电阻温度计。

2）常用的热电阻

（1）铂热电阻

金属铂容易提纯，在氧化性介质中具有很高的物理化学稳定性，有良好的复制性。但是铂的价格较贵；在还原性介质中，特别是在高温下很容易被沾污，以致使铂丝变脆，并改变了它的电阻与温度间的关系。

常用铂热电阻的感温元件是用直径 $\phi=0.05\sim0.07$mm 的铂丝绕在云母、石英或陶瓷支架上制成的。

工业上用的铂电阻有两种，一种是 $R_0=46\Omega$（$R_0$是指当温度为 0℃时的电阻值）。相对应的 $R_t\sim t$ 的关系表的分度号为 $BA_1$。另一种是 $R_0=100\Omega$，相对应的分度号为 $BA_2$。

（2）铜热电阻

铜容易加工提纯，价格便宜；它的电阻温度系数很大，且电阻与温度呈线性关系；在测温范围-50～150℃，具有很好的稳定性。其缺点是温度超过 150℃后易被氧化，氧化后失去良好的线性特性；另外，由于铜的电阻率小（比铂小 5/6），为了要绕得一定的电阻值，铜电阻丝必须较细，长度也要较长，故铜电阻体积较大，机械强度较低。

在-50～150℃，铜电阻与温度的关系是线性的，即

$$R_t=R_0(1+\alpha t) \tag{8-17}$$

式中 $\alpha$ 为铜的电阻温度系数（$4.25\times10^{-3}$℃）。

金属热电阻的品种、代号、分度号和测温范围如表 8-1 所示。

表 8-1　金属热电阻的品种、代号、分度号和测温范围

| 热电阻名称 | 代　号 | 0℃时电阻值 $R_0/\Omega$ | 分度号 | 温度测量范围/℃ |
|---|---|---|---|---|
| 铂热电阻 | IEC(WZP) | 10 | Pt10 | 0~850 |
| | | 100 | Pt100 | -200~850 |
| 铜热电阻 | WZC | 50 | Cu50 | -50~150 |
| | | 100 | Cu100 | |
| 镍热电阻 | WZN | 100 | Ni100 | -60~180 |
| | | 300 | Ni300 | |
| | | 500 | Ni500 | |

## 8.1.3　非接触式温度检测

非接触式温度测量方法较多，测温方法与原理也不完全相同。

### 8.1.3.1　红外测温仪

红外测温仪可分为全辐射、单色型和比色型等。图 8-10 所示为这类仪表的典型系统框图，其各部分的工作原理及作用如下：

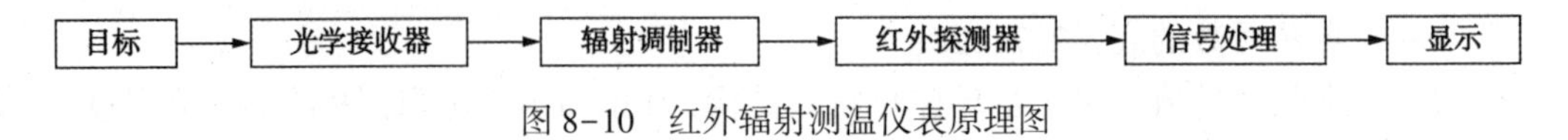


图 8-10　红外辐射测温仪表原理图

（1）光学接收器

它接收目标的部分红外辐射并传送给红外传感器，相当于雷达天线，常用的是物镜。

（2）辐射调制器

将来自目标的辐射调制成交变的辐射光，提供目标方位信息，并可滤除大面积背景干扰信息。它又称为调制盘或斩波器，具有多种形式。一般是用微电机带动一个齿轮盘或等距离孔盘旋转，切割入射辐射而使投射到红外传感器上的辐射信号变成交变信号。

（3）红外探测器

它是利用红外辐射与物质相互作用所呈现的物理效应探测红外辐射的传感器，多数情况下是利用这种相互作用所呈现的电学效应，因此，探测器输出一般为电信号。

（4）信号处理系统

接收探测器输出的低电平信号进行放大、滤波，并从这些信号中提取所需信息，然后将此信号转换成所要求的形式，最后输出到显示器。

（5）显示装置

这是红外检测系统的终端设备。常用的显示器有指示仪表和记录仪等。

下面主要介绍红外光学系统和红外探测器。

（1）红外光学系统

红外光学系统包括物镜和一些辅助光学元件。此系统收集并接收红外目标的能量，同时，因红外探测器的光敏面积小，直接接受红外辐射的立体角很小，所以需要设计光学系统来最大限度地提高红外测温仪的探测灵敏度。红外光学系统可以是透射式的，也可以是反射式的。透射式光学系统的部件透镜采用能透过被测温度下热辐射波段的材料制成。如被测温度在 700℃ 以上时主要波段在 0.76 ~3μm 的近红外区，可采用一般光学玻璃和石英等材料

制作透镜；被测温度在100～700℃时主要波段在3 ～5μm的红外区，多采用氟化镁、氧化镁等热压光学材料制作透镜；测量低于100℃的波段主要是5 ～14μm的中、远红外波段，多采用锗、硅热压硫化锌等材料制作透镜。一般镜片表面要蒸镀红外增透层，这样做一方面可滤掉不需要的波段，另一方面可增大有用波段的透射率。反射式光学系统多用凹面玻璃反射镜，表面镀金、铝、镍等对红外辐射率很高的材料。

（2）红外探测器

这是红外测温系统的核心，按探测机理不同，分热探测器和光子探测器两大类。

① 热探测器：

热探测器利用辐射热效应，使探测元件接收辐射能后引起温度升高，进而使探测器中某一性能依赖于温度而变化，监测这个性能变化便可探测出辐射能，多数情况下是通过热电变换来探测辐射的。当元件接受辐射后，引起非电量物理变化时，也可以通过适当变换为电量后进行测量。

按器件工作温度，热探测器可分为室温探测器和低温探测器。主要室温探测器有热释电探测器、热敏电阻红外探测器、热电堆红外探测器等。其中，以热释电探测器最为突出。因其响应速度快、探测率最高、频率响应最宽等优点，比其他热探测器发展快，在红外辐射测温仪与红外热像仪等方面得到广泛使用。但是，与光子探测器相比，热探测器的探测率比光子探测器的峰值探测率低，响应速度也慢得多。但热探测器具有光谱响应宽而且平坦、响应范围可扩展到整个红外区域，并可在常温下工作、使用方便等优点，应用仍然相当广泛。

② 光子探测器：

光子探测器是利用入射光的光子流与探测器材料中的电子相互作用，从而改变电子的能量状态所引起的各种电学现象（即光子效应）。根据所产生的不同电学现象，可制成各种不同的光子探测器。对这种探测器的基本要求是：响应率高、噪声低和响应速度快。

目前红外光子探测器主要类型有：光电导探测器、光伏探侧器、光电磁探测器和红外场效应探测器等。以上器件均为半导体材料。目前，使用最广的红外探测器是本征光电导探测器、PN结光伏探测器。近红外波段、硫化铅薄膜探测器仍被广泛使用。

如上所述，红外测温有如下几种方法：

① 红外光电测温 图8-11所示为红外光电测温仪的结构原理简图。它与光电高温计的工作原理类似，为光学反馈式结构。被测物体1和参考源7的红外辐射经圆盘调制器10调制后输出至红外探测器3，圆盘调制器由同步电动机8所带动。红外探测器3的输出电信号经放大器4和相敏整流器5至控制放大器6，控制参考源的辐射强度，当参考源和被测物体的辐射强度一致时，参考源的加热电流代表被测温度，由显示器9显示被测物体的温度值。

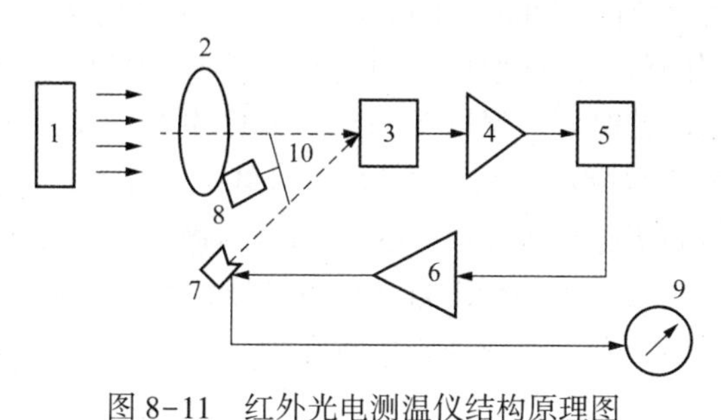


图8-11 红外光电测温仪结构原理图

② 全辐射高温计

全辐射高温计是基于被测物体的辐射热效应设计制造的。其优点是接受辐射能力大，灵敏度高，坚固耐用，可测较低温度并能自动显示或记录。缺点是对 $CO_2$，水蒸气很敏感，受环境中存在的介质影响很大。

全辐射高温计是按黑体分度的，用它测量发射率为 $\varepsilon$ 的实际物体温度时，其示值并非真实温度，而是被测物体的“辐射温度”。

辐射温度的定义为：若物体在温度为 $T$ 时的辐射力 $E$ 和黑体在温度为 $T_p$ 时的辐射力 $E_b$ 相等，则把黑体温度 $T_p$ 称为被测物体的辐射温度。即有

$$\varepsilon\sigma T^4=\sigma T_p^4 \tag{8-18}$$

$$T=T_p\sqrt[4]{1/\varepsilon} \tag{8-19}$$

发射率 $\varepsilon$ 总是小于 1，测到的辐射温度 $T_p$ 总是低于实际物体的真实温度 $T$。使用时应按上式，用 $\varepsilon$ 对读数进行校正。

全辐射温度计的结构示意图如图 8-12 所示。被测物体的辐射力由物镜 1 聚焦，经光栏 2 投射到热接收器 3 上，热接收器多为热电堆。热电堆是由 4~8 支微型热电偶串联而成的，以得到较大的热电势。热电偶的测量端贴在铂箔上，铂箔涂成黑色以增加热吸收系数。热电堆的输出热电势接到显示仪表或记录仪表上。热电偶的参考端贴夹在热接收器周围的云母片中。在瞄准物体的过程中可以通过目镜 5 进行观察，目镜前有灰色玻璃 4 用来消弱光强，保护观察者的眼睛。整个高温计及壳内涂成黑色以便减少杂光的干扰。

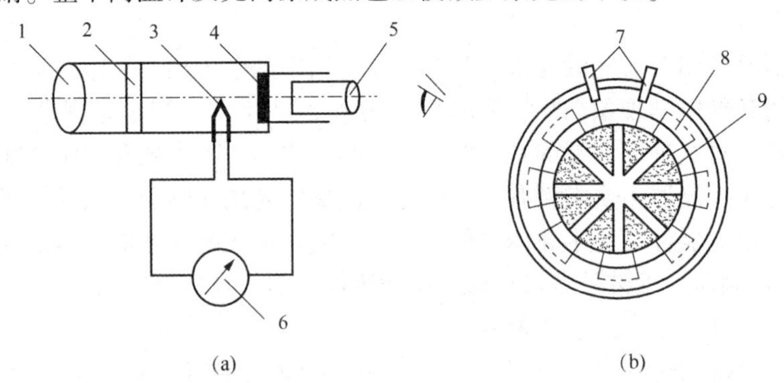


图 8-12　全辐射高温计结构示意图

1—物镜；2—补偿光栏；3—热电堆；4—灰色滤光片；5—目镜；6—二次仪表；7—云母片；8—铂箔；9—热电堆接线片

### 8.1.3.2　红外热成像技术

(1) 概述

1800 年英国的天文学家 Mr. William Herschel 用分光棱镜将太阳光分解成从红色到紫色的单色光，依次测量不同颜色光的热效应。他发现，当水银温度计移到红色光边界以外，人眼看不见任何光线的黑暗区的时候，温度反而比红光区更高。反复试验证明，在红光外侧，确实存在一种人眼看不见的“热线”，后来称为“红外线”，也就是“红外辐射”。红外线普遍存于自然界中，任何温度高于绝对零度(−273.16℃)的物体都会发出红外线，比如冰块。

红外热成像技术是一门获取和分析来自非接触热成像装置的热信息的科学技术。就像照相技术意味着“可见光写入”一样，热成像技术意味着“热量写入”。热成像技术生成的图片被称作“温度记录图”或“热图”。

物体表面的温度分布测量具有重要的意义和应用价值，现已用于遥感地质探测和气象观测、工业中热处理过程的温度管理、电子装置和发动机等的热设计和异常检查、医学领域中血管、分泌系统的异常检查等。

可以用众多的温度传感器组合来测量物体表面温度分布，但是要求测量间隔较小时，这种接触测量方式会遇到困难，所以通常使用光图像传感器来监测。根据斯坦福-波尔兹曼法则，任何在绝对零度以上的物体，构成该物体的分子、原子等都处于振动和旋转运动，并向外放射电磁波，其强度与温度的四次方成比例。随着温度的提高，其发射的波长变短，由红外向可见光波段移动。对 500℃ 以下的物体，只能发射红外光，故必须用红外传感器来检测。

被测对象的波长领域可分为 0.7 ~3μm 的红外区、3~6μm 的红外区、6~15μm 的远红外区、15μm ~1mm 的超远红外区。实际中使用的通常是红外和超远红外区域。红外传感器有热型和量子型两类。热型有热敏电阻和热电器件。这类器件在灵敏度和动特性上还存在些问题。目前性能已接近理论界限。量子型利用光电导热效应和光生电势效应，故动态特性好，可以高速扫描，作为图像检测器件是有前途的，但为改善信噪比，需要液氮冷却。

(2)红外热像仪的工作原理

红外热像仪可将不可见的红外辐射转换成可见的图像。如图 8-13 所示，物体的红外辐射经过镜头聚焦到探测器上，探测器将产生电信号，电信号经过放大并数字化到热像仪的电子处理部分，再转换成我们能在显示器上看到的红外图像。

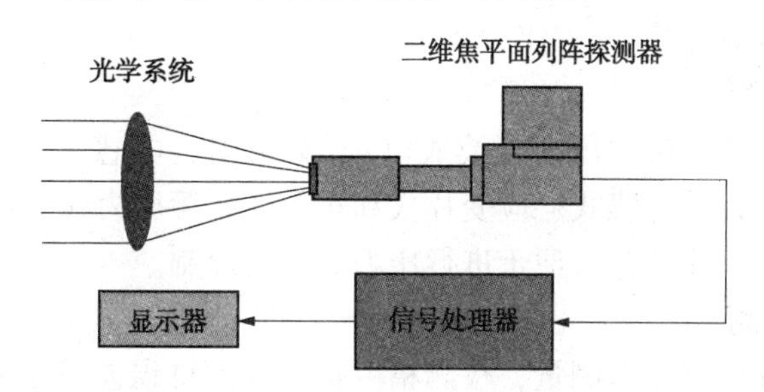


图 8-13　红外热像仪的工作原理示意图

红外热像仪显示的红外图像是物体红外辐射的二维图像化，它反映物体表面的温度分布状况，但要想准确测量图像中物体各点的温度，还要对一些物体参数进行设置。高辐射率物体的红外图像表面温度接近它的真实温度，低辐射率物体的红外图像表面温度接近环境温度。红外图像中各点的温度都是可测量的，测量模式有多种：点温、线温、等温、区域温度等，其中点温或区域温度用得较多。

(3)热成像测量的优点

① 非接触遥感检测，红外热像仪不同于红外测温仪，不用接触被测物，可以安全直观的找到发热点。

② 一张二维画面可以体现被测范围所有点的温度情况，具有直观性。还可以比较处于同一区域的物体的温度，查看两点间的温差等。

③ 实时快速扫描静止或者移动目标，可以实时传输到电脑进行分析监控。

红外成像是唯一一种可以将热信息瞬间可视化，并加以验证的诊断技术。红外热像仪通过非接触温度测量加以量化。

几乎所有设备在发生故障前都会产生发热现象。红外成像技术能够在设备发生故障之前，快速、准确、安全的发现故障，可以避免因此造成的生产停工、产量下降、能源损耗、火灾甚至灾难性故障所带来的高昂代价。

## 8.2 压力检测

在工业生产中许多生产工艺过程经常要求在一定的压力或一定的压力变化范围内进行，这就需要测量并控制压力。压力测量或控制可以防止生产设备因过压而引起破坏或爆炸，以保证安全生产，预防事故的发生。

### 8.2.1 压力检测的基本原理和分类

压力检测的方法很多，按敏感元件和转换原理的不同，大致可分为4类：

(1)液柱式压力检测

根据流体静力学原理，将被测压力转换成液柱高度进行检测。按其结构形式的不同，有U型管压力计、单管压力计、斜管压力计、补偿微压计和自动液柱式压力计等。这种压力计结构简单、使用方便。但其精度受工作液的毛细管作用、密度及视差等因素影响，检测范围较窄，一般用来检测低压力或真空度。

(2)弹性式压力检测

根据弹性元件受力变形的原理，将被测压力转换成位移进行检测。如弹簧管压力计、波纹管压力计和膜片式压力计等。

(3)电气式压力检测

通过机械和电气元件将被测压力转换成电量(如电阻、电感、电容、电位差等)来进行检测，如电容式、电阻式、电感式、应变片式和霍尔片式等压力计。该方法具有较好的动态响应，特性量程范围大，线性好，便于进行压力的自动控制。

(4)负荷式压力检测

根据静力平衡原理进行压力测量，检测精度很高，允许误差可小到0.02%~0.05%。但结构较复杂，价格较贵。普遍被用作标准仪器对压力检测仪表进行标定。典型仪表主要有活塞式、浮球式和钟罩式三大类。

本节主要介绍便于远传和自动控制的电气式压力检测仪表。

电气式压力检测仪表是利用压力敏感元件(简称压敏元件)将被测压力转换成各种电量，如电阻、频率、电荷量等来实现测量的。该方法具有较好的静态和动态性能、量程范围大、线性好、便于进行压力的自动控制，尤其适合用于压力变化快和高真空、超高压的测量。常用的这类压力计有：电阻应变式压力变送器、电容式压力变送器、电感式压力变送器和振弦式压力变送器等。

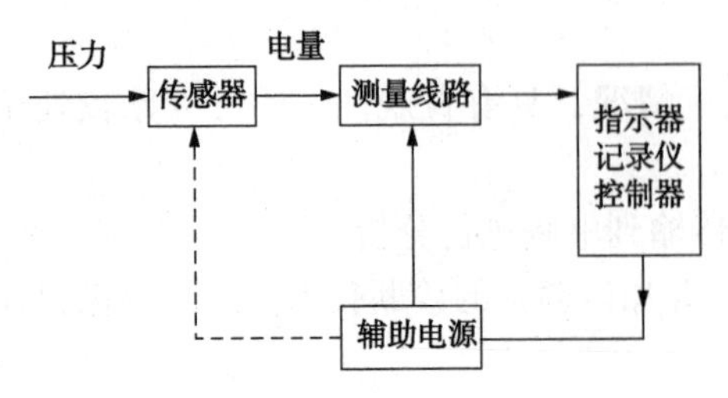

图8-14　电气式压力计组成方框图

电气式压力计一般由压力传感器、检测电路和信号处理装置所组成。常用的信号处理装置有指示器、记录仪、应变仪以及控制器、微处理机等。图8-14是电气式压力计组成方框图。

压力传感器的作用是把压力信号检测出来，并转换成电信号输出。为此，常在弹簧管压力计中附加一些变换装置，把弹簧管自由端的机械位移转换为某些电量的变化，从而构成各种弹簧管式的电气压力计，如电阻式、电感式和霍尔片式等。但是，这类压力计都是先经弹簧管把压力变换成位移后再转化为电量而进行检测的。所以，它们不能适应快速变化的脉动压力和高真空、超高压等场合下进行检测的需要，因而出现了另一类电气式压力计，如应变片式、压阻式和电容式等。

### 8.2.2 电阻应变式压力变送器

电阻应变片式压力变送器发展较早、应用较普遍的一种压力计。具有以下优点：结构简单，使用方便、工艺成熟、价格便宜、性能稳定可靠、灵敏度高、测量速度快、适合静态和动态测量等，易于实现测量过程的自动化和多点同步测量。但是应变片电阻易受温度影响，测量时需加以补偿或修正。

应变片式压力变送器是利用电阻应变原理构成的。电阻应变片有金属应变片(金属丝或金属箔)和半导体应变片两类。被测压力使应变片产生应变。当应变片产生压缩应变时，其阻值减小，当应变片产生拉伸应变时，其阻值增加。应变片阻值的变化，通过电桥变成电信号，从而检测出压力的大小。

图 8-15(a)是 BPR-2 型应变片式压力变送器的原理图。应变筒 1 的上端与外壳 2 固定在一起，下端与不锈钢密封膜片 3 紧密接触，两片康铜丝应变片 $r_1$和 $r_2$用特殊胶合剂(缩醛胶等)贴紧在应变筒的外壁。$r_1$沿应变筒轴向贴放，作为检测片；$r_2$沿径向贴放，作为温度补偿片。应变片与筒体之间不发生相对滑动，并且保持电气绝缘。当被测压力 $P$ 作用于膜片而使应变筒作轴向受压变形时，沿轴向贴放的应变片 $r_1$，也将产生轴向压缩应变 $\varepsilon_1$，于是 $r_1$的阻值变小；而沿径向贴放的应变片 $r_2$，由于本身受到横向压缩将引起纵向拉伸应变 $\varepsilon_2$，于是 $r_2$阻值变大。但是由于 $\varepsilon_2$比 $\varepsilon_1$要小，故实际上 $r_1$的减少量将比 $r_2$的增大量为大。

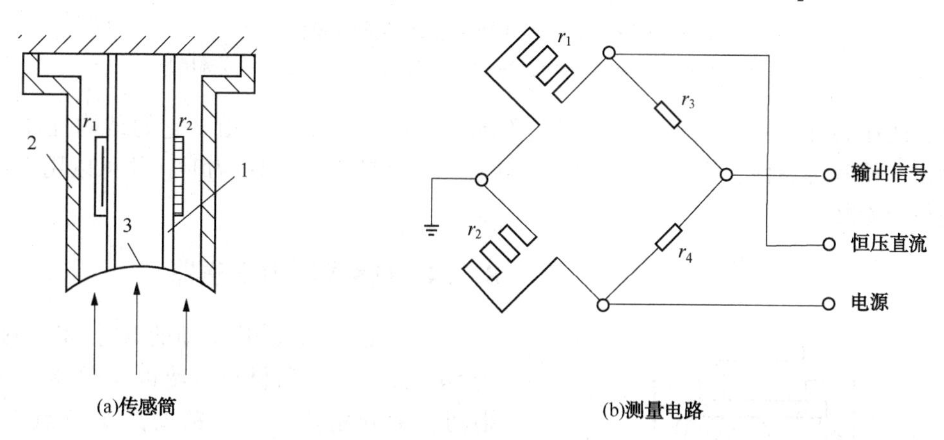


图 8-15 应变片压力变送器原理示意图

1—应变筒；2—外壳；3—密封膜片

应变片 $r_1$和 $r_2$与两个固定电阻 $r_3$和 $r_4$组成桥式电路($r_3=r_4$)，如图 8-15(b)所示。由于 $r_1$和 $r_2$的阻值变化而使桥路失去平衡，从而获得不平衡电压 $\Delta U$ 作为传感器的输出信号。也可以采用 4 片应变片组成电桥，每片处在同一电桥的不同桥臂上，温度升降将使这两个应变片电阻同时增减，从而不影响电桥平衡。当有压力时，相邻两臂的阻值一增一减，使电桥能有较大的输出。但应变片压力变送器仍有比较明显的温漂和时漂，一般多用于动态压力检测中。

## 8.2.3　电容式压力变送器

电容式压力变送器是将压力的变化转换为电容量的变化再进行检测的。图 8-16 所示是 CECY 型电容式压力变送器的检测部分。测量膜盒内充以填充液(硅油)，中心感压膜片 1 (可动电极)和其两边弧形固定电极 2 分别形成电容 $C_1$ 和 $C_2$。当被测压力加在测量侧 3 的隔离膜片 4 上后，通过腔内填充液的液压传递，将被测压力引入到中心感压膜片，使中心感压膜片产生位移，这时中心感压膜片与两边弧形固定电极的间距不再相等，从而使 $C_1$ 和 $C_2$ 的电容量不再相等。通过转换部分的检测和放大，转换为 4~20mA 的直流电信号输出。

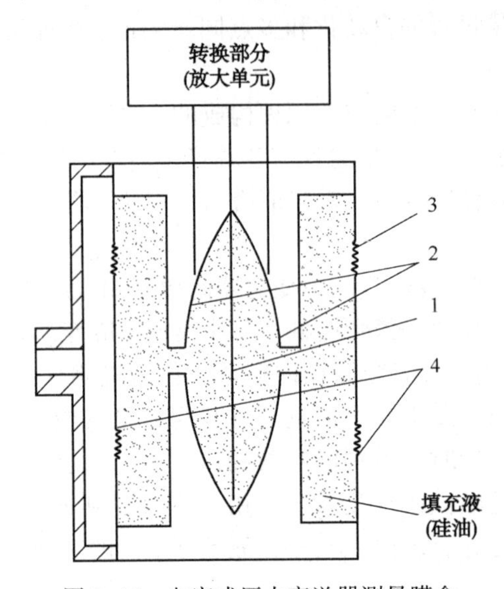


图 8-16　电容式压力变送器测量膜盒

1—中心感应膜片(可动电极)；2—固定电极；3—测量侧；4—隔离膜片

电容式压力计的精度较高，允许误差不超过量程的 0.25%。由于它的结构性能经受振动和冲击，使其可靠性、稳定性高。当检测膜盒的两侧通以不同压力时，便可以用来检测差压、液位等参数。

## 8.2.4 电感式压力变送器

电感式变送器采用最新的 IC 技术、封装技术、新型的加工工艺和材料，使得变送器具有结构小巧、坚固耐用可靠、精度高等特点。目前，国内使用的 K 系列电感式变送器是由英国肯特公司在 1983 年研制成功并推向市场的。K 系列变送器吸取了其他原理变送器的优点，使得它在测量范围、技术性能及可靠性诸方面具有明显的特点，它体积小、质量轻、调校维护方便，是国内外广泛使用的一种产品。

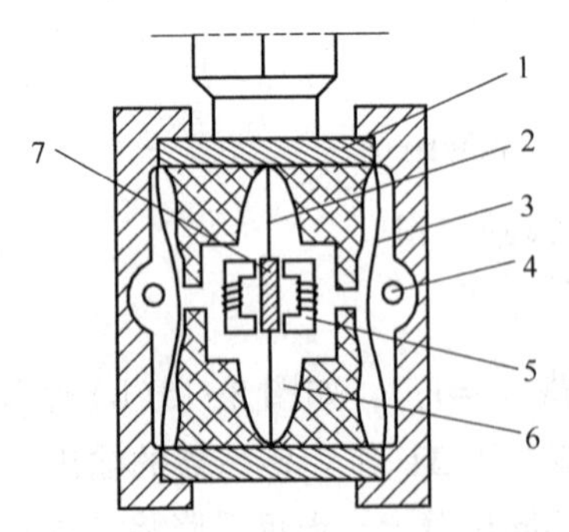


图 8-17　差动电感式压力检测元件

1—外壳；2—测量膜片；3—隔离膜片；4—引压接口；5—固定电磁铁和电感线圈；6—灌充液；7—可动衔铁；

差动电感式检测元件如图 8-17 所示，过程流体(液体、气体、蒸汽)的压力或差压，由过程引压接口 4 通过检测元件中的隔离膜片 3 和灌充液 6(硅油等)传递到中心测量膜片 2 上，使测量膜片产生位移，并带动焊在膜片上的可动衔铁 7 同步移动。它与两侧固定电磁铁及电感线圈 5 组成一变气隙型差动式自感传感器；中心测量膜片的位移量与过程流体的压力或差压成正比，由于膜片产生的位移量同时导致差动式自感传感器的气隙变化，从而使电磁回路中差动电感变化。通过引线将电感变化量 $\Delta L_1$ 和 $\Delta L_2$ 送到如图 8-18 所示电路模块线路中。当被侧压力或差压在一给定量程之向变化时，输出级电流信号在 4~20mA 标准信号间变化。

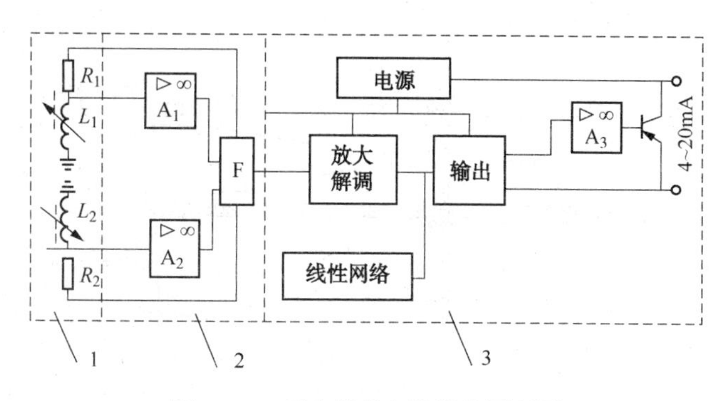


图 8-18 压力测量电路模块原理图

1—检测部件；2—方波发生器；3—变换电路

## 8.3 流量检测

在工业生产过程中，流量是指导正常工艺操作，监视设备安全运行情况和进行计量的一个重要参数和数据。流量检测非常复杂、多样，用一种流量检测方法根本不可能完成所有流量的测量。

### 8.3.1 流量检测基本原理与分类

流量检测按检测原理及仪表结构形式的不同，分类如下：

(1)速度式流量计

以检测流体在管道内的流速作为检测依据来计算流量的仪表。如：差压式流量计、转子流量计、电磁流量计、涡轮流量计、靶式流量计等。

(2)容积式流量计

以单位时间内所排出的流体的固定容积的数量作为检测依据来计算流量的仪表。如：椭圆齿轮流量计、活塞式流量计、刮板流量计等。

(3)质量式流量计

利用检测流过的质量为依据的流量计，如：热式质量流量计、补偿式质量流量计、振动式质量流量计等。

### 8.3.2 节流差压流量计

差压式(也称节流式)流量计是基于流体流动的节流原理，利用流体流经节流装置时产生的压力差而实现流量检测的。它是目前生产中检测流量最成熟、最常用的方法之一。

通常差压式流量计由三部分组成：节流装置、差压变送器和流量显示仪，也可由节流装置配以差压计组成。

**8.3.2.1　节流现象**

流体在有节流装置的管道中流动时，在节流装置前后的管壁处，流体的静压力产生差异的现象称为节流现象。

节流装置就是在管道中放置的一个局部收缩元件，应用最广泛的是孔板，其次是喷嘴、文丘里管。下面以孔板为例说明节流装置的节流现象。

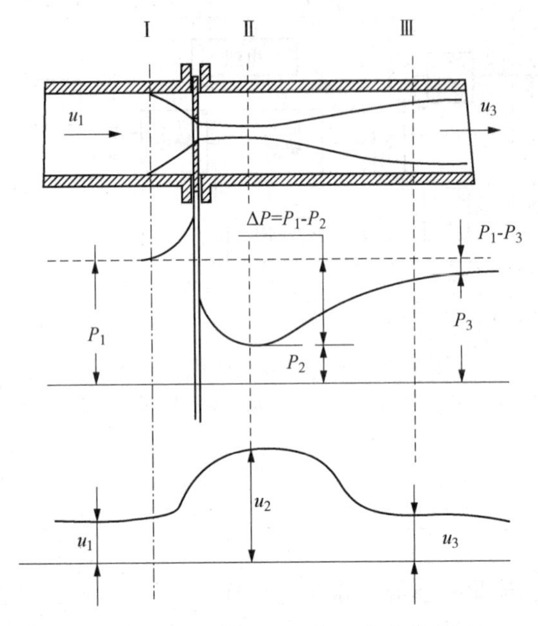


图 8-19　孔板装置及压力、流速分布图

流体具有一定能量而在管道中形成流动状态。流动流体的能量有两种形式，即静压能和动能。流体由于压力而具有静压能，由于流动速度而具有动能。这两种形式的能量在一定条件下可以互相转化。但是，根据能量守恒定律，流体所具有的静压能和动能，再加上克服流动阻力的能量损失，在没有外加能量的情况下，其总和是不变的。图 8-19 表示在孔板前后流体的流速与压力的分布情况。流体在管道截面 I 前，以一定的流速 $u_1$流动。此时静压力为 $P_1$。在接近节流装置时，由于遇到节流装置的阻挡，使靠近管壁处的流体受到节流装置的阻挡作用最大，使一部分动能转化为静压能，出现了节流装置入口端面靠近管壁处的流体静压力升高，并且比管道中心处的压力要大，即在节流装置入口端面处产生一径向压差。

这一径向压差使流体产生径向附加速度，从而使靠近管壁处的流体质点的流向与管道中心轴线相倾斜，形成了流束的收缩运动。由于惯性作用，流束的最小截面并不在孔板的孔处，而是经过孔板后仍继续收缩，到截面Ⅱ处达到最小，这时流速最大，达到 $u_2$，随后流束又逐渐扩大，至截面Ⅲ后完全复原，流速便降低到原来的数值，即 $u_3=u_1$。

由于节流装置造成流束的局部收缩，使流体的流速发生变化，即动能发生变化。与此同时，表征流体静压能的静压力也要变化。在 I 截面，流体具有静压力 $P_1$。到达截面Ⅱ，流速增加到最大值，静压力就降低到最小值 $P_2$，而后又随着流束的恢复而逐渐恢复。由于在孔板端面处，流通截面突然缩小与扩大，使流体形成局部涡流，要消耗一部分能量，同时流体流经孔板时，要克服摩擦力，所以流体的静压力不能恢复到原来的数值 $P_1$，而产生了压力损失 $\Delta P=P_1-P_3$。

节流装置前流体压力较高，称为正压，常以“+”标志；节流装置后流体压力较低，称为负压，常以“-”标志。节流装置前后压差的大小与流量有关。管道中流动的流体流量越大，在节流装置前后产生的压差也越大，只要测出孔板前后侧压差的大小，即可表示流量的大小，这就是节流装置检测流量的基本原理。

产生最低静压力 $P_2$的截面Ⅱ的位置是随着流速的不同而改变的，事先根本无法确定，因此要准确地检测出截面Ⅰ与截面Ⅱ处的压力 $P_1$，$P_2$是有困难的。实际上是在孔板前后的管壁上选择两个固定的取压点，来检测流体在节流装置前后的压力变化的。因而所测得的压差与流量之间的关系，与测压点及测压方式的选择是紧密相关的。

**8.3.2.2 流量基本方程式**

流量基本方程式是阐明流量与压差之间的定量关系的基本流量公式。它是根据流体力学中的伯努利方程式和连续性方程式推导而得的，即

$$Q_v = \alpha\varepsilon A_0\sqrt{2\Delta P/\rho_1} \tag{8-20}$$

$$Q_m = \alpha\varepsilon A_0\sqrt{2\Delta P\rho_1} \tag{8-21}$$

式中 $\alpha$——流量系数，与节流装置的结构形式、取压方式、孔口截面积与管道截面积之比、雷诺数 $Re$、孔口边缘锐度、管壁粗糙度等因素有关；

$\varepsilon$——膨胀校正系数，与孔板前后压力的相对变化量、介质的等嫡指数、孔口截面积与管道截面积之比等因素有关。运用时可查阅有关手册而得。但对不可压缩的液体来说，常取 $\varepsilon=1$，可压缩流体 $\varepsilon<1$；

$A_0$——节流装置的开孔截面积；即 $A_0=\frac{\pi}{4}d^2$（$d$ 为节流元件孔径）；

$\Delta P$——节流装置前后实际测得的压力差；

$\rho_1$——节流装置前的流体密度。

由流量基本方程式可以看出，要知道流量与压差的确切关系，关键在于 $\alpha$ 的取值。$\alpha$ 是一个受许多因素影响的综合性系数，对于标准节流装置，其值可从有关手册中查出；对于非标准节流装置，其值要由实验方法确定。

由流量基本方程式还可以看出，流量与压力差 $\Delta P$ 的平方根成正比。用这种流量计检测流量时，如果不加开方器，流量标尺刻度是不均匀的。起始部分的刻度很密，后来逐渐变疏。因此，在用差压法检测流量时，被测流量值不应接近于仪表的下限值，否则误差将会很大。

**8.3.2.3 标准节流装置**

差压式流量计，使用历史长久，已经积累了丰富的实践经验和完整的实验资料。国内外已把最常用的节流装置：孔板、喷嘴、文丘里管等标准化，并称为“标准节流装置”。采用标准节流装置进行设计计算时都有统一标准的规定、要求和计算所需要的通用化实验数据资料。

**8.3.2.4 电动差压流量检测系统**

电动差压流量检测系统是用来连续检测差压、液位、分界面等工艺参数的；与节流装置配合，可连续检测液体、蒸汽和气体的流量。

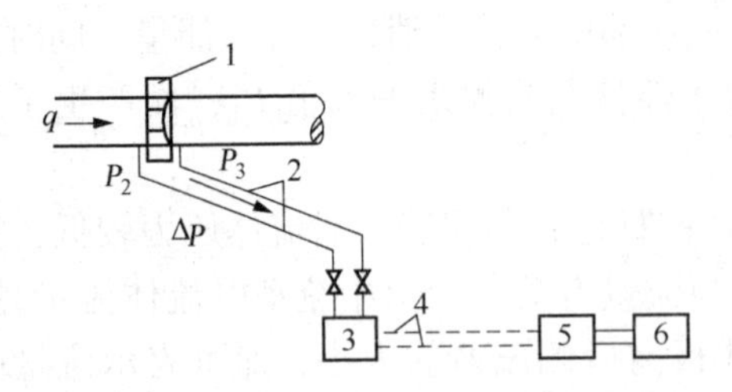

图 8-20　差压式流量检测系统结构示意图

1—节流装置；2—压力信号管路；3—压差变送器；4—电压信号传输线；5—开方器；6—显示仪表

如图 8-20 所示，节流装置 1 是将被测流体的流量值变换成差压信号 $\Delta P$，节流装置输出的差压信号由压力信号管路 2 输送到差压变送器 3(或差压计)。由流量基本方程式可以看出，被测流量与差压 $\Delta P$ 成平方根关系，对于直接配用差压计显示流量时，流量标尺是非线性的，为了得到线性刻度，可加开方运算电路或加开方器 5。如差压流量变送器带有开方运算，变送器的输出电流就与流量成线性关系。显示仪表 6 则显示流量的大小。

## 8.3.3　电远传式转子流量计

### 8.3.3.1　基本工作原理

转子流量计是以压降不变，利用节流面积的变化来检测流量的大小，即转子流量计采用的是恒压降、变节流面积的流量检测法。

图 8-21 是指示式转子流量计的原理图，它基本上由两个部分组成，一个是由下往上逐渐扩大的锥形管(通常用玻璃制成，锥度为 40′ ~3°)；另一个是放在锥形管内可自由运动的转子。

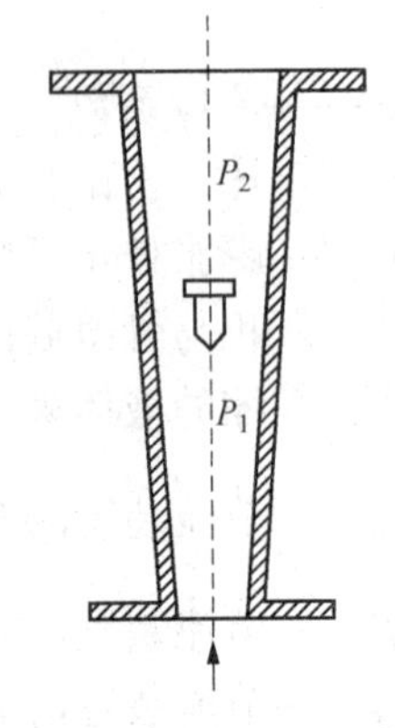

图 8-21　转子流量计的工作原理图

工作时，被测流体(气体或液体)由锥形管下部进入，沿着锥形管向上运动，流过转子与锥形管之间的环隙，再从锥形管上部流出。当流体流过锥形管时，位于锥形管中的转子受到一个向上的力，使转子浮起。当这个力正好等于浸没在流体里的转子重力(即等于转子重量减去流体对转子的浮力)时，则作用在转子上的上下两个力达到平衡，此时转子就停浮在一定的高度上。假如被测流体的流量突然由小变大时，作用在转子上的力就加大。因为转子在流体中的重力是不变的，即作用在转子上的向下力是不变的，所以转子就上升。由于转子在锥形管中位置的升高，造成转子与锥形管间环隙增大，即流通面积增大。随着环隙的增大，流过此环隙的流体流速变慢，流体作用在转子上的力也就变小。当流体作用在转子上的力再次等于转子在流体中的重力时，转子又稳定在一个新的高度上。这样，转子在锥形管中的平衡位置的高低与被测介质的流量大小相对应。如果在锥形管外沿其高度刻上对应的流量值，那么根据转子平衡位置的高低就可以直接读出流量的大小。这就是转子流量计检测流量的基本原理。

转子流量计中转子的平衡条件是：转子在流体中的重力等于流体因流动对转子所产生的作用力。流体因流动对转子所产生的作用力实际上就是流体在转子前后的静压降与转子截面积的乘积，转子在流体中的平衡条件是：

$$V(\rho_t - \rho_f)g = (P_1 - P_2)A \tag{8-22}$$

式中　$V$——转子的体积；

$\rho_t$——转子材料的密度；

$\rho_f$——被测流体的密度；

$P_1$、$P_2$——分别为转子前后流体作用在转子上的作用力；

$A$——转子的最大横截面积；

$g$——重力加速度。

在检测过程中 $V$、$\rho_t$、$\rho_f$、$A$、$g$ 均为常数，由式(8-22)可知，$(P_1-P_2)$也应为常数。这就是说，在转子流量计中，流体的压降是固定不变的。所以，转子流量计是以定压降变节流面积法检测流量的。这正好与差压法检测流量的情况相反，差压法检测流量时，压差是变化的，而节流面积却是不变的。

由式(8-22)可得：

$$\Delta P = P_1 - P_2 = \frac{V(\rho_t - \rho_f)g}{A} \tag{8-23}$$

在 $\Delta P$ 一定的情况下，流过转子流量计的流量与转子和锥形管间环隙面积 $F_0$ 有关。由于锥形管由下往上逐渐扩大，所以 $F_0$ 是与转子浮起的高度有关的。这样，根据转子的高度就可以判断被测介质的流量大小，可用下式表示：

$$Q_v = \phi h \sqrt{\frac{2}{\rho_f}\Delta P} \tag{8-24}$$

或

$$Q_m = \phi h \sqrt{2\rho_f \Delta P} \tag{8-25}$$

将式(8-23)代入上两式，分别得到：

$$Q_v = \phi h \sqrt{\frac{2gV(\rho_t - \rho_f)}{\rho_f A}} \tag{8-26}$$

$$Q_m = \phi h \sqrt{\frac{2gV(\rho_t - \rho_f)\rho_f}{A}} \tag{8-27}$$

式中 $\phi$——仪表常数；

$h$——转子的高度。

其他符号的意义同前述。

#### 8.3.3.2 电远传式转子流量计

电远传式转子流量计可将反映流量大小的转子高度 $h$ 转换为电信号，适合于远传，进行显示或记录。

电远传式转子流量计主要由流量变送及电动显示两部分组成。

(1)流量变送部分

LZD 系列电远传式转子流量计是用差动变压器进行流量变送的。

差动变压器的结构与原理如图 8-22 所示。它由铁芯、线圈以及骨架组成。线圈骨架分成长度相等的两段，初级线圈均匀地密绕在两段骨架的内层，并使两个线圈同相串联相接，次级线圈分别均匀地密绕在两段骨架的外层，并将两个线圈反相串联相接。

当铁芯处在差动变压器两段线圈的中间位置时，初级激磁线圈激励的磁力线穿过上、下两个次级线圈的数目相同，因而两个匝数相等的次级线圈中产生的感应电势 $e_1$、$e_2$ 相等。由于两个次级线圈系反相串联，所以 $e_1$、$e_2$ 相互抵消，从而输出端 4、6 之间的总电势 $u$ 为零。即：

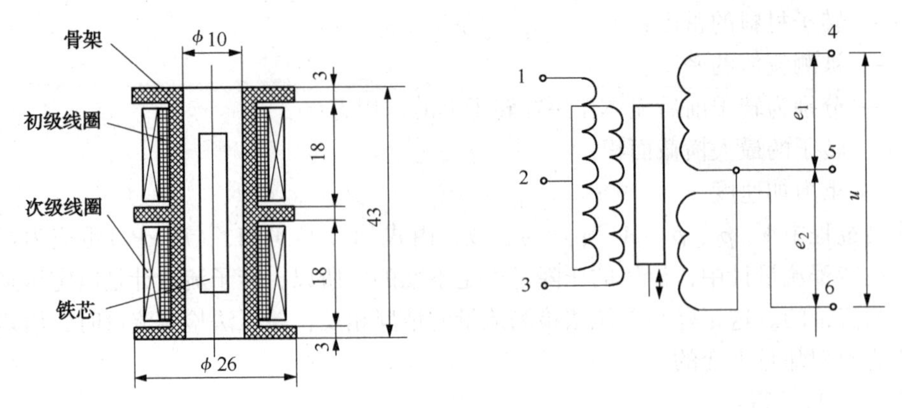

图 8-22　差动变压器结构

$$u=e_1-e_2=0$$

当铁芯向上移动时，由于铁芯改变了两段线圈中初、次级的藕合情况，使磁力线通过上段线圈的数目增多，通过下段线圈的磁力线数目减少，因而上段次级线圈产生的感应电势比下段次级线圈产生的感应电势大，即 $e_1>e_2$，于是 4、6 两端输出的总电势 $u=e_1-e_2>0$。

当铁芯向下移动时，情况与上移正好相反，即输出的总电势 $u=e_1-e_2<0$。无论哪种情况，输出的总电势被称为不平衡电势，它的大小和相位由铁芯相对于线圈中心移动的距离和方向来决定。

把转子流量计的转子与差动变压器的铁芯连接起来，使转子随流量变化的运动带动铁芯一起运动，那么流量的大小将被转换成输出感应电势的大小，这就是电远传转子流量计的转换原理。

（2）电动显示部分

图 8-23 是 LZD 系列电远传转子流量计的原理图。当被测介质流量变化时，引起转子停浮的高度发生变化，转子通过连杆带动发送的差动变压器 $T_1$ 中的铁芯上下移动。当流量增加时，铁芯向上移动，变压器 $T_1$ 的次级绕组输出一不平衡电势，进入电子放大器。放大后的信号一方面通过可逆电机带动显示机构动作，另一方面通过凸轮带动接收的差动变压器 $T_2$ 中的铁芯

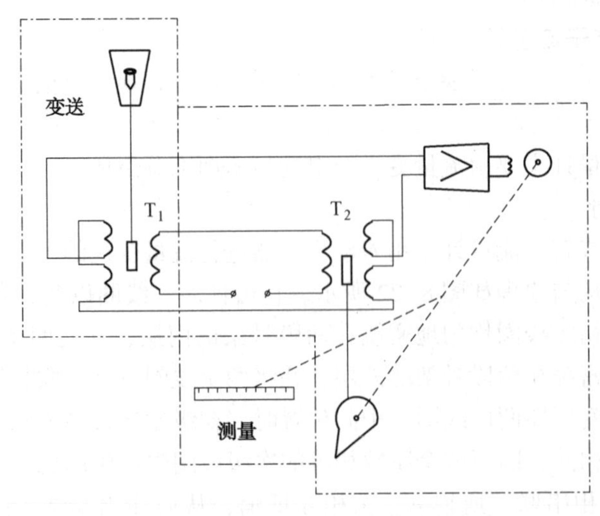

图 8-23　LZD 系列电远传转子流量计

向上移动。使 $T_2$ 的次级绕组也产生一个不平衡电势。由于 $T_1$、$T_2$ 的次级线组是反向串联的，因此由 $T_2$ 产生的不平衡电势去抵消 $T_1$ 产生的不平衡电势，一直到进入放大器的电压为零后，$T_2$ 中的铁芯便停留在相应的位置上，这时显示机构的指示值便可以表示被测流量的大小了。

## 8.3.4 电磁流量计

在流量检测中，当被测介质是具有导电性的液体介质时，可以应用电磁感应的方法来检测流量。电磁流量计的特点是能够检测酸、碱、盐溶液以及含有固体颗粒(例如泥浆)或纤维液体的流量。

电磁流量计由变送器和转换器两部分组成。被测介质的流量经变送器变换成感应电势后，再经转换器把电势信号转换成统一的直流标准信号作为输出，以便进行指示、记录或与计算机配套使用。

电磁流量计变送部分的原理图如图 8-24 所示。在一段用非导磁材料制成的管道外面，安装有一对磁极 N 和 S，用以产生磁场。当导电液体流过管道时，因流体切割磁力线而产生了感应电势(根据发电机原理)。此感应电势由与磁极垂直方向的两个电极引出。当磁感应强度不变，管道直径一定时，这个感应电势的大小仅与流体的流速有关，而与其他因素无关。将这个感应电势经过放大、转换，传送给显示仪表，就能在显示仪表上读出流量来。

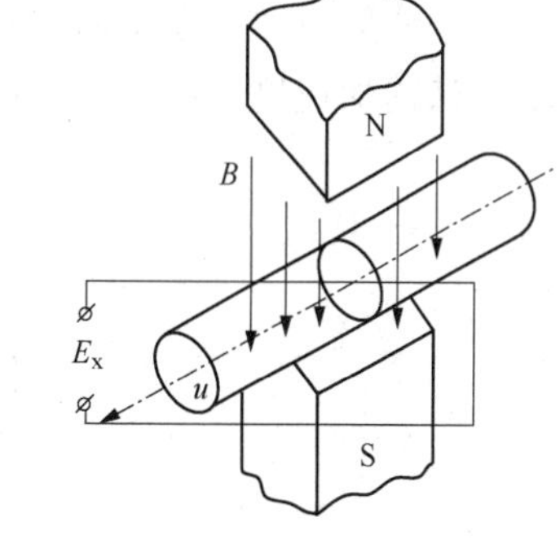

图 8-24 电磁流量计工作原理图

感应电势的方向由右手定则判断，其大小由下式决定：

$$E_x = K'BDu \tag{8-28}$$

式中 $E_x$——感应电势；

$K'$——常数，等于 $10^{-8}$；

$B$——磁感应强度；

$D$——管道直径，即垂直切割磁力线的导体长度；

$u$——垂直于磁力线方向的液体速度、体积流量 $Q_v$ 与流速 $u$ 的关系为：

$$Q_v = \frac{1}{4}\pi D^2 u \tag{8-29}$$

将式(8-29)代入式(8-28)，得：

$$E_x = \frac{4K'BQ_v}{\pi D} = KQ_v \tag{8-30}$$

式中 $K = \dfrac{4K'B}{\pi D}$

$K$ 称为仪表常数，在磁感应强度 $B$、管道直径 $D$ 确定不变后，$K$ 就是一个常数，这时感应电势则与体积流量具有线性关系，因而仪表具有均匀刻度。

为了避免磁力线被检测导管的管壁短路，并使检测导管在磁场中尽可能地降低涡流损耗，检测导管由非导磁的高阻材料制成。

## 8.3.5 质量流量检测器

在工业生产和产品交易中，由于物料平衡，热平衡以及储存、经济核算等人们常常需要的是质量流量，因此在测量工作中，常常将已测出的体积流量乘以密度换算成质量流量。而对于相同体积的流体，在不同温度、压力下，其密度是不同的，尤其对于气体流体，这就给质量流量的测量带来了麻烦，有时甚至难以达到测量的要求。这样便希望直接用质量流量传感器来测量质量流量，无需进行换算，这将有利于提高流量测量的准确度。

质量流量检测器大致分为两类：

① 直接式：即传感器直接反映出质量流量。

② 推导式：即基于质量流量的方程式，通过运算得出与质量流量有关的输出信号。用体积流量传感器和其他传感器及运算器的组合来测量质量流量。

**8.3.5.1　直接式质量流量检测器——科里奥利质量流量检测器**

科里奥利质量流量检测器是利用流体在直线运动的同时，处于一个旋转系中，产生与质量流量成正比的科里奥利力而制成的一种直接式质量流量传感器。

当质量为 $m$ 的质点在对 $P$ 轴作角速度为 $\omega$ 旋转的管道内移动时，如图 8-25 所示，质点具有两个分量的加速度及相应的加速度力：

1）法向加速度：即向心加速度 $a_r$，其量值为 $\omega 2r$，方向朝向 $P$ 轴。

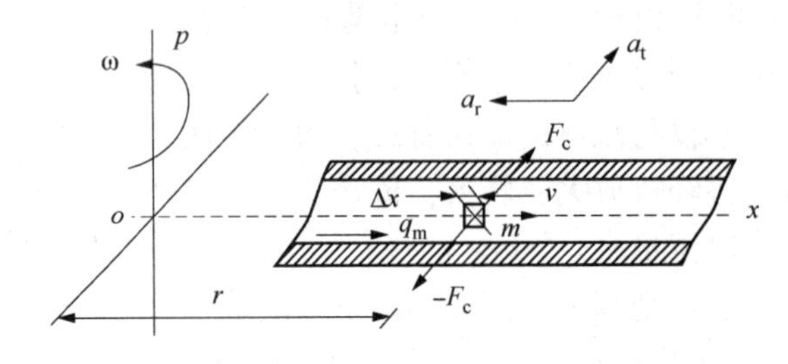


图 8-25　科里奥利力分析图

2）切向加速度：即科里奥利加速度 $a_t$，其量值为 $2\omega v$，方向与 $a_r$ 垂直。由于复合运动，在质点 $a_t$ 方向上作用着科里奥利力为 $2\omega vm$，而管道对质点作用着一个反向力，其值为 $-2\omega vm$。

如图 8-25 所示，当密度为 $\rho$ 的流体以恒定速度 $v$ 在管道内流动时，任何一段长度为 $\Delta x$ 的管道都受到一个大小为 $\Delta F_c$ 的切向科里奥利力，即

$$\Delta F_c = 2\omega v\rho A\Delta x \tag{8-31}$$

式中，$A$ 为管道的流通内截面积。

因为质量流量 $q_m = \rho vA$，所以

$$\Delta F_c = 2\omega q_m \Delta x \tag{8-32}$$

基于上式，如直接或间接测量在旋转管道中流动流体所产生的科里奥利力就可以测得质量流量，这就是科里奥利质量流量传感器的工作原理。然而，通过旋转运动产生科里奥利力实现起来比较困难，目前的传感器均采用振动的方式来产生，图 8-26 是科里奥利质量流量传感器结构原理图。流量传感器的测量管道是两根两端固定平行的 U 形管，在两个固定点的中间位置由驱动器施加产生振动的激励能量，在管内流动的流体产生科里奥利力，使测量管两侧产生方向相反的挠曲。位于 U 形管的两个直管管端的两个检测器用光学或电磁学方法检测挠曲量以求得质量流量。

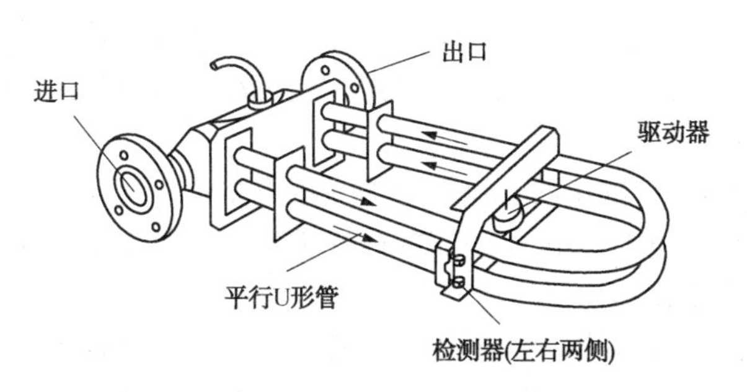

图 8-26　科里奥利质量流量传感器结构原理图

当管道充满流体时，流体也成为转动系的组成部分，流体密度不同，管道的振动频率会因此而有所改变，而密度与频率有一个固定的非线性关系，因此科里奥利质量流量传感器也可测量流体密度。

#### 8.3.5.2　推导式质量流量传感器

推导式质量流量传感器实际上是由多个传感器组合而成的质量流量测量系统，根据传感器的输出信号间接推导出流体的质量流量。组合方式主要有以下几种。

1）差压式流量传感器与密度传感器组合方式：

差压式流量传感器的输出信号是差压信号，它正比于 $\rho q_v^2$ ，若与密度传感器的输出信号进行乘法运算后再开方即可得到质量流量。即

$$\sqrt{K_1\rho q_v^2 K_2\rho} = \sqrt{K_1 K_2}\rho q_v = Kq_m \tag{8-33}$$

2）体积流量传感器与密度流量传感器组合方式 能直接用来测量管道中的体积流量 $q_v$ 的传感器有电磁流量传感器、涡轮流量传感器、超声波流量传感器等，利用这些传感器的输出信号与密度传感器的输出信号进行乘法运算即可得到质量流量。即

$$\frac{K_1\rho q_v^2}{K_2 q_v} = Kq_m \tag{8-34}$$

3）差压式流量传感器与体积式流量传感器组合方式 差压式流量传感器的输出差压信号 $\Delta P$ 与 $\rho q_v^2$ 成正比，而体积流量传感器输出信号与 $q_v$ 成正比，将这两个传感器的输出信号进行除法运算也可得到质量流量。即

$$K_1 q_v K_2\rho = Kq_m \tag{8-35}$$

## 8.4　物位检测

在容器中液体介质的高低称为液位，容器中固体或颗粒状物质的堆积高度称为料位。检测液位的仪表称为液位计，检测料位的仪表称为料位计，而检测两种比重不同液体介质的分界面的仪表称为界面计。上述三种仪表统称为物位检测仪表。

### 8.4.1　基本原理和分类

按工作原理的不同，物位检测仪表主要有下列几种类型：

1）直读式物位仪表：这类仪表中主要有玻璃管液位计、玻璃板液位计等。

2）差压式物位仪表：它又可分为压力式物位仪表和差压式物位仪表，利用液柱或物料堆积对某定点产生的压力的原理而工作。

3）浮力式物位仪表：利用浮子高度随液位变化而改变或液体对浸沉于液体中的浮子的浮力随液位高度而变化的原理工作。它又可分为浮子带钢丝绳或钢带的、浮球带杠杆的和沉筒式的等几种。

4）电磁式物位仪表：使物位的变化转换为一些电量的变化，通过测出这些电量的变化来测知物位。它可以分为电阻式(即电极式)物位仪表、电容式物位仪表和电感式物位仪表等。还有利用压磁效应工作的物位仪表。

5）核辐射式物位仪表：利用核辐射线透过物料时，其强度随物质层的厚度而变化的原理而工作的。目前应用较多的是 $\gamma$ 射线。

6）声波式物位仪表：由于物位的变化引起声阻抗的变化、声波的遮断和声波反射距离的不同，测出这些变化就可测知物位。所以声波式物位仪表可以根据它的工作原理分为声波遮断式、反射式和声阻尼式。

7）光学式物位仪表：利用物位对光波的遮断和反射原理工作，它利用的光源可以有普通白炽灯光或激光等。

## 8.4.2 自动跟踪浮力式液位计

浮力检测液位，可分为两种情况：一种是维持浮力不变，浮标永远漂浮在液面上，浮标的位置随着液面高低而变化，检测出浮标的位移量，便可以知道液位的高低。有浮标式液位计、自动跟踪式液位计、浮球式液位计等。另一种浮力是变化的，浮标浸没在液体里，由于浮标被浸没的程度不同，浮标所受的浮力也不同，检测出浮标所受的浮力的变化，便可以知道液位的高低，如浮筒式液位计。

为了提高检测精度，浮标式液位计采用可逆电机带动浮标对液位自动进行跟踪。自动跟踪式液位计原理如图 8-27 所示。

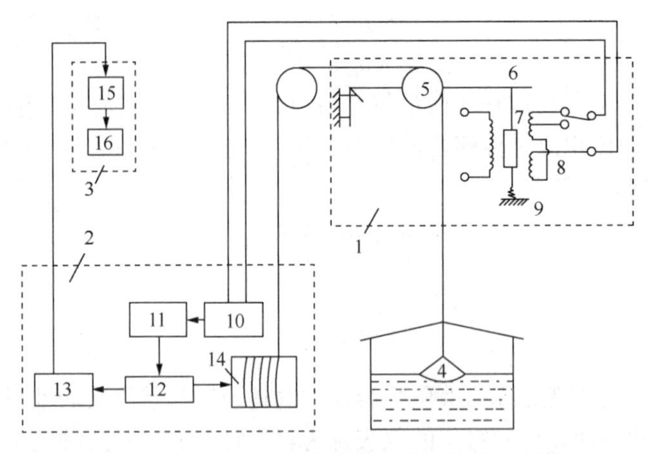


图 8-27　BJY-1A 型自动跟踪式液位计示意图

1）液位计组成

自动跟踪式液位计由发讯器、一次仪表、二次仪表三部分组成。

发讯器：发讯器 1 由浮子 4、导线轮 5、杠杆 6、铁芯 7、线圈 8、调节弹簧 9 组成。

一次仪表：一次仪表 2 由晶体管放大器 10、可逆电机 11、变速机构 12、自整角机发送机 13、排线轮 14 组成。

二次仪表：二次仪表 3 由自整角机接收机 15 和数字显示部分 16 等组成。

2）工作原理

如图 8-27 所示，将浮标和铁芯悬挂在杠杆的同一侧。在铁芯下端安装一弹簧，弹簧力与浮标系统所受的重力和浮力之差实现力矩平衡，保持浮标停留在液面上。此时铁芯位于差动变压器线圈的中间位置，差动变压器没有电压输出。当液位上升时，浮标所受的浮力增加，浮标对杠杆的拉力减少，因而杠杆带动铁芯向上移动，使铁芯偏离线圈的中间位置，差动变压器便输出一电压信号经放大器放大后，驱动可逆电机转动，带动浮标向上移动，直到恢复原来的力矩平衡关系，铁芯仍处于线圈的中间位置，差动变压器的输出电压为零，电机停止转动，浮标仍停留在液面上。反之亦然。因而实现了浮标对液面的自动跟踪。

在可逆电机带动浮子对液位跟踪的同时，可逆电机还带动数字轮和自整角机转动。数字轮可以就地指示出液位的数值，自整角机则将液位信号转换成电信号送到二次仪表进行指示。

由于采用了电机拖动，有效地克服了机械摩擦的影响，而差动变压器又极其灵敏，铁芯有微小的位移时，便有信号输出。液位稍有变化便可推动可逆电机转动，因而有力地提高了仪表的精度。例如 BJY-lA 型液位计，在 16m 的检测范围内，可以达到 0.02%的精度。

## 8.4.3 差压式液位计

### 8.4.3.1 工作原理

差压式液位计，是利用当容器内的液位改变时，由液柱产生的静压也相应变化的原理而工作的，如图 8-28 所示。根据流体力学的原理我们知道：

$$P_B = P_A + H\rho g$$

即

$$\Delta P = P_B - P_A = H\rho g \qquad (8-36)$$

式中 $\Delta P$——$A$、$B$ 两点的差压；

$H$——液位高度；

$\rho$——介质密度；

$g$——重力加速度。

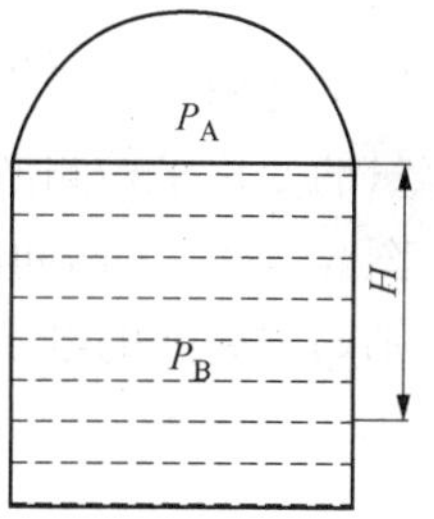

通常被测介质的密度是已知的，由式(8-36)可知，A、B 两点之间的压差与液位高度成正比，这样就把检测液位高度的问题转换为检测差压的问题了。因此，各种压力计、差压计和差压变送器都可以用来检测液位高度。

图 8-28 静压式液位计原理

图 8-29 所示的是利用差压变送器来检测液位示意图。

检测敞口容器的液位如图 8-29(a)所示，因为气相压力为大气压力，所以差压变送器的负压室通大气即可，这时作用在正压室的压力就是液位高度所产生的静压力 $H\rho g$。但必须注意：在使用前应调整好变送器的零点和量程。

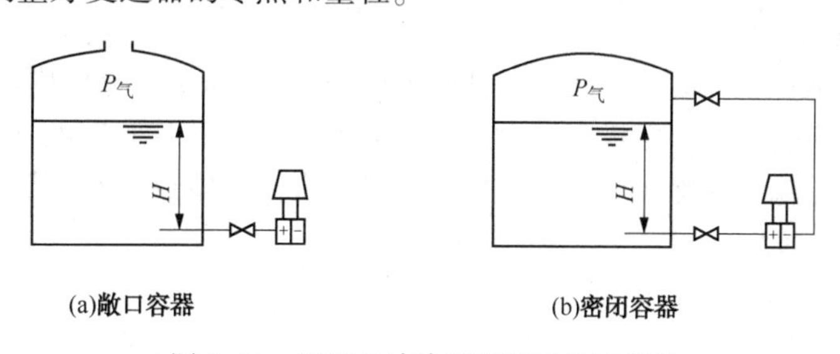


图 8-29 用压差计检测液位时的连接图

检测受压容器的液位如图 8-29(b)所示，需要将差压变送器的负压室与容器的气相空间相连，以平衡气相压力的静压作用。这时作用于正压室和负压室的压力差为：

$$\Delta P = P_{气} + H\rho g - P_{气} = H\rho g \tag{8-37}$$

式(8-37)说明：差压的大小同样代表了液位高度的大小。

**8.4.3.2 差压变送器检测液位**

为了解决检测具有腐蚀性或含有结晶颗粒以及粘度大、易凝固等液体液位时引压管线被腐蚀的问题，现在专门生产了法兰式差压变送器。变送器的法兰直接与容器上的法兰相连接，如图 8-30 所示。作为敏感元件的检测头 1(金属膜盒)，经毛细管 2 与变送器 3 的检测室相通。在膜盒、毛细管和检测室所组成的封闭系统内充有硅油，作为传压介质，并使被测介质不进入毛细管与变送器，以免堵塞。法兰式差压变送器的检测部分及气动转换部分的动作原理与差压变送器相同。

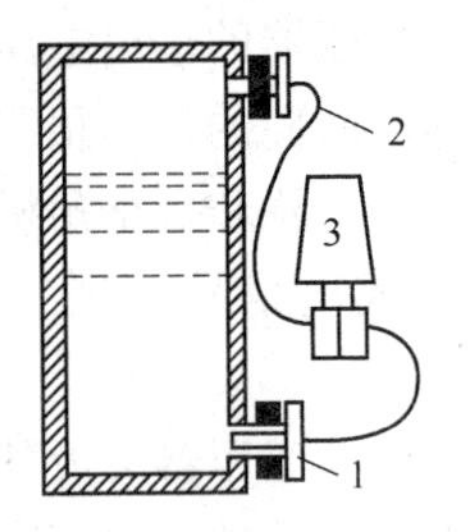

图 8-30 法兰式差压变送器检测液位示意图
1-法兰式检测头；2-毛细管；3-变送器

法兰式差压变送器按其结构形式又分为单法兰及双法兰式两种，法兰的构造又有平法兰和插入式法兰两种。

## 8.4.4 电容式物位计

(1) 检测原理

在平行板电容器之间，充以不同介质时，电容量的大小也有所不同。因此，可通过检测电容量的变化来检测液位、料位和两种不同液体的分界面。

图 8-31 是由两同轴圆柱极板 1、2 组成的电容器，在两圆筒间充以介电系数为 $\varepsilon$ 的介质时，则两圆筒间的电容量表达式为：

$$C = \frac{2\pi\varepsilon L}{\ln\frac{D}{d}} \tag{8-38}$$

式中 $L$——两极板相互遮盖部分的长度；

$d$、$D$——圆筒形内电极的外径和外电极的内径；

$\varepsilon$——中间介质的介电系数。

所以，当 $D$ 和 $d$ 一定时，电容量 $C$ 的大小与极板的长度 $L$ 和介质的介电系数 $\varepsilon$ 的乘积成比例。这样，将电容传感器(探头)插入被测物料中，电极浸入物料中的深度随物位高低变化，必然引起其电容量的变化，从而可检测出物位。

(2) 液位的检测

对非导电介质液位检测的电容式液位计原理如图 8-32 所示。它由内电极 L 和一个与它相绝缘的同轴金属套筒做的外电极 2 所组成，外电极 2 上开很多小孔 4，使介质能流进电极之间，内外电极用绝缘套 3 绝缘。当液位为零时，仪表调整零点(或在某一起始液位调零也可以)，其零点的电容为

$$C_0 = \frac{2\pi\varepsilon_0 L}{\ln\frac{D}{d}} \tag{8-39}$$

式中　$\varepsilon_0$——空气介电系数；

$D$、$d$——分别为外电极内径及内电极外径。

当液位上升为 $H$ 时，电容量变为

$$C = \frac{2\pi\varepsilon H}{\ln\frac{D}{d}} + \frac{2\pi\varepsilon_0(L-H)}{\ln\frac{D}{d}} \tag{8-40}$$

电容量的变化为

$$C_x = C - C_0 = \frac{2\pi(\varepsilon-\varepsilon_0)H}{\ln\frac{D}{d}} = K_i H \tag{8-41}$$

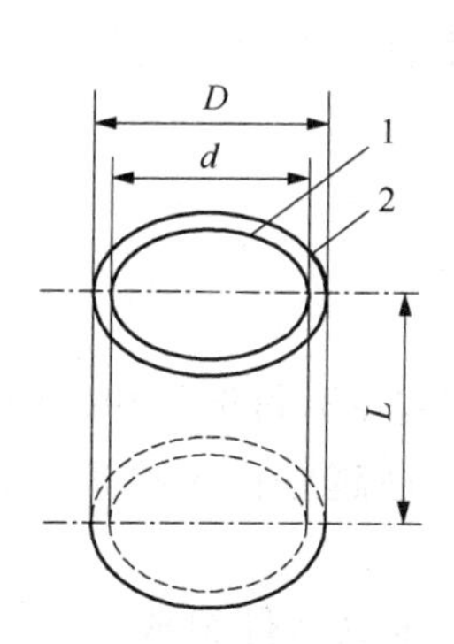


图 8-31　电容器的组成

1—内电极；2—外电极

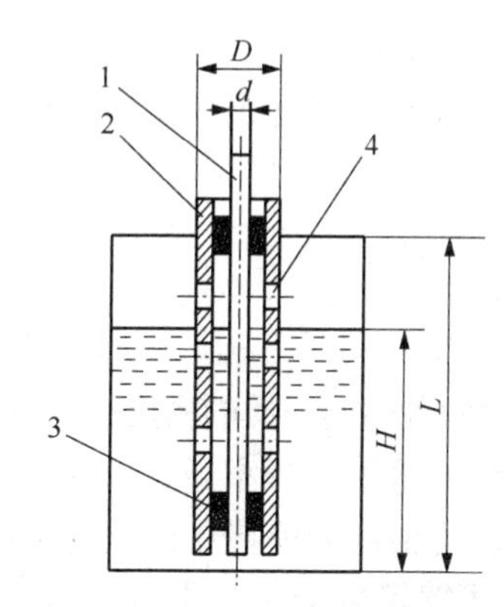


图 8-32　非导电介质的液位检测

1—内电极；2—外电极；3—绝缘套；4—流通小孔

因此，电容量的变化 $C_x$ 与液位高度 $H$ 成正比。式(8-41)中 $K_i$ 为仪表灵敏度，$K_i$ 中包含($\varepsilon—\varepsilon_0$)，也就是说，这个方法是利用被测介质介电系数 $\varepsilon$ 与空气介电系数 $\varepsilon_0$ 不等的原理工作的。($\varepsilon—\varepsilon_0$)值越大，仪表越灵敏。$D/d$ 实际上与电容两极间的距离有关，$D$ 与 $d$ 相接近，即两极间距离越小，仪表灵敏度越高。

上述电容式液位计在结构上稍加改变以后，也可以用来检测导电介质的液位。

(3) 料位的检测

用电容法可以检测固体块状、颗粒体及粉料的料位。

由于固体摩擦较大，容易“滞留”，所以一般不用双电极式电极。可用电极棒及容器壁组成电容器的两极来检测非导电固体料位。

图 8-33 所示为用金属电极棒插入容器来检测料位，它的电容量变化与料位升降的关系为：

$$C_x = \frac{2\pi(\varepsilon-\varepsilon_0)H}{\ln\frac{D}{d}} \tag{8-42}$$

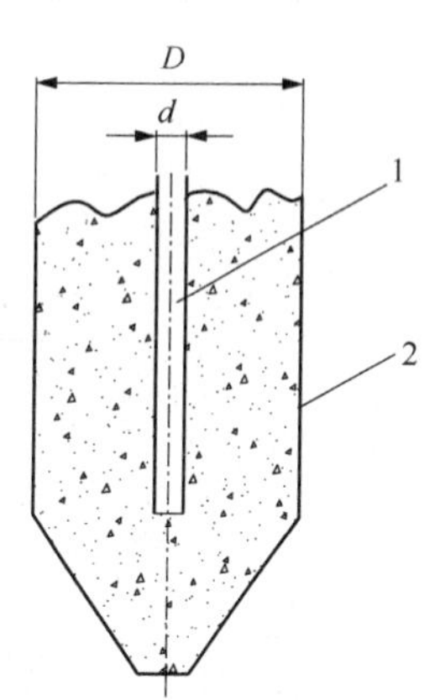


图 8-33　料位检测

1-金属棒内电极；2-容器壁

式中　$D$、$d$——分别为容器的内径及电极的外径；

　　$\varepsilon$、$\varepsilon_0$——分别为物料和空气的介电系数。

电容物位计的传感部分结构简单、使用方便。但由于电容变化量不大，要精确检测，结需借助于较复杂的电子线路才能实现。此外，还应注意介质浓度、温度变化时，其介电系数也要发生变化这一情况，以便及时调整仪表，达到预想的检测目的。

### 8.4.5　超声波物位测量

超声波类似于光波，具有反射、透射和折射的性质。当超声波入射到两种不同介质的分界面上时会发生反射、折射和透射现象，这就是应用超声技术测量物位常用的物理特性。超声技术应用于物位测量中的另一特性是超声波在介质中传播时的声学特性，如声速、声衰减和声阻抗等。概括起来。基于声波的下述物理特性可实现物位检测。

(1) 声彼在某种介质中以一定的速度传播、在气体、液体和固体等不同介质中，因声波被吸收而减弱的程度不同，从而区别其穿过的是固体、液体还是气体。

(2) 声波遇到两相界而时会发生反射，而反射角与入射角相等。反射声强与介质的特性阻抗有关，特性阻抗为声速和介质密度的乘积。当声波垂直入射时，反射声强 $I_R$ 与入射声强 $I_E$ 间存在如下关系：

$$I_R = \left[\frac{\rho_2 V_2 - \rho_1 V_1}{\rho_2 V_2 + \rho_1 V_1}\right]^2 I_E \tag{8-43}$$

式中，$\rho_1$ 和 $\rho_2$ 为两种不同介质的密度(kg/m$^3$)；$V_1$ 和 $V_2$ 为声波在不同介质中的传播速度(m/s)。

(3) 声波在传送中，频率越高，声波扩散越小，方向性越好；而频率越低，则衰减越小，传输越远。可根据上述特点设计物位计。

利用声换能器可发射一定频率的声波。声换能器由压电元件组成，利用这种晶体元件的逆压电效应：交变电场(电能)→振动(声波)；正电压效应：振动→交变电场，可做成声波发射器和接收器。压电效应如图 8-34 所示，图 8-35 所示为压电晶体探头的结构形式。

液位测量基本原理如图 8-36 所示。设超声探头至物位的垂直距离为 $H$，由发射到接收所经历的时间为 $t$，超声波在介质中传播的速度为 $v$，则存在如下关系：

$$H = \frac{1}{2}vt \tag{8-44}$$

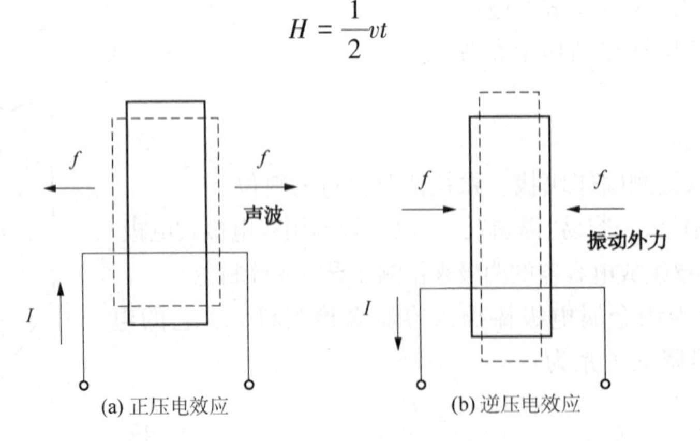


图 8-34　压电效应

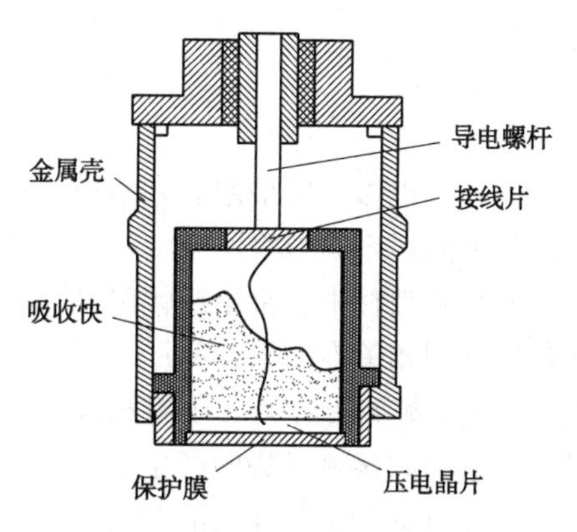


图 8-35　压电晶体探头的结构形式

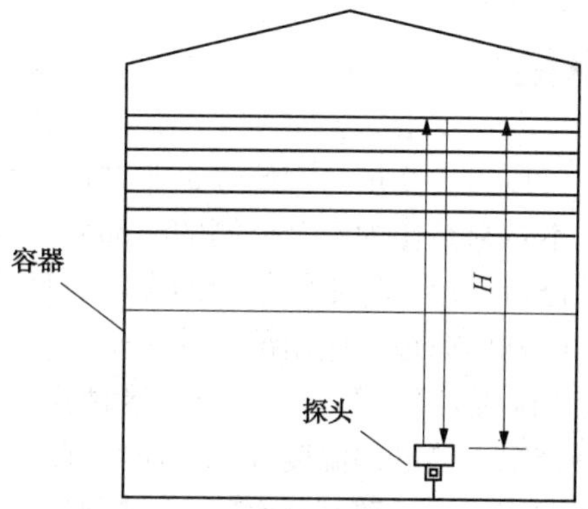

图 8-36　液位测量基本原理

对于一定的介质 $\rho$ 是已知的，因此，只要测得时间 $t$ 即可确定距离 $H$，即可得知被测物位高度。

## 8.4.6　微波传感器物位测量

微波传感器测物位的原理如图 8-37 所示。当被测物位较低时，发射天线发出的微波束全部由接收天线接收到，经检波、放大及电压比较后，显示正常工作；当被测物位上升到天线所在高度时，微波束部分被物体吸收，部分被反射，接收天线接收到的微波功率相应减弱，经检波、放大与电压比较后，低于设定电压值，显示被测物位位置高于设定的物位信号。

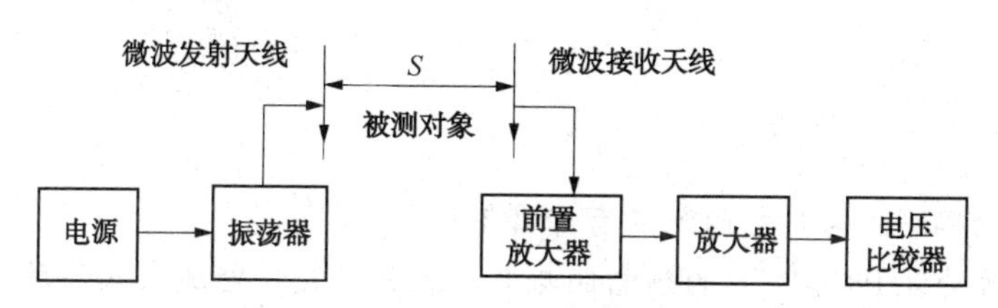


图 8-37　微波传感器测物位原理框图

当被测物位低于设定物位时，接收天线接收的功率 $P_0$ 为：

$$P_0 = \left(\frac{\lambda}{4\pi s}\right)^2 P_t G_t G_r \tag{8-45}$$

式中　$P_t$——发射天线的发射功率；

$G_t$——发射天线的增益；

$G_r$——接收天线的增益；

$s$——两天线间的水平距离；

$\lambda$——微波的波长。

当被测物位升高到天线所在高度时，接收天线接收的功率 $P_r$ 为：

$$P_r = \eta P_0 \tag{8-46}$$

式中，$\eta$ 由被测物的形状、材料性质、电磁性能及高度决定。

## 本章小结

温度、压力、流量及物位等工业过程参数的测量方式方法很多，所采用的基本原理也差别很大，本章只是作为安全检测的一部分内容来介绍，不可能很系统地将所有测量方法和测量仪器都进行介绍，只是将其中的常用的且较重要的部分列入教材中，由于篇幅限制，重点讲解测量的基本原理，应用部分涉猎较少，需要时读者可参阅相关专著来弥补。

1. 在“温度检测”部分，介绍了接触式测温法和非接触式测温法两类。在接触式测温法中，重点介绍了热电偶温度计的响应原理，要求掌握温差电势和接触电势的产生原理，及热电偶的基本定律，了解其基本特点；同时，对热电阻温度计也进行了较详细的介绍，要求掌握其基本原理，熟悉铂热电阻及铜热电阻的特点。在非接触式测温法中，阐述了物质光辐射与其温度之间的关系，在此基础上，介绍了红外光电测温仪和全辐射高温计的测量原理。另外，也对红外成像技术及红外热像仪进行了简介。

2. 在“压力检测”部分，对各类压力检测技术进行了分类简介，重点对电阻应变式压力变送器、电容式压力变送器、电感式压力变送器的检测原理进行了简介。

3. 在“流量检测”部分，重点地对常用的节流差压流量计、电远传式转子流量计、电磁流量计、两种质量流量检测器的测量原理进行了介绍。

4. 在“物位检测”部分，首先对各类物位测量仪表进行了分类，之后对自动跟踪浮力式液位计、差压式液位计、电容式物位计、超声波物位测量传感器和微波传感器物位测量装置的测量原理进行了介绍。

## 复习思考题

1. 试比较热电偶测温与热电阻测温有什么不同?

2. 将一灵敏度为4.08 mV/℃的热电偶与电压表相连接。电压表接线端是50℃，若电位计上读数是60 mV，热电偶的热端温度是多少?

3. 当一个热电阻温度计所处的温度为20℃时，电阻是100Ω。当温度是25℃时，它的电阻是101.5Ω。假设温度与电阻间的变换关系为线性关系。试计算当温度计分别处在-100℃和+150℃时的电阻值。

4. 简述电气式压力测量仪表的工作原理?

5. 简述温度测量的分类和特点?

6. 简述节流差压流量计的工作原理?

7. 试举例说明电阻应变式测力传感器的工作原理。

8. 简述物位检测仪表的工作原理和分类?

9. 简述超声物位计的工作原理?

10. 简述差压式流量计的基本构成及使用特点。

11. 简述电磁流量计的工作原理及使用特点。

12. 简述质量流量检测器的分类及各自工作原理?

# 9　工业噪声检测

本章学习目标

本章要求了解噪声的产生与分类，噪声对人体的危害；熟悉噪声声级及相关的物理概念；重点掌握噪声测量仪器的结构及工作原理和噪声的测量技术。

## 9.1　噪声基础知识

物体受振动后，在弹性介质中以波的形式向外传播，当传到人耳时能引起音响感觉的振动称为声音。引起音响感觉的振动波称为声波。受振动的物体称为声源。

根据物理学的观点，各种不同频率不同强度的声音杂乱地无规律地组合，波形呈无规则变化的声音称为噪声，如机器的轰鸣等。从生理学的观点来看，凡是使人厌倦的、不需要的声音都是噪声。比如对于正在睡觉或学习和思考问题的人来说，即使是音乐，也会使人感到厌烦而成为噪音。

### 9.1.1　噪声的产生与分类

在生产过程中产生的一切声音都称为生产性噪声。生产性噪声按其声音的来源可大致分为以下几种：

（1）机械性噪声

由于机器转动、摩擦、撞击而产生的噪声。如各种车床、纺织机、凿岩机、轧钢机、球磨机等机械所发出的声音。

（2）空气动力性噪声

由于气体体积突然发生变化引起压力突变或气体中有涡流，引起气体分子扰动而产生的噪声。如鼓风机、通风机、空气压缩机、燃气轮机等发出的声音。

(3)电磁性噪声

由于电机中交变力相互作用而产生的噪音。如发电机、变压器、电动机所发出的声音。

生产性噪声根据持续时间和出现的形态，可分为连续性噪声和间断性噪声；稳态噪声和非稳态噪声或脉冲噪声。声音持续时间小于0.5s，间隔时间大于1s，声压变化大于40dB的称为脉冲噪声，如锻锤、冲压、射击等。声压波动小于5dB的称为稳态噪声，如一般环境噪声、高速空调噪声、电锯、机床运转噪声等。声压变化较大的则称为非稳态噪声，如道路噪声、火车通过的噪声、锻造机械的噪声、铆枪的噪声等。

### 9.1.2　噪声对人体的危害

生产性噪声一般声级比较高，且多为中高频噪声，常与振动等不良因素联合作用于人体，使其危害更大。噪声对人的心理和生理健康都会造成不良的影响。其主要危害是：

(1)损伤听力

一般来说，85dB以下的噪声不至于损伤听力，而超过85dB的噪声则可能给人造成暂时性或永久性的听力损伤。表9-1列出了在不同噪声级下长期工作时，耳聋发病率调查统计资料。由表中可看出，当噪声级超过90dB之后，耳聋的发病率明显增加。然而，即使是高于90dB的噪声，也只能给人造成暂时性的听力损害，一般休息一段时间后可逐渐恢复，因此，噪声的危害关键在于它的长期作用。

**表9-1 工作40年噪声性耳聋发病率(%)**

| 噪声级/dB(A) | 国际统计 | 美国统计 |
|---|---|---|
| 80 | 0 | 0 |
| 85 | 10 | 8 |
| 90 | 21 | 18 |
| 95 | 29 | 28 |
| 100 | 41 | 40 |

(2) 干扰睡眠

在较强噪声存在的情况下，睡眠的数量和质量都会受到影响。而且，如果长期处于强噪声环境中，会引起失眠、多梦、疲乏、注意力不集中和记忆力衰退等一系列神经衰弱症状。

(3) 扰乱人体正常的生理功能

噪声会引起人的紧张反应，刺激肾上腺素的分泌，从而引起心律失调和血压升高，甚至会增加心脏病的发病率。噪声还会使人的唾液、胃液分泌减少，胃酸降低，从而诱发胃溃疡和十二指肠溃疡。研究表明，吵闹环境下的溃疡发病率比安静环境中高出许多。

(4) 影响儿童和胎儿的正常发育

在噪声环境下，儿童的智力发育比较缓慢。某些调查资料指出，吵闹环境下儿童的智力发育水平比安静环境中低20%。

噪声会使母体产生紧张反应，引起子宫血管收缩，以至影响胎儿所必须的养料和氧气的正常供给，从而使胎儿的正常发育受到影响，甚至使产生畸胎的可能性增大。

值得注意的是，除非特强的噪声，一般情况下噪声给人的危害是一个十分缓慢的过程，短时间内并无明显的表现。

## 9.2 噪声声级

### 9.2.1 声音的发生、频率、波长和声速

声音可认为是通过物理介质传播的搅动。当物体在空气中振动，使周围空气发生疏、密交替变化并向外传递，且这种振动频率在20~20000Hz，人耳听到的声音是叠加在听者周围大气压力上的一种压力波。因此，声音是周围大气压力的附加变化量。频率低于20Hz的叫次声，高于20000Hz的叫超声，它们作用到人的听觉器官时不引起声音的感觉，所以不能听到，人感觉最灵敏的频率在3000Hz左右。

声是一种纵波，既然是波，也可以用频率、波长、声速、周期等反映波特征的参数来描

述。声源在一秒钟内振动的次数叫频率，记作 $f$，单位为 Hz。振动一次所经历的时间叫周期，记作 $T$，单位为 s。显然，频率和周期互为倒数，即 $T=1/f$。

声波在一个周期内沿传播方向所传播的距离，或在波形上相位相同的相邻两点间的距离称作波长，记为 $\lambda$，通常单位用 m。

一秒时间内声波传播的距离叫声速，记作 $c$，单位为 m/s。频率、波长和声速三者的关系是：

$$c=f\lambda \tag{9-1}$$

声速与传播声音的媒质和温度有关。在空气中，声速($c$)和摄氏温度($t$)的关系可简写为：

$$c=331.4+0.607t \tag{9-2}$$

与绝对温度 $T$ 的关系可大致表达为：

$$c=20.05\sqrt{T} \tag{9-3}$$

常温下，声速约为 345m/s。声波在硬质材料中的传播速度远大于在软质材料中，如下列材料在室温下(21.1℃)的传播速度(m/s)分别为：空气 344、水 1372、混凝土 3048、玻璃 3658、钢铁 5182、软木 3353、硬木 4267。

### 9.2.2 声功率、声强和声压

声功率($W$)是指单位时间内，声波通过垂直于传播方向某指定面积的声能量。在噪声检测中，声功率是指声源总声功率。单位为 W。

声强($I$)是指单位时间内，声波通过垂直于声波传播方向某指定面积的声能量。单位为 $W/s^2$。

声压($P$)是由于声波的存在而引起的压力增值，单位为 Pa。声波是空气分子有指向、有节律的运动，其在空气传播时形成压缩和稀疏交替变化，所以压力增值是正负交替的。但通常讲的声压是取均方根值，叫有效声压，故实际上总是正值，对于球面波和平面波，声压与声强的关系是：

$$I=\frac{P^2}{\rho c} \tag{9-4}$$

式中：$\rho$——空气密度，如以标准大气压与 20℃时的空气密度和声速代入，得到 $\rho c=408$ 国际单位值，也叫瑞利。称为空气对声波的特性阻抗。

### 9.2.3 分贝、声功率级、声强级和声压级

(1) 分贝

若以声压值表示声音大小，由于变化范围非常大，可以达 6 个数量级以上。用分贝表示就是不用线性比例关系，而用对数比例关系，从而避免了大数字的计算。另外，人体听觉对声信号强弱刺激反应也不是线性的，而是成对数比例关系。所以采用分贝来表达声学量值。

所谓分贝是被量度量的物理量($A_1$)与一个相同的参考物理量(或基准，$A_0$)的比值取以 10 为底的对数并乘以 10。对数值是无量纲的，因此分贝表示的量是与选定的参考量有关的数量级，它代表被量度量比基准量高出多少“级”。其数学表达式是：

$$N=10\lg\frac{A_1}{A_0} \tag{9-5}$$

分贝符号为“dB”。

(2)声功率级

声功率级是描述一个给定声源发射的功率对应于国际参考声功率 $10^{-12}$W 的分贝值。

$$L_W = 10\lg \frac{W}{W_0} \tag{9-6}$$

式中 $L_W$——声功率级，dB；

$W$——声功率，W；

$W_0$——基准声功率，为 $10^{-12}$W。

例如：某一小汽笛发出 0.1W 的声功率，其声功率级为：

$$L_W = 10\lg \frac{W}{W_0} = 10\lg \frac{0.1}{10^{-12}} = 110 \quad (\text{dB})$$

由此可见，在人耳的灵敏度范围内，即使象 0.1W 这样小的声功率也是一个很大的声源。

(3) 声强级

声强级的定义式为：

$$L_I = 10\lg \frac{I}{I_0} \tag{9-7}$$

式中：$L_I$——声强级，dB；

$I$——声强，$W/m^2$；

$I_0$——基准声强，为 $10^{12}W/m^2$。

(4) 声压级

声压级的定义式为：

$$L_P = 10\lg \frac{P^2}{P_0^2} = 20\lg \frac{P}{P_0} \tag{9-8}$$

式中 $L_P$——声压级(dB)；

$P$——被量度声音的声压，Pa；

$P_0$——基准声压，为 $2\times10^{-5}$Pa，该值是一般青年人人耳对 1000Hz 声音刚能听到的最低声压。

声压级与声压平方比值的对数成正比，这是有意义的，因声压平方也与声功率成正比，这样声功率级与声压级都与声功率联系起来了。

### 9.2.4 噪声的物理量和主观听觉的关系

人们感觉到的噪声强度，不仅与噪声的客观物理量有关，还与人的主观感觉有关，所以研究噪声的物理量与主观听觉的关系十分重要。但主观感觉牵涉到复杂的生理机能和心理效应，且每一个人的个体感觉也不相同，所以这种关系相当复杂。

(1) 响度和响度级

① 响度($N$)：

人耳有很高的灵敏度和极大的动态响应范围，在此范围内人耳能正常地起作用，但人耳对不同频率的声波具有不同的响应灵敏度，换句话说，两个声压相等而频率不相等的纯音听起来是不一样响的，同理，人耳感觉一样响的两个不同频率的声波其声压并不相同。例如：

具有正常听力的人能够刚刚听到 0dB 级的 2000Hz 纯音，但 200Hz 的纯音只有达到 15dB 声压级才能够刚刚听到。响度是人耳判别声音由轻到响的强度等级概念，它不仅取决于声音的强度(如声压级)，还与它的频率及波形有关。响度的单位叫“宋”(sone)，1 宋的定义为声压级为 40dB，频率为 1000Hz，且来自听者正前方的平面波形的强度。如果另一个声音听起来比这个大 $n$ 倍，即声音的响度为 $n$ 宋。

② 响度级($L_N$)：

所研究声音的响度级是由该声音的响度与一个 1000Hz 纯音的响度凭主观感觉比较而定。响度级的计量单位叫“方”(phon)，其定义 1000Hz 纯音声压级的分贝值为响度级的数值，任何其他频率的声音，当调节 1000Hz 纯音的强度使之与这声音一样响时，则这 1000Hz 纯音的声压级分贝值，就定为这一声音的响度级值。

利用与基准声音比较的方法，可以得到人耳听觉频率范围内一系列响度相等的声压级与频率的关系曲线，即等响曲线(见图 9-1)，该曲线为国际标准化组织所采用，所以又称 ISO 等响曲线。

图 9-1 中同一曲线上下不同频率的声音，听起来感觉一样响，而声压级是不同的。从曲线形状可知，人耳对 1000～4000Hz 的声音最敏感。对低于或高于这一频率范围的声音，灵敏度随频率的降低或升高而下降。例如，一个声压级为 80dB 的 20Hz 纯音，它的响度级只有 20 方，因为它与 20dB 的 1000Hz 纯音位于同一条曲线上，同理，与它们一样响的 10000Hz 纯音声压级为 30dB。

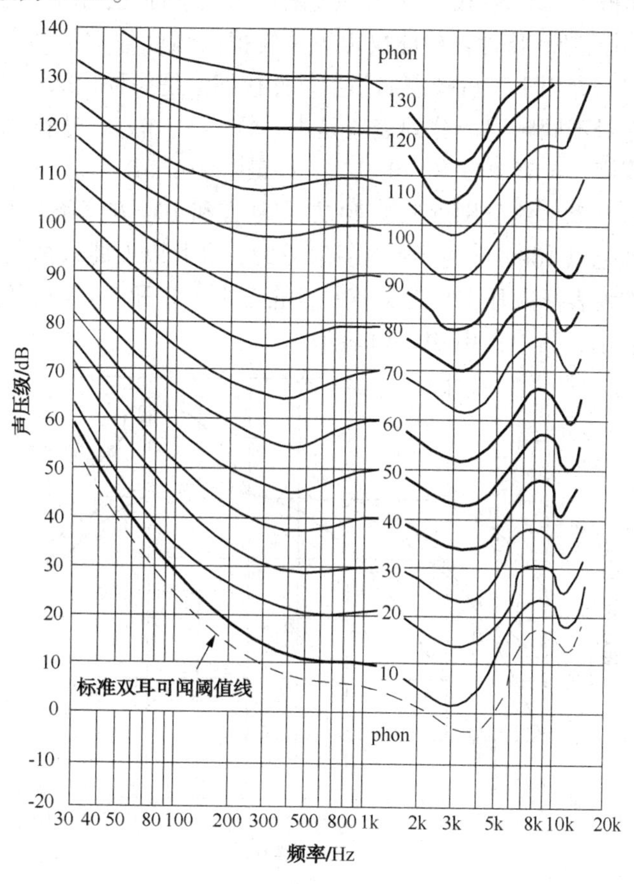


图 9-1　自由声场中双耳听到的等响曲线

③ 响度与响度级的关系：

根据大量实验数据得到，响度级每改变10方，响度加倍或减半。例如，响度级30方时响度为0.5宋；响度级为40方时响度为1宋；响度级为50方时响度为2宋，依次类推。它们的关系可用下列数学式表示：

$$N = 2^{\left(\frac{L_N - 40}{10}\right)} \text{ 或 } L_N = 40 + 33\lg N \tag{9-9}$$

响度级的合成不能直接相加，而响度可以相加。例如，两个不同频率而都具有60方的声音，合成后的响度级不是60+60=120(方)，而是先将响度级换算成响度进行合成，然后再换算成响度级。本例中60方相当于响度4宋，所以两个响度合成为4+4=8(宋)，而8宋按数学计算可知为70方，因此两个响度级为60方的声音合成后的总响度级为70方。

(2) 计权声级

从图5-1中的等响曲线看出，人耳对不同频率的声波响应灵敏度有很大区别。由于实际声源所发射的声音几乎都包含很广的频率范围，所以上面讨论的纯音(或狭频带信号)的声压级与主观听觉之间的关系，只适用于纯音的情况，而实际噪声的测定就必须综合考虑混合噪音。

为了能用仪器直接反映人的主观响度的评价量，有关人员在噪声测量仪器——声级计中设计了一种特殊滤波器，叫计权网络。通过计权网络测得的声压级，已不再是客观物理量的声压级，而叫计权声压级或计权声级，简称声级。通用的有A、B、C和D计权声级。

A计权声级是模拟人耳对55dB以下低强度噪声的频率特性；B计权声级是模拟55dB到85dB的中等强度噪声的频率特性；C计权声级是模拟高强度噪声的频率特性；D计权声级是对噪声参量的模拟，专用于飞机噪声的测量。计权网络是一种特殊滤波器，当含有各种频率的声波通过时，它对不同频率成分的衰减是不一样。A、B、C计权网络的主要差别是在于对低频成分衰减程度，A衰减最多，B其次，C最少。A、B、C、D计权的特性曲线见图9-2，其中A、B、C三条曲线分别近似于40方、70方和100方三条等响曲线的倒转。由于计权曲线的频率特性是以1000Hz为参考计算衰减的，因此以上曲线都重合于1000Hz，后来实践证明，A计权声级表征人耳主观听觉较好，故近年来B和C计权声级较少应用。A计权声级以LPA或LA表示，其单位用dB(A)表示。

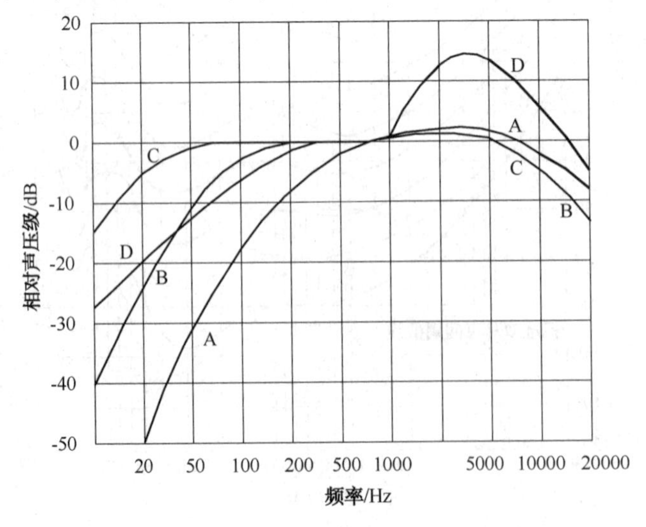


图9-2　A、B、C、D、计权特性曲线

## 9.3 声级计的构造与原理

通常用噪声测量仪器测量的噪声强度主要是声场中的声压，以及测量噪声的特征，即声压的各种频率组成成分。由于声强、声功率的直接测量较麻烦，所以较少直接测量。

测量噪声的仪器主要有：声级计、声频频谱仪、记录仪、录音机和实时分析仪器等。

### 9.3.1 声级计

声级计是最常用的噪声测量仪器，但与平时用的电位计、万用表等客观电子测量仪表又不同。它在把声信号转换成电信号时，可以模拟人耳对声波反应速度的时间特性；对高低频有不同灵敏度的频率特性以及不同响度时改变频率特性的强度特性。因此，声级计是一种主观性的电子仪器。按精密度可将声级计分为精密声级计和普通声级计两种，普通声级计的测量误差为±3dB，精密声级计为±1dB。

(1) 声级计的工作原理

声级计的工作原理见图 9-3。传声器膜片接受声压后，将声压信号转换成电信号，经前置放大器作阻抗变换，使电容式传声器与衰减器匹配，再由放大器将信号送入计权网络，对信号进行频率计权。由于表头指示范围一般只有 20dB，而声音范围变化范围可高达 140dB，甚至更高，所以必须使用衰减器来衰减较强的信号。再由输入放大器进行放大。放大后的信号由计权网络进行计权，它的设计是模拟人耳对不同频率有不同灵敏度的听觉响应。在计权网络处可外接滤波器，这样可做频谱分析。输出的信号由输出衰减器减到额定值，随即送到输出放大器放大。使信号达到相应的功率输出，输出信号经 RMS 检波后(均方根检波电路)送出有效值电压，推动电表，显示所测的声压级分贝值。

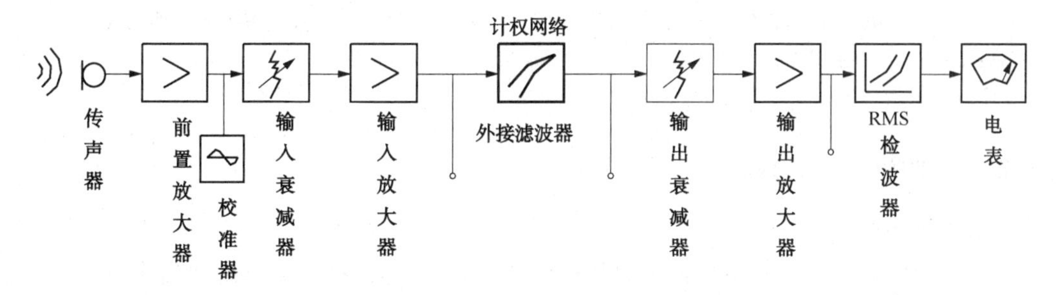


图 9-3　声级计工作方框图

(2) 声传感器原理

将声信号转换成相应电信号的装置成为声传感器，又称为传声器。根据工作原理可将声传感器分为声压式和压差式两类，根据信号的转换方式又可分为电动式、电容式、压电式等。此处只介绍电动式话筒的工作原理，一种简单的压力式动圈传声器结构见图 9-4。电动式传声器的敏感元件是一个圆顶型振动膜，在振动膜后面粘有一个音圈，将音圈置于一个由永久磁铁形成的均匀磁场里。当声波作用在振动膜上，振动膜产生相应的振动，从而带动音圈做切割磁力线运动，音圈内便产生相应的电流，该电流与声波的频率相同。

(3) 声级计的分类

声级计整机灵敏度是指标准条件下测量 1000Hz 纯音所表现出的精度。根据该精度声级计可分为两类：一类是普通声级计，它对传声器要求不太高。动态范围和频响平直范围较窄，一般不与带通滤波器相联用；另一类是精密声级计，其传声器要求频响宽，灵敏度高，长期稳定性好，且能与各种带通滤波器配合使用，放大器输出可直接和电平计录器、录音机相联接，可将噪声信号显示或贮存起来。如将精密声级计的传声器取下，换一输入转换器并接加速度计就成为振动计可作震动测量。

近年来有人又将声级计分为四类，即 0 型、1 型、2 型和 3 型。它们的精度分别为±0. 4dB、±0. 7dB、±1. 0dB 和±1. 5dB。

仪器上有阻尼开关能反映人耳听觉动态特性，快挡“F”用于测量起伏不大的稳定噪声。如果噪声起伏超过 4dB 可利用慢挡“S”，有的仪器还有读取脉冲噪声的“脉冲”挡。

声级计的示值表头刻度方式，通常采用由-5(或-10)到 0，以及 0 到 10，跨度共 15(或 20)dB。图 9-5 是一种普通声级计的外形图。

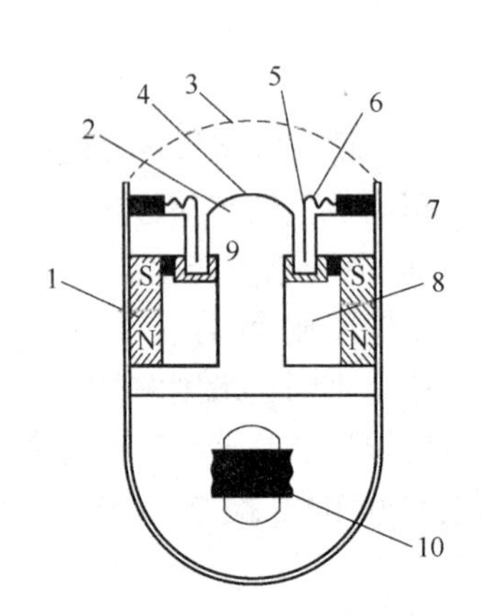


图 9-4　电动式动圈传声器结构示意图

1—磁铁；2—空腔；3—保护罩；4—振膜；5—音圈；6—折环；7—毡垫；8—空腔；9—铜环；10—声压变压器

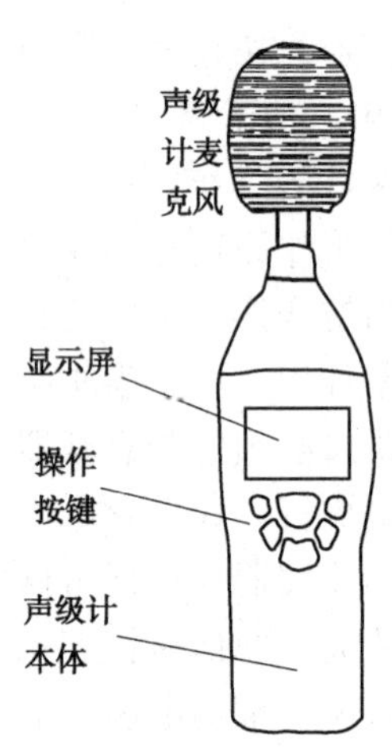


图 9-5　常见声级计外观形状

### 9.3.2　其他噪声测量仪器

(1) 声级频谱仪

噪声测量中如需进行频谱分析，通常在精密声级配用倍频程滤波器。根据规定需要使用十档，即中心频率为 31. 5K、63K、125K、250K、500K、1K、2K、4K、8K、16K。

(2) 录音机

有些噪声现场，由于某些原因不能当场进行分析，需要储备噪声信号，然后带回实验室分析，这就需要录音机。供测量用的录音机不同家用录音机，其性能要求高的多。它要求频率范围宽(一般为 20~15000Hz)，失真小(小于 3%)，信噪比大(35dB 以上)，此外，还要求频响特性尽可能平直，动态范围大等。

(3) 记录仪

记录仪是将测量的噪声声频信号随时间变化记录下来，从而对环境噪声作出准确评价，记录仪能将交变的声谱电信号作对数转换，整流后将噪声的峰值，均方根值(有效值)和平均值表示出来。

(4) 实时分析仪

实时分析仪是一种数字式谱线显示仪，能把测量范围的输入信号在短时间内同时反映在一系列信号通道示屏上，通常用于较高要求的研究、测量。目前使用尚不普遍。

## 9.4 工业噪声测量

### 9.4.1 测量仪器

声级计应选用2型或以上，具有A计权，“S(慢)”档。积分声级计或个人噪声剂量计应选用2型或以上，具有A计权、“S(慢)”档和“Peak(峰值)”档的仪器。

### 9.4.2 测量方法

(1) 现场调查

为正确选择测量点、测量方法和测量时间等，必须在测量前对工作场所进行现场调查。调查内容主要包括：① 工作场所的面积、空间、工艺区划、噪声设备布局等，绘制略图。② 工作流程的划分、各生产程序的噪声特征、噪声变化规律等。③ 预测量，判定噪声是否稳态、分布是否均匀。④ 工作人员的数量、工作路线、工作方式、停留时间等。

(2) 测量仪器的准备

测量仪器选择：固定的工作岗位选用声级计；流动的工作岗位优先选用个体噪声剂量计，或对不同的工作地点使用声级计分别测量，并计算等效声级。

测量前应根据仪器校正要求对测量仪器校正。积分声级计或个人噪声剂量计设置为A计权、“S(慢)”档，取值为声级$L_{pa}$或等效声级$L_{Aeq}$；测量脉冲噪声时使用“Peak(峰值)”档。

(3) 测点选择

工作场所声场分布均匀(测量范围内A声级差别<3dB(A))选择3个测点，取平均值。

工作场所声场分布不均匀时，应将其划分若干声级区，同一声级区内声级差<3dB(A)。每个区域内，选择2个测点，取平均值。

劳动者工作是流动的，在流动范围内，对工作地点分别进行测量，计算等效声级。

(4) 测量

传声器应放置在劳动者工作时耳部的高度，站姿为1.50m，坐姿为1.10m。传声器的指向为声源的方向。

测量仪器固定在三角架上，置于测点；若现场不适于放置三角架，可手持声级计，但应保持测试者与传声器的间距>0.5m。

稳态噪声的工作场所，每个测点测量3次，取平均值。

非稳态噪声的工作场所，根据声级变化(声级波动>3dB确定时间段，测量各时间段的等效声级，并记录各时间段的持续时间。

脉冲噪声测量时，应测量脉冲噪声的峰值和工作日内脉冲次数。

测量应在正常生产情况下进行。工作场所风速超过3m/s时，传声器应戴风罩。应尽量避免电磁场的干扰。

(5) 测量声级的计算

① 非稳态噪声的工作场所，按声级相近的原则把一天的工作时间分为$n$个时间段，用积分声级计测量每个时间段的等效声级$L_{Aeq,Ti}$，按照公式(9-10)计算全天的等效声级：

$$L_{Aeq,T} = 10\lg\left(\frac{1}{T}\sum_{i=1}^{n} T_i\, 10^{0.1L_{Aeq,T_i}}\right) \quad dB(A) \qquad (9-10)$$

式中　$L_{Aeq,T}$——全天的等效声级；

$L_{Aeq,T_i}$——时间段 $T_i$ 内等效声级；

$T$——这些时间段的总时间；

$T_i$——$i$ 时间段的时间；

$n$——总的时间段的个数。

② 8h 等效声级($L_{EX,8h}$)的计算

根据等能量原理将一天实际工作时间内接触噪声强度规格化到工作 8h 的等效声级，按公式(9-11)计算：

$$L_{EX,8h} = L_{Aeq,T_e} + 10\lg\frac{T_e}{T_0} \quad dB(A) \qquad (9-11)$$

式中　$L_{EX,8h}$——一天实际工作时间内接触噪声强度规格化到工作 8h 的等效声级；

$T_e$——实际工作日的工作时间；

$L_{Aeq,T_e}$——实际工作日的等效声级；

$T_0$——标准工作日时间，8h。

③ 每周 40h 的等效声级

通过 $L_{EX,8h}$ 计算规格化每周工作 5 天(40h)接触的噪声强度的等效连续 A 计权声级用公式(9-12)：

$$L_{EX,W} = 10\lg\left(\frac{1}{5}\sum_{i=1}^{n} 10^{0.1(L_{EX,8h})_i}\right) \quad dB(A) \qquad (9-12)$$

式中　$L_{EX,W}$——指每周平均接触值；

$L_{EX,8h}$——一天实际工作时间内接触噪声强度规格化到工作 8h 的等效声级；

$n$——指每周实际工作天数。

④ 脉冲噪声

使用积分声级计，“Peak(峰值)”档，可直接读声级峰值 $L_{peak}$。

### 9.4.3　测量记录

测量记录应该包括以下内容：测量日期、测量时间、气象条件(温度、相对湿度)、测量地点(单位、)厂矿名称、车间和具体测量位置)、被测仪器设备型号和参数、测量仪器型号、测量数据、测量人员及工时记录等。

### 9.4.4　注意事项

在进行现场测量时，测量人员应注意个体防护。

## 本章小结

本章简要介绍了工业噪声的概念及其噪声的产生与分类，指出了噪声对人体的主要危害；明确了声音的频率、波长和声速，分贝、声功率级、声强级和声压级等基本概念；重点介绍了声级计的构造与原理和工业噪声的测量技术。

## 复习思考题

1. 生产性噪声按其声音的来源可大致分为哪几种?

2. 简述噪声对人体的主要危害。

3. 用“分贝”表示声学量有什么好处?

4. 简述声级计的工作原理。

5. 如何正确选择工作场所噪声的测点?

6. 某车间在 8h 工作时间内，有 1h 声压级为 80dB(A)，2h 为 85dB(A)，2h 为 90dB(A)，3h 为 95dB(A)，问这种环境是否超过 8h85dB(A)的劳动防护卫生标准?

# 附录1　有关安全检测的标准目录

**1. 接触限值与卫生设计标准**

| | | |
|---|---|---|
| 1 | 工作场所有害因素职业接触限值 第1部分　化学危害因素 | GBZ2. 1—2007 |
| 2 | 工作场所有害因素职业接触限值 第2部分　物理因素 | GBZ2. 2—2007 |
| 3 | 工业企业设计卫生标准 | GBZ 1—2010 |

**2. 综合标准**

| | | |
|---|---|---|
| 1 | 职业卫生名词术语 | GBZ/T 224—2010 |
| 2 | 职业卫生标准制定指南 第1部分 工作场所化学物质职业接触限值 | GBZ/T 210. 1—2008 |
| 3 | 职业卫生标准制定指南 第2部分：工作场所粉尘职业接触限值 | GBZ/T 210. 2—2008 |
| 4 | 职业卫生标准制定指南 第3部分 工作场所物理因素职业接触限值 | GBZ T 210. 3—2008 |
| 5 | 职业卫生标准制定指南 第4部分：工作场所空气中化学物质的测定方法 | GBZ T 210. 4—2008 |
| 6 | 职业卫生标准制定指南 第5部分：生物材料中化学物质测定方法 | GBZ/T 210. 5—2008 |

**3. 采样与测定的标准**

| 序号 | 标准名称 | 标准号 |
|---|---|---|
| 1 | 工作场所空气中有害物质监测的采样规范 | GBZ 159-2004 |
| 2 | 有毒作业场所空气采样规范 | GB 13733—1992 |
| 3 | 工作场所空气有毒物质测定　锑及其化合物 | GBZ/T160. 1—2004 |
| 4 | 工作场所空气有毒物质测定　钡及其化合物 | GBZ/T160. 2—2004 |
| 5 | 工作场所空气有毒物质测定　铍及其化合物 | GBZ/T160. 3—2004 |
| 6 | 工作场所空气有毒物质测定　铋及其化合物 | GBZ/T160. 4—2004 |
| 7 | 工作场所空气有毒物质测定　镉及其化合物 | GBZ/T160. 5—2004 |
| 8 | 工作场所空气有毒物质测定　钙及其化合物 | GBZ/T160. 6—2004 |

续表

| 序号 | 标准名称 | 标准号 |
|---|---|---|
| 9 | 工作场所空气有毒物质测定　铬及其化合物 | GBZ/T160. 7—2004 |
| 10 | 工作场所空气有毒物质测定　钴及其化合物 | GBZ/T160. 8—2004 |
| 11 | 工作场所空气有毒物质测定　铜及其化合物 | GBZ/T160. 9—2004 |
| 12 | 工作场所空气有毒物质测定　铅及其化合物 | GBZ/T160. 10—2004 |
| 13 | 工作场所空气有毒物质测定　锂及其化合物 | GBZ/T160. 11—2004 |
| 14 | 工作场所空气有毒物质测定　镁及其化合物 | GBZ/T160. 12—2004 |
| 15 | 工作场所空气有毒物质测定　锰及其化合物 | GBZ/T160. 13—2004 |
| 16 | 工作场所空气有毒物质测定　汞及其化合物 | GBZ/T160. 14—2004 |
| 17 | 工作场所空气有毒物质测定　钼及其化合物 | GBZ/T160. 15—2004 |
| 18 | 工作场所空气有毒物质测定　镍及其化合物 | GBZ/T160. 16—2004 |
| 19 | 工作场所空气有毒物质测定　钾及其化合物 | GBZ/T160. 17—2004 |
| 20 | 工作场所空气有毒物质测定　钠及其化合物 | GBZ/T160. 18—2004 |
| 21 | 工作场所空气有毒物质测定　锶及其化合物 | GBZ/T160. 19—2004 |
| 22 | 工作场所空气有毒物质测定　钽及其化合物 | GBZ/T160. 20—2004 |
| 23 | 工作场所空气有毒物质测定　铊及其化合物 | GBZ/T160. 21—2004 |
| 24 | 工作场所空气有毒物质测定　锡及其化合物 | GBZ/T160. 22—2004 |
| 25 | 工作场所空气有毒物质测定　钨及其化合物 | GBZ/T160. 23—2004 |
| 26 | 工作场所空气有毒物质测定　钒及其化合物 | GBZ/T160. 24—2004 |
| 27 | 工作场所空气有毒物质测定　锌及其化合物 | GBZ/T160. 25—2004 |
| 28 | 工作场所空气有毒物质测定　锆及其化合物 | GBZ/T160. 26—2004 |
| 29 | 工作场所空气有毒物质测定　硼及其化合物 | GBZ/T160. 27—2004 |
| 30 | 工作场所空气有毒物质测定　无机含碳化合物 | GBZ/T160. 28—2004 |
| 31 | 工作场所空气有毒物质测定　无机含氮化合物 | GBZ/T160. 29—2004 |
| 32 | 工作场所空气有毒物质测定　无机含磷化合物 | GBZ/T160. 30—2004 |
| 33 | 工作场所空气有毒物质测定　砷及其化合物 | GBZ/T160. 31—2004 |
| 34 | 工作场所空气有毒物质测定　氧化物 | GBZ/T160. 32—2004 |
| 35 | 工作场所空气有毒物质测定　硫化物 | GBZ/T160. 33—2004 |
| 36 | 工作场所空气有毒物质测定　硒及其化合物 | GBZ/T160. 34—2004 |

续表

| 序号 | 标准名称 | 标准号 |
| --- | --- | --- |
| 37 | 工作场所空气有毒物质测定　碲及其化合物 | GBZ/T160. 35—2004 |
| 38 | 工作场所空气有毒物质测定　氟化物 | GBZ/T160. 36—2004 |
| 39 | 工作场所空气有毒物质测定　氯化物 | GBZ/T160. 37—2004 |
| 40 | 工作场所空气有毒物质测定　烷烃类化合物 | GBZ/T160. 38—2007 |
| 51 | 工作场所空气有毒物质测定　烯烃类化合物 | GBZ/T160. 39—2007 |
| 52 | 工作场所空气有毒物质测定　混合烃类化合物 | GBZ/T160. 40—2004 |
| 53 | 工作场所空气有毒物质测定　脂环烃类化合物 | GBZ/T160. 41—2004 |
| 54 | 工作场所空气有毒物质测定　芳香烃类化合物 | GBZ/T160. 42—2007 |
| 55 | 工作场所空气有毒物质测定　多苯类化合物 | GBZ/T160. 43—2004 |
| 56 | 工作场所空气有毒物质测定　多环芳香烃类化合物 | GBZ/T160. 44—2004 |
| 57 | 工作场所空气有毒物质测定　卤代烷烃类化合物 | GBZ/T160. 45—2007 |
| 58 | 工作场所空气有毒物质测定　卤代不饱和烃类化合物 | GBZ/T160. 46—2004 |
| 59 | 工作场所空气有毒物质测定　卤代芳香烃类化合物 | GBZ/T160. 47—2004 |
| 60 | 工作场所空气有毒物质测定　醇类化合物 | GBZ/T160. 48—2007 |
| 61 | 工作场所空气有毒物质测定　硫醇类化合物 | GBZ/T160. 49—2004 |
| 62 | 工作场所空气有毒物质测定　烷氧基乙醇类化合物 | GBZ/T160. 50—2004 |
| 63 | 工作场所空气有毒物质测定　酚类化合物 | GBZ/T160. 51—2007 |
| 64 | 工作场所空气有毒物质测定　脂肪族醚类化合物 | GBZ/T160. 52—2007 |
| 65 | 工作场所空气有毒物质测定　苯基醚类化合物 | GBZ/T160. 53—2004 |
| 66 | 工作场所空气有毒物质测定　脂肪族醛类化合物 | GBZ/T160. 54—2007 |
| 67 | 工作场所空气有毒物质测定　脂肪族酮类化合物 | GBZ/T160. 55—2007 |
| 68 | 工作场所空气有毒物质测定　脂环酮和芳香族酮类化合物 | GBZ/T160. 56—2004 |
| 69 | 工作场所空气有毒物质测定　醌类化合物 | GBZ/T160. 57—2004 |
| 70 | 工作场所空气有毒物质测定　环氧化合物 | GBZ/T160. 58—2004 |
| 71 | 工作场所空气有毒物质测定　羧酸类化合物 | GBZ/T160. 59—2004 |
| 72 | 工作场所空气有毒物质测定　酸酐类化合物 | GBZ/T160. 60—2004 |
| 73 | 工作场所空气有毒物质测定　酰基卤类化合物 | GBZ/T160. 61—2004 |
| 74 | 工作场所空气有毒物质测定　酰胺类化合物 | GBZ/T160. 62—2004 |

续表

| 序号 | 标准名称 | 标准号 |
| --- | --- | --- |
| 75 | 工作场所空气有毒物质测定　饱和脂肪族酯类化合物 | GBZ/T160. 63—2007 |
| 76 | 工作场所空气有毒物质测定　不饱和脂肪族酯类化合物 | GBZ/T160. 64—2004 |
| 77 | 工作场所空气有毒物质测定　卤代脂肪族酯类化合物 | GBZ/T160. 65—2004 |
| 80 | 工作场所空气有毒物质测定　芳香族酯类化合物 | GBZ/T160. 66—2004 |
| 81 | 工作场所空气有毒物质测定　异氰酸酯类化合物 | GBZ/T160. 67—2004 |
| 82 | 工作场所空气有毒物质测定　腈类化合物 | GBZ/T160. 68—2007 |
| 83 | 工作场所空气有毒物质测定　脂肪族胺类化合物 | GBZ/T160. 69—2004 |
| 84 | 工作场所空气有毒物质测定　乙醇胺类化合物 | GBZ/T160. 70—2004 |
| 85 | 工作场所空气有毒物质测定　肼类化合物 | GBZ/T160. 71—2004 |
| 86 | 工作场所空气有毒物质测定　芳香族胺类化合物 | GBZ/T160. 72—2004 |
| 87 | 工作场所空气有毒物质测定　硝基烷烃类化合物 | GBZ/T160. 73—2004 |
| 88 | 工作场所空气有毒物质测定　芳香族硝基化合物 | GBZ/T160. 74—2004 |
| 89 | 工作场所空气有毒物质测定　杂环化合物 | GBZ/T160. 75—2004 |
| 90 | 工作场所空气有毒物质测定　有机磷农药 | GBZ/T160. 76—2004 |
| 91 | 工作场所空气有毒物质测定　有机氯农药 | GBZ/T160. 77—2004 |
| 92 | 工作场所空气有毒物质测定　有机氮农药 | GBZ/T160. 78—2007 |
| 93 | 工作场所空气有毒物质测定　药物类化合物 | GBZ/T160. 79—2004 |
| 94 | 工作场所空气有毒物质测定　炸药类化合物 | GBZ/T160. 80—2004 |
| 95 | 工作场所空气有毒物质测定　生物类化合物 | GBZ/T 160. 81—2004 |
| 96 | 工作场所空气有毒物质测定　醇醚类化合物 | GBZ/T 160. 82—2007 |
| 97 | 工作场所空气有毒物质测定 铟及其化合物 | GBZ/T 160. 83—2007 |
| 98 | 工作场所空气有毒物质测定 钇及其化合物 | GBZ/T 160. 84—2007 |
| 99 | 工作场所空气有毒物质测定 碘及其化合物 | GBZ/T 160. 85—2007 |
| 100 | 粉尘采样器 | GB/T 20964—2007 |
| 101 | 呼吸性粉尘个体采样器 | AQ4204—2008 |
| 102 | 工作场所空气中粉尘测定 第 1 部分　总粉尘浓度 | GBZ/T 192. 1—2007 |
| 103 | 工作场所空气中粉尘测定 第 2 部分　呼吸性粉尘浓度 | GBZ/T 192. 2—2007 |
| 104 | 工作场所空气中粉尘测定 第 3 部分　粉尘分散度 | GBZ/T 192. 3—2007 |

续表

| 序号 | 标准名称 | 标准号 |
| --- | --- | --- |
| 105 | 工作场所空气中粉尘测定 第4部分　游离二氧化硅含量 | GBZ/T 192.4—2007 |
| 106 | 工作场所空气中粉尘测定 第5部分　石棉纤维浓度 | GBZ/T 192.5—2007 |
| 107 | 作业场所空气采样仪器的技术规范 | GB/T 17061—1997 |

**4. 物理因素检测标准**

| | | |
| --- | --- | --- |
| 1 | 工作场所物理因素测量　超高频辐射 | GBZ/T 189.1—2007 |
| 2 | 工作场所物理因素测量　高频电磁场 | GBZ/T 189.2—2007 |
| 3 | 工作场所物理因素测量　工频电场 | GBZ/T 189.3—2007 |
| 4 | 工作场所物理因素测量　激光辐射 | GBZ/T 189.4—2007 |
| 5 | 工作场所物理因素测量　微波辐射 | GBZ/T 189.5—2007 |
| 6 | 工作场所物理因素测量　紫外辐射 | GBZ/T 189.6—2007 |
| 7 | 工作场所物理因素测量　高温 | GBZ/T 189.7—2007 |
| 8 | 工作场所物理因素测量　噪声 | GBZ/T 189.8—2007 |
| 9 | 工作场所物理因素测量　手传振动 | GBZ/T 189.9—2007 |
| 10 | 工作场所物理因素测量　体力强度 | GBZ/T 189.10—2007 |
| 11 | 工作场所物理因素测量　体力劳动时的心率 | GBZ/T 189.11—2007 |

**5. 固定场所气体检(探)测器标准**

| | | |
| --- | --- | --- |
| 1 | 石油化工可燃气体和有毒气体检测报警设计规范 | GB50493—2009 |
| 2 | 工作场所有毒气体检测报警装置设置规范 | GBZ/T 223—2009 |
| 3 | 密闭空间直读式气体检测仪选用指南 | GBZ/T 222—2009 |
| 4 | 密闭空间直读式仪器气体检测规范 | GBZ/T 206—2007 |
| 5 | 企业安全生产网络化监测系统技术规范　第1部分　危险场所网络化监测系统　现场接入技术规范 | AQ9003.1—2008 |
| 6 | 企业安全生产网络化监测系统技术规范　第2部分　危险场所网络化监测系统　集成技术规范 | AQ9003.2—2008 |
| 7 | 企业安全生产网络化监测系统技术规范　第1部分　危险场所网络化监测设备　通用检测检验技术规范 | AQ9003.1—2008 |

**6. 标准气体制备的标准**

| | | |
|---|---|---|
| 1 | 气体分析 校准用混合气体制备　渗透法 | GB/T 5275—2005 |
| 2 | 气体分析 校准用混合气体的制备 称量法 | GB/T 5274—2008 |
| 3 | 气体分析 校准用混合气的制备 静态体积法 | GB/T 10248—2005 |
| 4 | 气体分析 校准混合气组成的测定和校验 比较法 | GB/T 10628—2008 |

**7. 职业危害分级标准与职业安全评价**

| | | |
|---|---|---|
| 1 | 有毒作业分级 | GB 12331—90 |
| 2 | 职业性接触毒物危害程度分级 | GB 5044—1985 |
| 3 | 噪声作业分级 | LD 80—1995 |
| 4 | 生产性粉尘作业危害程度分级 | GB 3869—1997 |
| 5 | 高温作业分级 | GB/T 4200—1997 |
| 6 | 低温作业分级 | GB/T 14440—93 |
| 7 | 冷水作业分级 | GB/T 14439—93 |
| 8 | 高处作业分级 | GB/T 3608—93 |
| 9 | 体力劳动强度分级 | GB/T 3869—1997 |
| 10 | 有毒作业场所危害程度分级 | AQ/T 4208-2010 |
| 11 | 建设项目职业病危害预评价技术导则 | GBZ/T196—2007 |
| 12 | 建设项目职业病危害控制效果评价技术导则 | GBZ/T197—2007 |

**8. 静电检测标准**

| | | |
|---|---|---|
| 1 | 静电安全名词术语 | GB/T 15463—1995 |
| 2 | 防止静电事故通用导则 | GB 12158—2006 |
| 3 | 轻质油品安全静止电导率 | GB 6950—2001 |
| 4 | 轻质油品装油安全油面电位值 | GB 6951—1986 |
| 5 | 液态烃类电导率测定方法（精密静电计法） | GB/T 12582—1990 |
| 6 | 硫化橡胶抗静电和导电制品电阻的测定 | GB/T 11210—1989 |
| 7 | 固体电工绝缘材料体积电阻率及表面电阻率试验方法 | GB/T 1410—1989 |
| 8 | 纺织品静电测试方法 | GB/T 12703—1991 |
| 9 | 航空燃料与馏分燃料电导率测定法 | GB/T 6539—1997 |
| 10 | 硫化橡胶或热塑性橡胶导电性能和耗散性能电阻率的测定 | GB/T 2439—2001 |

# 附录2　安全检测概念性词汇索引

## 第1章　安全检测及其任务



## 第2章　安全检测常用实验室型分析仪器原理

## 第3章 气态有毒有害物质样品的采集

采气袋(sampling bag)3. 6. 2
浓缩采样法(concentrated sampling method)3. 6. 3
溶液吸收法(solution absorption method)3. 6. 3
气泡吸收管(bubbling absorption tube)3. 6. 3
多孔玻板吸收管(fritted glass bubbler)3. 6. 3
冲击式吸收管(impinger)3. 6. 3
填充柱采样法(packed column sampling method)3. 6. 3
固体吸附剂(solid adsorbent)3. 6. 3
活性炭吸附管(activated carbon column)3. 6. 3
硅胶吸附管(silica gel column)3. 6. 3
穿透容量(breakthrough capacity)3. 6. 3
溶剂解吸型活性炭管(activated carbon column desorbed by solvent)3. 6. 3
热解吸型活性炭管(activated carbon column desorbed by heating)3. 6. 3
溶剂解吸型硅胶管(silica gel column desorbed by solvent)3. 6. 3
热解吸型硅胶管(silica gel column desorbed by solvent)3. 6. 3
高分子多孔微球管(porous polymer micro-sphere column)3. 6. 3
被动式采样器(passive personal sampler)3. 6. 3
扩散式个体采样器(diffusive personal sampler)3. 6. 3
采样动力(sampling power)3. 6. 4
薄膜泵(membrane pump)3. 6. 4
隔膜泵(membrane pump)3. 6. 4
电磁泵(electromagnetic pump)3. 6. 4
皂膜流量计(soap film flowmeter)3. 6. 4
冷阱浓缩法(cold trap method)3. 7
冷聚焦(cryo focus)3. 7
预浓缩柱(concentrating column)3. 7
苏码罐(SUMMA canisters)3. 7

## 第 4 章　气态有毒有害物质的实验室测定

定量转移(quantitative transfer)4. 3
褪色分光光度法(fading spectrophotometry)4. 4. 5
消解(digestion)4. 5. 1
解吸率(desorption rate)4. 1. 2

## 第 5 章　工作场所空气中粉尘的检测

生产性粉尘(industrial dust)5. 1
无机粉尘(inorganic dust)5. 1. 1
有机粉尘(organic dust)5. 1. 1

多普勒效应(Doppler effect)5. 6. 4
多普勒频移(Doppler shift)5. 6. 4
游离二氧化硅(free silicon dioxide)5. 7
焦磷酸重量法(diphosphoric acid gravimetry)5. 7. 1
红外分光光度法(infrared spectrophotometry)5. 7. 2
X 射线衍射法(X-ray diffraction)5. 7. 2
滤膜/相差显微镜检测法(detection of using membrane / phase contrast microscopy)5. 8
粉尘浓度在线检测(on line detection of dust concentration)5. 9
光散射法粉尘浓度传感器(dust concentration sensor based on light scattering)5. 9
光吸收法粉尘浓度传感器(dust concentration sensor based on absorption methods)5. 9
摩擦电法粉尘浓度传感器(dust concentration sensor based on electrification by friction)5. 9

## 第 6 章　空气中危险气体的快速检测

快速检测(rapid analysis)6. 1
应急检测(Emergent Detection)6. 1
仪器检测法(instrument method)6. 1
气体检测管法(detector tube method)6. 1
试纸比色法(test paper method)6. 1
溶液比色法(solution method)6. 1
显色指示粉(coloration powder)6. 2. 1
定量气体检测管(quantitative gas detector tube)6. 2. 1
比长度气体检测管(length gas detecting tube)6. 2. 1
被动式气体检测管(passive gas detecting tube)6. 2. 1
手动抽气筒(manual inhalation tube)6. 2. 1
气体定性检测管(qualitative gas detector tube)6. 2. 1
短时检测管(short-term tube)6. 2. 2
长时检测管(long-term tube)6. 2. 2
刻度管(scaled tube)6. 2. 2
载体(supporter)6. 2. 3
保护剂(protecting agent)6. 2. 4
浓度标尺(scale label of concentration)6. 2. 5
抽气速度(speed of pumping)6. 2. 6
抽气体积(volume of pumped gas)6. 2. 6
手持式气体检测仪(portable gas detector)6. 3
便携式气体检测仪(portable gas detector)6. 3
直读式气体检测仪(direct-reading gas detectors)6. 3
氧气浓度检测仪(oxygen detector)6. 3
热学式气体检测仪(thermal gas detector)6. 3. 1
催化燃烧式检测仪(catalytic combustion type gas detector)6. 3. 1

接触燃烧式检测器(contact combustion type detector)6. 3. 1
LEL 检测仪(LEL detector)6. 3. 1
光离子化检测仪(photo ionization detector PID)6. 3. 2
内置微型气泵(internal micro-type air pump)6. 3. 2
电离电位(ionization potential IP)6. 3. 2
校正系数(correction factor CF)6. 3. 2
气敏式检测器(gas sensitive detector)6. 3. 3
金属氧化物半导体检测器(metal oxide semiconductor sensors MOS)6. 3. 3
电阻型半导体气敏检测器(resistance type gas sensitive detector)6. 3. 3
功函数(work function)6. 3. 3
定电位电解气体检测仪(fixed electric potential electro-analysis detector)6. 3. 4
电化学传感器(electrochemical transducer)6. 3. 4
红外线气体检测仪(infrared ray gas detector)6. 3. 5
迦伐尼电池式检测仪(galvanic cell detector)6. 3. 6
隔膜电极式气体检测仪(membrane electrode gas detector)6. 3. 7
复合式气体检测仪(multiple gas detector)6. 4
泵吸式气体检测仪(gas detector with suction pump)6. 4
扩散式气体检测仪(gas detector with diffusion membrane)6. 4
受限作业空间(confined working spaces)6. 5

## 第 7 章　固定式气体检测报警系统

固定式气体检测报警系统(fixed/ stationary gas detection and alarm system)7. 1. 1
固定式气体探测器(fixed gas detector)7. 1. 1
报警控制器(alarm controller)7. 1. 1
危险气体(hazardous gas)7. 1. 2
气体探测点(gas detection site)7. 1. 3
气体报警值(alarm point of gas)7. 2
直接致害浓度(immediately dangerous to life or health concentration　IDLH)7. 2
爆炸下限(LEL，lower explosive limit)7. 2
一级报警设定值(setting concentration of first-level alarm)7. 2
二级报警设定值(setting concentration of second-level alarm)7. 2
超限倍数(excursion limit)7. 2
ppm(part per million)7. 2
响应时间(response time)7. 3. 4

## 第 8 章　工业过程参数检测

温度检测 temperature testing(8. 1)
接触式测温 measuring temperature by touching(8. 1. 1. 2)

非接触式测温 measuring temperature by no touching(8. 1. 1. 2)
热电偶 thermocouple （8. 1. 2. 1）
热电效应 thermoelectric effect （8. 1. 2. 1）
温差电势 temperature difference potential(8. 1. 2. 1)
接触电势 contact potential(8. 1. 2. 1)
热电偶温度计 thermocouple thermometer(8. 1. 2. 1)
热电阻温度计 thermal resistor thermometer(8. 1. 2. 2)
红外测温仪 infrared thermometer(8. 1. 3. 1)
全辐射高温计 entire radiation pyrometer(8. 1. 3. 1)
黑体辐射 black-body radiation(8. 1. 3. 1)
红外热相仪 infrared thermal imaging systems(8. 1. 3. 2)
压力检测 pressure testing(8. 2)
电阻应变式压力变送器 resistance straingauge type pressure transmitter(8. 2. 2)
电容式压力变送器 electric capacity pressure transmitter(8. 2. 3)
电感式压力变送器 inductance pressure transmitter(8. 2. 4)
流量检测 flow testing(8. 3)
差压式流量计 differential pressure flowmeter(8. 3. 2)
节流式流量计 throttle flowmeter(8. 3. 2)
节流现象 throttle phenomena(8. 3. 2. 1)
孔板 aperture board(8. 3. 2. 1)
喷嘴 nozzle(8. 3. 2. 1)
文丘里管 venturitube(8. 3. 2. 1)
标准节流装置 standard throttle equipment(8. 3. 2. 3)
电远传式转子流量计 transmissible rotameter(8. 3. 3)
电磁流量计 electromagnetic flowmeter(8. 3. 4)
质量式流量计 mass flowmeter(8. 3. 5)
物位检测 level testing(8. 4)
差压式物位仪表 differential pressure level instrument(8. 4. 1)
浮力式物位仪表 buoyancy level instrument(8. 4. 1)
电磁式物位仪表 electromagnetic level instrument （8. 4. 1）
核辐射式物位仪表 nucleus-radiation level instrument(8. 4. 1)
声波式物位仪表 sound-wave level instrument(8. 4. 1)
光学式物位仪表 optics level instrument(8. 4. 1)
自动跟踪式液位计 automatically follow levelmeter(8. 4. 2)
差压式液位计 differential pressure levelmeter(8. 4. 3. 1)
法兰式差压变送器 flange differential pressure transmitter(8. 4. 3. 2)
电容式物位计 electrical capacitance levelmeter(8. 4. 3. 3)
超声波物位计 ultrasonic levelmeter(8. 4. 4)
微波物位计 Radar levelmeter(8. 4. 5)

# 第 9 章　工业噪声检测

# 参 考 文 献

[1] 董文庚，刘庆洲，苏昭桂. 安全检测技术与仪表[M]. 北京：煤炭工业出版社，2007
[2] 董文庚，刘庆洲，高增明. 安全检测原理与技术[M]. 北京：海洋出版社，2004
[3] 董文庚，苏昭桂，张金锋等. 安全检测与监控[M]. 北京：劳动保障出版社，2011
[4] 黎源倩，杨正文. 空气理化检验[M]. 北京：人民卫生出版社，2000
[5] 奚旦立，孙裕生，刘秀英. 环境监测(第三版)[M]. 北京：高等教育出版社，2007
[6] 李科杰. 新编传感器技术手册[M]. 北京：国防工业出版社，2002
[7] 吕武轩，王志民. "安全检测与监控"学科的历史任务[J]. 中国安全科学学报，1997，7(12)：1~3
[8] 林守麟. 原子吸收光谱分析[M]. 北京：地质出版社，1985
[9] 李启隆，迟锡增，曾泳淮等. 仪器分析[M]. 北京：北京师范大学出版社 1990.
[10] 陈培榕，邓勃. 现代仪器分析实验与技术[M]. 北京：清华大学出版社，1999
[11] 夏元润. 化学物质毒性全书[M]. 上海：上海科学技术出版社，1991
[12] 徐能斌，应红梅，朱丽波等. 预浓缩系统与 GC-MS 联用测定环境空气中痕量挥发性有机物 [J]. 分析测试学报，2004，23(增刊)：198~201
[13] 苗虹，关亚风，王涵文等. 气体样品的动态预浓缩方法 [J]. 色谱，2001，19(1)：71~73
[14] 肖珊美，何桂英，陈章跃. 苏码罐采样预浓缩-GC-MS 测定空气中挥发性有机物 [J]. 光谱实验室，2006，23(4)：671~675
[15] J. D 欧文，E. R 格累夫著. 工业噪声和振动控制[M]. 佟浚贤，寿士荣译. 北京：机械工业出版社，1984
[16] 徐世勤，王樯. 工业噪声和振动控制[M]. 北京：冶金工业出版社，1999
[17] 李国刚. 环境化学污染事故应急监测技术与装备[M]. 北京：化学工业出版社，2005
[18] 闫军. 工作区有害气体检测的五种常用传感器[J]. 仪器仪表与分析监测，2001，(2)：6~7
[19] 刘中奇，王汝琳. 基于红外吸收原理的气体检测[J]. 煤炭科学技术，2005，33(1)：65~68
[20] 王子平. 正确设计可燃气体和有毒气体检测报警系统[J]. 石油化工自动化，1998，(4)：9~13
[21] 王栋. 气体检测管及其常见品种[J]. 劳动保护，2000，(2)：37~39
[22] 徐伯洪，肖宏瑞. 扩散法被动式个体采样器在作业场所空气监测中的应用[J]. 卫生研究，1998，27(6)：370~371
[23] 曲建翘，李文杰，高群等. 被动式个体采样器的应用[J]. 中国公共卫生，2000，17(1)：91~92
[24] 陈卫. 用活性炭管吸收和热解吸气相色谱测定车间空气中有毒物质的方法探讨[J]. 中国公共卫生，17(1)：95~96
[25] 徐东群，崔九思，王斌等. 低浓度挥发性有机化合物被动式个体采样器的研究[J]. 卫生研究，1999，28(4)：246~248
[26] 工作场所空气中有害物质监测的采样规范，GBZ 159—2004
[27] 工作场所有害因素职业接触限值 第 1 部分　化学危害因素，GBZ 2. 1—2007
[28] 工作场所有害因素职业接触限值 第 2 部分　物理因素，GBZ 2. 2—2007
[29] 作业场所空气采样仪器的技术规范，GB/T 17061—1997
[30] 石油化工可燃气体和有毒气体检测报警设计规范，GB50493—2009
[31] 工作场所有毒气体检测报警装置设置规范，GBZ/T 223—2009
[32] 密闭空间直读式仪器气体检测规范，GBZ/T 206—2007
[33] 黄仁东，刘敦文. 安全检测技术[M]. 北京：化学工业出版社，2006
[34] 赵建华. 现代安全监测技术[M]. 合肥：中国科学技术大学出版社，2006
[35] 工作场所空气中粉尘测定 第 1 部分　总粉尘浓度，GBZ/T 192. 1—2007
[36] 工作场所空气中粉尘测定 第 2 部分　呼吸性粉尘浓度，GBZ/T 192. 2—2007

[37] 工作场所空气中粉尘测定 第 3 部分　粉尘分散度，GBZ/T 192.3—2007
[38] 工作场所空气中粉尘测定 第 4 部分　游离二氧化硅含量，GBZ/T 192.4—2007
[39] 工作场所空气中粉尘测定 第 5 部分　石棉纤维浓度，GBZ/T 192.5—2007
[40] 常天海，尹俊勋，黎曦等. 静电基本参数的测试原理[J]. 安全，2006，27(4)：21~24
[41] 张庆河主编. 电气与静电安全. 北京：中国石化出版社，2005
[42] 刘尚合. 人体静电极端值的分析研究. 静电，1991，6(1)：54~59
[43] 刘尚合，魏光辉，刘直承等. 静电理论与防护. 北京：兵器工业出版社，1999
[44] 刘尚合，武占成，朱长清等. 静电放电及危害防护. 北京：北京邮电大学出版社，2004
[45] 厉玉鸣等. 化工仪表及自动化[M]. 第一版. 北京：化学工业出版社，1981
[46] 范玉久，朱麟章. 化工测量及仪表[M]. 北京：化学工业出版社，2002
[47] 陈杰，黄鸿. 传感器与检测技术[M]. 北京：高等教育出版社，2002
[48] 张迎新，雷道振等. 非电量测量技术基础[M]. 北京：北京航空航天大学出版社，2002
[49] 厉玉鸣. 化工仪表及自动化[M]. 北京：化学工业出版社，1987
[50] 王玲生. 热工检测仪表[M]. 北京：冶金工业出版社，1994
[51] 杜维等. 过程检测技术及仪表[M]. 北京：化学工业出版社，1998
[52] 王俊杰，王家桢. 检测技术与仪表[M]. 武汉：武汉理工大学出版社，2002
[53] 侯志林. 过程控制与自动化仪表[M]. 北京：机械工业出版社，2000
[54] 李新光，张华，孙岩等. 过程检测技术[M]. 北京：机械工业出版社，2004
[55] 李学政. 化工测量及仪表[M]. 北京：化学工业出版社，1992
[56] 盛克仁. 过程测量仪表[M]. 北京：化学工业出版社，1992
[57] 黄泽铣. 热电偶原理及其标定[M]. 北京：中国计量出版社，1993
[58] 王永红. 过程测量仪表[M]. 北京：清华大学出版社，1987
[59] 周培森. 自动检测与仪表[M]. 北京：化学工业出版社，1992
[60] 陈守仁. 工程检测技术[M]. 北京：中国广播电视大学出版社，1984
[61] 陈润泰，许琨. 检测技术与智能仪表[M]. 长沙：中南工业大学出版社，1995
[62] 萧汉卿等. 容积式流量计[M]. 北京：中国计量出版社，1997
[63] 翟秀贞等. 差压型流量计[M]. 北京：中国计量出版社，1995
[64] 夏焕彬等. 气动调节仪表[M]. 北京：化学工业出版社，1980
[65] 施文康，余晓芬. 检测技术[M]. 北京：机械工业出版社，2000
[66] 张秀彬. 热工测量原理及其现代技术[M]. 上海：上海交通大学出版社，1995
[67] 高魁明. 热工测量仪表[M]. 北京：冶金工业出版社，1993
[68] 张宏勋. 过程机械量仪表[M]. 北京：冶金工业出版社，1995
[69] 王家桢，王俊杰. 传感器与变送器[M]. 北京：清华大学出版社，1996
[70] 侯志林. 过程控制与自动化仪表[M]. 北京：机械工业出版社，2002
[71] 魏永广，刘存. 现代传感技术[M]. 沈阳：东北大学出版社，2001
[72] 杜效荣等. 化工仪表及自动化[M]. 北京：化学工业出版社，1980